通信数学实用教程

（第 3 版）

主　编　王烂曼　宋燕辉　刘玫星

主　审　周卓夫　蒋卫华

副主编　姜颖蕤　冯　婷　袁　想

北京理工大学出版社

BEIJING INSTITUTE OF TECHNOLOGY PRESS

内 容 提 要

本书内容包括了高等数学、积分变换、线性代数三门课程的内容。具体为函数、极限、导数、导数的应用、不定积分、定积分、多元函数微积分、微分方程、傅里叶变换、拉普拉斯变换、行列式、矩阵、线性方程组等。

图书在版编目（CIP）数据

通信数学实用教程／王烂曼，宋燕辉，刘玫星主编
. —3 版 . -- 北京：北京理工大学出版社，2022.12
ISBN 978 - 7 - 5763 - 1994 - 1

Ⅰ. ①通… Ⅱ. ①王…②宋…③刘… Ⅲ. ①电信数
学—高等学校—教材 Ⅳ. ①TN911.1

中国国家版本馆 CIP 数据核字（2023）第 001792 号

出版发行／北京理工大学出版社有限责任公司

社　　址／北京市海淀区中关村南大街 5 号

邮　　编／100081

电　　话／（010）68914775（总编室）

　　　　　（010）82562903（教材售后服务热线）

　　　　　（010）68944723（其他图书服务热线）

网　　址／http://www.bitpress.com.cn

经　　销／全国各地新华书店

印　　刷／北京国马印刷厂

开　　本／787 毫米×1092 毫米　1/16

印　　张／18.75　　　　　　　　　　　　　　　责任编辑／朱　婧

字　　数／435 千字　　　　　　　　　　　　　　文案编辑／朱　婧

版　　次／2022 年 12 月第 3 版　2022 年 12 月第 1 次印刷　　责任校对／周瑞红

定　　价／85.00 元　　　　　　　　　　　　　　责任印制／施胜娟

前言

本书是根据教育部最新制定的《高职高专教学课程教学基本要求》和《高职高专教育专业人才培养目标及规格》，结合各专业及生源的实际情况，由长期从事高职数学教学的教师编写的，适用于高职高专工科类各专业，也可作为"专升本"考试培训和自学考试的教材或参考书。

作者以为我国通信事业逐步构建一套适用于通信高职教育的公共课程体系为指导思想，以"符合大纲要求，加强实际应用，增加知识容量，优化结构体系"为原则，以新世纪市场经济形式下通信业对人才素质的要求为前提，以高职数学在高职教育中的功能定位和作用为基础，在内容上删去了一些烦琐的推理和证明，增加了一些实际应用的内容，力求把数学内容讲得简单易懂，重点是让学生接受高等数学的思想方法和思维习惯。在习题的编排上，根据高职工科多专业的特点，力求做到习题难易搭配适当，知识与内容结合紧密，理论掌握与能力培养相得益彰，为帮助读者学习，本书同时配套了电子教案、课件、习题库、在线开放课程，本书分为必修模块和选修模块，可按不同专业的不同需求进行选择。

本书包括高等数学，积分变换，线性代数三门课程的内容，其中极限由冯婷老师编写，导数由姜颖蕊老师编写，导数的应用由袁想老师编写，不定积分、定积分由刘玫星老师编写，常微分方程，多元函数微积分，积分变换，线性代数由王烂曼老师编写，通信专业问题由宋燕辉老师指导，周卓夫、蒋卫华两位老师进行审核。王烂曼老师是本书的组织者。

本书在编写过程中，得到了湖南邮电职业技术学院领导、教务处领导的关心和支持。特别感谢邮电学院宋燕辉副校长，通识教育学院刘利波院长对本书的支持和帮助。

由于时间仓促，加之编者水平有限，书中疏漏之处在所难免，恳请读者多提宝贵意见。

编 者

Contents 目录

二、选修模块

一、必修模块

第一章

函 数

1.1 函 数

本章导读

我们学过很多函数，那么什么是函数？两个函数满足什么条件是相同的函数？函数有哪些性质？复合函数如何进行分解？什么是欧拉公式？复数在通信专业中有哪些应用？

学习目标：理解区间及邻域、函数、复合函数的概念以及函数的几种性质；

掌握几种特殊的基本初等函数、对数在通信数学中的运用；

会求函数的定义域与值域．

素质目标：培养并让学生感悟数学的美及实用性；

通过让学生解决一系列层层深入的问题，培养学生积极探索勇于创新的精神．

在高中我们学过常量与变量的概念，在某一变化过程中可以取不同数值的量叫做变量，而始终保持相同数值的量叫做常量．

1.1.1 区间与邻域

（1）区间是介于某两个实数之间（也可包括这两个实数）的全体实数的集合，这两个实数称为区间的端点．区间分为两类：有限区间，无限区间．区间有四种表示方法：括号表示法，不等式表示法，数轴表示法和集合表示法．它们的名称、记号和定义如下：

有限区间：闭区间 $[a, b] = \{x \mid a \leqslant x \leqslant b\}$

开区间 $(a, b) = \{x \mid a < x < b\}$

半开区间 $(a, b] = \{x \mid a < x \leqslant b\}$

$[a, b) = \{x \mid a \leqslant x < b\}$

无限区间： $(a, +\infty) = \{x \mid x > a\}$

$[a, +\infty) = \{x \mid x \geqslant a\}$

$(-\infty, b) = \{x \mid x < b\}$

$(-\infty, b] = \{x \mid x \leqslant b\}$

$(-\infty, +\infty) = \{x \mid x \in \mathbf{R}\}$

其中 a, b 为确定的实数，分别称为区间的左端点和右端点，$b - a$ 为区间长度．$+\infty$ 和 $-\infty$ 分别读作"正无穷大"和"负无穷大"，不表示任何数，只是记号．

区间用数轴表示如图 1 - 1 所示．

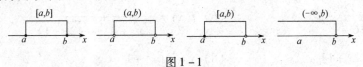

图 1 - 1

（2）邻域是高等数学中常用的概念．称实数集 $\{x\mid|x-a|<\delta\}$ 为点 a 的 δ 邻域，记作 $U(a,\delta)$，a 称为邻域的中心，δ 称为邻域的半径．由定义可知 $U(a,\delta)=(a-\delta,a+\delta)$ 表示分别以 $a-\delta$，$a+\delta$ 为左、右端点的开区间，区间长度为 2δ，如图 $1-2$ 所示．

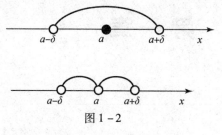

图 $1-2$

在 $U(a,\delta)$ 中去掉中心点 a 得到的实数集 $\{x\mid0<|x-a|<\delta\}$ 称为点 a 的去心邻域，记作 $\overset{\circ}{U}(a,\delta)$．显然去心邻域 $\overset{\circ}{U}(a,\delta)$ 是两个开区间 $(a-\delta,a)$ 和 $(a,a+\delta)$ 的并集，即

$$\overset{\circ}{U}(a,\delta)=(a-\delta,a)\cup(a,a+\delta)$$

1.1.2　函数的概念

【定义 1.1】设 x，y 是两个变量，D 是一个实数集，如果对于 D 内的每一个实数 x，按照某个对应法则 f，变量 y 都有唯一确定的数值和它对应，则称 y 是 x 的**函数**，记作 $y=f(x)$．其中 x 称为**自变量**，y 称为**因变量**，实数集 D 称为这个函数的**定义域**．

当 x 取数值 $x_0\in D$ 时，与 x_0 相对应的 y 值称为函数 $y=f(x)$ 在点 x_0 处的函数值，记作 $f(x_0)$ 或 $y\mid_{x=x_0}$，这时称函数在点 x_0 处有定义．函数 $y=f(x)$ 所有函数值的集合 $M=\{y\mid y=f(x),x\in D\}$ 称为函数的**值域**．

在函数的定义中，要求对于定义域中的每一个 x 值，都有唯一的 y 值与之对应，这种函数称为单值函数．如果 y 值唯一性不满足，就称为多值函数．例如，以原点为圆心，1 为半径的圆的方程为

$$x^2+y^2=1$$

由这个方程所确定的函数就是多值函数

$$y=\pm\sqrt{1-x^2}$$

又如，反三角函数也是多值函数．今后如无特殊声明，我们所讲的都是指单值函数．

在实际问题中，函数的定义域是根据问题的实际意义确定的．但在数学上做一般性研究时，对于只给出表达式而没有说明实际背景的函数，我们规定：函数的定义域就是使函数表达式有意义的自变量的取值范围．

练习题 1.1

1. 求下列函数的定义域．

（1）$y=3x^2+\dfrac{1}{x-1}$；

（2）$y=\sqrt{5x+3}$；

（3）$y=\sqrt[3]{x-2}$；

（4）$y=\sqrt{9-x^2}$；

（5）$y=\dfrac{1}{\sqrt{16-x^2}}$；

（6）$f(x)=\dfrac{1}{\sqrt{x^2+1}}+\dfrac{1}{\sqrt{(2x+1)^2}}$．

（7）$y=\ln(2x+1)$

（8）$y=\ln(x^2+1)$

2. 作出下列函数的图像.

（1）$y = 2x$，$x \in \{-2, -1, 0, 1, 2\}$；

（2）$y = 2x - 1$，$x \in \{x \mid -1 < x < 1\}$；

（3）$f(x) = \begin{cases} x + 2, & x \leqslant -1 \\ x^2, & -1 < x < 2 \\ 2x, & x \geqslant 2 \end{cases}$.

1.2　函数的几种特性

1.2.1　函数的单调性

【定义 1.2】设函数 $f(x)$ 的定义域为 D，区间 $I \subseteq D$，如果对于区间 I 上任意两点 x_1 和 x_2，当 $x_1 < x_2$ 时，都有
$$f(x_1) < f(x_2)$$
恒成立，则称函数 $f(x)$ 在区间 I 上是单调增加的（图 1-3），区间 I 称为单调增区间；如果对于区间 I 上任意两点 x_1 和 x_2，当 $x_1 < x_2$ 时，都有
$$f(x_1) > f(x_2)$$
恒成立，则称函数 $f(x)$ 在区间 I 上是单调减少的（图 1-4），区间 I 称为单调减区间. 单调增加和单调减少的函数统称为单调函数，单调增区间和单调减区间统称为单调区间.

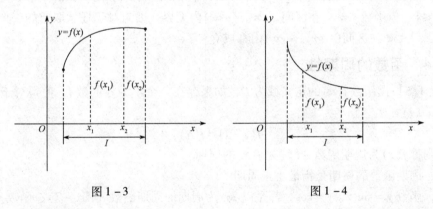

图 1-3　　　　　　　　　　　　图 1-4

1.2.2　函数的奇偶性

【定义 1.3】设函数 $f(x)$ 的定义域 D 关于原点对称. 如果对于任一 $x \in D$，都有
$$f(-x) = -f(x)$$
恒成立，则称 $f(x)$ 为奇函数（图 1-5）. 如果对于任一 $x \in D$，都有
$$f(-x) = f(x)$$
恒成立，则称 $f(x)$ 为偶函数（图 1-6）.

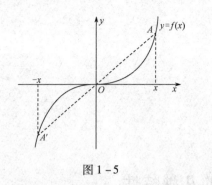

图 1-5

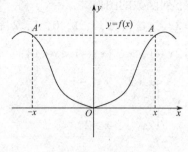

图 1-6

例如，函数 $f(x) = x^5$ 是奇函数，因为 $f(-x) = (-x)^5 = -x^5 = -f(x)$. 函数 $f(x) = x^4$ 是偶函数，因为 $f(-x) = (-x)^4 = x^4 = f(x)$. 函数 $f(x) = x^2 + x^3$ 既不是奇函数，也不是偶函数，因为它不满足奇函数定义的条件，也不满足偶函数定义的条件.

1.2.3　函数的有界性

【定义 1.4】设函数 $f(x)$ 的定义域为 D，区间 $I \subseteq D$，如果存在正数 M，使得对于任一 $x \in I$，都有

$$|f(x)| \leqslant M$$

恒成立，则称函数 $f(x)$ 在区间 I 内有界. 如果这样的正数 M 不存在，就称函数 $f(x)$ 在区间 I 内无界.

例如，函数 $y = \cos x$ 在区间 $(-\infty, +\infty)$ 内有界，因为对于任一 $x \in (-\infty, +\infty)$，总有 $|\cos x| \leqslant 1$，但函数 $y = x^2$ 在区间 $(-\infty, +\infty)$ 内无界，因为对于任意取定的一个正数 M，不能使得 $|x^2| \leqslant M$ 在区间 $(-\infty, +\infty)$ 内都成立.

1.2.4　函数的周期性

【定义 1.5】设函数 $f(x)$ 的定义域为 D，如果存在一个不为零的数 l，使得对于任一 $x \in D$，都有 $(x \pm l) \in D$，且

$$f(x + l) = f(x)$$

恒成立，则称 $f(x)$ 为周期函数，l 称为 $f(x)$ 的周期.

通常，周期函数的周期是指最小正周期.

例如，函数 $y = \sin x$，$y = \cos x$ 都是以 2π 为周期的周期函数（图 1-7）；函数 $y = \tan x$，$y = \cot x$ 都是以 π 为周期的周期函数；而函数 $y = x^2$ 不是周期函数.

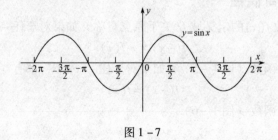

图 1-7

1.2.5　反函数

对于一个函数 $y = 2x + 4$，已知自变量 x 的一个值（$x \in D$），可以求出对应函数值 y 的唯

一确定的值，即函数 $y=2x+4$ 的对应关系是单值的．反过来根据此式，已知 y 的每一个值 $(y\in M)$，我们也能求出对应的 x 的唯一确定的值，即 $y=2x+4$ 的反对应关系也是单值的．

一般的，对于反对应关系也是单值的函数，给出下面的定义：

【定义 1.6】 设函数 $y=f(x)$，其定义域为 D，值域为 M．如果对于 M 中的每一个 y 值 $(y\in M)$，都可以从关系式 $y=f(x)$ 确定唯一的 x 值 $(x\in D)$ 与之对应，这样就确定了一个以 y 为自变量的新函数，记为 $x=f^{-1}(y)$，这个函数就叫做 $y=f(x)$ 的反函数，它的定义域为 M，值域为 D．

【例 1.1】 求下列函数的反函数.

(1) $y=x^3$；   (2) $y=\dfrac{x-1}{x+1}$.

解：(1) 因为 $y=x^3$ 的反对应关系是单值的，所以由 $y=x^3$，可得 $x=\sqrt[3]{y}$，即函数 $y=x^3$ 的反函数为 $x=\sqrt[3]{y}$.

(2) 因为 $y=\dfrac{x-1}{x+1}$ 的反对应关系是单值的，所以由 $y=\dfrac{x-1}{x+1}$ 可得 $x=\dfrac{1+y}{1-y}$，即函数 $y=\dfrac{x-1}{x+1}$ 的反函数是 $x=\dfrac{1+y}{1-y}$.

函数 $y=f(x)$ 的反函数 $x=f^{-1}(y)$ 是以 y 为自变量的，但习惯上都以 x 表示自变量，所以反函数 $x=f^{-1}(y)$ 通常表示为 $y=f^{-1}(x)$.

以后无特殊说明，函数 $y=f(x)$ 的反函数都是指以 x 为自变量的反函数 $y=f^{-1}(x)$.

【例 1.2】 求函数 $y=\dfrac{1}{2}x+2$ 的反函数，并在同一个平面直角坐标系中作出它们的图像.

解：由 $y=\dfrac{1}{2}x+2$ 解得 $x=2y-4$，所以 $y=\dfrac{1}{2}x+2$ 的反函数是 $y=2x-4$.

原函数 $y=\dfrac{1}{2}x+2$ 的图像是过点 $(0,2)$ 和点 $(-4,0)$ 的直线，其反函数 $y=2x-4$ 的图像是过点 $(2,0)$ 和点 $(0,-4)$ 的直线（图 1-8）.

从图 1-8 可以看到，原函数 $y=\dfrac{1}{2}x+2$ 的图像与反函数 $y=2x-4$ 的图像是关于直线 $y=x$ 对称的．一般地，由图 1-9 可以看出：图像 $y=f(x)$ 的图像与其反函数 $y=f^{-1}(x)$ 的图像关于直线 $y=x$ 对称.

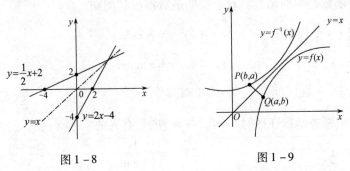

图 1-8   图 1-9

【例 1.3】 讨论函数 $y=x^2$ 的反函数.

解：函数 $y=x^2$ 的定义域 $D=(-\infty,+\infty)$，值域 $M=[0,+\infty)$．因为 $x=\pm\sqrt{y}$，所以任取 $y\in[0,+\infty)(y\neq0)$，有两个 x 值与之对应（图 1-10）．所以 x 不是 y 的函数，即函

数 $y = x^2$ 不存在反函数.

在上例中，如果只考虑函数 $y = x^2$ 在区间 $[0, +\infty)$ 上的反函数，则由 $y = x^2$，$x \in [0, +\infty)$，解得 $x = \sqrt{y}$，即 $y = x^2$ 在区间 $[0, +\infty)$ 上存在反函数 $y = \sqrt{x}$，$x \in [0, +\infty)$. 同理，函数 $y = x^2$ 在区间 $(-\infty, 0]$ 上存在反函数 $y = -\sqrt{x}$，$x \in (-\infty, 0]$.

由图 1-10 知，这两种情形中，函数在所限定的区间内都是单调的. 一般地，有下述反函数存在定理.

【定理】 设函数 $y = f(x)$ 的定义域为 D，值域是为 M，如果函数 $y = f(x)$ 在 D 上是单调增加（或减少）的，则它必存在反函数 $y = f^{-1}(x)$，$x \in M$，且反函数 $y = f^{-1}(x)$ 在 M 上也是单调增加（或减少）的.

利用上述定理，只需判断函数在所讨论的区间内是否单调，就可确定其反函数是否存在，并可判断反函数的单调性. 例如，函数 $y = x^3$ 在区间 $(-\infty, +\infty)$ 上是单调增加的，因此它必存在反函数，且其反函数在相应的定义区间上也是单调增加的. 事实上，$y = x^3$ 的反函数为 $y = \sqrt[3]{x}$，$x \in (-\infty, +\infty)$，可以看到，它在 $(-\infty, +\infty)$ 上是单调增加的（图 1-11）.

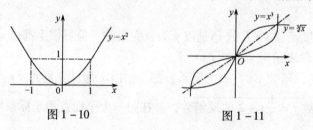

图 1-10　　　　　　　　图 1-11

练习题 1.2

1. 指出下列函数中哪些是奇函数，哪些是偶函数，哪些既不是奇函数也不是偶函数.

（1）$f(x) = x^4 - 2x^2 + 6$；

（2）$f(x) = x^2 \cos x$；

（3）$f(x) = \dfrac{e^x + e^{-x}}{2}$；

（4）$f(x) = \dfrac{e^x - e^{-x}}{2}$；

（5）$f(x) = \sin x + \cos x - 2$；

（6）$f(x) = x(x-1)(x+1)$.

2. 下列哪些函数是周期函数？对于周期函数指出其周期.

（1）$y = \cos\left(x - \dfrac{\pi}{3}\right)$；

（2）$y = 3\cos 5x$；

（3）$y = \sin \pi x - 3$；

（4）$y = x^2 \tan x$.

3. 证明函数 $y = \dfrac{1}{x}$ 在区间 $(-1, 0)$ 内单调减少.

4. 下列函数中哪些函数在区间 $(-\infty, +\infty)$ 内是有界的？

（1）$y = 3\sin^2 x$；

（2）$y = \dfrac{1}{1 + \tan x}$.

1.3　基本初等函数

在科学发展过程中，有一类为数不多的函数，在各种问题中经常出现. 因此，这些函数就从大量的各种各样的函数中被挑选出来作为最基本的函数加以研究．其他常见的函数通常都是由这些基本的函数构成的．

下面这五种已学过的函数就是最基本的函数，它们是幂函数、指数函数、对数函数、三角函数和反三角函数，统称为基本初等函数．为便于应用，将它们的图像、定义域、值域和特性列表如下（表 1－1）：

表 1－1　常用基本初等函数图像及性质

函数	幂函数			
	$y = x^2$	$y = x^3$	$y = x^{\frac{1}{2}}$	$y = x^{-1}$
图像				
定义域	$x \in (-\infty, +\infty)$	$x \in (-\infty, +\infty)$	$x \in [0, +\infty)$	$x \in (-\infty, 0) \cup (0, +\infty)$
值域	$y \in [0, +\infty)$	$y \in (-\infty, +\infty)$	$y \in [0, +\infty)$	$y \in (-\infty, 0) \cup (0, +\infty)$
特性	偶函数 在 $x \in (-\infty, 0)$ 内单调减少 在 $x \in (0, +\infty)$ 内单调增加	奇函数 单调增加	单调增加	奇函数 分别在区间 $(-\infty, 0)$ 和 $(0, +\infty)$ 内单调减少
函数	指数函数		对数函数	
	$y = a^x \, (a > 1)$	$y = a^x \, (0 < a < 1)$	$y = \log_a x \, (a > 1)$	$y = \log_a x \, (0 < a < 1)$
图像				
定义域	$x \in (-\infty, +\infty)$	$x \in (-\infty, +\infty)$	$x \in (0, +\infty)$	$x \in (0, +\infty)$
值域	$y \in (0, +\infty)$	$y \in (0, +\infty)$	$y \in (-\infty, +\infty)$	$y \in (-\infty, +\infty)$
特性	单调增加	单调减少	单调增加	单调减少

函数	三角函数			
	$y = \sin x$	$y = \cos x$	$y = \tan x$	$y = \cot x$
图像				
定义域	$x \in (-\infty, +\infty)$	$x \in (-\infty, +\infty)$	$x \neq k\pi + \dfrac{\pi}{2}$ $(k \in \mathbf{Z})$	$x \neq k\pi \ (k \in \mathbf{Z})$
值域	$y \in [-1, 1]$	$y \in [-1, 1]$	$y \in (-\infty, +\infty)$	$y \in (-\infty, +\infty)$
特性	奇函数，周期 2π，有界，在 $\left(2k\pi - \dfrac{\pi}{2}, 2k\pi + \dfrac{\pi}{2}\right)$ 内单调增加，在 $\left(2k\pi + \dfrac{\pi}{2}, 2k\pi + \dfrac{3\pi}{2}\right)$ 内单调减少 $(k \in \mathbf{Z})$	偶函数，周期 2π，有界，在 $(2k\pi, 2k\pi + \pi)$ 内单调减少，在 $(2k\pi + \pi, 2k\pi + 2\pi)$ 内单调增加 $(k \in \mathbf{Z})$	奇函数，周期 π，在 $\left(k\pi - \dfrac{\pi}{2}, k\pi + \dfrac{\pi}{2}\right)$ 内单调增加 $(k \in \mathbf{Z})$	奇函数，周期 π，在 $(k\pi, k\pi + \pi)$ 内单调减少 $(k \in \mathbf{Z})$

函数	反三角函数			
	$y = \arcsin x$	$y = \arccos x$	$y = \arctan x$	$y = \text{arccot} x$
图像				
定义域	$x \in [-1, 1]$	$x \in [-1, 1]$	$x \in (-\infty, +\infty)$	$x \in (-\infty, +\infty)$
值域	$y \in \left[-\dfrac{\pi}{2}, \dfrac{\pi}{2}\right]$	$y \in [0, \pi]$	$y \in \left(-\dfrac{\pi}{2}, \dfrac{\pi}{2}\right)$	$y \in (0, \pi)$
特性	奇函数，单调增加，有界	单调减少，有界	奇函数，单调增加，有界	单调减少，有界

1.3.1 分段函数与复合函数

1. 分段函数

有时候一个函数要用几个式子表示，这种在自变量的不同变化范围内，对应法则用几个不同式子来表示的函数，通常称为分段函数.

例如，函数

$$y = f(x) = \begin{cases} x^2, & 0 \leqslant x < 1 \\ 3 - x, & 1 \leqslant x < 2 \end{cases}$$

是一个分段函数，它的定义域 $D = [0, 1) \cup [1, 2) = [0, 2)$. 当 $x \in [0, 1)$ 时，对应的函数表达式为 $f(x) = x^2$；当 $x \in [1, 2)$ 时，对应的函数表达式为 $f(x) = 3 - x$，分别作出各区间内函数图像即可得分段函数的图像.

在工程技术中有几种很重要的分段函数，例如：

1）单位阶跃函数

$$f(t) = \begin{cases} 1, & t > 0 \\ 0, & t < 0 \end{cases}$$

2）指数衰减函数

$$f(t) = \begin{cases} e^{-at}, & t > 0 \\ 0, & t < 0 \end{cases}$$

3）矩形函数

$$f(t) = \begin{cases} e, & 0 < t < \tau, \\ 0, & t < 0 \text{ 或 } t > \tau \end{cases}$$

2. 复合函数

看下面的函数

$$y = \lg\sin x$$

很明显，它不是基本初等函数，但是它可看作是由两个基本初等函数

$$y = \lg u, \quad u = \sin x$$

构成的.

【定义 1.7】 设 $y = f(u)$，$u = \varphi(x)$，$x \in D$. 如果在 D 的某个非空子集 D_1 上，对于 $x \in D_1$ 的每一个值所对应的 u 值，都能使函数 $y = f(u)$ 有定义，则 y 是 x 的函数，这个函数叫做由 $y = f(u)$ 与 $u = \varphi(x)$ 复合而成的函数，简称为 x 的复合函数，记作 $y = f[\varphi(x)]$，其中 u 叫做中间变量，复合函数的定义域是 D_1.

例如，$y = \ln(x^3)$ 是由函数 $y = \ln u$ 与 $u = x^3$ 复合而成的，其定义域为 $(0, +\infty)$，它是函数 $u = x^3$ 的定义域 $(-\infty, +\infty)$ 的非空子集.

【例 1.4】 写出下列函数的复合函数.

（1）$y = u^2$，$u = \sin x$；

（2）$y = \sin u$，$u = x^2$.

解：（1）将 $u = \sin x$ 代入 $y = u^2$ 得所求的复合函数是 $y = (\sin x)^2$.

（2）将 $u = x^2$ 代入 $y = \sin u$ 得所求的复合函数是 $y = \sin x^2$.

上例表明，复合顺序不同，所得的复合函数是不同的.

注意： 并非任意两个函数都可以复合成一个复合函数. 例如，$y = \lg u$ 与 $u = -x^2$ 就不能

复合成一个复合函数，因为任何 x 的值所对应的 u 值，都不能使 $y = \lg u$ 有意义.

【例 1.5】 指出下列复合函数的复合过程.

（1）$y = \sin 2^x$；

（2）$y = \sqrt{1 + x^2}$；

（3）$y = \ln\cos 3x$.

解：（1）$y = \sin 2^x$ 的复合过程是
$$y = \sin u, \quad u = 2^x.$$

（2）$y = \sqrt{1 + x^2}$ 的复合过程是
$$y = \sqrt{u}, \quad u = 1 + x^2.$$

（3）$y = \ln\cos 3x$ 的复合过程是
$$y = \ln u, \quad u = \cos v, \quad v = 3x.$$

练习题 1.3

1. 设 $y = \begin{cases} 1 - x, & x \leqslant 1 \\ 1 + x, & x > 1 \end{cases}$，求 $f(-1)$，$f(1)$，$f(\pi)$，$f(-\sqrt{2})$，并作出函数的图像.

2. 设 $f(x) = \begin{cases} |\sin x|, & |x| < \dfrac{\pi}{3} \\ 0, & |x| \geqslant \dfrac{\pi}{3} \end{cases}$，求 $f\left(\dfrac{\pi}{6}\right)$，$f\left(\dfrac{\pi}{4}\right)$，$f\left(-\dfrac{\pi}{4}\right)$.

3. 将下列各题中的 y 表示为 x 的函数，并写出定义域.

（1）$y = u^2$，$u = 1 + x^3$；   （2）$y = \ln u, u = 3^v, v = \dfrac{1}{x}$.

4. 设 $f(x) = 3x^2$，$\varphi(t) = \lg(1 + t)$，求 $f[\varphi(t)]$，并求其定义域.

5. 求下列复合函数的复合过程.

（1）$y = \sin^3 x$；   （2）$y = (3x + 4)^8$；   （3）$y = \sqrt{4x^2 + 7}$；

（4）$y = \ln\sin 5x$；   （5）$y = e^{-x}$；   （6）$y = 3^{\tan x^2}$；

（7）$y = \arcsin(2x + 1)$；   （8）$y = \arccos(x^2 + 2)$；   （9）$y = e^{\sin x}$；

（10）$y = \ln\sqrt{x^3 + 1}$；   （11）$y = e^{\arcsin 2x}$；   （12）$y = \ln^2(2x + 1)$.

1.4 对数在通信专业中的应用

1.4.1 对数的概念和运算法则

如果 $a^b = N (a > 0,\ a \neq 1)$，那么把指数 b 称为以 a 为底 N 的对数，记作：
$$b = \log_a N$$
其中 a 叫做底数，N 叫做真数.

由上式可知，1 的对数恒等于 0，与底数相等的数的对数等于 1，且有 $a^{\log_a N} = N$ 成立.

对照指数的运算法则，我们能获得对数的运算法则：

（1）两个正数积的对数，等于这两个数的对数的和，即

$$\log_a(N_1 \cdot N_2) = \log_a N_1 + \log_a N_2$$

（2）两个正数商的对数，等于被除数的对数减去除数的对数，即

$$\log_a \frac{N_1}{N_2} = \log_a N_1 - \log_a N_2$$

（3）一个正数幂的对数，等于这个数的对数的幂指数倍，即

$$\log_a N^n = n\log_a N$$

比较常见的以 10 为底的对数叫做常用对数，并简单记为 $\log_{10} N = \lg N$，除了常用对数以外，在电信技术中，还常用到以无理数 e = 2.718 28… 为底的对数，称为自然对数，记作 $\log_e N = \ln N$.

以 e 为底的自然对数和以 10 为底的常用对数存在换底公式：

$$\ln N = \frac{\lg N}{\lg e}$$

同样可得到对数的一般换底公式为：

$$\log_a N = \frac{\log_b N}{\log_b a}$$

1.4.2　听觉的特性

电话与广播都要传送各种声音，声音的强度取决于电路中传送的信号功率的大小. 但是人耳对声音强度的感觉是否和声音强度或信号功率成正比呢？答案是否定的. 实验表明，人耳对声音强度的感觉反应是和信号功率相对比值的对数成正比的. 因此在衡量电信设备各个部件（如放大器、滤波器、衰耗器、传输线等）对于通信的效果时，为了与人的听觉特性相一致，仅仅用信号功率是不够的，还应当采用功率相对比值的对数.

1.4.3　增益

衡量一个放大器的放大效果用功率放大倍数（图 1 - 12），即

$$K = \frac{P_{出}}{P_{入}}$$

而将其对数定义为增益，即

$$G = \lg K = \lg \frac{P_{出}}{P_{入}}$$

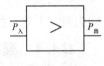

图 1 - 12

单位为贝尔（B）. 在实际使用时，这个单位太大了，常采用分贝（dB）为单位，因为 1B = 10dB，所以用分贝为单位时，有

$$G = 10\lg \frac{P_{出}}{P_{入}} \quad (\text{dB})$$

有时又用自然对数来定义增益，即

$$G = \frac{1}{2}\ln \frac{P_{出}}{P_{入}}$$

单位为奈培（Np）. 显然，因为 $G = \frac{1}{2}\ln \frac{P_{出}}{P_{入}}$ （Np） $= 10\lg \frac{P_{出}}{P_{入}}$ dB，即

$$\frac{1}{2} \times 2.303\lg \frac{P_{出}}{P_{入}}\text{Np} = 10\lg \frac{P_{出}}{P_{入}}\text{dB}$$

所以

$$1\text{Np} = 8.686\text{dB}$$

$$1\text{dB} = 0.115\text{Np}$$

【例1.6】 一扩音机输入功率为 $0.112 \times 10^{-5}\text{W}$，输出功率为 15.1W，问此扩音机的增益为多少 dB? 多少 Np?

解：

$$G = 10\lg \frac{P_{出}}{P_{入}} = 10\lg \frac{15.1}{0.112 \times 10^{-5}}$$

$$= 10\lg (1.35 \times 10^{7})$$

$$= 10 \times 7.1303$$

$$= 71.303 \quad (\text{dB})$$

$$G = 0.115 \times 71.303\text{Np} = 8.3\text{Np}$$

用增益来表示放大器的放大效果不仅符合人耳的听觉特性，而且在分析多级放大器时也十分方便．如图 1-13 所示，设放大器 1 的增益为：

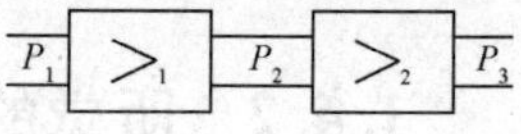

$$N_1 = 10\lg \frac{P_2}{P_1} \quad (\text{dB})$$

图 1-13

放大器 2 的增益为：

$$N_2 = 10\lg \frac{P_3}{P_2} \quad (\text{dB})$$

两个放大器级联后总增益为：

$$N = 10\lg \frac{P_3}{P_1} = 10\lg\left(\frac{P_2}{P_1} \cdot \frac{P_3}{P_2}\right) = 10\lg \frac{P_2}{P_1} + 10\lg \frac{P_3}{P_2}$$

$$= N_1 + N_2$$

即为两放大器增益之和.

1.4.4 衰耗

对于一个无源四端网络，例如衰耗器、滤波器，它们的输出功率总小于输入功率，如果仍用上述增益的定义，则由于

$$\frac{P_{出}}{P_{入}} < 1 \quad (即 P_{出} < P_{入})$$

就得到负的分贝数或奈培数. 有时为了直接说明衰耗，也可以如下定义：

$$衰耗 = 10\lg \frac{P_{入}}{P_{出}}\text{dB}$$

或

$$衰耗 = \frac{1}{2}\ln \frac{P_{入}}{P_{出}}\text{Np}$$

这时所得的分贝数或奈培数都是正的.

由此可见，不论是增益还是衰耗，都是用某点功率与另一点功率的相对比值的对数来表示的.

1.4.5　电平

在通信设备中，有许多部件连接起来，为了说明各个连接点上信号功率的变化状况，往往采用与统一的标准功率相比较的办法，电信技术中常用 1 毫瓦为参照的标准，某一点的功率与 1 毫瓦之比的对数，称为该点的绝对电平（或简称电平），它分为分贝与奈培两种单位.

$$电平 = 10\lg\frac{P}{10^{-3}}　分贝（dB）$$

$$电平 = \frac{1}{2}\ln\frac{P}{10^{-3}}　奈培（Np）$$

【例 1.7】 某电话机输入功率为 1μW，输出功率为 1mW，求它的输入电平和输出电平.

解：输入电平 $= 10\lg\dfrac{10^{-6}}{10^{-3}} = 10\lg10^{-3} = -30$（dB）

输出电平 $= 10\lg\dfrac{10^{-3}}{10^{-3}} = 10\lg1 = 0$（dB）

【例 1.8】 以 1mW 为零电平时，某扩音机输出信号电平为 55dB，杂音电平为 -52dB，问实际输出信号功率和杂音功率各为多少瓦？

解：设实际输出信号功率为 $P_出$（瓦），杂音功率为 $P_杂$（瓦）. 根据电平定义，

$$55 = 10\lg\frac{P_出}{10^{-3}}$$

即

$$\lg(P_出 \times 10^3) = 5.5$$

$$\lg P_出 + 3 = 5.5$$

$$\lg P_出 = 2.5$$

通过查反对数表得到 $P_出 = 316.2$（W）. 同理，

$$-52 = 10\lg\frac{P_杂}{10^{-3}}$$

即

$$\lg P_杂 + 3 = -5.2$$

$$\lg P_杂 = -8.2$$

查表得：

$$P_杂 = 0.000\,000\,006\,31\,W$$
$$= 6.31 \times 10^{-6}\,mW$$

1.4.6　电平的测量

电平是用功率比的对数来定义的，照此定义完全可以用功率表来测量，但是电信工程中功率很小，而且功率表使用不便，通常用间接方法测量. 电压电平表实际上就是用测量电压的方法，间接测出电平值. 因为

$$P = U \cdot I = U \cdot \frac{U}{R} = \frac{U^2}{R}$$

所以在用电压求电平时，必须注意所测点的电阻（或阻抗）值，电平表都是按某个标准的零电平校准的，所以可以直接测出绝对电平. 但这时只说 1mW 的零电平就不够了，必须指出在多少欧的电阻上消耗 1mW，才能知道参考电压. 电信技术中常用 $R = 600\Omega$，因此

$$U = \sqrt{P \cdot R} = \sqrt{0.001 \times 600} = \sqrt{0.6} \approx 0.775 \ \text{（V）}$$

这就是说，在 600Ω 电阻上有 0.775V 的压降时，相当于零电平.

这样，就要求被测点电阻也是 600Ω，如果被测点电阻 $R \neq 600\Omega$，其电压设为 U，则该点电平应为：

$$10\lg \frac{\dfrac{U^2}{R}}{\dfrac{0.775^2}{600}} = 10\lg\left(\frac{U}{0.775}\right)^2 + 10\lg\frac{600}{R}$$

$$= 20\lg\frac{U}{0.775} + 10\lg\frac{600}{R} \ \text{（dB）}$$

或

$$\frac{1}{2}\ln \frac{\dfrac{U^2}{R}}{\dfrac{0.775^2}{600}} = \frac{1}{2}\ln\left(\frac{U}{0.775}\right)^2 + \frac{1}{2}\ln\frac{600}{R}$$

$$= \ln\frac{U}{0.775} + \frac{1}{2}\ln\frac{600}{R} \ \text{（Np）}$$

但实际测量的电平只指示出第一项 $\ln\dfrac{U}{0.775}$ 的值，所以必须将测量结果上加一修正值 $\dfrac{1}{2}\ln\dfrac{600}{R}$（Np），或 $10\lg\dfrac{600}{R}$（dB）.

【例 1.9】 某有线广播线的特性阻抗为 600Ω，在线上某点电压为 155V，问该点电平是多少 dB？多少 Np？

解：

$$\text{电平} = 20\lg\frac{155}{0.775} + 10\lg\frac{600}{600}$$

$$= 20\lg 200 = 20 \times 2.301$$

$$= 46.02 \ \text{（dB）}$$

$$\text{电平} = 0.115 \times 46.02 = 5.292 \ \text{（Np）}$$

【例 1.10】 以 600Ω、1mW 为零电平校准的电平表，在载波机 150Ω 处测得电平为 -2.7Np，问实际电平是多少 Np？

解： 修正值 $= \dfrac{1}{2}\ln\dfrac{600}{R} = \dfrac{1}{2}\ln\dfrac{600}{150} = \dfrac{1}{2}\ln 4 = 0.69 \ \text{（Np）}$

所以实际电平是：

$$-2.7 + 0.69 = -2.01 \ \text{（Np）}$$

练习题 1.4

1. 填空题.

（1）$3\log_3 \dfrac{1}{4} - 2^{\log_3 \frac{1}{9}} = $ _____.

（2）如果 $5^x = 3$，$\log_5 \dfrac{5}{3} = y$，那么 $x + y = $ _____.

（3）如果 $m = \lg 5 - \lg 2$，那么 $10^m = $ _____.

（4）函数 $y = \log_2 \dfrac{x}{3} - 1$ 的反函数是 _____.

2.（1）已知 $\ln y = x + \ln c$，求证：$y = c\mathrm{e}^x$.

（2）已知 $\ln \dfrac{y}{x} - ax = \ln c$，求证：$y = cx\mathrm{e}^{ax}$.

1.5　复　　数

1.5.1　复数的概念

1. 复数的定义

考察方程 $x^2 = -1$ 的解，任何实数的平方都不会是负数，所以在实数范围内，这个方程没有解. 为了解决这一问题，我们引入一个新的数 i，满足 $\mathrm{i}^2 = -1$，且规定它和实数在一起可以按照实数的四则运算法则进行运算. 数 i 叫做虚数单位.

令 a，b 为实数，且 a、$b \neq 0$，则称数 $a + b\mathrm{i}$ 为虚数，而称 $b\mathrm{i}$ 为纯虚数.

引进了虚数的概念以后，我们给出复数的定义.

【定义 1.8】数 $a + b\mathrm{i}$ 叫做复数，其中 a，b 都为实数，a 叫做复数的实部，b 叫做复数的虚部.

例如，$-\dfrac{1}{2} + \dfrac{\sqrt{3}}{2}\mathrm{i}\left(a = -\dfrac{1}{2}, b = \dfrac{\sqrt{3}}{2}\right)$，$5\,(a = 5, b = 0)$ 和 $-\sqrt{3}\,\mathrm{i}\,(a = 0, b = -\sqrt{3})$ 都是复数.

如果两个复数 $a_1 + b_1\mathrm{i}$ 和 $a_2 + b_2\mathrm{i}$ 的实部相等，虚部也相等，那么这两个复数相等. 反之，如果两个复数相等，那么它们的实部和虚部分别相等.

【例 1.11】已知 $(2x - 1) + \mathrm{i} = 1 - (3 - y)\mathrm{i}$，其中 x，y 是实数，求 x 和 y.

解：根据复数相等的条件，得

$$\begin{cases} 2x - 1 = 1 \\ 1 = -(3 - y) \end{cases}$$

解方程组得 $x = 1$，$y = 4$.

由上可见，复数包含了所有的实数和虚数，全体复数的集合一般用字母 **C** 表示，全体虚数组成的集合一般用 **I** 表示. 实数集 **R** 与虚数集 **I** 的并集是复数集 **C**，交集是空集. 实数集和虚数集又都是复数集的真子集，即 $\mathbf{R} \subset \mathbf{C}$，$\mathbf{I} \subset \mathbf{C}$.

2. 复数的几何表示法

我们规定：在直角坐标平面内的横轴 x 为实轴，单位是 1，纵轴（不包括原点）为虚轴，单位是 i，那么复数 $a + b\mathrm{i}$ 就可以用这样的平面内的点 $M(a, b)$ 来表示，其中复数的实部 a 和虚部 b 分别是点 M 的横坐标和纵坐标，如图 $1 - 14$ 所示.

我们把这样表示复数的平面称为复数直角坐标平面，简称复平面. 这样，给出一个复数，复平面内就能找到一个确定的点和它对应；反过来，对于复平面内任何一个点，都有一个确定的复数和它对应. 很明显，表示实数的点都在实轴上，表示纯虚数的点都在虚轴上.

如图 $1-15$ 所示，如果把复平面内的点 M 表示成复数 $a+bi$，连接原点 O 和点 M，并把 O 看做 OM 的起点，M 看做 OM 的终点，那么线段 OM 就是一条有方向的线段，这样的线段叫向量，记做 $\overrightarrow{OM}$，复数 $a+bi$ 和向量 $\overrightarrow{OM}$ 之间是一一对应关系，因此复数也可以用向量来表示.

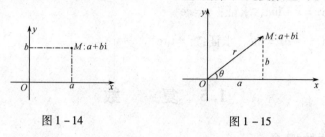

图 $1-14$ 图 $1-15$

向量 $\overrightarrow{OM}$ 的长度叫做复数的模，记做 $|a+bi|$，显然 $|a+bi|=\sqrt{a^2+b^2}$，如果 $b=0$，那么 $a+bi$ 是实数 a，它的模等于 $|a|$.

由 x 的正半轴到向量 $\overrightarrow{OM}$ 的夹角 θ 叫做复数 $a+bi$ 的幅角. 例如，i 的幅角是 $2k\pi+\dfrac{\pi}{2}$ $(k\in\mathbf{Z})$，或者 $k\cdot360°+90°(k\in\mathbf{Z})$. 我们把幅角在 $[0,2\pi)$ 内的值叫幅角的主值.

当 M 与原点 O 重合时，线段 OM 缩成一点，它的长度是零，并且没有确定的方向，这样的向量叫零向量，所以零向量没有确定的幅角.

要确定复数 $a+bi(a\neq0)$ 的幅角 θ，可以利用公式 $\tan\theta=\dfrac{b}{a}$，其中 θ 所在象限就是点 $M(a,b)$ 所在象限，如图 $1-15$ 所示.

【例 1.12】复数 $\sqrt{3}+i$，$3i$，-2，分别求出它们的模与幅角主值.

解：（1）$\left|\sqrt{3}+i\right|=\sqrt{\left(\sqrt{3}\right)^2+1^2}=2$，因为 $a=\sqrt{3}$，$b=1$，$\tan\theta=\dfrac{1}{\sqrt{3}}$，

点 $(\sqrt{3},1)$ 在第一象限内，幅角的主值为 $\theta=\dfrac{\pi}{6}$；

（2）$|3i|=\sqrt{0^2+3^2}=3$，幅角的主值为 $\theta=\dfrac{\pi}{2}$；

（3）$|-2|=\sqrt{(-2)^2+0^2}=2$，幅角的主值为 $\theta=\pi$.

3. 共轭复数

如果两个复数的实部相等，虚部互为相反数，那么这两个复数叫做共轭复数. 例如，$2+3i$ 和 $2-3i$，$-\sqrt{2}i$ 和 $\sqrt{2}i$ 都是共轭复数. 复数 z 的共轭复数用 $\bar{z}$ 表示. 其中如果 $z=a+bi$，那么 $\bar{z}=a-bi$，如果 $z=a-bi$，那么 $\bar{z}=a+bi$，如图 $1-16$ 所示.

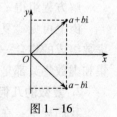

图 $1-16$

因为 $|a+bi|=\sqrt{a^2+b^2}$，$|a-bi|=\sqrt{a^2+(-b)^2}=\sqrt{a^2+b^2}$，所以两个共轭复数的模相等. 表示两个共轭复数 $a+bi$，$a-bi(b\neq0)$ 的点，关于 x 轴对称. 相应的，这一对共轭复数所对应的向量也是关于 x 轴对称的. 如果 θ 是复数 $z=a+bi$ 的幅角主值，由于幅角主值的范围为 $0\leq\theta<2\pi$，所以 $2\pi-\theta$ 就是它的共轭复数 $\bar{z}=a-bi$ 的幅角主值. 例如，复数 $3+4i$ 与它的共轭复数 $3-4i$ 在复平面内所对应的点 M_1 和 M_2 关于 x 轴对称，它们的幅角主值分别是 $\arctan\dfrac{4}{3}$ 和 $2\pi-\arctan\dfrac{4}{3}$.

1.5.2　复数的四则运算

1. 复数的加法和减法

复数的加法和减法可以按照多项式的加法和减法的法则来进行，就是实部和实部相加减，虚部和虚部相加减，即

$$(a+bi)+(c+di)=(a+c)+(b+d)i$$
$$(a+bi)-(c+di)=(a-c)+(b-d)i$$

可以证明，复数的加法满足交换律和结合律．

设 $z_1=a_1+b_1i$，$z_2=a_2+b_2i$，$z_3=a_3+b_3i$，则

交换律：$z_1+z_2=z_2+z_1$

结合律：$(z_1+z_2)+z_3=z_1+(z_2+z_3)$

2. 复数的乘法和除法

复数相乘，可以按照多项式相乘的法则来进行，在所得展开式中，将实部和虚部分别合并就得到所求的积，即

$$(a+bi)(c+di)=ac+bci+adi+bdi^2=(ac-bd)+(bc+ad)i$$

可以证明，复数的乘法满足交换律、结合律和乘法对加法的分配律．

设 $z_1=a_1+b_1i$，$z_2=a_2+b_2i$，$z_3=a_3+b_3i$，则

交换律：$z_1 \cdot z_2=z_2 \cdot z_1$

结合律：$(z_1 \cdot z_2) \cdot z_3=z_1 \cdot (z_2 \cdot z_3)$

分配律：$z_1 \cdot (z_2+z_3)=z_1z_2+z_1z_3$

两个复数相除（除数不为零），先把它们写成分式，用分母的共轭复数同乘分子分母，然后进行化简，写成复数的一般形式，即

$$\frac{a+bi}{c+di}=\frac{(a+bi)(c-di)}{(c+di)(c-di)}$$
$$=\frac{(ac+bd)+(bc-ad)i}{c^2+d^2}$$
$$=\frac{ac+bd}{c^2+d^2}+\frac{bc-ad}{c^2+d^2}i.$$

一般的，两个共轭复数的商还是一个复数，这是因为

$$\frac{a+bi}{a-bi}=\frac{(a+bi)(a+bi)}{(a-bi)(a+bi)}=\frac{(a^2-b^2)+2abi}{a^2+b^2}$$
$$=\frac{a^2-b^2}{a^2+b^2}+\frac{2ab}{a^2+b^2}i$$

1.5.3　复数的三角形式

设复数 $a+bi$ 的模为 r，幅角为 θ，根据复平面的性质可知，

$$\begin{cases} a=r\cos\theta \\ b=r\sin\theta \end{cases}$$

则　　　　　　　　$a+bi=r\cos\theta+ir\sin\theta=r(\cos\theta+i\sin\theta)$

即　　　　　　　　$a+bi=r(\cos\theta+i\sin\theta)$

其中 $r=\sqrt{a^2+b^2}$，$\cos\theta=\dfrac{a}{r}$，$\sin\theta=\dfrac{b}{r}$ 或 $\tan\theta=\dfrac{b}{a}(a\neq 0)$．

θ 所在的象限就是与复数相对应的点 $M(a, b)$ 所在的象限. 我们把 $r(\cos\theta + i\sin\theta)$ 叫做复数的三角形式. 为了有所区别, 把 $a + bi$ 叫做复数的代数形式.

【例 1.13】 把下列复数表示为三角形式.

(1) $-1 + \sqrt{3}i$;　　(2) $2i$.

解: (1) $a = -1$, $b = \sqrt{3}$, $r = \sqrt{(-1)^2 + (\sqrt{3})^2} = 2$, $\tan\theta = \dfrac{\sqrt{3}}{-1} = -\sqrt{3}$,

点 $(-1, \sqrt{3})$ 在第二象限内, θ 的主值是 $\pi - \dfrac{\pi}{3} = \dfrac{2}{3}\pi$,

因此 $-1 + \sqrt{3}i = 2\left(\cos\dfrac{2}{3}\pi + i\sin\dfrac{2}{3}\pi\right)$.

(2) $a = 0$, $b = 2$, $r = \sqrt{0^2 + 2^2} = 2$,

点 $(0, 2)$ 在 y 轴的正半轴上, θ 的主值是 $\dfrac{\pi}{2}$,

因此 $2i = 2\left(\cos\dfrac{\pi}{2} + i\sin\dfrac{\pi}{2}\right)$.

【例 1.14】 将复数 $\sqrt{2}(\cos315° + i\sin315°)$ 表示为代数形式.

解: $\sqrt{2}(\cos315° + i\sin315°)$

$= \sqrt{2}(\cos45° - i\sin45°)$

$= \sqrt{2}\left(\dfrac{\sqrt{2}}{2} - \dfrac{\sqrt{2}}{2}i\right)$

$= 1 - i$.

【例 1.15】 求复数 $z = a + bi$ 的共轭复数的三角形式.

解: 设复数 $z = a + bi = r(\cos\theta + i\sin\theta)$, 则其共轭复数

$$\bar{z} = a - bi = r(\cos\theta - i\sin\theta)$$
$$= r[\cos(-\theta) + i\sin(-\theta)].$$

1.5.4　复数三角形式的乘法和除法

1. 复数的乘法

设复数 z_1, z_2 的三角形式分别是

$$z_1 = r_1(\cos\theta_1 + i\sin\theta_1)$$
$$z_2 = r_2(\cos\theta_2 + i\sin\theta_2)$$

则我们可得到

$$z_1 \cdot z_2 = r_1(\cos\theta_1 + i\sin\theta_1) \cdot r_2(\cos\theta_2 + i\sin\theta_2)$$
$$= r_1 \cdot r_2[\cos(\theta_1 + \theta_2) + i\sin(\theta_1 + \theta_2)]$$

上面的结论推广到 n 个有限复数的情形, 即

$$z_1 \cdot z_2 \cdot \cdots \cdot z_n = r_1 \cdot r_2 \cdot \cdots \cdot r_n[\cos(\theta_1 + \theta_2 + \cdots + \theta_n) + i\sin(\theta_1 + \theta_2 + \cdots + \theta_n)]$$

当 $z_1 = z_2 = \cdots = z_n = z$ 时, 即 $r_1 = r_2 = \cdots = r_n = r$, $\theta_1 = \theta_2 = \cdots = \theta_n = \theta$ 时,

就有 $z^n = [r(\cos\theta + i\sin\theta)]^n = r^n(\cos n\theta + i\sin n\theta)$　$(n \in \mathbf{N})$.

当 $r = 1$ 时, $(\cos\theta + i\sin\theta)^n = \cos n\theta + i\sin n\theta(n \in \mathbf{N})$, 我们称它为棣莫佛 (de Moivre) 定理.

【例 1.16】 计算 $\sqrt{2}\left(\cos\dfrac{\pi}{12}+\mathrm{i}\sin\dfrac{\pi}{12}\right)\cdot\sqrt{3}\left(\cos\dfrac{\pi}{6}+\mathrm{i}\sin\dfrac{\pi}{6}\right).$

解: $\sqrt{2}\left(\cos\dfrac{\pi}{12}+\mathrm{i}\sin\dfrac{\pi}{12}\right)\cdot\sqrt{3}\left(\cos\dfrac{\pi}{6}+\mathrm{i}\sin\dfrac{\pi}{6}\right)$

$$=\sqrt{6}\left[\cos\left(\dfrac{\pi}{12}+\dfrac{\pi}{6}\right)+\mathrm{i}\sin\left(\dfrac{\pi}{12}+\dfrac{\pi}{6}\right)\right]$$

$$=\sqrt{6}\left(\cos\dfrac{\pi}{4}+\mathrm{i}\sin\dfrac{\pi}{4}\right)$$

$$=\sqrt{6}\left(\dfrac{\sqrt{2}}{2}+\dfrac{\sqrt{2}}{2}\mathrm{i}\right)=\sqrt{3}+\sqrt{3}\mathrm{i}.$$

【例 1.17】 计算 $\left(\sqrt{3}-\mathrm{i}\right)^9.$

解: 先将复数 $\sqrt{3}-\mathrm{i}$ 化为三角形式,$\sqrt{3}-\mathrm{i}=2\left(\cos\dfrac{11\pi}{6}+\mathrm{i}\sin\dfrac{11\pi}{6}\right),$

于是 $\left(\sqrt{3}-\mathrm{i}\right)^9=2^9\left(\cos\dfrac{11}{6}\pi+\mathrm{i}\sin\dfrac{11}{6}\pi\right)^9$

$$=512\left[\cos\left(\dfrac{11}{6}\pi\times9\right)+\mathrm{i}\sin\left(\dfrac{11}{6}\pi\times9\right)\right]$$

$$=512\left(\cos\dfrac{33}{2}\pi+\mathrm{i}\sin\dfrac{33}{2}\pi\right)$$

$$=512\left(\cos\dfrac{\pi}{2}+\mathrm{i}\sin\dfrac{\pi}{2}\right)=512\mathrm{i}.$$

2. 复数的除法

设复数 z_1,z_2 的三角形式分别是

$$z_1=r_1\left(\cos\theta_1+\mathrm{i}\sin\theta_1\right)$$
$$z_2=r_2\left(\cos\theta_2+\mathrm{i}\sin\theta_2\right)\quad(z_2\neq0)$$

则我们可以得到

$$\dfrac{z_1}{z_2}=\dfrac{r_1\left(\cos\theta_1+\mathrm{i}\sin\theta_1\right)}{r_2\left(\cos\theta_2+\mathrm{i}\sin\theta_2\right)}$$

$$=\dfrac{r_1}{r_2}\left[\cos\left(\theta_1-\theta_2\right)+\mathrm{i}\sin\left(\theta_1-\theta_2\right)\right]$$

【例 1.18】 计算 $4\left(\cos\dfrac{4}{3}\pi+\mathrm{i}\sin\dfrac{4}{3}\pi\right)\div\left[2\left(\cos\dfrac{5}{6}\pi+\mathrm{i}\sin\dfrac{5}{6}\pi\right)\right].$

解: $4\left(\cos\dfrac{4}{3}\pi+\mathrm{i}\sin\dfrac{4}{3}\pi\right)\div\left[2\left(\cos\dfrac{5}{6}\pi+\mathrm{i}\sin\dfrac{5}{6}\pi\right)\right]$

$$=2\left[\cos\left(\dfrac{4}{3}\pi-\dfrac{5}{6}\pi\right)+\mathrm{i}\sin\left(\dfrac{4}{3}\pi-\dfrac{5}{6}\pi\right)\right]$$

$$=2\left(\cos\dfrac{\pi}{2}+\mathrm{i}\sin\dfrac{\pi}{2}\right)=2\mathrm{i}.$$

可以证明,棣莫佛(*de Moivre*)定理对于负整数也成立.

因为 $\left(\cos\theta+\mathrm{i}\sin\theta\right)^{-1}=\dfrac{1}{\cos\theta+\mathrm{i}\sin\theta}$

$$=\dfrac{\cos0+\mathrm{i}\sin0}{\cos\theta+\mathrm{i}\sin\theta}=\cos(-\theta)+\mathrm{i}\sin(-\theta)$$

即 $(\cos\theta + i\sin\theta)^{-1} = \cos(-\theta) + i\sin(-\theta)$

同样可推广到 n 项的情形：

$$(\cos\theta + i\sin\theta)^{-n} = \cos(-n\theta) + i\sin(-n\theta)$$

【例 1.19】 计算 $\left[\cos\left(-\dfrac{\pi}{3}\right) + i\sin\left(-\dfrac{\pi}{3}\right)\right]^{-9}$.

解： $\left[\cos\left(-\dfrac{\pi}{3}\right) + i\sin\left(-\dfrac{\pi}{3}\right)\right]^{-9}$

$= \cos\left[(-9)\left(-\dfrac{\pi}{3}\right)\right] + i\sin\left[(-9)\left(-\dfrac{\pi}{3}\right)\right]$

$= \cos 3\pi + i\sin 3\pi = -1.$

1.5.5　复数的指数形式

1. 复数的指数形式

前面介绍了复数的代数形式和三角形式，而在科学技术中，特别是在电学中，我们还需要用到复数的指数形式.

根据欧拉（Euler）公式：$\cos\theta + i\sin\theta = e^{i\theta}$，两边同乘以复数的模 r，则有 $r(\cos\theta + i\sin\theta) = re^{i\theta}$，$re^{i\theta}$ 叫做复数的指数形式，其中幅角 θ 的单位只能是弧度.

下面举例说明复数的代数形式、三角形式与指数形式的互化.

【例 1.20】 把复数 $\sqrt{3}i$，$-2 + 2i$ 分别化成指数形式.

解： (1) $\sqrt{3}i = \sqrt{3}\left(\cos\dfrac{\pi}{2} + i\sin\dfrac{\pi}{2}\right) = \sqrt{3}e^{i\frac{\pi}{2}}$；

(2) $-2 + 2i = 2\sqrt{2}\left(\cos\dfrac{3}{4}\pi + i\sin\dfrac{3}{4}\pi\right) = 2\sqrt{2}e^{i\frac{3}{4}\pi}$.

【例 1.21】 把复数 $\sqrt{2}e^{-i\frac{\pi}{4}}$，$\sqrt{5}e^{i\frac{2}{3}\pi}$ 分别化成代数形式.

解： (1) $\sqrt{2}e^{-i\frac{\pi}{4}} = \sqrt{2}\left[\cos\left(-\dfrac{\pi}{4}\right) + i\sin\left(-\dfrac{\pi}{4}\right)\right] = 1 - i$；

(2) $\sqrt{5}e^{i\frac{2}{3}\pi} = \sqrt{5}\left[\cos\dfrac{2}{3}\pi + i\sin\dfrac{2}{3}\pi\right]$

$= \sqrt{5}\left(-\dfrac{1}{2} + \dfrac{\sqrt{3}}{2}i\right) = -\dfrac{\sqrt{5}}{2} + \dfrac{\sqrt{15}}{2}i.$

2. 复数的指数形式的运算

我们可以不加证明地得到下面两条规律：

(1) $r_1 e^{i\theta_1} \cdot r_2 e^{i\theta_2} = r_1 \cdot r_2 e^{i(\theta_1 + \theta_2)}$，$\left(re^{i\theta}\right)^n = \left[r(\cos\theta + i\sin\theta)\right]^n = r^n e^{in\theta}$；

(2) $r_1 e^{i\theta_1} \div (r_2 e^{i\theta_2}) = \dfrac{r_1}{r_2} e^{i(\theta_1 - \theta_2)}.$

练习题 1.5

1. 下列各数中哪些是实数？哪些是虚数？

(1) $\left(\dfrac{1-i}{\sqrt{2}}\right)^8$；　　(2) $\left(\dfrac{1}{5} + i\right)\left(\dfrac{1}{5} - i\right)$；　　(3) $\sqrt{2}(\cos 270° + i\sin 270°)$；

(4) $\sqrt[3]{-8}$；　　(5) $\left|2\sqrt{6} - i\right|$.

2. 求适合下列条件的 x 和 y.

（1）已知 x，y 是实数，且 $x+y-30-xyi$ 和 $60i-|x+yi|$ 是共轭复数.

（2）已知 x，y 是共轭复数且 $(x+y)^2-3xyi=4-6i$.

3. 化简：$(1+\cos\theta+i\sin\theta)^2 \div [(\cos\theta-i\sin\theta)^4(1-i)^4]$.

4. 已知 $(2-i)^2(x-yi)+(3y-2xi)=11-7i$，求实数 x 和 y.

5. 设 $z=\dfrac{-3+\sqrt{23}i}{2}$，求证 $z^2+3z+8=0$.

6. 设 p，q 为实数，且都不为零，求证 $\left(\dfrac{p+qi}{p-qi}\right)^2-\left(\dfrac{p-qi}{p+qi}\right)^2$ 为纯虚数.

7. 计算.

（1）$\left(\dfrac{3+i}{2}\right)^6+\left(\dfrac{3-i}{2}\right)^6$；   （2）$\dfrac{\left[2\left(\cos\dfrac{5}{3}\pi+i\sin\dfrac{5}{3}\pi\right)\right]^4}{\left(\cos\dfrac{\pi}{3}+i\sin\dfrac{\pi}{3}\right)^2}$；   （3）$(3e^{i\frac{\pi}{4}})^5$.

1.6 复数在通信专业中的应用

电信、电力及许多工程技术部门都广泛地应用正弦交流电. 正弦电流电是指它的电压和电流都是时间的正弦型函数. 它们的解析式可写成

$$u=U_m\sin(\omega t+\varphi)$$
$$i=I_m\sin(\omega t+\varphi)$$

其中 u，i 是电压与电流，t 是自变量时间，U_m，I_m 及 ω，φ 均为常数.

1.6.1 正弦交流电的和

这里我们只简单的举例说明.

设 $u_1=\sqrt{2}\cdot150\sin(\omega t+36.9°)$（V），$u_2=\sqrt{2}\cdot220\sin(\omega t+60°)$（V），求 $u=u_1+u_2$.
用复数进行相加，并采用有效值形式，则

$$u_1=150e^{j36.9°}=120+j90（V）$$
$$u_1=220e^{j60°}=110+j190.3（V）$$
$$u=u_1+u_2=230+j280.3=363e^{j50.6°}（V）$$

再写成对应的瞬时函数式，便为

$$u=\sqrt{2}\cdot363\sin(\omega t+50.6°)（V）$$

由上可见，用复数计算比较简单.

1.6.2 正弦交流电的积——调幅

电话通信要在线路上传送人的话音所转换成的电信号，这些电信号频率较低（300 ~ 3400 Hz），称为音频信号，在多路载波通信、无线电通信和微波通信中必须把这样的音频信号"附加"到更高频率的正弦交流电上去，这个过程称为调制. 这里，只简单介绍一下调制的一种方法——调幅，设一个单一频率的音频电流

$$i_\Omega=I_{m\Omega}\sin\Omega t$$

其中，角频率 $\Omega=2\pi F$，F 就是音频范围内的某一频率.

另有一高频电流

$$i_\omega = I_{m\omega}\sin\omega t$$

其角频率 $\omega = 2\pi f$，f 就是载波或微波的某一高频频率.

所谓调幅，就是使高频电流的振幅 $I_{m\omega}$ 随音频电流 i_Ω 而变化，最简单的情形（更一般的情形在专业中讨论）就是 $I_{m\omega} = i_\Omega$，即调幅后的高频电流

$$i = i_\Omega\sin\omega t = I_{m\Omega}\sin\Omega\, t\sin\omega t$$

从数学上看，这一调幅过程相当于应用了一个"乘法器". 把音频电流和高频电流这两个正弦型函数相乘，根据积化和差公式

$$\sin x \cdot \sin y = \frac{1}{2}\cos(x - y) - \frac{1}{2}\cos(x + y)$$

调幅后的电流就成为

$$i = I_{m\Omega}\sin\Omega t\sin\omega t$$
$$= I_{m\Omega}\left[\frac{1}{2}\cos(\omega - \Omega)t - \frac{1}{2}\cos(\omega + \Omega)t\right]$$
$$= \frac{I_{m\Omega}}{2}\cos(\omega - \Omega)t - \frac{I_{m\Omega}}{2}\cos(\omega + \Omega)t$$

由于我们已知余弦函数实质上也是一种正弦函数，只是初相角相差 $\dfrac{\pi}{2}$，所以，调幅后（即相乘后）得到的是两个正弦电流，其频率分别是高频与音频之差及高频与音频之和.

1.6.3　电路的瞬时功率

下面我们讨论电流 i 流过纯电阻时消耗的功率. 已知瞬时功率

$$P = i^2R$$

如果 i 是正弦交流电，设

$$i = I_m\sin\omega t$$

则相应的瞬时功率为

$$P = i^2R = I_m^2R\sin^2\omega t$$

从数学上看，这就是正弦型函数的平方，根据倍角公式

$$\cos 2\alpha = 1 - 2\sin^2\alpha$$

即

$$\sin^2\alpha = \frac{1 - \cos 2\alpha}{2}$$

所以

$$P = I_m^2R\left(\frac{1}{2} - \frac{1}{2}\cos 2\omega t\right)$$
$$= \frac{I_m^2R}{2} - \frac{I_m^2R}{2}\cos 2\omega t$$

可见功率 P 包含一个恒定的值 $\dfrac{I_m^2R}{2}$ 及一个二倍频率的正弦量 $\dfrac{I_m^2R}{2}\cos 2\omega t$，如果 P 为纵轴，t 为横轴作出功率 P 随时间 t 变化的图形，则可采用下列步骤：先做出 $-\dfrac{I_m^2R}{2}\cos 2\omega t$ 的图形，它是把正弦型函数 $\dfrac{I_m^2R}{2}\cos 2\omega t$ 乘以 -1，即正半波变为负半波，负半波变为正半波，然后加

上 $\dfrac{I_m^2 R}{2}$，即整个波形沿纵轴向上移动 $\dfrac{I_m^2 R}{2}$，实际上 $\dfrac{I_m^2 R}{2}$ 即功率 P 的平均值，也称为平均功率.

本章 小结及思维导图
BENZHANG XIAOJIE JI SIWEI DAOTU

一、学习本章，要求读者回顾函数和反函数的基本概念，熟悉函数的几种特性如单调性、奇偶性、有界性等，熟悉几种常见函数：指数函数、对数函数、分段函数、复合函数，掌握复数及其应用.

二、思维导图

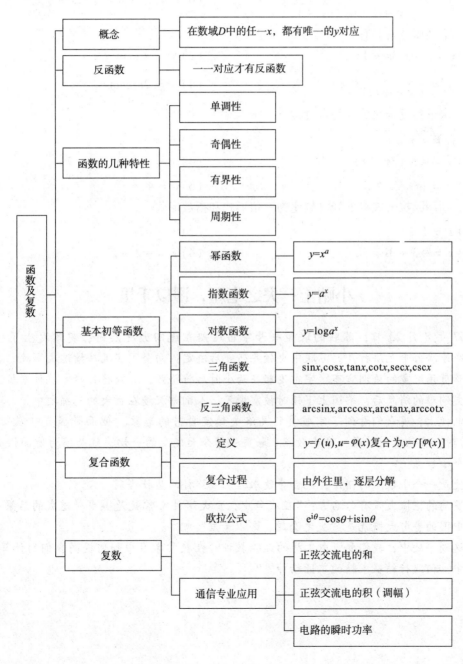

测试题 1

一、求下列函数的定义域

(1) $y = 4x^2 - \dfrac{1}{x^2 - 9}$

(2) $y = \ln(4x^2 - 9)$

(3) $y = \sqrt{2x^2 - 8}$

(4) $y = \dfrac{1}{\sqrt{25 - x^2}}$

(5) $y = \dfrac{1}{\sqrt{5x^2 + 1}} - \dfrac{1}{\sqrt{(4x - 1)^2}}$

(6) $y = e^x + \arcsin(2x - 5)$

二、下列函数是否有界

(1) $y = 2\cos(3x - 1)$

(2) $y = \arcsin^2 x + 1$

(3) $y = \dfrac{1}{2 + \tan x}$

(4) $y = 2\text{arccot}\,x - \dfrac{\pi}{3}$

三、求下列复合函数的复合过程

(1) $y = \sqrt{3x^4 + 7}$

(2) $y = e^{2x-5}$

(3) $y = \sin^2(3x - 1)$

(4) $y = \arcsin(5x^2 - 7)$

(5) $y = \ln \sqrt{2x + 5}$

(6) $y = 4^{-\frac{1}{x}}$

四、利用欧拉公式将下列复数化为三角形式和指数形式

(1) $z = 1 + i$

(2) $z = \sqrt{2}i$

(3) $z = -3 + 3i$

(4) $z = -2 - 2i$

小贴士：失之毫厘，谬以千里

1967 年 8 月 23 日，苏联的联盟一号宇宙飞船在返回大气层时，突然发生了恶性事故——减速降落伞无法打开．苏联中央领导研究后决定：向全国实况转播这次事故．当电视台的播音员用沉重的语调宣布，宇宙飞船在两小时后将坠毁，观众将目睹宇航员弗拉迪米·科马洛夫殉难的消息后，举国上下顿时被震撼了，人们都沉浸在巨大的悲痛之中．

在电视上，观众们看到了宇航员科马洛夫镇定自若的形象．他面带微笑叮嘱女儿说："你学习时，要认真对待每一个小数点．联盟一号今天发生的一切，就是因为地面检查时忽略了一个小数点……"

即使是一个小数点的错误，也会导致永远无法弥补的悲壮告别．

古罗马的恺撒大帝有句名言："在战争中，重大事件常常就是小事所造成的后果．"换成我们中国的警句大概就是"失之毫厘，谬以千里"吧．

从这则事故中，我们要吸取怎样的经验教训？在数学学习中如何提高我们的计算能力？在工作中如何践行精益求精的工匠精神呢？

第二章

极限与连续

本章导读

> 微积分是研究变量以及变量函数关系的一门学科，极限概念是微积分的重要基本概念之一，那么什么是极限？它是用来干什么的？它与微积分的其他重要概念如导数、微分、积分有什么关系？极限有哪些性质？如何求极限？极限与函数的连续性有什么关系？
>
> 学习目标：掌握极限、无穷小与无穷大、函数连续性的概念，理解并会用函数极限的运算法则、两个重要极限，会求函数的极限，会判断函数的间断点及其类型，熟记闭区间上连续函数的性质
>
> 素质目标：培养学生的计算能力，逻辑思维能力和理解能力．使学生养成善于动脑，勤于思考的学习习惯．

2.1 极限的概念

2.1.1 数列的极限

2.1 数列的极限

按一定次序排列的无穷多个数 a_1，a_2，$\cdots$，a_n，$\cdots$称为无穷数列，简称数列，可简记为 $\{a_n\}$，其中的每个数称为数列的项，a_n 称为通项．

例如：数列 2，$\dfrac{1}{2}$，$\dfrac{4}{3}$，$\dfrac{3}{4}$，$\cdots$，$\dfrac{n+(-1)^n}{n}$，$\cdots$，可以看出，该数列的值无限接近于常数 1.

【定义 2.1】 如果当 n 无限增大时，数列 $\{a_n\}$ 无限接近于一个确定的常数 A，则称常数 A 是数列 $\{a_n\}$ 的极限，或称数列$\{a_n\}$收敛于 A. 记作 $\lim\limits_{n\to\infty} a_n = A$ 或 $a_n \to A$ （$n\to\infty$）．

如果一个数列没有极限，就称该数列是发散的．

【例 2.1】 观察下面各数列的变化趋势，并写出它们的极限．

(1) $a_n = \dfrac{1}{n}$；　　(2) $a_n = 2 - \dfrac{1}{n^2}$；　　(3) $a_n = \left(-\dfrac{1}{2}\right)^n$；　　(4) $a_n = 5$.

解：(1) 收敛，$\lim\limits_{n\to\infty} \dfrac{1}{n} = 0$；

(2) 收敛，$\lim\limits_{n\to\infty} \left(2 - \dfrac{1}{n^2}\right) = 2$；

(3) 收敛，$\lim\limits_{n\to\infty} \left(-\dfrac{1}{2}\right)^n = 0$；

（4）收敛，$\lim\limits_{n\to\infty} 5 = 5$.

由例 2.1 归纳出的一般结果如下：

（1）$\lim\limits_{n\to\infty} \dfrac{1}{n^{\alpha}} = 0(\alpha > 0)$；

（2）$\lim\limits_{n\to\infty} q^n = 0(|q| < 1)$；

（3）$\lim\limits_{n\to\infty} C = C(C \ 为常数)$.

【例 2.2】观察数列的变化趋势，写出它们的极限.

（1）$a_n = 3 \times 2^{n-1}$；　　（2）$a_n = (-1)^{n+1}$.

解：（1）发散，无极限；

（2）发散，无极限.

2.1.2 函数的极限

数列可以看成是定义域为正整数集合的函数 $f(n)$，当自变量 n 从小到大取值时所对应的一列函数值就是数列的项，即 $a_n = f(n)$. 那么数列 $\{a_n\}$ 的极限为 A 就是：当自变量 n 取正整数且无限增大（即 $n\to\infty$）时，对应的函数值 $f(n)$ 无限接近于确定的数 A. 将数列极限概念中自变量 n 和函数值 $f(x)$ 的特殊性撇开，这样可以引出函数极限的一般概念.

1. 自变量趋向于无穷大时函数的极限

例如：观察当 $x\to\infty$ 时，$f(x) = \dfrac{1}{x}$ 的变化趋势，如图 2-1 所示.

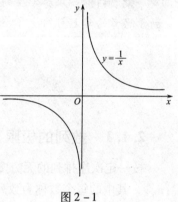

图 2-1

【定义 2.2】设函数 $f(x)$ 在 $|x|$ 充分大时有定义，如果当 x 的绝对值无限增大时，函数 $f(x)$ 的值无限接近于一个确定的常数 A，则 A 叫做函数 $f(x)$ 当 $x\to\infty$ 时的极限，记作

$$\lim\limits_{x\to\infty} f(x) = A \ 或 \ f(x) \to A(x\to\infty)$$

如果在上述定义中，限制 x 只取正值或只取负值，即有

$$\lim\limits_{x\to +\infty} f(x) = A \ 或 \ \lim\limits_{x\to -\infty} f(x) = A$$

则称常数 A 为函数 $f(x)$ 当 $x\to +\infty$ 或 $x\to -\infty$ 时的极限. 注意到 $x\to\infty$ 意味着同时考虑当 $x\to +\infty$ 与 $x\to -\infty$ 时的情形. 那么有：若 $\lim\limits_{x\to +\infty} f(x)$ 和 $\lim\limits_{x\to -\infty} f(x)$ 都存在且相等，则 $\lim\limits_{x\to\infty} f(x)$ 存在且与它们相等；当其中一个不存在或都存在但是不相等时，$\lim\limits_{x\to\infty} f(x)$ 不存在.

【定理 2.1】极限 $\lim\limits_{x\to\infty} f(x) = A$ 的充分必要条件是 $\lim\limits_{x\to +\infty} f(x) = \lim\limits_{x\to -\infty} f(x) = A$

【例 2.3】观察函数 $y = \arctan x$ 的图像（图 2-2），并求下列极限.

（1）$\lim\limits_{x\to +\infty} \arctan x$；　　（2）$\lim\limits_{x\to -\infty} \arctan x$；　　（3）$\lim\limits_{x\to\infty} \arctan x$.

解：（1）$\lim\limits_{x\to +\infty} \arctan x = \dfrac{\pi}{2}$；

（2）$\lim\limits_{x\to -\infty} \arctan x = -\dfrac{\pi}{2}$；

（3）$\lim\limits_{x\to\infty}\arctan x$ 不存在.

2. 自变量趋向于有限值时函数的极限

例如：考察当 $x\to0$ 时，$f(x)=1+x^2$ 的变化趋势（图2-3）.

2.1 函数的极限

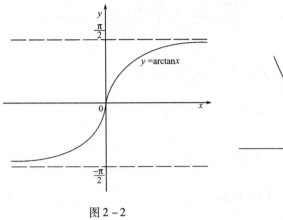

图2-2

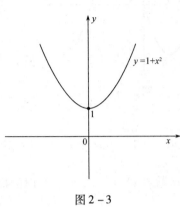

图2-3

【定义2.3】函数 $f(x)$ 在点 x_0 的某个邻域内有定义（x_0 可以除外），如果当 x 无限接近于定值 x_0，即 $x\to x_0$（x 不等于 x_0）时，函数 $f(x)$ 的值无限接近于一个确定的常数 A，则 A 叫做函数 $f(x)$ 当 $x\to x_0$ 时的极限，记作

$$\lim\limits_{x\to x_0}f(x)=A \text{ 或 } f(x)\to A \quad (x\to x_0)$$

【例2.4】试根据定义说明下列结论.

（1）$\lim\limits_{x\to x_0}x=x_0$；　　（2）$\lim\limits_{x\to x_0}C=C.$

解：（1）当自变量 $x\to x_0$ 时，显然，函数 $y=x$ 也趋近 x_0，故 $\lim\limits_{x\to x_0}x=x_0$；

（2）当自变量 $x\to x_0$ 时，函数 $y=C$ 始终取相同的值 C，故 $\lim\limits_{x\to x_0}C=C.$

当自变量 x 从 x_0 左侧（或右侧）趋近 x_0 时，函数 $f(x)$ 趋于常数 A，则称 A 为函数 $f(x)$ 在点 x_0 处的左极限（或右极限），记为

$$\lim\limits_{x\to x_0^-}f(x)=f(x_0-0)=A \text{ 或 } \lim\limits_{x\to x_0^+}f(x)=f(x_0+0)=A$$

【定理2.2】函数 $f(x)$ 当 $x\to x_0$ 时极限存在的充分必要条件是左、右极限都存在且相等，即

$$\lim\limits_{x\to x_0}f(x)=A\Leftrightarrow \lim\limits_{x\to x_0+}f(x)=\lim\limits_{x\to x_0-}f(x)=A$$

【例2.5】观察正弦和余弦函数的图像，如图2-4和图2-5所示，考察极限 $\lim\limits_{x\to0}\sin x$ 和 $\lim\limits_{x\to0}\cos x$ 的值.

解： $\lim\limits_{x\to0}\sin x=0$；$\lim\limits_{x\to0}\cos x=1.$

【例2.6】求函数 $y=\text{sgn}x=\begin{cases}1, & x>0 \\ 0, & x=0 \\ -1, & x<0\end{cases}$，当 $x\to0$ 时的左、右极限值，并讨论极限 $\lim\limits_{x\to0}\text{sgn}x$ 是否存在.

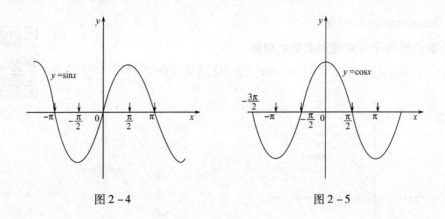

图 2 – 4   图 2 – 5

解： 因为 $\lim\limits_{x\to 0^-}\mathrm{sgn}x = -1$，$\lim\limits_{x\to 0^+}\mathrm{sgn}x = 1$，所以 $\lim\limits_{x\to 0}\mathrm{sgn}x$ 不存在.

【例 2.7】 讨论函数 $f(x) = \dfrac{x^2}{x}$，当 $x\to 0$ 时的极限.

解： 因为 $x\to 0$，所以 $x\neq 0$，因此有 $f(x) = \dfrac{x^2}{x} = x$，

于是 $\lim\limits_{x\to 0}f(x) = \lim\limits_{x\to 0}\dfrac{x^2}{x} = \lim\limits_{x\to 0}x = 0$

注意问题： 例 2.7 中的函数 $f(x) = \dfrac{x^2}{x}$ 在 $x = 0$ 处没有定义，但是函数在 $x = 0$ 处有极限.

结论： 函数在 $x = x_0$ 有无极限与该函数在该点有无定义没有关系.

2.1.3　极限的性质

【性质 2.1】（唯一性）如果极限 $\lim\limits_{x\to x_0}f(x)$ 存在，则其极限是唯一的.

【性质 2.2】（有界性）如果极限 $\lim\limits_{x\to x_0}f(x)$ 存在，则函数 $f(x)$ 必在 x_0 的某个去心邻域内有界.

【性质 2.3】（保号性）如果 $\lim\limits_{x\to x_0}f(x) = A > 0$（或 $A < 0$），则存在点 x_0 的某一邻域，当 x 在该邻域内，但 $x\neq x_0$ 时，有 $f(x) > 0$（或 $f(x) < 0$）.

【推论 2.1】 如果 $f(x)\geqslant 0$（或 $f(x)\leqslant 0$），且 $\lim\limits_{x\to x_0}f(x) = A$，则 $A\geqslant 0$（或 $A\leqslant 0$）.

练习题 2.1

1. 选择题.

（1）函数 $f(x)$ 在 $x = x_0$ 处有定义是 $x\to x_0$ 时函数 $f(x)$ 有极限的　　　　（　　）.

A. 必要条件　　　　B. 充分条件　　　　C. 充要条件　　　　D. 无关条件

（2）$f(x_0 + 0)$ 与 $f(x_0 - 0)$ 都存在是函数 $f(x)$ 在 $x = x_0$ 处有极限的　　　（　　）.

A. 必要条件　　　　B. 充分条件　　　　C. 充要条件　　　　D. 无关条件

2. 判断以下数列极限是否存在，若存在，求出具体极限.

(1) 9，9，9，9，……

(2) 2，−2，2，−2……

(3) 0.9，0.99，0.999，0.999 9，……

(4) 1，2，3，4，……

(5) $a_n = \dfrac{2n+1}{n}$

(6) $a_n = 1 - \dfrac{1}{2^n}$

(7) $a_n = 3^n$

(8) $a_n = \dfrac{(-1)^n}{n}$

3. 设 $f(x) = \begin{cases} x+1, & x<1 \\ x-1, & x>1 \end{cases}$，画出它的图像，并求当 $x \to 1$ 时，函数的左右极限，从而说明当 $x \to 1$ 时函数的极限是否存在.

4. 设 $f(x) = \begin{cases} 1+2x, & x<0 \\ 1, & x=0 \\ 1-x, & x>0 \end{cases}$，求 $f(0+0)$，$f(0-0)$，$\lim\limits_{x \to 0} f(x)$.

5. 设函数 $f(x) = \begin{cases} e^x, & x<0 \\ x^2+1, & 0 \leqslant x<1 \\ 1, & x>1 \end{cases}$，求 $f(x)$ 在 $x \to 0$ 及 $x \to 1$ 时的左、右极限，并说明 $\lim\limits_{x \to 0} f(x)$，$\lim\limits_{x \to 1} f(x)$ 是否存在.

6. 观察函数 $y = \operatorname{arccot} x$ 的图像，求出下列极限.

(1) $\lim\limits_{x \to +\infty} \operatorname{arccot} x$；(2) $\lim\limits_{x \to -\infty} \operatorname{arccot} x$；(3) $\lim\limits_{x \to \infty} \operatorname{arccot} x$.

2.2　无穷小于无穷大

2.2　无穷小与无穷大

2.2.1　无穷小

1. 无穷小的定义

【定义 2.4】 极限是零的变量，称为无穷小量．简称无穷小．

例如：因为 $\lim\limits_{x \to \infty} \dfrac{1}{x^2} = 0$，所以 $f(x) = \dfrac{1}{x^2}$ 是当 $x \to \infty$ 时的无穷小；又因为 $\lim\limits_{x \to 2}(x-2) = 0$，所以函数 $g(x) = x-2$ 是当 $x \to 2$ 时的无穷小．

注意：（1）说一个函数 $f(x)$ 是无穷小时，必须指明自变量 x 的变化趋势．例如函数 $f(x) = x+5$ 是当 $x \to -5$ 时的无穷小，但当 $x \to 1$ 时，$x+5$ 就不是无穷小．

（2）不能把一个绝对值很小的常数说成是无穷小，因为这个常数的极限不等于 0．

（3）常数函数 $f(x) = 0$ 总是无穷小，因为 $\lim 0 = 0$．

2. 无穷小的性质

在自变量的同一变化过程中，无穷小具有如下性质：

【性质 2.4】 有限个无穷小的代数和仍是无穷小．

【性质 2.5】 有限个无穷小的乘积仍是无穷小．

【性质 2.6】 有界函数与无穷小的乘积仍是无穷小．

【推论 2.2】 常数与无穷小的乘积仍是无穷小．

【例 2.8】 求 $\lim\limits_{x \to \infty} \dfrac{\sin x}{x}$.

解：考虑到 $\dfrac{\sin x}{x} = \dfrac{1}{x} \cdot \sin x$，当 $x \to \infty$ 时，$\dfrac{1}{x}$ 是无穷小，而 $\sin x$ 是有界函数，由性质 3 可得 $\lim\limits_{x \to \infty} \dfrac{\sin x}{x} = 0.$

3. 无穷小与函数极限之间的关系

【定理 2.3】 具有极限的函数等于它的极限与一个无穷小之和，反之，如果函数可以表示为常数与无穷小之和，那么该常数就是这个函数的极限，即 $\lim\limits_{\substack{x \to x_0 \\ (x \to \infty)}} f(x) = A$ 的充分必要条件是 $f(x) = A + \alpha.$ 其中 α 为 $x \to x_0 (x \to \infty)$ 时的无穷小.

2.2.2 无穷大

1. 无穷大的定义

【定义 2.5】 如果当 $x \to x_0 (x \to \infty)$ 时，函数 $f(x)$ 的绝对值无限增大，则函数 $f(x)$ 叫做当 $x \to x_0 (x \to \infty)$ 时的无穷大量，简称无穷大.

一个函数 $f(x)$ 当 $x \to x_0 (x \to \infty)$ 时为无穷大，按极限的意义，$f(x)$ 的极限是不存在的，为了描述函数的这一性态，我们也称函数 $f(x)$ 的极限是无穷大，并记为 $\lim\limits_{\substack{x \to x_0 \\ (x \to \infty)}} f(x) = +\infty$，$\lim\limits_{\substack{x \to x_0 \\ (x \to \infty)}} f(x) = -\infty.$

通常，还把趋向于 $+\infty$ 的叫做正无穷大，趋向于 $-\infty$ 的叫做负无穷大，分别记为 $\lim\limits_{x \to x_0} f(x) = +\infty$，$\lim\limits_{x \to x_0} f(x) = -\infty.$

例如，当 $x \to +\infty$ 时，$y = 2^x$ 是正无穷大，当 $x \to 0^+$ 时，$\ln x$ 是负无穷大，即有 $\lim\limits_{x \to +\infty} 2^x = +\infty$，$\lim\limits_{x \to 0^+} \ln x = -\infty$，如图 2-6 和图 2-7 所示.

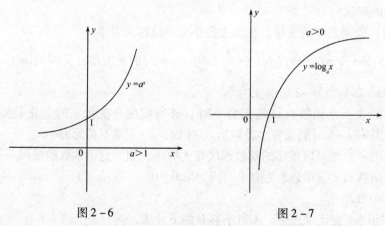

图 2-6   图 2-7

注意：（1）说一个函数 $f(x)$ 是无穷大，必须指明自变量 x 的变化趋势，如 $\dfrac{1}{x}$，当 $x \to 0$ 时，是无穷大，但当 $x \to 1$ 就不是无穷大.

（2）不能把一个很大的常数说成是无穷大，因为这个常数当 $x \to x_0 (x \to \infty)$ 时，其绝对值不能无限地增大.

2. 无穷小与无穷大的关系

【定理 2.4】 在自变量的同一变化过程中,如果 $f(x)$ 为无穷大,那么 $\dfrac{1}{f(x)}$ 为无穷小;反之,如果 $f(x)$ 为无穷小,且 $f(x) \neq 0$,那么 $\dfrac{1}{f(x)}$ 为无穷大.

例如:当 $x \to 0$ 时,x 是无穷小,所以 $x \to 0$ 时,$\dfrac{1}{x}$ 是无穷大.

当 $x \to +\infty$ 时,e^x 是无穷大,所以当 $x \to +\infty$ 时,e^{-x} 是无穷小.

2.2.3 无穷小的比较

【定义 2.6】 设 α 和 β 都是在同一个自变量的变化过程中的无穷小,又 $\lim \dfrac{\alpha}{\beta}$ 是在这一变化过程中的极限:

(1) 如果 $\lim \dfrac{\alpha}{\beta} = 0$,就说 α 是比 β 高阶的无穷小;

(2) 如果 $\lim \dfrac{\alpha}{\beta} = \infty$,就说 α 是比 β 低阶的无穷小;

(3) 如果 $\lim \dfrac{\alpha}{\beta} = C$($C$ 为不等于 0 的常数),就说 α 是与 β 同阶的无穷小;

(4) 如果 $\lim \dfrac{\alpha}{\beta} = 1$,就说 α 与 β 等价无穷小,记作 $\alpha \sim \beta$.

【例 2.9】 比较下列无穷小的阶数的高低:

(1) $x \to \infty$ 时,无穷小 $\dfrac{1}{x^2}$ 与 $\dfrac{3}{x}$;

(2) $x \to 1$ 时,无穷小 $1 - x$ 与 $1 - x^2$.

解:(1) 因为 $\lim\limits_{x \to \infty} \dfrac{\frac{1}{x^2}}{\frac{3}{x}} = \dfrac{1}{3} \lim\limits_{x \to \infty} \dfrac{1}{x} = 0$,所以 $\dfrac{1}{x^2}$ 是比 $\dfrac{3}{x}$ 高阶的无穷小;

(2) 因为 $\lim\limits_{x \to 1} \dfrac{1 - x^2}{1 - x} = \lim\limits_{x \to 1} \dfrac{(1 + x)(1 - x)}{1 - x} = \lim\limits_{x \to 1}(x + 1) = 2$;所以 $1 - x$ 是与 $1 - x^2$ 同阶的无穷小.

练习题 2.2

1. 选择题

(1) 若 $\lim\limits_{x \to x_0} f(x) = \infty$,$\lim\limits_{x \to x_0} g(x) = \infty$,下列极限正确的是　　　(　　).

A. $\lim\limits_{x \to x_0}[f(x) + g(x)] = \infty$　　　B. $\lim\limits_{x \to x_0}[f(x) - g(x)] = \infty$

C. $\lim\limits_{x \to x_0} \dfrac{1}{f(x) + g(x)} = 0$　　　D. $\lim\limits_{x \to x_0} Cf(x) = \infty$($C \neq 0$)

(2) 下列变量在给定的变化过程中不是无穷小的是　　　(　　).

A. $n(x + 1)(x \to -1)$　　　B. $\dfrac{1}{\sqrt{x}}(x \to +\infty)$

C. $\dfrac{x-2}{x^2-x-2}(x\to 2)$ \qquad D. $e^{\frac{1}{x}}(x\to 0^-)$

2. 计算题

（1） $\displaystyle\lim_{x\to\infty}\dfrac{\cos x}{2x}$ \qquad （2） $\displaystyle\lim_{x\to 0}(x^2+\sin x)$

（3） $\displaystyle\lim_{x\to\infty}\dfrac{3x}{x^2}$ \qquad （4） $\displaystyle\lim_{x\to\infty}\dfrac{1}{\sqrt{1-x}}$

3. 指出下列函数在自变量怎样的变化时是无穷小？怎样的变化时是无穷大？

（1） $y=\dfrac{1}{x^3+1}$; \qquad （2） $y=\dfrac{x}{x+5}$;

（3） $y=\sin x$; \qquad （4） $y=\ln x$;

4. 比较下列无穷小的阶数的高低.

（1） 当 $x\to 0$ 时， $5x^2$ 与 $3x$; \qquad （2） 当 $x\to\infty$ 时， $\dfrac{5}{x^2}$ 与 $\dfrac{4}{x^3}$.

2.3 极限运算法则

2.3.1 极限的四则运算法则

【定理2.5】 设 $\lim f(x)=A$, $\lim g(x)=B$, 则

（1） $\lim[f(x)\pm g(x)]=A\pm B=\lim f(x)\pm\lim g(x)$;

（2） $\lim[f(x)\cdot g(x)]=A\cdot B=\lim f(x)\cdot g(x)$;

（3） $\lim\dfrac{f(x)}{g(x)}=\dfrac{A}{B}=\dfrac{\lim f(x)}{\lim g(x)}(B\neq 0)$.

【推论2.3】 若 $\displaystyle\lim_{x\to x_0}f(x)$ 存在， C 为常数，则 $\displaystyle\lim_{x\to x_0}Cf(x)=C\lim_{x\to x_0}f(x)$.

【推论2.4】 $\displaystyle\lim_{x\to x_0}[f(x)]^n=\left[\lim_{x\to x_0}f(x)\right]^n$.

【例2.10】 求极限.

（1） $\displaystyle\lim_{n\to\infty}\dfrac{7+n^2}{n(n+1)}$; \quad （2） $\displaystyle\lim_{n\to\infty}\left[\dfrac{1}{1\times 2}+\dfrac{1}{2\times 3}+\cdots+\dfrac{1}{n(n+1)}\right]$.

解: （1） $\displaystyle\lim_{n\to\infty}\dfrac{7+n^2}{n(n+1)}=\lim_{n\to\infty}\dfrac{7+n^2}{n^2+n}=\lim_{n\to\infty}\dfrac{\dfrac{7}{n^2}+1}{1+\dfrac{1}{n}}=\dfrac{\displaystyle\lim_{n\to\infty}\dfrac{7}{n^2}+\lim_{n\to\infty}1}{\displaystyle\lim_{n\to\infty}1+\lim_{n\to\infty}\dfrac{1}{n}}=1$;

（2） $\displaystyle\lim_{n\to\infty}\left[\dfrac{1}{1\times 2}+\dfrac{1}{2\times 3}+\cdots+\dfrac{1}{n\,(n+1)}\right]$

$=\displaystyle\lim_{n\to\infty}\left[\left(1-\dfrac{1}{2}\right)+\left(\dfrac{1}{2}-\dfrac{1}{3}\right)+\cdots+\left(\dfrac{1}{n}-\dfrac{1}{n+1}\right)\right]$

$=\displaystyle\lim_{n\to\infty}\left(1-\dfrac{1}{n+1}\right)=1$.

【例2.11】 求下列函数的极限.

（1） $\displaystyle\lim_{x\to 1}(3x^2+2x-1)$; \quad （2） $\displaystyle\lim_{x\to 5}\dfrac{x+3}{x-2}$;

（3）$\lim\limits_{x\to 1}\dfrac{x^2-2x+1}{x^3-x}$；　　　　（4）$\lim\limits_{x\to\infty}\left(\dfrac{x^3}{2x^2-1}-\dfrac{x^2}{2x+1}\right)$；

（5）$\lim\limits_{x\to 1}\left(\dfrac{1}{1-x}-\dfrac{3}{1-x^3}\right)$；　　　（6）$\lim\limits_{x\to 2}\dfrac{x^2-4}{x-2}$.

解：（1）$\lim\limits_{x\to 1}(3x^2+2x-1)$

$$=\lim_{x\to 1}3x^2+\lim_{x\to 1}2x-\lim_{x\to 1}1=3\left(\lim_{x\to 1}x\right)^2+2\lim_{x\to 1}x-1$$
$$=3+2-1=4；$$

（2）$\lim\limits_{x\to 5}\dfrac{x+3}{x-2}=\dfrac{\lim\limits_{x\to 5}(x+3)}{\lim\limits_{x\to 5}(x-2)}=\dfrac{5+3}{5-2}=\dfrac{8}{3}$；

（3）$\lim\limits_{x\to 1}\dfrac{x^2-2x+1}{x^3-x}=\lim\limits_{x\to 1}\dfrac{(x-1)^2}{x(x-1)(x+1)}=\lim\limits_{x\to 1}\dfrac{x-1}{x(x+1)}=0$；

（4）$\lim\limits_{x\to\infty}\left(\dfrac{x^3}{2x^2-1}-\dfrac{x^2}{2x+1}\right)=\lim\limits_{x\to\infty}\dfrac{x^3(2x+1)-x^2(2x^2-1)}{(2x^2-1)(2x+1)}$

$$=\lim_{x\to\infty}\dfrac{x^3+x^2}{4x^3+2x^2-2x-1}=\dfrac{1}{4}；$$

（5）$\lim\limits_{x\to 1}\left(\dfrac{1}{1-x}-\dfrac{3}{1-x^3}\right)=\lim\limits_{x\to 1}\dfrac{(x-1)(x+2)}{(1-x)(1+x+x^2)}$

$$=-\lim_{x\to 1}\dfrac{x+2}{1+x+x^2}=-1；$$

（6）$\lim\limits_{x\to 2}\dfrac{x^2-4}{x-2}=\lim\limits_{x\to 2}\dfrac{(x+2)(x-2)}{x-2}=\lim\limits_{x\to 2}(x+2)=4$.

【例 2.12】 求 $\lim\limits_{x\to\infty}\dfrac{2x^3-3x+1}{x^3+x^2-3}$.

解：$\lim\limits_{x\to\infty}\dfrac{2x^3-3x+1}{x^3+x^2-3}=\lim\limits_{x\to\infty}\dfrac{2-\dfrac{3}{x^2}+\dfrac{1}{x^3}}{1+\dfrac{1}{x}-\dfrac{3}{x^3}}=\dfrac{\lim\limits_{x\to\infty}\left(2-\dfrac{3}{x^2}+\dfrac{1}{x^3}\right)}{\lim\limits_{x\to\infty}\left(1+\dfrac{1}{x}-\dfrac{3}{x^3}\right)}=2$.

【例 2.13】 求 $\lim\limits_{x\to\infty}\dfrac{x^5+x^3-2}{4x^4+8x^3+9}$.

解：$\lim\limits_{x\to\infty}\dfrac{4x^4+8x^3+9}{x^5+x^3-2}=\lim\limits_{x\to\infty}\dfrac{\dfrac{4}{x}+\dfrac{8}{x^2}+\dfrac{9}{x^5}}{1+\dfrac{1}{x^2}-\dfrac{2}{x^5}}=0$，

所以 $\lim\limits_{x\to\infty}\dfrac{x^5+x^3-2}{4x^4+8x^3+9}=\infty$.

综合上述两个例题，可以得到这样的结论：

$$a_0\neq 0，b_0\neq 0，m\in\mathbf{N}^+，n\in\mathbf{N}^+ 时，$$

$$\lim_{x\to\infty}\dfrac{a_0x^m+a_1x^{m-1}+\cdots+a_m}{b_0x^n+b_1x^{n-1}+\cdots+b_n}=\begin{cases}\dfrac{a_0}{b_0}，&当 n=m\\[2mm]0，&当 n>m\\[2mm]\infty，&当 n<m\end{cases}$$

2.3.2 复合函数的极限法则

【定理2.6】设函数 $y = f(u)$ 和 $u = \varphi(x)$ 满足条件：

（1） $\lim\limits_{u \to a} f(u) = A$，

（2）当 $x \neq x_0$ 时，$\varphi(x) \neq a$，且 $\lim\limits_{x \to x_0} \varphi(x) = a$，

则复合函数 $f[\varphi(x)]$ 当 $x \to x_0$ 时的极限存在，且

$$\lim\limits_{x \to x_0} f[\varphi(x)] = \lim\limits_{u \to a} f(u) = A$$

结论：就是说，在上述条件下，求极限时可以换元.

【例2.14】求极限 $\lim\limits_{x \to 8} \dfrac{\sqrt[3]{x} - 2}{x - 8}$.

解：设 $u = \sqrt[3]{x}$，

则
$$\lim\limits_{x \to 8} \frac{\sqrt[3]{x} - 2}{x - 8} = \lim\limits_{u \to 2} \frac{u - 2}{u^3 - 8} = \lim\limits_{u \to 2} \frac{u - 2}{(u - 2)(u^2 + 2u + 4)}$$
$$= \lim\limits_{u \to 2} \frac{1}{u^2 + 2u + 4} = \frac{1}{12}.$$

练习题 2.3

1. 求下列数列的极限.

（1） $\lim\limits_{n \to \infty} \left(\dfrac{1}{n^2} + \dfrac{2}{n^2} + \cdots + \dfrac{n}{n^2} \right)$；

（2） $\lim\limits_{n \to \infty} \dfrac{2 + 4 + 6 + \cdots + 2n}{1 + 3 + 5 + \cdots + (2n - 1)}$；

（3） $\lim\limits_{n \to \infty} \dfrac{8n}{9n - 2}$；

（4） $\lim\limits_{n \to \infty} \left(\dfrac{1}{\sqrt{n}} + 2 \right)$.

2. 求下列各极限.

（1） $\lim\limits_{x \to 0} (e^x + 1)$；

（2） $\lim\limits_{x \to \pi} (\sin x - \cos x)$；

（3） $\lim\limits_{x \to \frac{\pi}{2}} x \sin x$；

（4） $\lim\limits_{x \to 3} \dfrac{x + 1}{x + 3}$；

（5） $\lim\limits_{x \to -2} \dfrac{x^2 - 4}{x + 2}$；

（6） $\lim\limits_{x \to 5} \dfrac{x^2 - 6x + 5}{x - 5}$；

（7） $\lim\limits_{x \to 2} \left(\dfrac{1}{x - 2} - \dfrac{1}{x^2 - 4} \right)$；

（8） $\lim\limits_{x \to -1} \left(\dfrac{1}{x + 1} - \dfrac{3}{x^3 + 1} \right)$；

（9） $\lim\limits_{x \to 0} x^2 \cos \dfrac{1}{x}$；

（10） $\lim\limits_{x \to \infty} \dfrac{\sin 2x}{x}$；

（11） $\lim\limits_{x \to 1} \dfrac{\sqrt{5x - 4} - \sqrt{x}}{x - 1}$；

（12） $\lim\limits_{x \to 1} \dfrac{x - 1}{\sqrt{3x - 2} - \sqrt{x}}$；

（13） $\lim\limits_{x \to \infty} \dfrac{5x^5 + 3x^4 + 1}{6x^5 + 2x^2 + 3}$；

（14） $\lim\limits_{x \to \infty} \dfrac{6x^6 + x^4 + x^3}{x^6 + x^5 + 1}$；

（15） $\lim\limits_{x \to \infty} \dfrac{5x^6 + x^3 + 2}{x^7 + x^6}$；

（16） $\lim\limits_{x \to \infty} \dfrac{x^3 + x^2 + 1}{x^6 + x^5 + x^2}$.

3. 设 $f(x) = \begin{cases} x^2 + 2x - 3, & x \leqslant 1 \\ x, & 1 < x < 2 \\ 2x - 2, & x \geqslant 2 \end{cases}$，求：$\lim\limits_{x \to 1} f(x)$，$\lim\limits_{x \to 2} f(x)$，$\lim\limits_{x \to 3} f(x)$.

2.4 两个重要极限

2.4.1 重要极限 $\lim\limits_{x \to 0} \dfrac{\sin x}{x} = 1$

2.4 两个重要极限公式

先可用计算器计算出当 $x \to 0$ 时，函数 $\dfrac{\sin x}{x}$ 的一系列取值，列成表 2-1.

表 2-1

x	± 0.5	± 0.1	± 0.05	± 0.01	± 0.001	$\cdots$	$\to 0$
$\dfrac{\sin x}{x}$	0.958 85	0.998 33	0.999 58	0.999 98	0.999 99	$\cdots$	$\to 1$

易知，当 $x \to 0$ 时，函数 $\dfrac{\sin x}{x} \to 1$，

即
$$\lim_{x \to 0} \frac{\sin x}{x} = 1$$

【例 2.15】 求 $\lim\limits_{x \to 0} \dfrac{\sin 3x}{2x}$.

解：$\lim\limits_{x \to 0} \dfrac{\sin 3x}{2x} = \lim\limits_{x \to 0} \left(\dfrac{3}{2} \cdot \dfrac{\sin 3x}{3x} \right) = \dfrac{3}{2} \cdot \lim\limits_{x \to 0} \dfrac{\sin 3x}{3x} = \dfrac{3}{2}$.

【例 2.16】 求 $\lim\limits_{x \to 0} \dfrac{\tan x}{x}$.

解：$\lim\limits_{x \to 0} \dfrac{\tan x}{x} = \lim\limits_{x \to 0} \left(\dfrac{\sin x}{x} \cdot \dfrac{1}{\cos x} \right) = \lim\limits_{x \to 0} \dfrac{\sin x}{x} \cdot \lim\limits_{x \to 0} \dfrac{1}{\cos x} = 1$.

【例 2.17】 求 $\lim\limits_{x \to 3} \dfrac{\sin (x^2 - 9)}{x - 3}$.

解：$\lim\limits_{x \to 3} \dfrac{\sin (x^2 - 9)}{x - 3} = \lim\limits_{x \to 3} \dfrac{\sin (x^2 - 9) \cdot (x + 3)}{x^2 - 9} = \lim\limits_{x \to 3} \dfrac{\sin (x^2 - 9)}{x^2 - 9} \cdot \lim\limits_{x \to 3} (x + 3) = 6$.

【例 2.18】 求 $\lim\limits_{x \to 0} \dfrac{\arctan x}{x}$.

解：令 $\arctan x = t$，则 $x = \tan t$，当 $x \to 0$ 时，$t \to 0$，

所以 $\lim\limits_{x \to 0} \dfrac{\arctan x}{x} = \lim\limits_{t \to 0} \dfrac{t}{\tan t} = \lim\limits_{t \to 0} \left(\dfrac{t}{\sin t} \cdot \cos t \right) = 1$.

【例 2.19】 求 $\lim\limits_{x \to 0} \dfrac{x^2 \sin \dfrac{1}{x}}{\sin x}$.

解：$\lim\limits_{x \to 0} \dfrac{x^2 \sin \dfrac{1}{x}}{\sin x} = \lim\limits_{x \to 0} \dfrac{x}{\sin x} \cdot \lim\limits_{x \to 0} \left(x \cdot \sin \dfrac{1}{x} \right) = 0$.

2.4.2 重要极限 $\lim\limits_{x\to\infty}\left(1+\dfrac{1}{x}\right)^{x}=\mathrm{e}$

下面我们利用计算器来进行计算，分两种情况列表显示，从而观察函数 $\left(1+\dfrac{1}{x}\right)^{x}$ 的变化趋势.

当 $x\to-\infty$ 时，函数 $\left(1+\dfrac{1}{x}\right)^{x}$ 的变化趋势如表 2 - 2 所示.

表 2 - 2

x	-10	-100	$-1\ 000$	$-10\ 000$	$-100\ 000$	$\cdots$	$\to-\infty$
$\left(1+\dfrac{1}{x}\right)^{x}$	2. 867 97	2. 732 00	2. 719 64	2. 718 42	2. 718 30	$\cdots$	$\to\mathrm{e}$

当 $x\to+\infty$ 时，函数 $\left(1+\dfrac{1}{x}\right)^{x}$ 的变化趋势如表 2 - 3 所示.

表 2 - 3

x	10	100	1 000	10 000	100 000	$\cdots$	$\to+\infty$
$\left(1+\dfrac{1}{x}\right)^{x}$	2. 593 74	2. 704 81	2. 716 92	2. 718 15	2. 718 27	$\cdots$	$\to\mathrm{e}$

由表 2 - 2 和表 2 - 3 可以看出，当 $x\to\infty$ 时，函数 $\left(1+\dfrac{1}{x}\right)^{x}$ 的对应值无限接近于无理数 $\mathrm{e}(\mathrm{e}=2.718\ 281\ 8\cdots)$，

即

$$\lim_{x\to\infty}\left(1+\frac{1}{x}\right)^{x}=\mathrm{e}$$

如果在上式中，令 $\dfrac{1}{x}=t$，则 $x=\dfrac{1}{t}$，且当 $x\to\infty$ 时 $t\to0$，于是有

$$\lim_{t\to0}(1+t)^{\frac{1}{t}}=\mathrm{e}$$

这个极限常用来求一些幂指函数 $f(x)^{g(x)}$ 的极限，并且上式可以推广为 $\lim\limits_{f(x)\to0}[1+f(x)]^{\frac{1}{f(x)}}=\mathrm{e}.$

【例 2. 20】 求 $\lim\limits_{x\to\infty}\left(1+\dfrac{1}{x}\right)^{-x}$.

解：$\lim\limits_{x\to\infty}\left(1+\dfrac{1}{x}\right)^{-x}=\lim\limits_{x\to\infty}\left[\left(1+\dfrac{1}{x}\right)^{x}\right]^{-1}=\mathrm{e}^{-1}=\dfrac{1}{\mathrm{e}}.$

【例 2. 21】 求 $\lim\limits_{x\to\infty}\left(1+\dfrac{3}{x}\right)^{x}$.

解：$\lim\limits_{x\to\infty}\left(1+\dfrac{3}{x}\right)^{x}=\lim\limits_{x\to\infty}\left[\left(1+\dfrac{3}{x}\right)^{\frac{x}{3}}\right]^{3}=\mathrm{e}^{3}.$

【例 2. 22】 求 $\lim\limits_{x\to0}(1+\tan x)^{\cot x}$.

解：设 $t=\tan x$，则当 $x\to0$ 时，$t\to0$，

于是 $\lim\limits_{x\to 0}(1+\tan x)^{\cot x}=\lim\limits_{t\to 0}(1+t)^{\frac{1}{t}}=\mathrm{e}.$

【例 2.23】 求 $\lim\limits_{x\to\infty}\left(\dfrac{x+2}{x-1}\right)^{x}.$

解：$\lim\limits_{x\to\infty}\left(\dfrac{x+2}{x-1}\right)^{x}=\lim\limits_{x\to\infty}\left\{\left[(1+\dfrac{3}{x-1})^{\frac{x-1}{3}}\right]^{3}\cdot\left(1+\dfrac{3}{x-1}\right)\right\}$

$=\lim\limits_{x\to\infty}\left[\left(1+\dfrac{3}{x-1}\right)^{\frac{x-1}{3}}\right]^{3}\cdot\lim\limits_{x\to\infty}\left(1+\dfrac{3}{x-1}\right)=\mathrm{e}^{3}\times 1=\mathrm{e}^{3}.$

练习题 2.4

1. 求下列极限.

(1) $\lim\limits_{x\to 0}\dfrac{(x+2)\sin x}{x}$；

(2) $\lim\limits_{x\to 0}\dfrac{1-\cos 2x}{x\sin x}$；

(3) $\lim\limits_{x\to 0}\dfrac{\tan x-\sin x}{x}$；

(4) $\lim\limits_{x\to a}\dfrac{\sin x-\sin a}{x-a}$；

(5) $\lim\limits_{x\to 0}\dfrac{\sin ax}{\sin bx}(ab\neq 0)$；

(6) $\lim\limits_{x\to 0}\dfrac{\tan 3x}{x}$；

(7) $\lim\limits_{x\to 3}\dfrac{\sin(x-3)}{x-3}$；

(8) $\lim\limits_{x\to 2}\dfrac{\sin(x-2)}{x^{2}-4}$；

(9) $\lim\limits_{x\to 2}\dfrac{\sin(x^{2}-4)}{x-2}$；

(10) $\lim\limits_{x\to 0}\dfrac{\arcsin x}{x}.$

2. 求下列极限.

(1) $\lim\limits_{x\to\infty}\left(1-\dfrac{1}{x}\right)^{x}$；

(2) $\lim\limits_{x\to\infty}\left(1+\dfrac{1}{x-1}\right)^{x}$；

(3) $\lim\limits_{x\to\frac{\pi}{2}}(1+\cot x)^{\tan x}$；

(4) $\lim\limits_{x\to\infty}\left(1+\dfrac{1}{3x}\right)^{4x}$；

(5) $\lim\limits_{x\to 0}(1+3x)^{\frac{1}{5x}}$；

(6) $\lim\limits_{x\to\infty}\left(\dfrac{x}{x+4}\right)^{x}$；

(7) $\lim\limits_{x\to\infty}\left(1-\dfrac{1}{x}\right)^{2x}$；

(8) $\lim\limits_{x\to\infty}\left(\dfrac{2x+3}{2x+1}\right)^{x+1}$；

(9) $\lim\limits_{x\to\infty}\left(\dfrac{x+1}{x}\right)^{3x}$；

(10) $\lim\limits_{x\to\infty}\left(\dfrac{x+a}{x-a}\right)^{x}.$

2.5 函数的连续性

2.5 函数的连续性

2.5.1 函数的增量

当某一个变量 u 由初值 u_1 变到终值 u_2 时，u 的这两个值的差 u_2-u_1 就叫做变量 u 在 u_1 处的增量，记作 $\Delta u.$ 即

$$\Delta u=u_2-u_1$$

【定义 2.7】 设函数 $y=f(x)$ 在点 x_0 及其近旁有意义，当自变量 x 从 x_0 变到 $x_0+\Delta x$ 时，函数 $y=f(x)$ 相应地从 $f(x_0)$ 变到 $f(x_0+\Delta x)$，记 $\Delta y=f(x_0+\Delta x)-f(x_0)$，称 Δy 为函数的增量.

2.5.2 函数的连续性

1. 函数连续的定义

一般地，当 Δx 有变化时，函数的增量 Δy 也随着变动.

由图 2-8 可见，函数 $y=f(x)$ 的图像在 x_0 处是连续不断的，表现为 $\Delta x \rightarrow 0$ 时 $\Delta y \rightarrow 0$；而由图 2-9 可见，尽管 x 从 x_0 的右侧趋近于 x_0，但 Δy 却不趋近于 0，从图可知，函数 $y=f(x)$ 的图像在点 x_0 处是不连续的.

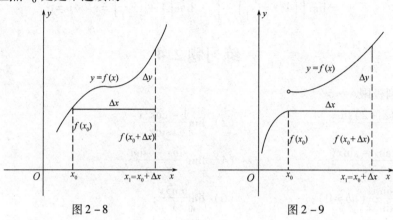

图 2-8   图 2-9

故关于函数在一点的连续性有如下的定义：

【定义 2.8】 设函数 $y=f(x)$ 在点 x_0 及其近旁有定义，如果当自变量 x 在点 x_0 处的增量 Δx 趋近于零时，函数 $y=f(x)$ 相应的增量也趋近于零，即

$$\lim_{\Delta x \rightarrow 0}\left[f(x_0+\Delta x)-f(x_0)\right]=0$$

那么就称函数 $y=f(x)$ 在点 x_0 处是连续的，点 x_0 称为函数 $y=f(x)$ 的连续点.

【例 2.24】 证明函数 $y=x^2-1$ 在点 $x=1$ 处连续.

证：因为函数的定义域为 R，所以函数在点 $x=1$ 及其近旁有意义. 当自变量 x 在 $x=1$ 处有增量 Δx 时，函数相应的增量为

$$\lim_{\Delta x \rightarrow 0}\Delta y=\lim_{\Delta x \rightarrow 0}\left[(1+\Delta x)^2-1\right]-\left[1^2-1\right]=\lim_{\Delta x \rightarrow 0}\left[2\Delta x+(\Delta x)^2\right]=0$$

所以函数在点 $x=1$ 处连续.

在定义 2.8 中，令 $x=x_0+\Delta x$，则有

$$\Delta y=f(x_0+\Delta x)-f(x_0)=f(x)-f(x_0)$$

所以函数 $y=f(x)$ 在点 x_0 处连续的定义又可叙述为：

【定义 2.9】 设函数 $y=f(x)$ 在点 x_0 及其近旁有定义，如果当 $x \rightarrow x_0$ 时，函数 $y=f(x)$ 的极限存在，且等于函数在点 x_0 的函数值，即

$$\lim_{x \rightarrow x_0}f(x)=f(x_0)$$

那么就称函数 $y=f(x)$ 在点 x_0 处连续.

此定义指出了函数 $y=f(x)$ 在 x_0 点连续必须满足三个条件：

（1）函数 $y=f(x)$ 在 x_0 及其近旁有意义；

（2）极限 $\lim_{x \rightarrow x_0}f(x)$ 存在；

（3）在点 x_0 处极限值等于函数值，即 $\lim_{x \rightarrow x_0}f(x)=f(x_0)$.

2. 函数的间断点

【**定义 2.10**】 如果函数 $y = f(x)$ 在点 x_0 处不连续，则点 x_0 叫做函数 $y = f(x)$ 的不连续点或间断点.

例如：函数 $y = \dfrac{1}{x}$ 在 $x = 0$ 无定义，所以函数 $y = \dfrac{1}{x}$ 在 $x = 0$ 处不连续，即 $x = 0$ 是函数 $y = \dfrac{1}{x}$ 的间断点.

又如：函数 $f(x) = \begin{cases} 1, & x > 0 \\ 0, & x = 0 \\ -1, & x < 0 \end{cases}$ 在点 $x = 0$ 的左右极限都存在但不相等，所以当 $x \to 0$ 时，函数 $y = f(x)$ 的极限不存在，因此函数在点 $x = 0$ 处不连续，即 $x = 0$ 是函数的间断点.

再如：函数 $f(x) = \begin{cases} x + 1, & x \neq 1 \\ 0, & x = 1 \end{cases}$ 在 $x = 1$ 的极限 $\lim\limits_{x \to 1} f(x) = \lim\limits_{x \to 1} f(x + 1) = 2$，但 $f(1) = 0$，即 $\lim\limits_{x \to 1} f(x) \neq f(1)$，所以函数 $y = f(x)$ 在 $x = 1$ 处不连续，即 $x = 1$ 是函数的间断点.

通常我们把间断点划分为两类：

如果 x_0 是函数 $y = f(x)$ 的间断点，但左右极限都存在，则 x_0 称为函数 $y = f(x)$ 的第一类间断点，且若左右极限存在并相等，则称为可去间断点；左右极限存在但不相等的称为跳跃间断点. 其他情形的间断点都是第二类间断点，且极限为无穷大的称为无穷间断点. 上面举例中，第一个函数中的 $x = 0$ 是第二类间断点；第二个函数中的 $x = 0$ 是第一类间断点；第三个函数中的 $x = 1$ 是第一类间断点.

【**例 2.25**】 设 $f(x) = \begin{cases} x + 2, & x < 0 \\ 0, & x = 0 \\ \dfrac{\sin 2x}{x}, & x > 0 \end{cases}$，讨论函数 $y = f(x)$ 在 $x \to 0$ 时是否有极限，在 $x = 0$ 处是否连续.

解：$y = f(x)$ 是分段函数，用左、右极限讨论.

$\lim\limits_{x \to 0^-} f(x) = \lim\limits_{x \to 0^-} (x + 2) = 2$，

$\lim\limits_{x \to 0^+} f(x) = \lim\limits_{x \to 0^+} \dfrac{\sin 2x}{x} = \lim\limits_{x \to 0^+} \dfrac{\sin 2x \cdot 2}{2x} = 2$.

左右极限存在且相等，所以 $y = f(x)$ 在 $x \to 0$ 时极限存在. 但因 $\lim\limits_{x \to 0} f(x) = 2 \neq f(0)$，所以函数 $y = f(x)$ 在 $x = 0$ 处不连续.

2.5.3 函数在区间上的连续性

如果函数 $y = f(x)$ 在开区间 (a, b) 内的每一点都连续，那么就称函数 $y = f(x)$ 在区间 (a, b) 内连续，区间 (a, b) 叫做函数 $y = f(x)$ 的连续区间.

如果函数 $y = f(x)$ 在闭区间 $[a, b]$ 上有定义，在开区间 (a, b) 内连续，且满足 $\lim\limits_{x \to a^+} f(x) = f(a)$（此时称函数 $y = f(x)$ 在 $x = a$ 处右连续）和 $\lim\limits_{x \to b^-} f(x) = f(b)$（此时称函数 $y = f(x)$ 在 $x = b$ 处左连续），那么就称函数 $y = f(x)$ 在闭区间 $[a, b]$ 上连续. 所有连续点构成的区间称为函数的连续区间. 如 $y = \sin x$ 的连续区间是 $(-\infty, +\infty)$.

在几何上，连续函数的图像是一条连续不间断的曲线.

2.5.4 初等函数的连续性

由于基本初等函数的图像在其定义区间内都是连续的曲线，从而可知：基本初等函数在其定义区间内都是连续的.

根据连续函数的定义和极限的运算法则，可得下列连续函数的运算法则：

法则1 设函数 $f(x)$，$g(x)$ 均在点 x_0 处连续，那么 $f(x) \pm g(x)$，$f(x) \cdot g(x)$，$\dfrac{f(x)}{g(x)}(g(x) \neq 0)$ 也都在点 x_0 处连续.

法则2 设函数 $y = f(u)$ 在点 u_0 连续，又函数 $u = \theta(x)$ 在点 x_0 处连续，且 $u_0 = \theta(x_0)$，那么复合函数 $y = f[\theta(x)]$ 在点 x_0 处也连续.

以上两个法则同时也说明：一切初等函数在其定义区间内都是连续的.

根据上面的法则和结论以及函数连续的定义可知：

（1）初等函数在定义域内的点 x_0 处的极限值就等于函数在点 x_0 处的函数值，$\lim\limits_{x \to x_0} f(x) = f(x_0)$.

（2）求连续的复合函数的极限时，"$\lim\limits_{x \to x_0}$" 与 "f" 可交换次序，即

$$\lim_{x \to x_0} f[u(x)] = f[\lim_{x \to x_0} u(x)]$$

（3）连续函数求极限时，可作代换 $\lim\limits_{x \to x_0} f[\theta(x)] = \lim\limits_{u \to u_0} f(u)$，其中 $u_0 = \theta(x_0)$.

【例 2.26】 求 $\lim\limits_{x \to 0} \dfrac{\ln(1+x)}{x}$.

解： $\lim\limits_{x \to 0} \dfrac{\ln(1+x)}{x} = \lim\limits_{x \to 0} \ln(1+x)^{\frac{1}{x}} = \ln\left[\lim\limits_{x \to 0}(1+x)^{\frac{1}{x}}\right] = \ln e = 1$.

【例 2.27】 求 $\lim\limits_{x \to 0} \cos(1+x)^{\frac{1}{x}}$.

解： $\lim\limits_{x \to 0} \cos(1+x)^{\frac{1}{x}} = \cos\left[\lim\limits_{x \to 0}(1+x)^{\frac{1}{x}}\right] = \cos e$.

2.5.5 闭区间上连续函数的性质

1. 最大、最小值性质

【定理 2.7】 设函数 $f(x)$ 在闭区间 $[a, b]$ 上连续，那么 $f(x)$ 在 $[a, b]$ 上必有最大值和最小值.

如图 2-10 所示，函数 $f(x)$ 在闭区间 $[a, b]$ 上连续，显然在 ξ_1 处，函数取得最大值；在 ξ_2 处取得最小值.

2. 介值定理

【定理 2.8】 设函数 $f(x)$ 在闭区间 $[a, b]$ 上连续，且 $f(a)$ 与 $f(b)$ 异号，那么在开区间 (a, b) 内至少存在一点 ξ，使得 $f(\xi) = 0$.

【例 2.28】 证明方程 $x^3 - 4x^2 + 1 = 0$ 在区间 $(0, 1)$ 内至少有一个实根.

证： 设 $f(x) = x^3 - 4x^2 + 1$，因为 $f(x)$ 为初等函数，且在 $[0, 1]$ 上有定义，所以在闭区间 $[0, 1]$ 上连续，又因为

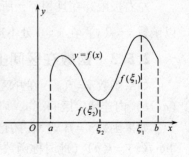

图 2-10

$$f(0) = 1 > 0, \quad f(1) = -2 < 0$$

所以根据根的存在定理可知，方程 $x^3 - 4x^2 + 1 = 0$ 在区间（0，1）内至少有一个实根.

练习题 2.5

1. 设函数 $f(x) = \begin{cases} e^x + 2x^3 - x + 1, & x \neq 0 \\ k, & x = 0 \end{cases}$ 在（$-\infty$，$+\infty$）内连续，则 k 值为（　　）.

A. 0　　　　　　B. 1　　　　　　C. 2　　　　　　D. 任意常数

2. 设函数 $f(x) = \begin{cases} 2x, & -1 < x < 2 \\ a, & x = 2 \\ x^2, & 2 < x < 4 \end{cases}$ 在 $x = 2$ 处连续，则 $a = $（　　）.

3. 求下列函数的间断点，并指出间断点的类型.

（1）$f(x) = \dfrac{x}{\sin x}$;

（2）$f(x) = \dfrac{x+3}{x^2-9}$;

（3）$f(x) = \dfrac{1}{x^2-1}$;

（4）$f(x) = \dfrac{1}{1 + e^{\frac{1}{x-1}}}$;

（5）$f(x) = \begin{cases} x^2 + 1, & x \leq 0 \\ x - 1, & x > 0 \end{cases}$;

（6）$f(x) = \begin{cases} \cos x - 1, & x \geq 0 \\ \sin 2x + 1, & x < 0 \end{cases}$.

4. 求下列极限.

（1）$\lim\limits_{x \to 0} e^{x^2 + 3x - 1}$;

（2）$\lim\limits_{x \to 8} \dfrac{\sqrt[3]{x} - 2}{x - 8}$;

（3）$\lim\limits_{x \to 1} \dfrac{x^3 + x^2 - 1}{2x + 3}$.

5. 证明方程 $x^5 - 3x - 1 = 1$ 在区间（1，2）内有一个实根.

本章 小结及思维导图
BENZHANG XIAOJIE JI SIWEI DAOTU

　　一、学习本章，要求读者理解数列极限和函数极限运算法则，掌握两个重要极限，理解无穷小与无穷大的概念，了解无穷小的性质，知道无穷小与无穷大之间的关系，理解函数的连续性概念，会求间断点，了解闭区间上连续函数的性质.

　　学习中应注意的问题：

　　1. 如何求极限：

　　求极限是一元函数微积分中最基本的一种运算，其方法较多，主要有以下几种：

　　（1）利用极限的定义，通过函数图像，直观地求出其极限值；

　　（2）利用极限的运算法则；

　　（3）利用重要极限 $\lim\limits_{x \to 0} \dfrac{\sin x}{x} = 1$ 和 $\lim\limits_{x \to \infty} \left(1 + \dfrac{1}{x}\right)^x = e$;

　　（4）利用无穷小的性质；

　　（5）利用函数的连续性，即 x_0 为函数的连续点时有 $\lim\limits_{x \to x_0} f[\varphi(x)] = f\left[\lim\limits_{x \to x_0} \varphi(x)\right]$.

2. 判断函数的连续性，找出间断点，其具体做法为：

（1）寻找使函数 $f(x)$ 没有定义的点 x_0；

（2）寻找使 $\lim f(x)$ 不存在的点 x_0，分段函数通常发生于分段点处；

（3）寻找使 $\lim\limits_{x \to x_0} f(x) \neq f(x_0)$ 点 x_0.

二、思维导图

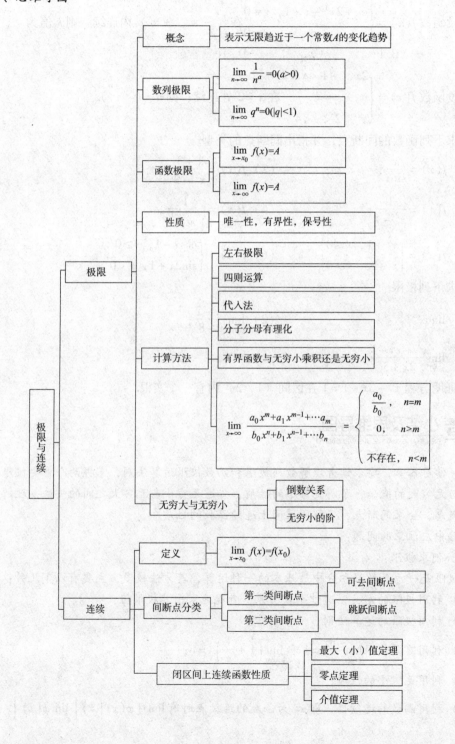

测试题 2

1. 选择题.

(1) $\lim\limits_{x\to\infty}\dfrac{x+\sin x}{x}=$ （　　）.

A. 0　　　　　　　B. 1　　　　　　　C. 不存在　　　　　D. ∞

(2) 下列各式中不正确的是 （　　）.

A. $\lim\limits_{x\to 0}e^{\frac{1}{x}}=\infty$　　B. $\lim\limits_{x\to 0^-}e^{\frac{1}{x}}=0$　　C. $\lim\limits_{x\to 0^+}e^{\frac{1}{x}}=+\infty$　　D. $\lim\limits_{x\to\infty}e^{\frac{1}{x}}=1$.

(3) 下列各式中正确的是 （　　）.

A. $\lim\limits_{x\to\infty}(1+x)^{\frac{1}{x}}=e$　　　　　　B. $\lim\limits_{x\to 0}(1+x)^{x}=e$

C. $\lim\limits_{x\to\infty}\left(1+\dfrac{1}{x}\right)^{x}=e$　　　　　D. $\lim\limits_{x\to\infty}\left(1+\dfrac{1}{x}\right)^{\frac{1}{x}}=e$

(4) $f(x)=\begin{cases}\dfrac{1}{x}\sin 3x, & x\neq 0\\ a, & x=0\end{cases}$，若使$f(x)$在$(-\infty,+\infty)$内连续，则$a=$（　　）.

A. 0　　　　　　　B. 1　　　　　　　C. $\dfrac{1}{3}$　　　　　　D. 3

2. 求下列各极限.

(1) $\lim\limits_{x\to -2}\dfrac{x^3+3x^2+2x}{x^2-x-6}$;

(2) $\lim\limits_{x\to\infty}\dfrac{(2x-3)^{20}(3x+2)^{30}}{(5x+1)^{50}}$;

(3) $\lim\limits_{x\to 1}\left(\dfrac{1}{x^2-1}-\dfrac{1}{x-1}\right)$;

(4) $\lim\limits_{x\to\infty}\left(\dfrac{x}{1+x}\right)^{x}$;

(5) $\lim\limits_{x\to 0}x\sin\dfrac{1}{x}$;

(6) $\lim\limits_{x\to\infty}\left(\dfrac{x+a}{x-a}\right)^{x}$;

(7) $\lim\limits_{x\to 1}\dfrac{\sqrt{3-x}-\sqrt{x+1}}{x^2-1}$;

(8) $\lim\limits_{x\to 0}\left(1+\dfrac{x}{2}\right)^{\frac{x-1}{x}}$.

3. 讨论函数$f(x)=\begin{cases}2, & x=\pm 2\\ 4, & |x|>2 \\ 4-x^2, & |x|<2\end{cases}$的连续性.

4. 证明方程$\sin x+x+1=0$在区间$\left(-\dfrac{\pi}{2},\dfrac{\pi}{2}\right)$内至少有一个根.

小贴士："截杖问题"

《庄子·天下篇》中有一段话："一尺之棰，日取其半，万世不竭."意思是，一根一尺长的木棒，每天截取它的一半，一万年也截不完. 我们从中得到一个木棒剩余长度与天数的数列$\dfrac{1}{2^n}$，在平面直角坐标系中，标出相应的点$N,\dfrac{1}{2^n}$，观察当$n\to\infty$时动点$N,\dfrac{1}{2^n}$的运动趋势，就可以看出，当自变量 N 越来越大时，数列 $\frac{1}{2^n}$ 无限趋于 0.

那么"截杖问题"中蕴含了什么规律和思想呢？

辩证法认为：量的变化积累起来，达到一定的程度，就不可避免地引起质变．"截杖问题"中木棒剩余长度与天数的数列 $\frac{1}{2^n}$，每取一个天数 N，都会对应一个具体的木棒剩余长度 $\frac{1}{2^n}$．天数 N 取得越大，木棒剩余长度 $\frac{1}{2^n}$ 就会越小，这是一个量变的过程．但是，这个量变过程无限积累，就会导致质变的产生——木棒剩余长度为 0，从而体现了量变引起质变的规律．

极限的过程是无限的，但最终得到的结果往往是一个有限的数．如"截杖问题"中截取的过程是无休止的，但木棒剩余长度的极限是 0．这体现了有限与无限的对立统一，也体现了过程与结果的对立统一，同时也体现了变与不变的对立统一．

第三章

导数与微分

 本章导读

在计算变速直线运动物体的瞬时速度和平面曲线切线的斜率时，除去它们表示的实际意义不同，从数量关系上它们有什么共同的特征？把这种特征抽象出来就是我们这章学习的导数．如何用导数求电流强度和线密度？导数有哪些性质？求导法则是什么？怎样求复合函数、分段函数的导数？什么是函数的微分？如何利用微分计算函数的近似值？

学习目标： 掌握导数、微分的概念，理解导数的四则运算法则、复合函数的求导法则，熟记基本初等函数的导数公式，会求导数和微分，了解高阶导数的概念．

素质目标： 让学生掌握从具体到抽象，特殊到一般的思维方法，培养学生分析问题、解决问题的思维能力．

3.1 导数的概念

3.1.1 导数的定义

3.1 导数的概念

在自然科学的许多领域中，当研究运动的各种形式时，都要从数量上研究函数相对于自变量的变化快慢程度，即变化率问题．为此我们先来重温历史上与导数有密切关系的两个问题：瞬时速度问题和曲线的切线问题．

1. 变速直线运动物体的瞬时速度

在运动学中，对于匀速运动来说，有公式：速度 $= \dfrac{距离}{时间}$．

上述公式只是反映了物体走完某一路程的平均速度，而没有反映出在任意时刻物体运动的快慢．况且，在实际生活中，运动往往是非匀速的．

要想精确地刻画出物体在任意时刻运动的快慢程度，就需要进一步讨论物体在任意时刻的瞬时速度．

设某一物体作变速直线运动，其运动方程是 $s = s(t)$，则在时刻 t_0 到 $t_0 + \Delta t$ 的时间间隔内，它的平均速度为

$$\bar{v} = \frac{\Delta s}{\Delta t} = \frac{s(t_0 + \Delta t) - s(t_0)}{\Delta t}$$

当 Δt 很小时，显然平均速度 $\bar{v}$ 即 $\dfrac{\Delta s}{\Delta t}$ 与在 t_0 时刻的瞬时速度相近似．随着 Δt 越来越小，这种近似的程度就越来越高．当 Δt 趋近于 0 时，$\bar{v}$ 即 $\dfrac{\Delta s}{\Delta t}$ 的极限值就是物体在 t_0 时刻的瞬时

速度，简称速度，记为 $v(t_0)$，即

$$v(t_0) = \lim_{\Delta t \to 0} \bar{v} = \lim_{\Delta t \to 0} \frac{\Delta s}{\Delta t} = \lim_{\Delta t \to 0} \frac{s(t_0 + \Delta t) - s(t_0)}{\Delta t}$$

上式的实质是函数值增量与自变量增量之比的极限.

2. 平面曲线切线的斜率

【定义 3.1】设有曲线 C 及 C 上的一点 M（如图 3-1 所示），在点 M 外另取一点 N，作割线 MN，当点 N 沿曲线 C 趋于点 M 时，如果割线 MN 绕点 M 旋转而趋于极限位置 MT，则直线 MT 就称为曲线 C 在点 M 处的切线（这里极限位置的含义是：只要弦长 $|MN|$ 趋于 0，$\angle NMT$ 也趋于 0）.

设函数 $y = f(x)$ 的图像为 C，点 $M(x_0, y_0)$ 是曲线 C 上的一点（如图 3-2 所示），则 $y_0 = f(x_0)$. 如果让自变量 x 在 x_0 处取得增量 Δx，则对应于曲线 C 上的点 $N(x_0 + \Delta x, y_0 + \Delta y)$，于是割线 MN 的斜率为

$$k_{割} = \tan\phi = \frac{\Delta y}{\Delta x} = \frac{f(x_0 + \Delta x) - f(x_0)}{\Delta x}$$

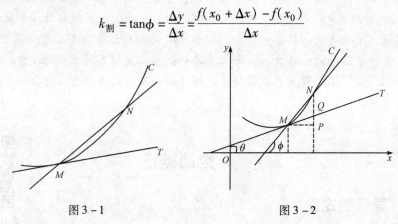

图 3-1   图 3-2

其中 ϕ 为割线 MN 的倾斜角，当 $\Delta x \to 0$ 时，点 N 沿曲线 C 逼近点 M，割线 MN 逼近于极限位置 MT，割线 MN 的斜率无限接近于切线 MT 的斜率，即切线 MT 的斜率等于割线 MN 斜率的极限值：

$$k_{切} = \lim_{N \to M} k_{割} = \lim_{\Delta x \to 0} \tan\phi = \lim_{\Delta x \to 0} \frac{\Delta y}{\Delta x} = \lim_{\Delta x \to 0} \frac{f(x_0 + \Delta x) - f(x_0)}{\Delta x}$$

上式的实质仍然是函数值增量与自变量增量之比的极限.

3. 导数的定义

上面两个例子，虽然表示的问题的实际意义不同，但是从数量关系来分析，它们的实质都是相同的：都表示函数值增量与自变量增量之比的极限. 这种特质在求电流强度、线密度等这类问题时都会出现. 我们去掉问题的实际意义，把这种特质抽象出来，就得到导数.

【定义 3.2】设函数 $y = f(x)$ 在点 x_0 的某一邻域内有定义，如果当自变量 x 在点 x_0 处有增量 Δx（点 $x_0 + \Delta x$ 仍在该邻域内，且 $\Delta x \neq 0$）时，函数取得相应的增量 $\Delta y = f(x_0 + \Delta x) - f(x_0)$，如果当 $\Delta x \to 0$ 时，极限 $\lim\limits_{\Delta x \to 0} \dfrac{\Delta y}{\Delta x}$ 存在，则称这个极限为函数 $y = f(x)$ 在点 x_0 处的导数（也称变化率），记作 $f'(x_0)$，即

$$f'(x_0) = \lim_{\Delta x \to 0} \frac{\Delta y}{\Delta x} = \lim_{\Delta x \to 0} \frac{f(x_0 + \Delta x) - f(x_0)}{\Delta x}$$

也记为 $y'|_{x=x_0}$，$\dfrac{dy}{dx}\big|_{x=x_0}$，或 $\dfrac{d\,f(x)}{dx}\big|_{x=x_0}$．极限 $\lim\limits_{\Delta x\to 0}\dfrac{\Delta y}{\Delta x}$ 存在也叫做函数 $y=f(x)$ 在点 x_0 处可导．

注：导数 $f'(x_0)$ 的定义式也有另外的形式：

$$f'(x_0)=\lim_{\Delta x\to 0}\frac{\Delta y}{\Delta x}=\lim_{h\to 0}\frac{f(x_0+h)-f(x_0)}{h}$$

$$f'(x_0)=\lim_{\Delta x\to 0}\frac{\Delta y}{\Delta x}=\lim_{x\to x_0}\frac{f(x)-f(x_0)}{x-x_0}$$

如果极限 $\lim\limits_{\Delta x\to 0}\dfrac{\Delta y}{\Delta x}$ 不存在，则称函数 $y=f(x)$ 在点 x_0 处不可导，称点 x_0 为 $y=f(x)$ 的不可导点．如果不可导的原因是极限 $\lim\limits_{\Delta x\to 0}\dfrac{\Delta y}{\Delta x}$ 为 ∞，为方便起见，有时也称函数 $y=f(x)$ 在点 x_0 处导数为无穷大．

有了导数的概念，变速直线运动物体的瞬时速度可以表示为 $v(t_0)=s'(t_0)$，平面曲线切线的斜率可表示为 $k_{\text{切}}=f'(x_0)$．

既然导数 $f'(x_0)$ 是比值 $\dfrac{\Delta y}{\Delta x}$ 的极限，而极限概念中有左极限与右极限之分，那么左极限 $\lim\limits_{\Delta x\to 0^-}\dfrac{\Delta y}{\Delta x}=\lim\limits_{\Delta x\to 0^-}\dfrac{f(x_0+\Delta x)-f(x_0)}{\Delta x}$ 和右极限 $\lim\limits_{\Delta x\to 0^+}\dfrac{\Delta y}{\Delta x}=\lim\limits_{\Delta x\to 0^+}\dfrac{f(x_0+\Delta x)-f(x_0)}{\Delta x}$ 分别叫做函数 $y=f(x)$ 在点 x_0 处的左导数和右导数，记为 $f'_-(x_0)$ 和 $f'_+(x_0)$，

即　　　　左导数 $f'_-(x_0)=\lim\limits_{\Delta x\to 0^-}\dfrac{\Delta y}{\Delta x}=\lim\limits_{\Delta x\to 0^-}\dfrac{f(x_0+\Delta x)-f(x_0)}{\Delta x}$

　　　　　　右导数 $f'_+(x_0)=\lim\limits_{\Delta x\to 0^+}\dfrac{\Delta y}{\Delta x}=\lim\limits_{\Delta x\to 0^+}\dfrac{f(x_0+\Delta x)-f(x_0)}{\Delta x}$

根据极限存在的理论知道，函数 $y=f(x)$ 在点 x_0 处可导的充分必要条件是左导数 $f'_-(x_0)$ 和右导数 $f'_+(x_0)$ 均存在且相等．

4. 求导数举例

【例 3.1】求函数 $y=x^2$ 在点 $x_0=1$ 的导数．

解：设自变量 x 在 x_0 处取得增量 Δx，对应的函数值的增量是

$$\Delta y=f(1+\Delta x)-f(1)=(1+\Delta x)^2-1=2(\Delta x)+(\Delta x)^2$$

则有　　　　$\dfrac{\Delta y}{\Delta x}=\dfrac{f(1+\Delta x)-f(1)}{\Delta x}=\dfrac{2(\Delta x)+(\Delta x)^2}{\Delta x}=2+\Delta x$

上式两边取当 $\Delta x\to 0$ 时的极限，得

$$f'(1)=\lim_{\Delta x\to 0}\frac{\Delta y}{\Delta x}=\lim_{\Delta x\to 0}\frac{f(1+\Delta x)-f(1)}{\Delta x}=\lim_{\Delta x\to 0}(2+\Delta x)=2$$

类似地可求得

$$f'(x_0)=\lim_{\Delta x\to 0}\frac{\Delta y}{\Delta x}=\lim_{\Delta x\to 0}\frac{f(x_0+\Delta x)-f(x_0)}{\Delta x}=\lim_{\Delta x\to 0}(2x_0+\Delta x)=2x_0$$

如果函数 $y=f(x)$ 在区间 (a,b) 内的每一点处都可导，那么称函数 $y=f(x)$ 在区间 (a,b) 内可导，每一个 x 的值都对应一个导数值，这样就建立了一个从 x 到导数值 $f'(x)$ 之间的新的函数关系，称为导函数，记为 $f'(x)$，简称导数，即

$$f'(x) = \lim_{\Delta x \to 0} \frac{\Delta y}{\Delta x} = \lim_{\Delta x \to 0} \frac{f(x + \Delta x) - f(x)}{\Delta x}$$

【例 3.2】 求函数 $y = C$ 的导数.

解：设自变量 x 在任意点 x_0 处取得增量 Δx，对应的函数值的增量是

$$\Delta y = C - C = 0$$

所以

$$\frac{\Delta y}{\Delta x} = 0$$

则

$$y' = \lim_{\Delta x \to 0} \frac{\Delta y}{\Delta x} = 0$$

即

$$(C)' = 0$$

分析例 1 和例 2 知，用导数定义求导数，可分为三个步骤：

(1) 求增量：给自变量 x 以增量 Δx，求出对应的函数值的增量 $\Delta y = f(x + \Delta x) - f(x)$.

(2) 算比值：$\dfrac{\Delta y}{\Delta x} = \dfrac{f(x + \Delta x) - f(x)}{\Delta x}$，并化简.

(3) 求极限：$f'(x) = \lim\limits_{\Delta x \to 0} \dfrac{\Delta y}{\Delta x} = \lim\limits_{\Delta x \to 0} \dfrac{f(x + \Delta x) - f(x)}{\Delta x}$.

【例 3.3】 设函数 $y = \dfrac{1}{x}$，求 $f'(x)$ 和 $f'(-2)$.

解：第一步：求增量

$$\Delta y = f(x + \Delta x) - f(x) = \frac{1}{x + \Delta x} - \frac{1}{x} = \frac{x - (x + \Delta x)}{x(x + \Delta x)} = \frac{-\Delta x}{x^2 + x(\Delta x)}$$

第二步：算比值.

$$\frac{\Delta y}{\Delta x} = \frac{f(x + \Delta x) - f(x)}{\Delta x} = \frac{-1}{x^2 + x(\Delta x)}$$

第三步：求极限.

$$\lim_{\Delta x \to 0} \frac{\Delta y}{\Delta x} = \lim_{\Delta x \to 0} \frac{f(x + \Delta x) - f(x)}{\Delta x} = \lim_{\Delta x \to 0} \frac{-1}{x^2 + x(\Delta x)} = -\frac{1}{x^2}$$

即

$$f'(x) = \left(\frac{1}{x}\right)' = -\frac{1}{x^2}$$

而 $f'(-2)$ 可以认为是导函数 $f'(x) = -\dfrac{1}{x^2}$ 当 $x = -2$ 时的函数值，即

$$f'(-2) = -\frac{1}{(-2)^2} = -\frac{1}{4}$$

【例 3.4】 求函数 $y = x^3$ 的导数.

解：
$$\Delta y = f(x + \Delta x) - f(x) = (x + \Delta x)^3 - x^3$$
$$= 3x^2 \Delta x + 3x(\Delta x)^2 + (\Delta x)^3$$

$$\frac{\Delta y}{\Delta x} = \frac{3x^2(\Delta x) + 3x(\Delta x)^2 + (\Delta x)^3}{\Delta x} = 3x^2 + 3x(\Delta x) + (\Delta x)^2$$

$$\lim_{\Delta x \to 0} \frac{\Delta y}{\Delta x} = \lim_{\Delta x \to 0} \frac{f(x + \Delta x) - f(x)}{\Delta x} = \lim_{\Delta x \to 0} \left[3x^2 + 3x(\Delta x) + (\Delta x)^2 \right] = 3x^2$$

即

$$(x^3)' = 3x^2$$

利用二项式定理可求得 $y = x^n\ (n \in \mathbf{Z}^+)$ 的导数，

$$(x^n)' = nx^{n-1}$$

在下一节中我们将进一步证得

$$(x^\alpha)' = \alpha x^{\alpha-1} \ (\alpha \in \mathbf{R})$$

【例 3.5】 求函数 $y = \sin x$ 的导数.

解: $(\sin x)' = \lim\limits_{\Delta x \to 0} \dfrac{\Delta y}{\Delta x}$

$$= \lim_{\Delta x \to 0} \frac{\sin(x + \Delta x) - \sin x}{\Delta x}$$

$$= \lim_{\Delta x \to 0} \frac{2\cos\left(x + \dfrac{\Delta x}{2}\right)\sin\dfrac{\Delta x}{2}}{\Delta x} \quad （这里用到了三角函数的和差化积公式）$$

$$= \lim_{\Delta x \to 0} \frac{\sin\dfrac{\Delta x}{2}}{\dfrac{\Delta x}{2}} \cdot \lim_{\Delta x \to 0} \cos\left(x + \frac{\Delta x}{2}\right)$$

$$= \cos x$$

即 $$(\sin x)' = \cos x$$

类似地可得: $$(\cos x)' = -\sin x$$

【例 3.6】 求函数 $y = \log_a x(a > 0,\ a \neq 1)$ 的导数.

解: $(\log_a x)' = \lim\limits_{\Delta x \to 0} \dfrac{\Delta y}{\Delta x} = \lim\limits_{\Delta x \to 0} \dfrac{\log_a(x + \Delta x) - \log_a x}{\Delta x}$

$$= \lim_{\Delta x \to 0} \frac{\log_a \dfrac{x + \Delta x}{x}}{\Delta x} = \lim_{\Delta x \to 0} \frac{\left[\dfrac{x}{\Delta x} \cdot \log_a\left(1 + \dfrac{\Delta x}{x}\right)\right]}{x}$$

$$= \frac{\lim\limits_{\Delta x \to 0}\left[\dfrac{x}{\Delta x} \cdot \log_a\left(1 + \dfrac{\Delta x}{x}\right)\right]}{x}$$

$$= \frac{\lim\limits_{\Delta x \to 0}\left[\log_a\left(1 + \dfrac{\Delta x}{x}\right)^{\frac{x}{\Delta x}}\right]}{x}$$

$$= \frac{\log_a\left[\lim\limits_{\Delta x \to 0}\left(1 + \dfrac{\Delta x}{x}\right)^{\frac{x}{\Delta x}}\right]}{x} = \frac{\log_a \mathrm{e}}{x} = \frac{1}{x\ln a}$$

即 $$(\log_a x)' = \frac{1}{x\ln a}$$

类似地可得: $$(\ln x)' = \frac{1}{x}$$

【例 3.7】 求函数 $y = a^x(a > 0,\ a \neq 1)$ 的导数.

解: $(a^x)' = \lim\limits_{\Delta x \to 0} \dfrac{\Delta y}{\Delta x} = \lim\limits_{\Delta x \to 0} \dfrac{a^{x+\Delta x} - a^x}{\Delta x}$

$$= \lim_{\Delta x \to 0} \frac{a^x(a^{\Delta x} - 1)}{\Delta x}$$

令 $a^{\Delta x} - 1 = t$，则 $\Delta x = \log_a(1 + t)$，且 $\Delta x \to 0$ 时 $t \to 0$，所以

$$\lim_{\Delta x \to 0} \frac{a^x(a^{\Delta x} - 1)}{\Delta x} = \lim_{t \to 0} \frac{a^x t}{\log_a(1 + t)}$$

$$= a^x \frac{1}{\lim_{t \to 0}\left[\dfrac{1}{t}\log_a(1 + t)\right]} = a^x \frac{1}{\log_a\left[\lim_{t \to 0}(1 + t)^{\frac{1}{t}}\right]}$$

$$= a^x \frac{1}{\log_a \mathrm{e}} = a^x \ln a$$

即
$$(a^x)' = a^x \ln a$$

特殊地，当 $a = \mathrm{e}$ 时，得：

$$(\mathrm{e}^x)' = \mathrm{e}^x$$

3.1.2　导数的几何意义

由前面的讨论知道，函数 $y = f(x)$ 在点 x_0 处的导数 $f'(x_0)$ 在几何上表示函数图像 C 在相应点 $M(x_0, y_0)$ 处的切线斜率．这就是导数的几何意义，如图 3-3 所示．

因此曲线 $y = f(x)$ 上点 $M(x_0, y_0)$ 处的切线方程为：

$$y - y_0 = f'(x_0)(x - x_0)$$

法线方程为：

$$y - y_0 = -\frac{1}{f'(x_0)}(x - x_0) \quad (f'(x_0) \neq 0)$$

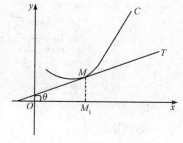

图 3-3

【例 3.8】求抛物线 $y = x^3$ 在点（2，8）处的切线方程和法线方程．

解：先求切线斜率，因为 $y' = (x^3)' = 3x^2$，所以 $k_{切} = y'|_{x=2} = 3x^2|_{x=2} = 12$，$k_{法} = -\dfrac{1}{12}$．

所以切线方程为 $y - 8 = 12(x - 2)$，

即
$$12x - y - 16 = 0$$

法线方程为 $y - 8 = -\dfrac{1}{12}(x - 2)$，

即
$$x + 12y - 98 = 0$$

3.1.3　可导与连续的关系

【定理 3.1】如果函数 $y = f(x)$ 在点 x_0 可导，则它一定在点 x_0 处连续．

事实上，由函数 $y = f(x)$ 在点 x_0 处可导，有 $\lim\limits_{\Delta x \to 0} \dfrac{\Delta y}{\Delta x} = f'(x_0)$，由具有极限的函数与无穷小的关系知道：

$$\frac{\Delta y}{\Delta x} = f'(x_0) + \alpha$$

其中 α 为当 $\Delta x \to 0$ 时的无穷小．上式两边同时乘以 Δx，得

$$\Delta y = f'(x_0) \cdot \Delta x + \alpha \cdot \Delta x$$

显然，
$$\lim_{\Delta x \to 0} \Delta y = \lim_{\Delta x \to 0}\left[f'(x_0)(\Delta x) + \alpha \cdot \Delta x\right] = 0$$

由函数在一点连续的定义知，函数 $y = f(x)$ 在点 x_0 处是连续的．

注意：逆命题不成立．即一个函数在某点处连续，但不一定在该点处可导．

例如，函数 $y = f(x) = \sqrt[3]{x}$ 在 $(-\infty, +\infty)$ 上连续，但在 $x = 0$ 处不可导．这是因为

$$\lim_{\Delta x \to 0} \frac{f(0 + \Delta x) - f(0)}{\Delta x} = \lim_{\Delta x \to 0} \frac{\sqrt[3]{\Delta x}}{\Delta x} = \lim_{\Delta x \to 0} \frac{1}{(\Delta x)^{\frac{2}{3}}} = +\infty,$$ 即导数为无穷大，表现在几何上为曲

线在原点 O 具有垂直于 x 轴的切线 $x = 0$，如图 3－4 所示．

又如函数 $y = |x|$ 在点 $x = 0$ 处连续，但在例 8 中已经知道，函数 $y = |x|$ 在点 $x = 0$ 处不可导．如图 3－5 所示．

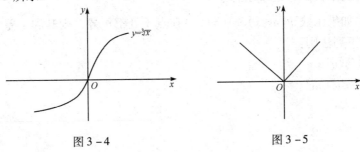

图 3－4　　　　　　　　　　　　图 3－5

因此，函数在某点连续是在该点可导的必要条件，不是充分条件．

练习题3.1

1. 下列命题是否正确？如不正确请举出反例．
（1）若函数 $y = f(x)$ 在点 x_0 处不可导，则函数 $y = f(x)$ 在点 x_0 处一定不连续．
（2）若曲线 $y = f(x)$ 处处有切线，则函数 $y = f(x)$ 必处处有导数．

2. 一垂直上抛物体的运动方程为 $h(t) = 10t - \frac{1}{2}gt^2$，求：
（1）物体从 $t = 1$s 到 $t = 1.2$s 的平均速度；
（2）物体的速度函数 $v(t)$．

3. 设 $f(x) = \cos x$，试按导数定义求 $f'(-\pi)$．

4. 设函数 $y = f(x)$ 在点 x_0 处的导数为 A，则：

（1）$\lim\limits_{\Delta x \to 0} \dfrac{f(x_0 - \Delta x) - f(x_0)}{\Delta x} = $ _____；

（2）$\lim\limits_{h \to 0} \dfrac{f(x_0 + h) - f(x_0 - h)}{h} = $ _____．

5. 求下列函数的导数．

（1）$y = \sqrt[3]{x^2}$；　　（2）$y = x^3\sqrt{x}$；　　（3）$y = \dfrac{1}{x^2}$；　　（4）$y = \sqrt{x\sqrt{x}}$．

6. 求曲线 $y = \log_3 x$ 在 $x = 3$ 所对应点处的切线方程和法线方程．

7. 如果函数在某点没有导数，则函数所表示的曲线在对应的点是否一定没有切线？试举例说明．

8. 试讨论函数 $y = \begin{cases} x\sin\dfrac{1}{x}, & x \neq 0 \\ 0, & x = 0 \end{cases}$ 在点 $x = 0$ 处的连续性和可导性．

3.2　求导法则与求导公式

3.2　求导法则

在本节中，我们将学习求导的几个基本法则以及前一节中还没有解决的几个基本初等函数的导数问题．利用这些法则和公式，我们就能方便地求得一些复杂函数的导数．

3.2.1　导数的四则运算法则

【定理3.2】如果函数 $u=u(x)$ 和 $v=v(x)$ 在点 x 处都可导，则其和、差、积、商在点 x 处也可导，且有下列法则：

（1）$(u\pm v)'=u'\pm v'$

（2）$(uv)'=u'v+uv'$

（3）$(Cu)'=Cu'$

（4）$\left(\dfrac{u}{v}\right)'=\dfrac{u'v-uv'}{v^2}(v\neq0)$

证明从略．

注意：法则（3）是法则（2）的特殊情形．并且法则（1）和法则（2）可以推广至有限个可导函数的情形．例如，如果函数 $u=u(x)$，$v=v(x)$ 和 $w=w(x)$ 在点 x 处都可导，则有

$$(u+v-w)'=u'+v'-w'$$
$$(u\cdot v\cdot w)'=u'\cdot v\cdot w+u\cdot v'\cdot w+u\cdot v\cdot w'$$

【例3.9】设函数 $y=\sqrt{x}\cos x-2\ln x+\sin\dfrac{\pi}{5}$，求 y'．

解：$y'=\left(\sqrt{x}\cos x-2\ln x+\sin\dfrac{\pi}{5}\right)'$

$\quad=(\sqrt{x}\cdot\cos x)'-2(\ln x)'+\left(\sin\dfrac{\pi}{5}\right)'$

$\quad=(\sqrt{x})'\cos x+\sqrt{x}(\cos x)'-\dfrac{2}{x}+0$

$\quad=\dfrac{1}{2\sqrt{x}}\cos x-\sqrt{x}\sin x-\dfrac{2}{x}$

【例3.10】设函数 $y=\tan x$，求 y'．

解：$y'=(\tan x)'=\left(\dfrac{\sin x}{\cos x}\right)'$

$\quad=\dfrac{(\sin x)'\cos x-\sin x(\cos x)'}{(\cos x)^2}$

$\quad=\dfrac{\cos^2 x+\sin^2 x}{\cos^2 x}$

$\quad=\dfrac{1}{\cos^2 x}$

$\quad=\sec^2 x$

即　　　　　　　　　　　　　　$(\tan x)'=\sec^2 x$

类似地可得： $(\cot x)' = -\csc^2 x$

【例 3.11】 设函数 $y = \sec x$，求 y'．

解： $y' = (\sec x)' = \left(\dfrac{1}{\cos x}\right)' = \dfrac{-(\cos x)'}{\cos^2 x} = \dfrac{\sin x}{\cos^2 x} = \sec x \cdot \tan x$

即 $(\sec x)' = \sec x \cdot \tan x$

类似地可得： $(\csc x)' = -\csc x \cdot \cot x$

【例 3.12】 设函数 $y = x\sin x\tan x$，求 y'．

解： $y' = (x\sin x\tan x)'$

$= (x)'\sin x\tan x + x(\sin x)'\tan x + x\sin x(\tan x)'$

$= \sin x\tan x + x\cos x\tan x + x\sin x\sec^2 x$

3.2.2　复合函数的求导法则

有一些函数，如 $y = \ln(\tan x)$，$y = \mathrm{e}^{-2x}$，$y = \sqrt{x^2 + 2x - 1}$，我们还不知道它们是否可导，如果可导的话怎么样求导？下面将学习的复合函数的求导法则将很好地解决这个问题．

【定理 3.3】 如果 $y = f(u)$，$u = \phi(x)$ 均可导，则复合函数 $y = f[\phi(x)]$ 也可导，且其导数为

$$\frac{\mathrm{d}y}{\mathrm{d}x} = \frac{\mathrm{d}y}{\mathrm{d}u} \cdot \frac{\mathrm{d}u}{\mathrm{d}x}$$

或记为

$$y'_x = f'_u(u)\phi'(x)$$

其中 $f'_u(u)$ 是指 $f(u)$ 对 u 求导数（u 视为自变量）．

证明从略．

【例 3.13】 设函数 $y = \sin\sqrt{x}$，求 y'．

解： $y = \sin\sqrt{x}$ 可以看成是由 $y = \sin u$ 与 $u = \sqrt{x}$ 复合而成的，而

$$\frac{\mathrm{d}y}{\mathrm{d}u} = (\sin u)' = \cos u, \frac{\mathrm{d}u}{\mathrm{d}x} = (\sqrt{x})' = \frac{1}{2\sqrt{x}}$$

所以

$$\frac{\mathrm{d}y}{\mathrm{d}x} = \frac{\mathrm{d}y}{\mathrm{d}u} \cdot \frac{\mathrm{d}u}{\mathrm{d}x} = \cos u \cdot \frac{1}{2\sqrt{x}} = \frac{1}{2\sqrt{x}}\cos\sqrt{x}$$

从上例可知，求复合函数的导数时，遵循"由外往里，逐层求导"的顺序．

【例 3.14】 设函数 $y = \ln\tan\dfrac{x}{2}$，求 y'．

解： $y = \ln\tan\dfrac{x}{2}$ 可以看成是由 $y = \ln u$，$u = \tan v$ 及 $v = \dfrac{x}{2}$ 复合而成的，而

$$\frac{\mathrm{d}y}{\mathrm{d}u} = (\ln u)' = \frac{1}{u}, \frac{\mathrm{d}u}{\mathrm{d}v} = (\tan v)' = \sec^2 v, \frac{\mathrm{d}v}{\mathrm{d}x} = \left(\frac{x}{2}\right)' = \frac{1}{2}$$

所以

$$\frac{\mathrm{d}y}{\mathrm{d}x} = \frac{\mathrm{d}y}{\mathrm{d}u} \cdot \frac{\mathrm{d}u}{\mathrm{d}v} \cdot \frac{\mathrm{d}v}{\mathrm{d}x} = \frac{1}{u} \cdot \sec^2 v \cdot \left(\frac{1}{2}\right) = \frac{\sec^2\dfrac{x}{2}}{2\tan\dfrac{x}{2}}$$

$$= \frac{1}{2\sin\frac{x}{2}\cos\frac{x}{2}} = \frac{1}{\sin x} = \csc x$$

对复合函数的复合过程熟悉以后，中间的复合过程可以不必写出来，而直接分层求出导数.

【例3.15】 设函数 $y = \mathrm{e}^{-x^3}$，求 y'.

解： $y' = (\mathrm{e}^{-x^3})' = \mathrm{e}^{-x^3} \cdot (-x^3)'$

$$= \mathrm{e}^{-x^3} \cdot (-3x^2) = -3x^2\mathrm{e}^{-x^3}$$

【例3.16】 $x > 0$，证明幂函数的导数公式 $(x^\alpha)' = \alpha x^{\alpha-1}$（$\alpha \in \mathrm{R}$）.

证：因为 $x^\alpha = \mathrm{e}^{\ln x^\alpha} = \mathrm{e}^{\alpha\ln x}$，

所以 $(x^\alpha)' = (\mathrm{e}^{\alpha\ln x})' = \mathrm{e}^{\alpha\ln x} \cdot (\alpha\ln x)' = \frac{\alpha}{x}\mathrm{e}^{\alpha\ln x} = \frac{\alpha}{x}x^\alpha = \alpha x^{\alpha-1}$.

3.2.3 常数和基本初等函数的导数公式

前面我们利用导数的定义和求导的法则，求出了所有基本初等函数的导数公式，有了这些公式和法则，我们就解决了初等函数的求导问题. 我们将基本初等函数的求导公式和求导法则全部列出，便于查阅和记忆.

1. 基本初等函数的求导公式

（1） $(C)' = 0$（C 为常数）   （2） $(x^\alpha)' = \alpha x^{\alpha-1}$

（3） $(a^x)' = a^x\ln a$ （4） $(\mathrm{e}^x)' = \mathrm{e}^x$

（5） $(\log_a x)' = \frac{1}{x\ln a}$ （6） $(\ln x)' = \frac{1}{x}$

（7） $(\sin x)' = \cos x$ （8） $(\cos x)' = -\sin x$

（9） $(\tan x)' = \sec^2 x$ （10） $(\cot x)' = -\csc^2 x$

（11） $(\sec x)' = \sec x\tan x$ （12） $(\csc x)' = -\csc x\cot x$

（13） $(\arcsin x)' = \frac{1}{\sqrt{1-x^2}}$ （14） $(\arccos x)' = -\frac{1}{\sqrt{1-x^2}}$

（15） $(\arctan x)' = \frac{1}{1+x^2}$ （16） $(\text{arccot}\,x)' = -\frac{1}{1+x^2}$

2. 函数的和、差、积、商的求导法则

设 $u = u(x)$，$v = v(x)$，则有下列法则：

（1） $(u \pm v)' = u' \pm v'$

（2） $(uv)' = u'v + v'u$

（3） $(cu)' = c(u)'$

（4） $\left(\dfrac{u}{v}\right)' = \dfrac{u'v - v'u}{v^2}$

3. 复合函数的求导法则

设 $y = f(u)$，$u = \phi(x)$ 均可导，则复合函数 $y = f[\phi(x)]$ 对 x 的导数为

$$\frac{\mathrm{d}y}{\mathrm{d}x} = \frac{\mathrm{d}y}{\mathrm{d}u} \cdot \frac{\mathrm{d}u}{\mathrm{d}x} \quad \text{或} \quad \frac{\mathrm{d}y}{\mathrm{d}x} = f'_u(u)\phi'_x(x)$$

【例3.17】 设 $y = 3^x - \mathrm{e}^{-x}\tan x + 3^3 - \ln(\arcsin x)$，求 y'.

解：$y' = [3^x - e^{-x}\tan x + 3^3 - \ln(\arcsin x)]'$

$\qquad = [3^x]' - [e^{-x} \cdot \tan x]' + [3^3]' - [\ln(\arcsin x)]'$

$\qquad = 3^x \ln 3 + e^{-x}\tan x - e^{-x}\sec^2 x - \dfrac{1}{\arcsin x \sqrt{1-x^2}}$

3.2.4 高阶导数

函数 $y = f(x)$ 的导数 $f'(x)$ 一般仍然是 x 的函数，如果可以继续求导，则对 $f'(x)$ 所求的导数叫做 $f(x)$ 的二阶导数，记为 y''，$f''(x)$，$\dfrac{\mathrm{d}^2 y}{\mathrm{d}x^2}$，即

$$y'' = (y')',\quad f''(x) = [f'(x)]',\quad \frac{\mathrm{d}^2 y}{\mathrm{d}x^2} = \frac{\mathrm{d}}{\mathrm{d}x}\left(\frac{\mathrm{d}y}{\mathrm{d}x}\right)$$

类似地，二阶导数的导数叫做三阶导数，三阶导数的导数叫做四阶导数，$\cdots$，$(n-1)$ 阶导数的导数叫做 n 阶导数，分别记作

$$y''',\ y^{(4)},\ \cdots,\ y^{(n)}$$

或

$$\frac{\mathrm{d}^3 y}{\mathrm{d}x^3},\ \frac{\mathrm{d}^4 y}{\mathrm{d}x^4},\ \cdots,\ \frac{\mathrm{d}^n y}{\mathrm{d}x^n}$$

二阶及其以上的导数统称为高阶导数.

因此，求高阶导数没有引入新的方法，只要连续多次地求导数就可以了. 所以仍可以用前面学过的求导公式和求导方法来计算高阶导数.

【例 3.18】 求 $y = e^{-x}\cos x$ 的二阶导数.

解：$y' = (e^{-x})'\cos x + e^{-x}(\cos x)'$

$\qquad = -e^{-x}\cos x - e^{-x}\sin x$

$\qquad = -e^{-x}(\cos x + \sin x)$

$\quad y'' = [-e^{-x}(\cos x + \sin x)]'$

$\qquad = -[(e^{-x})'(\cos x + \sin x) + e^{-x}(\cos x + \sin x)']$

$\qquad = -[-e^{-x}(\cos x + \sin x) + e^{-x}(\cos x - \sin x)]$

$\qquad = 2e^{-x}\sin x$

【例 3.19】 求 n 次多项式 $y = a_0 x^n + a_1 x^{n-1} + \cdots + a_{n-1}x + a_n$ 的各阶导数.

解：$y' = (a_0 x^n + a_1 x^{n-1} + \cdots + a_{n-1}x + a_n)'$

$\qquad = a_0 n x^{n-1} + a_1(n-1)x^{n-2} + \cdots + a_{n-1}$

$\quad y'' = (a_0 n x^{n-1} + a_1(n-1)x^{n-2} + \cdots + a_{n-1})'$

$\qquad = a_0 n(n-1)x^{n-2} + a_1(n-1)(n-2)x^{n-3} + \cdots + 2a_{n-2}$

$\qquad \cdots\cdots$

$\quad y^{(n)} = a_0 n!$

$\quad y^{(n+1)} = y^{(n+2)} = \cdots = 0$

从物理学的观点看，变速直线运动物体的速度是距离对时间的一阶导数，即

$$v(t) = s'(t)$$

又由于速度对时间的导数是加速度，即

$$a(t) = v'(t)$$

所以，距离对时间的二阶导数在物理学上就是加速度，即

$$a(t) = s''(t)$$

【例 3.20】 求函数 $y = a^x$ 和 $y = e^x$ 的 n 阶导数.

解：$y' = (a^x)' = a^x \cdot \ln a$

$y'' = (y')' = (a^x \ln a)' = a^x \cdot \ln a \cdot \ln a = a^x \cdot (\ln a)^2$

……

一般地可得：
$$y^{(n)} = a^x \cdot (\ln a)^n$$

即
$$(a^x)^{(n)} = a^x \cdot (\ln a)^n$$

特别地，
$$(e^x)^{(n)} = e^x$$

【例 3.21】 求 $y = \sin x$ 与 $y = \cos x$ 的 n 阶导数.

解：$y' = \cos x = \sin\left(x + \dfrac{\pi}{2}\right)$

$$y'' = \cos\left(x + \frac{\pi}{2}\right) = \sin\left[\left(x + \frac{\pi}{2}\right) + \frac{\pi}{2}\right] = \sin\left(x + 2 \cdot \frac{\pi}{2}\right)$$

$$y''' = \cos\left(x + 2 \cdot \frac{\pi}{2}\right) = \sin\left[\left(x + 2 \cdot \frac{\pi}{2}\right) + \frac{\pi}{2}\right] = \sin\left(x + 3 \cdot \frac{\pi}{2}\right)$$

……

$$y^{(n)} = \sin\left(x + n \cdot \frac{\pi}{2}\right)$$

即
$$(\sin x)^{(n)} = \sin\left(x + n \cdot \frac{\pi}{2}\right)$$

类似地可得：
$$(\cos x)^{(n)} = \cos\left(x + n \cdot \frac{\pi}{2}\right)$$

【例 3.22】 求 $y = \ln(1 + x)$ 的 n 阶导数.

解：$y' = [\ln(1 + x)]' = \dfrac{1}{1 + x}$

$$y'' = \left[\frac{1}{1 + x}\right]' = -\frac{1}{(1 + x)^2}$$

$$y''' = \frac{1 \cdot 2}{(1 + x)^3}$$

……

$$y^{(n)} = (-1)^{n-1} \frac{1}{(1 + x)^n} (n - 1)!$$

即
$$[\ln(1 + x)]^{(n)} = (-1)^{n-1} \frac{1}{(1 + x)^n} (n - 1)!$$

练习题 3.2

1. 求下列函数的导数.

（1）$y = \dfrac{1}{\sqrt{x}} - x \ln x$；

（2）$y = \dfrac{1 + \sin x}{1 - \cos x}$；

（3）$y = e^x \tan x - \dfrac{1}{1 + x} + \cos \dfrac{\pi}{5}$；

（4）$y = (x - 1)(x - 2)(x - 3)$.

2. 求下列函数的导数.

(1) $y = 2\cos(1 + x)$；

(2) $y = \cot\left(\dfrac{1}{x}\right)$；

(3) $y = \ln(3x) \cdot \sin 2x$；

(4) $y = \left(\dfrac{1+x}{1-x}\right)^2$；

(5) $y = e^{\sqrt{x+1}}$；

(6) $y = \arccos\dfrac{1}{x}$；

(7) $y = \operatorname{arccot} x$；

(8) $y = \ln\left(x + \sqrt{1 + x^2}\right)$.

3. 求下列函数的二阶导数.

(1) $y = 2x^2 + \ln x$；

(2) $y = e^{1-2x}$；

(3) $y = \sqrt{x} + \dfrac{1}{\sqrt{x}}$；

(4) $y = (1 + x^2)\arctan x$.

4. 求下列函数所指定的 n 阶导数.

(1) $y = e^x \sin x$，求 $y^{(4)}$；

(2) $y = \sin 2x$，求 $y^{(n)}$.

5. 已知物体的运动规律为 $s = A\sin\omega t$（A，ω 是常数），求物体运动的加速度，并验证关系式 $\dfrac{\mathrm{d}^2 s}{\mathrm{d}t^2} + \omega^2 s = 0$.

3.3 函数的微分

3.2 复合函数求导

在实际问题中，有时会要计算在自变量有微小变化时函数值的增量. 而通常函数值增量精确值的计算比较复杂，因此有必要寻找函数值增量近似值的计算方法，使得计算简单而且精度又高.

3.3.1 微分的定义

先看下面的实例.

一块正方形金属薄片，因受温度变化的影响，其边长由 x_0 变到 $x_0 + \Delta x$，如图 3 - 6 所示，问此金属薄片的表面积改变了多少？

设正方形金属薄片的边长为 x，面积为 A，则有

$$A = x^2$$

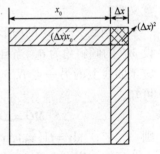

图 3 - 6

薄片因受温度变化的影响面积的改变量为

$$\Delta A = (x_0 + \Delta x)^2 - x_0^2 = 2x_0\Delta x + (\Delta x)^2$$

上式表明，面积改变量的值由两部分组成：第一部分 $2x_0\Delta x$ 是 Δx 的线性表达式，即图中带有阴影的两个大小相等的长方形面积之和；而第二部分 $(\Delta x)^2$ 是图中右上角带有交叉阴影的小正方形的面积. 显然，当 $\Delta x \to 0$ 时，$(\Delta x)^2$ 是比 $2x_0\Delta x$ 小得多的无穷小量，可以忽略不计.

因此　　　　　　　　　　　　　$\Delta A \approx 2x_0 \cdot \Delta x$

而　　　　　　　　　　　　　$A'\big|_{x = x_0} = 2x_0$

因此此金属薄片的表面积改变量的近似值为

$$\Delta A \approx A'\big|_{x=x_0} \cdot \Delta x$$

【定义 3.3】 设函数 $y = f(x)$ 在区间 I 上有定义，且在区间 I 内的任意点 x 处有导数 $f'(x)$，那么称 $f'(x) \cdot \Delta x$ 为函数 $y = f(x)$ 在点 x 处的微分，记作 $\mathrm{d}y$，即

$$\mathrm{d}y = f'(x) \cdot \Delta x$$

此时也称函数 $y = f(x)$ 在点 x 处可微.

【例 3.23】 求函数 $y = x^2$ 当 $x = 2$ 且 $\Delta x = 0.01$ 时的增量和微分.

解： $\Delta y = f(x_0 + \Delta x) - f(x_0)$

$$= (2 + 0.01)^2 - 2^2 = 2 \times 2 \times 0.01 + 0.000\,1 = 0.040\,1$$

$$\mathrm{d}y = f'(2)\Delta x = 2x\big|_{x=2} \times 0.01 = 0.04$$

此例表明，当 Δx 很小时，可以将 $\mathrm{d}y$ 作为 Δy 的近似值.

即

$$\Delta y \approx \mathrm{d}y$$

有趣的是，当 $y = x$ 时，它的微分是

$$\mathrm{d}y = \mathrm{d}(x) = (x)'\Delta x = \Delta x$$

即

$$\Delta x = \mathrm{d}x$$

因此，函数的微分又可以写成

$$\mathrm{d}y = f'(x)\mathrm{d}x$$

进一步又有

$$\frac{\mathrm{d}y}{\mathrm{d}x} = f'(x)$$

此式表明，导数即微商，微商即导数. 求导数或求微分的方法叫做微分法.

3.3.2 微分的几何意义

微分是从计算函数值的增量时引入的，那么，在几何上函数的微分 $f'(x_0)\mathrm{d}x$ 表示什么意义呢？

设函数 $y = f(x)$ 的图形如图 3－7 所示，MP 是曲线 $y = f(x)$ 上点 $M(x_0, y_0)$ 处的切线，设 MP 的倾斜角为 θ，当自变量 x 取得改变量 Δx 时，对应于曲线上的另一点 $N(x_0 + \Delta x, y_0 + \Delta y)$，从图 3－7 可知，

$$MQ = \Delta x, \quad QN = \Delta y$$

则

$$\mathrm{d}y = f'(x_0)\Delta x = \tan\theta \cdot MQ = QP$$

由此可知，当自变量 x 取得改变量 Δx 时，函数 $y = f(x)$ 的微分 $\mathrm{d}y = f'(x_0)\mathrm{d}x$ 在几何上表示点 $M(x_0, y_0)$ 处的切线的纵坐标的改变量.

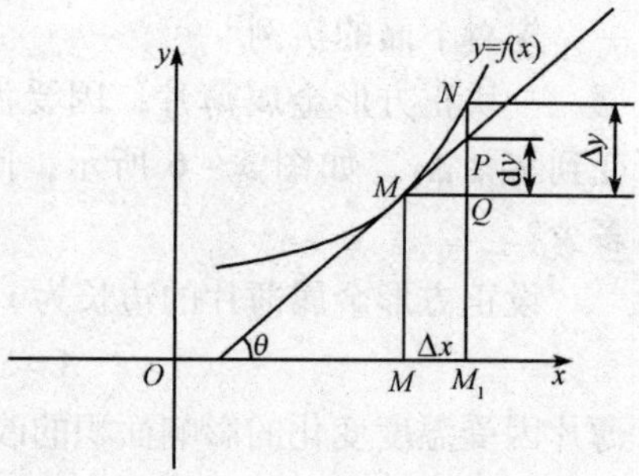

图 3－7

从图 3－7 中还可以看出，当 $\Delta x \to 0$ 时，在点 M (x_0, y_0) 附近，可以用切线段来近似代替曲线段. 这就是微分学中的"以直代曲"思想.

3.3.3 基本初等函数的微分公式与微分运算法则

因为函数的微分等于函数的导数乘以自变量的微分，因此，根据导数公式和求导运算法则可以得到相应的微分公式和微分法则.

1. 微分基本公式

（1）$\mathrm{d}(C) = 0$（C 为常数）

（2）$\mathrm{d}(x^{\alpha}) = \alpha x^{\alpha-1}\mathrm{d}x$

（3）$\mathrm{d}(a^x) = a^x \ln a\,\mathrm{d}x$（$a > 0$，$a \neq 1$）

（4）$\mathrm{d}(\mathrm{e}^x) = \mathrm{e}^x \mathrm{d}x$

（5）$\mathrm{d}(\log_a x) = \dfrac{1}{x\ln a}\mathrm{d}x$（$a > 0$，$a \neq 1$）

（6）$\mathrm{d}(\ln x) = \dfrac{1}{x}\mathrm{d}x$

（7）$\mathrm{d}(\sin x) = \cos x\,\mathrm{d}x$

（8）$\mathrm{d}(\cos x) = -\sin x\,\mathrm{d}x$

（9）$\mathrm{d}(\tan x) = \sec^2 x\,\mathrm{d}x$

（10）$\mathrm{d}(\cot x) = -\csc^2 x\,\mathrm{d}x$

（11）$\mathrm{d}(\sec x) = \sec x\tan x\,\mathrm{d}x$

（12）$\mathrm{d}(\csc x) = -\csc x\cot x\,\mathrm{d}x$

（13）$\mathrm{d}(\arcsin x) = \dfrac{1}{\sqrt{1-x^2}}\mathrm{d}x$（$-1 < x < 1$）

（14）$\mathrm{d}(\arccos x) = -\dfrac{1}{\sqrt{1-x^2}}\mathrm{d}x$（$-1 < x < 1$）

（15）$\mathrm{d}(\arctan x) = \dfrac{1}{1+x^2}\mathrm{d}x$（$-\infty < x < +\infty$）

（16）$\mathrm{d}(\text{arccot}\,x) = -\dfrac{1}{1+x^2}\mathrm{d}x$（$-\infty < x < +\infty$）

2. 函数的和、差、积、商的微分运算法则

（1）$\mathrm{d}(u \pm v) = \mathrm{d}u \pm \mathrm{d}v$ 　　　　（2）$\mathrm{d}(uv) = u\mathrm{d}v + v\mathrm{d}u$

（3）$\mathrm{d}(Cu) = C\mathrm{d}u$ 　　　　（4）$\mathrm{d}\left(\dfrac{u}{v}\right) = \dfrac{u\mathrm{d}v - v\mathrm{d}u}{v^2}$（$v \neq 0$）

3. 复合函数的微分法则

设复合函数 $y = f[\phi(x)]$ 分解为 $y = f(u)$，$u = \phi(x)$，如果 $u = \phi(x)$ 可微，则 $y = f(u)$ 在相应点处可微，且

$$\mathrm{d}y = y'_x\mathrm{d}x = f'_u(u)\phi'(x) \cdot \mathrm{d}x = f'_u(u)\mathrm{d}\phi(x) = f'(u)\mathrm{d}u$$

结论：不论 u 是自变量还是中间变量，函数 $y = f(u)$ 的微分与 $y = f(x)$ 的微分在形式上总是保持一致的，这一性质称为微分形式不变性. 利用这一性质，求复合函数的微分比较方便.

复合函数的微分法则：设 $y = f(u)$，$u = \phi(x)$ 均可导，则复合函数 $y = f[\phi(x)]$ 对 x 的微分为

$$\mathrm{d}y = f'(u)\mathrm{d}u = f'[\phi(x)] \cdot \phi'(x)\mathrm{d}x$$

【例 3.24】 设 $y = \cos\sqrt{x}$，试用微分定义和微分形式不变性分别求 $\mathrm{d}y$.

解：解法一：用微分定义求 $\mathrm{d}y$.

由于
$$f'(x) = \left[\cos\sqrt{x}\right]' = -\dfrac{1}{2\sqrt{x}}\sin\sqrt{x}$$

所以
$$dy = f'(x)dx = -\frac{1}{2\sqrt{x}}\sin\sqrt{x}dx$$

解法二：用微分形式不变性求 dy.

设
$$u = \sqrt{x}$$

则
$$dy = f'(u)du$$
$$= -\sin\sqrt{x}d(\sqrt{x})$$
$$= -\frac{1}{2\sqrt{x}}\sin\sqrt{x}dx$$

【例 3.25】 设 $y = \tan x^2$，求 dy.

解：$dy = d(\tan x^2)$
$$= \sec x^2 d(x^2)$$
$$= 2x\sec x^2 dx$$

【例 3.26】 求方程 $x^2 + 2xy - y^2 = a^2$ 所确定的隐函数 $y = f(x)$ 的微分 dy 及导数 $\dfrac{dy}{dx}$.

解：方程两边关于 x 求微分，
$$d(x^2 + 2xy - y^2) = d(a^2)$$

所以
$$2xdx + 2(ydx + xdy) - 2ydy = 0$$

合并同类项得
$$2(x + y)dx - 2(y - x)dy = 0$$

所以
$$dy = \frac{x + y}{y - x}dx$$

$$\frac{dy}{dx} = \frac{x + y}{y - x}$$

3.3.4 微分在近似计算上的应用

微分概念起源于求函数增量的近似值，因此，有必要介绍微分在近似计算上的应用.

1. 利用微分计算函数增量的近似值

前面已经学过，当函数在点 x_0 处的导数不为零，且 $|\Delta x|$ 很小时，我们可得近似计算公式

$$\Delta y \approx dy$$

利用上述公式可以求函数增量的近似值.

【例 3.27】 一批半径为 1cm 的球，为了提高球面的光洁度，要镀一层铜，厚度为 0.01cm，试估计每只球需用多少克铜？（铜的密度为 $8.9g/cm^3$）

解：为了求出镀铜的质量，应该先求出镀铜的体积. 而镀铜的体积等于镀铜后与镀铜前二者体积之差. 也就是球体积 $v = \dfrac{4\pi}{3}R^3$，当半径 $R = 1cm$，半径改变 $\Delta R = 0.01cm$ 时的增量.

因为 $v' = \left(\dfrac{4\pi}{3}R^3\right)' = 4\pi R^2$

所以 $\Delta y \approx dv = v'\Big|_{\substack{R=1 \\ \Delta R=0.01}} dR = 4\pi R^2 \Delta R \Big|_{\substack{R=1 \\ \Delta R=0.01}}$

$$\approx 4 \times 3.14 \times 1 \times 0.01 \approx 0.13 \ (cm^3)$$

因此镀每个球需用铜约为

$$W = 0.13 \times 8.9 = 1.16 \ (\text{g})$$

2. 利用微分计算函数值的近似值

当 $|\Delta x|$ 很小时，由 $\Delta y = f(x_0 + \Delta x) - f(x_0) \approx f'(x_0)\mathrm{d}x$

得近似计算公式　$f(x_0 + \Delta x) \approx f(x_0) + f'(x_0)\mathrm{d}x$

【例 3.28】 计算 arctan1.05 的近似值.

解： 不妨设 $f(x) = \arctan x$，

则　　　　　　　　　　　　$f'(x) = \dfrac{1}{1 + x^2}$

此时设　　　　　　　　　　$x_0 = 1，\Delta x = 0.05$

则由　　　　　　　　　　　$f(x_0 + \Delta x) \approx f(x_0) + f'(x_0)\mathrm{d}x$

得　　　　$\arctan 1.05 = \arctan(1 + 0.05) \approx \arctan 1 + \dfrac{1}{1 + 1} \times 0.05 \approx 0.8104$

特别地，如果 $x_0 = 0$ 时，由于 $\Delta x = x - x_0 = x$，当 $|x|$ 很小时，有

$$f(x) \approx f(0) + f'(0)x$$

【例 3.29】 $|x|$ 很小时，证明 $\mathrm{e}^x \approx 1 + x$.

证： 设函数 $f(x) = \mathrm{e}^x$，

则　　　　　　　　　　　　$f'(x) = \mathrm{e}^x$

而　　　　　　　　$f(0) = \mathrm{e}^0 = 1，f'(0) = \mathrm{e}^0 = 1$

由　　　　　　　　　　　　$f(x) \approx f(0) + f'(0)x$

得　　　　　　　　　　　　$\mathrm{e}^x \approx 1 + x$

类似地，利用上述公式可以推出下列常用的近似计算公式：

(1) $\sin x \approx x$

(2) $\tan x \approx x$

(3) $\sqrt[n]{1 + x} \approx 1 + \dfrac{1}{n}x$

(4) $\ln(1 + x) \approx x$

注意： $|x|$ 很小，且公式（1）、（2）中的单位为弧度.

利用上述公式可以方便地计算出

$$\mathrm{e}^{-0.02} \approx 1 - 0.02 = 9.98$$

$$\sin 1' = \sin\left(\dfrac{1}{60} \times \dfrac{\pi}{180}\right) \approx \dfrac{\pi}{10\,800} \approx 0.000\,3$$

$$\sqrt[5]{0.95} = \sqrt[5]{1 + (-0.05)} \approx 1 + \dfrac{1}{5} \times (-0.05) = 0.99$$

练习题 3.3

1. 填空题.

(1) 已知函数 $y = 2x + x^2$ 在 $x = 1$ 处，当 $\Delta x = 0.01$ 时，$\Delta y =$ _____，$\mathrm{d}y =$ _____；

(2) $\mathrm{d}\left[\ln(x + \sqrt{1 + x^2})\right] =$ _____ $\mathrm{d}(x + \sqrt{1 + x^2}) =$ _____ $\mathrm{d}x$；

(3) $($ _____ $)' = \sqrt{x}$；

（4）d _____ $= \cos 3x \mathrm{d}x$；

（5）d _____ $= \dfrac{1}{x} \mathrm{d}x$；

（6）d _____ $= \dfrac{1}{\sqrt{x}} \mathrm{d}x$；

（7）d _____ $= \mathrm{e}^{-2x} \mathrm{d}x$；

（8）d _____ $= \sec^2 x \mathrm{d}x$.

2. 求下列函数在给定点或任意点处的微分.

（1）$y = x^5 + 4\sin x$，$x = 0$，$\Delta x = 0.01$；

（2）$y = \dfrac{1}{\sqrt{x}} + \sqrt{x}$；　　　　（3）$y = (\mathrm{e}^x + \mathrm{e}^{-x})^2$；

（4）$y = \arcsin \sqrt{1-x}$；　　　　（5）$y = \cos^2(1-2x)$.

3. 利用微分求近似值.

（1）$y = \arctan 1.02$；　　　　（2）$y = \sqrt[6]{65}$；

（3）$y = \sin 29.9°$；　　　　（4）$y = \ln 1.01$.

4. 水管壁的横截面是一个圆环，设它的内径为 R_0，壁厚为 h，试利用微分来计算这个圆环面积的近似值.

5. 一底半径为 5cm 的直圆锥体，底半径与高相等，直圆锥体受热膨胀，在膨胀过程中其高和底半径的膨胀率相等，为提高直圆锥体表面的光洁度，要镀一层铜，厚度为 0.01cm，试估计每只直圆锥体需用多少克铜？（铜的密度为 $8.9\mathrm{g/cm}^3$）

本章 小结及思维导图
BENZHANG XIAOJIE JI SIWEI DAOTU

学习本章，要求读者掌握导数和微分的基本概念，熟练掌握求导公式和法则，会求函数的微分，会求二阶导数，了解导数和微分的几何意义和物理意义，会运用导数的几何意义解决相关问题，了解几个常见函数的高阶导数的求法，了解微分在近似计算中的应用.

一、导数与微分的概念

1. 导数的概念

函数反映变量之间的对应关系，函数的导数反映函数（因变量）相对于自变量的瞬时变化率. 利用极限，可以得到求导的公式与法则，从而求得初等函数的导数. 反复求导，可以得到高阶导数.

2. 微分的概念

函数的微分反映了函数值增量的近似值，又揭示了与导数之间的等价关系. 因此，函数的微分既解决了近似计算问题，又解决了求微分的公式与法则问题. 学习本章，不但要掌握求导数的方法，更重要的是要熟记求导公式与法则.

二、求导方法归类

1. 用导数定义求导

2. 用求导公式和法则求导

3. 复合函数求导

4. 隐函数求导

5. 对数求导法求导

三、应用问题

1. 导数的应用

在几何上，利用导数值是相应点处曲线的切线斜率，求切线方程和法线方程.

在物理上，路程对时间的一阶导数是瞬时速度，路程对时间的二阶导数是加速度.

2. 微分的应用

由于函数的微分值 $\mathrm{d}y$ 占函数值增量 Δy 值的主要部分，因此，当自变量增量 Δx 很小时，可以用微分 $\mathrm{d}y$ 来近似表示函数值增量 Δy. 由此得到一些常用的近似公式，如 $\Delta y \approx \mathrm{d}y$，$f(x_0 + \Delta x) \approx f(x_0) + f'(x_0)\Delta x, \mathrm{e}^x \approx 1 + x$ 等.

四、思维导图

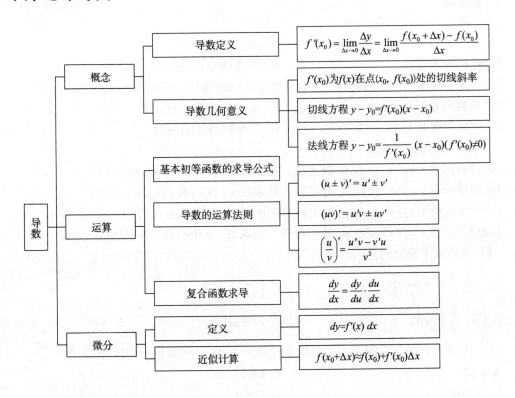

测试题 3

1. 填空题.

（1）函数 $y = f(x)$ 在点 x_0 可导是在点 x_0 连续的_____条件；$y = f(x)$ 在点 x_0 连续是在点 x_0 可导的_____条件；$y = f(x)$ 在点 x_0 的左导数 $f'_-(x_0)$ 及右导数 $f'_+(x_0)$ 都存在且相等是 $y = f(x)$ 在点 x_0 可导的_____条件；函数 $y = f(x)$ 在点 x_0 可导是函数在点 x_0

可微的_____条件.

（2）按导数的定义，$y' = f'(x_0) =$ _____.

（3）设函数 $y = f(x)$ 在点 x_0 可导，则在几何上 $f'(x_0)$ 表示_____.

（4）设物体作变速直线运动，其运动方程为 $s = s(t)$，则在运动学上 $s''(t_0)$ 表示_____
_____.

（5）设函数 $y = f(x)$ 在点 x_0 可导，则曲线过点 $(x_0, f(x_0))$ 的法线方程为_____
___.

（6）$(x^\alpha)' =$ _____，$(a^x)' =$ _____.

（7）$d(\arctan \sqrt{\ln x - 1}) =$ _____ dx.

（8）d _____ $= \dfrac{x}{\sqrt{1+x^2}} dx$.

（9）$d(\sin^2 x) = 2\sin x \, d$ _____ $=$ _____ dx.

2. 选择题.

（1）函数 $y = |x|$ 在点 $x = 0$ 处 （　　）.

A. 连续且可导　　　　　　　　　　B. 不连续但可导

C. 连续但不可导　　　　　　　　　　D. 不连续也不可导

（2）如果曲线 $y = f(x)$ 在点 x_0 处有垂直于 x 轴的切线，则函数 $y = f(x)$ 点 x_0 处（　　）.

A. 导数为0　　　　　　　　　　　B. 左导数不等于右导数

C. 导数为无穷大　　　　　　　　　D. 左导数等于右导数

（3）下列命题正确的是 （　　）.

A. 如果函数 $y = f(x)$ 在点 x_0 处连续，则函数 $y = f(x)$ 在点 x_0 处必可导

B. 如果函数 $y = f(x)$ 在点 x_0 处可导，则函数 $y = f(x)$ 在点 x_0 处必连续

C. 如果函数 $y = f(x)$ 在点 x_0 处可微，则函数 $y = f(x)$ 在点 x_0 处不一定连续

D. 如果函数 $y = f(x)$ 在点 x_0 处不可导，则函数 $y = f(x)$ 在点 x_0 处必不连续

（4）下列式子成立的是 （　　）.

A. $\left(\sin \dfrac{\pi}{3}\right)' = \cos \dfrac{\pi}{3}$　　　　　　B. $\left(\sin \dfrac{\pi}{3}\right)' = \dfrac{1}{3}\cos \dfrac{\pi}{3}$

C. $\left(\sin \dfrac{\pi}{3}\right)' = 0$　　　　　　　　D. $x^x = x x^{x-1}$

（5）半径为 R 的金属圆片，加热后半径伸长了 ΔR，则面积 S 的微分 dS 是 （　　）.

A. πdR　　　　　　　　　　　B. $\pi R dR$

C. $2\pi R dR$　　　　　　　　　　D. $2\pi dR$

（6）设 $y = f(x)$ 在点 x_0 的某个邻域内有定义，且 $f'(x_0) = a (a \in \mathbf{R})$，则下列表达式等于 a 的是 （　　）.

A. $\lim\limits_{h \to 0} \dfrac{f(x_0 - h) - f(x_0)}{h}$

B. $\lim\limits_{h \to 0} \dfrac{f(x_0 + 2h) - f(x_0 - h)}{h}$

C. $\lim\limits_{h \to 0} \dfrac{f(x_0 - h) - f(x_0 + h)}{h}$

D. $\lim\limits_{h \to +\infty} h\left[f\left(x_0 + \dfrac{1}{h}\right) - f(x_0)\right]$

（7）曲线 $y = x^3$ 在点 $x = 0$ 处的切线为 　　　　　　　　（　　）.

A. 垂直于 x 轴　　　　　　　　　　B. x 轴

C. 倾斜角为 $\dfrac{\pi}{4}$　　　　　　　　　　D. 不存在

3. 设函数 $f(x) = \sqrt{2x - 1}$，根据导数定义求 $f'(5)$.

4. 求下列函数的导数.

（1）$y = 3\sqrt[3]{x^2} - \ln x + \sqrt{\pi}$；　　　　　　（2）$y = \tan^2 x$；

（3）$y = x^2 \ln x$；　　　　　　　　　（4）$y = \dfrac{\sin x}{1 + \cos x}$；

（5）$y = \arccos\sqrt{1+x}$；　　　　　　（6）$y = \arctan(\ln x)$.

5. 讨论函数 $y = \begin{cases} x\sin\dfrac{1}{x}, & x \neq 0 \\ 0, & x = 0 \end{cases}$ 在点 $x = 0$ 的连续性与可导性.

6. 设函数 $f(x) = \begin{cases} x^2, & x \leq 1 \\ ax + b, & x > 1 \end{cases}$，试确定 a，b 的值，使 $f(x)$ 在 $x = 1$ 处可导.

7. 求下列各函数在指定点的导数.

（1）$f(x) = \dfrac{x - \sin x}{x + \sin x}$，求 $f'\left(\dfrac{\pi}{2}\right)$.

（2）$f(t) = (1 + t^3)\left(3 + \dfrac{1}{t^2}\right)$，求 $f'(1)$.

8. 求下列函数的微分.

（1）$y = x^3 \ln x^2$；　　　　　　　　（2）$y = \ln\sin\left(\dfrac{x}{2}\right)$；

（3）$y = \ln\left(x + \sqrt{x^2 + a^2}\right)$.

9. 利用微分求近似值.

（1）$\sqrt[3]{1\,001}$；　　　　　　　　　（2）$e^{0.98}$；

（3）$\ln 0.99$；　　　　　　　　　　　（4）$\sin 1'$.

第四章

导数的应用

在计算极限时，我们发现有些极限问题很难解决，那么我们是不是可以利用导数来求极限？在实际问题中，我们需要求函数的单调性和极值，曲线的凹凸和拐点，是不是也可以用导数来判断？又如何利用导数来描绘函数的图像？

学习目标：理解并掌握洛必达法则，理解曲线凹凸性、拐点以及曲线的渐近线的定义；会用导数判断函数单调性、凹凸性，会求函数的单调区间和极值．

素质目标：培养学生正确看待人生的"得"与"失"，树立积极向上的人生态度，把握好"度"的问题

4.1　中值定理

如图 4-1 所示，曲线 $y = f(x)$ 在区间 $[a, b]$ 上连续，A、B 是对应于 $x = a$ 和 $x = b$ 的两个端点，连接弦 AB，则弦 AB 的斜率 $k_{AB} = \dfrac{f(b) - f(a)}{b - a}$．

设函数 $y = f(x)$ 在区间 (a, b) 内可导，则区间 (a, b) 内对应于曲线上每一点都可以作出一条不垂直于 x 轴的切线，我们可以证明其中至少有一条切线与弦 AB 平行．也就是说，在区间 (a, b) 内，至少存在一点 ξ，使得对应于曲线上点 $(\xi, f(\xi))$ 处的切线 CT 与弦 AB 平行，因此，$k_{切线CT} = k_{弦AB}$，即

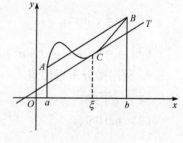

图 4-1

$$f'(\xi) = \frac{f(b) - f(a)}{b - a}$$

所以　$f(b) - f(a) = (b - a) \cdot f'(\xi)$

由此我们得到一个重要定理：

【**定理 4.1**】（拉格朗日中值定理）如果函数 $f(x)$ 满足

（1）在闭区间 $[a, b]$ 上连续；

（2）在开区间 (a, b) 内可导；

那么在 (a, b) 内至少存在一点 ξ $(a < \xi < b)$，使等式

$$f(b) - f(a) = f'(\xi)(b - a)$$

成立．

拉格朗日中值定理的几何意义是：如果连续曲线 $y = f(x)$ 的弧 $\overset{\frown}{AB}$ 上除端点外处处具有

68

不垂直于 x 轴的切线，那么这弧上至少有一点 C，使曲线在 C 点处的切线平行于弦 AB.

特别是，如果弦 AB 平行 x 轴，也就是说，端点 A 和 B 处的函数值相等，即 $f(a) = f(b)$，那么，曲线有平行于弦 AB 的切线，并且切线与 x 轴也平行，从而切线的斜率等于零. 这就是罗尔中值定理.

【定理 4.2】（罗尔中值定理）如果函数 $f(x)$ 满足：

（1）在闭区间 $[a, b]$ 上连续；

（2）在开区间 (a, b) 内可导；

（3）$f(a) = f(b)$，

那么在 (a, b) 内至少存在一点 $\xi(a < \xi < b)$，使等式

$$f'(\xi) = 0$$

成立.

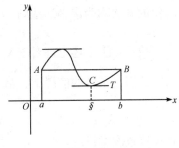

图 4-2

其几何意义也是明显的，如图 4-2 所示. 我们知道，如果函数 $f(x)$ 在某一区间上是一个常数，那么 $f(x)$ 在该区间上的导数恒为零. 反之如果函数 $y = f(x)$ 在区间 $[a, b]$ 上的导数恒为零，则函数在该区间上必是一个常数函数.

【推论 4.1】 如果函数 $f(x)$ 在区间 I 上的导数恒为零，那么 $f(x)$ 在区间 I 上是一个常数.

事实上，对于区间 $[a, b]$ 上的任意两点 x_1 和 x_2，且 $x_1 < x_2$，在小区间 $[x_1, x_2]$ 上满足拉格朗日中值定理，则有

$$f(x_1) - f(x_2) = f'(\xi)(x_2 - x_1)$$

而

$$f'(\xi) = 0$$

从而

$$f(x_1) - f(x_2) = 0$$

所以

$$f(x_1) = f(x_2)$$

根据 x_1 和 x_2 的任意性可知，$f(x)$ 是常函数.

【推论 4.2】 如果函数 $f(x)$ 和 $g(x)$ 在区间 $[a, b]$ 上的导数恒相等，即 $f'(x) = g'(x)$，那么，函数 $f(x)$ 和 $g(x)$ 之间仅相差一个常数.

4.2 洛必达法则

4.2 洛必达法则

4.2.1 未定式 $\frac{0}{0}$、$\frac{\infty}{\infty}$ 型的极限的求法

在求函数极限时，常会遇到当 $x \to x_0$（或 $x \to \infty$）时，两个函数 $f(x)$ 与 $g(x)$ 都是无穷小或都是无穷大，那么极限 $\lim\limits_{\substack{x \to x_0 \\ (x \to \infty)}} \dfrac{f(x)}{g(x)}$ 可能存在，也可能不存在. 通常把这种极限叫做未定式，并分别简记为 $\dfrac{0}{0}$ 或 $\dfrac{\infty}{\infty}$（**注意**：$\dfrac{0}{0}$、$\dfrac{\infty}{\infty}$ 只是两个记号，没有运算意义）. 对于这类极限的计算有一种简便且重要的方法——洛必达法则.

【定理 4.3】 设函数 $f(x)$ 和 $g(x)$ 满足条件：

（1）$\lim\limits_{x \to x_0} f(x) = \lim\limits_{x \to x_0} g(x) = 0$（或 ∞）；

（2）$f(x)$ 及 $g(x)$ 在点 x_0 的某一去心邻域内可导，且 $g'(x) \neq 0$；

（3）$\lim\limits_{x \to x_0} \dfrac{f'(x)}{g'(x)}$ 存在（或为无穷大），

那么
$$\lim\limits_{x \to x_0} \frac{f(x)}{g(x)} = \lim\limits_{x \to x_0} \frac{f'(x)}{g'(x)}$$

这种在一定条件下，将函数商的极限转换为对分子分母分别求导再求极限来确定未定式的值的方法称为洛必达法则，它解决 $x \to x_0$ 时未定式 $\dfrac{0}{0}$ 和 $\dfrac{\infty}{\infty}$ 的极限问题.

说明：①上述定理对于 $x \to \infty$ 时的未定式 $\dfrac{0}{0}$ 和 $\dfrac{\infty}{\infty}$ 同样适用.

②满足条件的前提下，洛必达法则在一个题中可以多次使用，即
$$\lim\limits_{x \to x_0} \frac{f(x)}{g(x)} = \lim\limits_{x \to x_0} \frac{f'(x)}{g'(x)} = \lim\limits_{x \to x_0} \frac{f''(x)}{g''(x)}$$

且可以依次类推.

【例 4.1】 求 $\lim\limits_{x \to 0} \dfrac{(1+x)^{\alpha} - 1}{x}$ （α 为常数）.

解： 这是 $x \to 0$ 时的 $\dfrac{0}{0}$ 型未定式，且满足洛必达法则的条件，所以
$$\lim\limits_{x \to 0} \frac{(1+x)^{\alpha} - 1}{x} = \lim\limits_{x \to 0} \frac{\left[(1+x)^{\alpha} - 1\right]'}{x'} = \lim\limits_{x \to 0} \frac{\alpha(1+x)^{\alpha-1}}{1} = \alpha$$

【例 4.2】 求 $\lim\limits_{x \to +\infty} \dfrac{\dfrac{\pi}{2} - \arctan x}{\dfrac{1}{x}}$.

解： 这是 $x \to +\infty$ 时的 $\dfrac{0}{0}$ 型未定式，用洛必达法则得
$$\lim\limits_{x \to +\infty} \frac{\dfrac{\pi}{2} - \arctan x}{\dfrac{1}{x}} = \lim\limits_{x \to +\infty} \frac{-\dfrac{1}{1+x^2}}{-\dfrac{1}{x^2}} = \lim\limits_{x \to +\infty} \frac{x^2}{1+x^2} = 1$$

【例 4.3】 求 $\lim\limits_{x \to 0} \dfrac{x - \sin x}{x^3}$.

解： 这是 $x \to x_0$ 时的 $\dfrac{0}{0}$ 型未定式，且满足洛必达法则的条件，用洛必达法则得
$$\lim\limits_{x \to 0} \frac{x - \sin x}{x^3} = \lim\limits_{x \to 0} \frac{1 - \cos x}{3x^2} = \lim\limits_{x \to 0} \frac{\sin x}{6x} = \frac{1}{6}$$

【例 4.4】 求 $\lim\limits_{x \to +\infty} \dfrac{\ln x}{x^a}$ （$a > 0$）.

解： 这是 $x \to \infty$ 时的 $\dfrac{\infty}{\infty}$ 型未定式，且满足洛必达法则的条件，用洛必达法则得
$$\lim\limits_{x \to +\infty} \frac{\ln x}{x^a} = \lim\limits_{x \to +\infty} \frac{(\ln x)'}{(x^a)'} = \lim\limits_{x \to +\infty} \frac{\dfrac{1}{x}}{ax^{a-1}} = \lim\limits_{x \to +\infty} \frac{1}{ax^a} = 0$$

【例 4. 5】 求 $\lim\limits_{x\to+\infty}\dfrac{\ln x}{x^2}$.

解：$\lim\limits_{x\to+\infty}\dfrac{\ln x}{x^2}=\lim\limits_{x\to+\infty}\dfrac{\dfrac{1}{x}}{2x}=\lim\limits_{x\to+\infty}\dfrac{1}{2x^2}=0$

洛必达法则是求未定式的一种有效方法，但不是"万能工具"．如求 $\lim\limits_{x\to+\infty}\dfrac{\sqrt{1+x^2}}{x}$，若用洛必达法则，得到

$$\lim_{x\to+\infty}\frac{\sqrt{1+x^2}}{x}=\lim_{x\to+\infty}\frac{(\sqrt{1+x^2})'}{x'}=\lim_{x\to+\infty}\frac{x}{\sqrt{1+x^2}}=\lim_{x\to+\infty}\frac{x'}{(\sqrt{1+x^2})'}=\lim_{x\to+\infty}\frac{\sqrt{1+x^2}}{x}$$

使用两次洛必达法则后，又还原为原来的问题，得不到结果．上例改用其他方法，得

$$\lim_{x\to+\infty}\frac{\sqrt{1+x^2}}{x}=\lim_{x\to+\infty}\sqrt{\frac{1}{x^2}+1}=1$$

4. 2. 2　其他类型的未定式极限的求法

除上述 $\dfrac{0}{0}$ 型及 $\dfrac{\infty}{\infty}$ 型未定式外，还有 $0\cdot\infty$，$\infty-\infty$，0^0，1^∞，∞^0 型等未定式．这些未定式可变化为 $\dfrac{0}{0}$ 型或 $\dfrac{\infty}{\infty}$ 型，再用洛必达法则进行计算.

【例 4. 6】 求 $\lim\limits_{x\to0}x\ln x$.

解：这是 $0\cdot\infty$ 型未定式，

$$\lim_{x\to0}x\ln x=\lim_{x\to0}\frac{\ln x}{\dfrac{1}{x}}=\lim_{x\to0}\frac{\dfrac{1}{x}}{-\dfrac{1}{x^2}}=-\lim_{x\to0+0}x=0$$

【例 4. 7】 求 $\lim\limits_{x\to\frac{\pi}{2}}(\sec x-\tan x)$.

解：这是 $\infty-\infty$ 型未定式，

$$\lim_{x\to\frac{\pi}{2}}(\sec x-\tan x)=\lim_{x\to\frac{\pi}{2}}\frac{1-\sin x}{\cos x}=\lim_{x\to\frac{\pi}{2}}\frac{0-\cos x}{-\sin x}=0$$

练习题 4. 2

1. 利用洛必达法则求下列极限.

（1） $\lim\limits_{x\to a}\dfrac{x^m-a^m}{x^n-a^n}$ （$a\neq0$，m，n 为常数）；

（2） $\lim\limits_{x\to0}\dfrac{a^x-b^x}{x}$；

（3） $\lim\limits_{x\to0}\dfrac{\arctan x}{x}$；

（4） $\lim\limits_{x\to\pi}\dfrac{\sin3x}{\tan5x}$；

（5）$\lim\limits_{x \to 0} \dfrac{\cos\alpha x - \cos\beta x}{x^2}$ $(\alpha \cdot \beta \neq 0)$；

（6）$\lim\limits_{x \to +\infty} \dfrac{\ln x}{x^3}$；

（7）$\lim\limits_{x \to +\infty} \dfrac{x^2}{e^{5x}}$；

（8）$\lim\limits_{x \to 0} x \cot 3x$.

4.3　函数单调性与极值

4.3.1　函数单调性的判定法

如图 4 – 3 所示，如果函数 $y = f(x)$ 在 $[a, b]$ 上单调增加，那么它的图形上各点切线的倾斜角都是锐角，因此各点切线斜率是非负的，即 $f'(x) \geq 0$；如图 4 – 4 所示，如果函数 $y = f(x)$ 在 $[a, b]$ 上单调减少，那么它的图形上各点切线的倾斜角都是钝角，因此各点切线斜率都是非正的，即 $f'(x) \leq 0$.

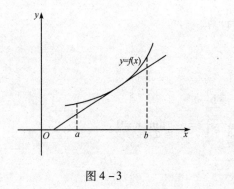

图 4 – 3

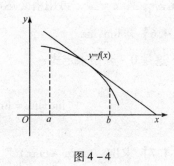

图 4 – 4

反过来，我们也能利用导数的符号来判定函数的单调性，即以下判定定理.

【定理 4.4】（函数单调性判定法）设函数 $y = f(x)$ 在 $[a, b]$ 上连续，在 (a, b) 内可导，

（1）如果在 (a, b) 内 $f'(x) > 0$，那么函数在 $[a, b]$ 上单调增加；

（2）如果在 (a, b) 内 $f'(x) < 0$，那么函数在 $[a, b]$ 上单调减少.

说明：（1）把定理中的闭区间 $[a, b]$ 换成其他各种区间（包括无穷区间），结论同样成立.

（2）如果函数的导数仅在个别点处为零，而在其余的点处均满足定理 1 的条件，那么结论仍然成立. 例如，函数 $y = x^3$ 在 $x = 0$ 处的导数为零，但在 $(-\infty, +\infty)$ 内的其他点处的导数均大于零，因此它在区间 $(-\infty, +\infty)$ 内是递增的（见图 4 – 5）.

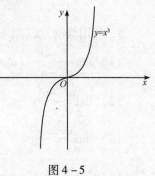

图 4 – 5

【例 4.8】确定函数 $f(x) = e^x - x + 1$ 的单调区间.

解：如图 4 – 6 所示，该函数的定义域为 $(-\infty, +\infty)$，

有 $f'(x) = e^x - 1$. 令 $f'(x) = 0$，解得 $x = 0$，它们将定义区间划分为二个子区间 $(-\infty, 0)$ 和 $(0, +\infty)$；在 $(-\infty, 0)$ 内，$f'(x) < 0$，所以函数在 $(-\infty, 0)$ 上单调减少；在 $(0, +\infty)$ 内，$f'(x) > 0$，所以函数在 $(0, +\infty)$ 上单调增加，即函数的单调增加区间是 $(0, +\infty)$，单调减少区间是 $(-\infty, 0)$.

【例 4.9】 讨论函数 $f(x) = (x-1)x^{\frac{2}{3}}$ 的单调性.

解： 如图 4-7 所示，该函数的定义域为 $(-\infty, +\infty)$，

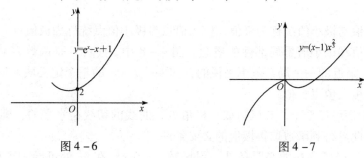

图 4-6　　　　　　　　　图 4-7

当 $x \neq 0$ 时，$f'(x) = \frac{2}{3}x^{-\frac{1}{3}}(x-1) + x^{\frac{2}{3}} = \frac{5x-2}{3x^{\frac{1}{3}}}$；

令 $f'(x) = 0$，得 $x = \frac{2}{5}$.

当 $x = 0$ 时，导数不存在.

于是 $x = 0$，$x = \frac{2}{5}$ 将函数的定义域划分为三个子区间 $(-\infty, 0)$，$\left(0, \frac{2}{5}\right)$，$\left(\frac{2}{5}, +\infty\right)$.

为了简明起见，列表表示函数的单调性，如表 4-1 所示.

表 4-1

x	$(-\infty, 0)$	$\left(0, \dfrac{2}{5}\right)$	$\left(\dfrac{2}{5}, +\infty\right)$
$f'(x)$	+	−	+
$f(x)$	↗	↘	↗

所以函数在 $(-\infty, 0)$ 和 $\left(\frac{2}{5}, +\infty\right)$ 内单调递增，在 $\left(0, \frac{2}{5}\right)$ 内单调递减.

从上面的例子可以看出，有些函数在它的定义域区间上不是单调的，但是我们可以用导数等于零的点和导数不存在的点来划分函数的定义域区间，就可以得出函数在各个部分区间上的单调性.

4.3.2　函数的极值及其求法

在图 4-8 中，点 x_1，x_2，x_4，x_5 是函数 $y = f(x)$ 单调区间的分界点，且函数 $y = f(x)$ 在点 x_2，x_5 处的函数值 $f(x_2)$，$f(x_5)$ 比它们左右近旁各点处的函数值都小，而在点 x_1，x_4 处的函数值 $f(x_1)$，$f(x_4)$ 比它们左右近旁

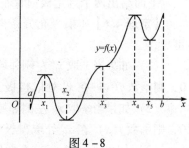

图 4-8

各点处的函数值都大. 对于函数这种在点 x_0 的邻域所表现出来的特性我们给出下面的定义：

【定义 4.1】设函数 $y = f(x)$ 在 x_0 的某邻域内有定义，若对于该邻域内的任何点 $x(x \neq x_0)$，恒有：

（1）$f(x) < f(x_0)$，则称 $f(x_0)$ 为函数 $f(x)$ 的一个极大值，x_0 称为 $f(x)$ 的一个极大值点；

（2）$f(x) > f(x_0)$，则称 $f(x_0)$ 为函数 $f(x)$ 的一个极小值，x_0 称为 $f(x)$ 的一个极小值点.

函数的极大值与极小值统称为极值，极大值点与极小值点统称为极值点.

函数的极大值和极小值是局部性的概念，图 4 – 8 中，$f(x_5)$ 是函数 $f(x)$ 的一个极小值，那只是就 x_5 附近的一个局部范围来说的，如果就 $f(x)$ 的整个定义域来说，$f(x_5)$ 并不是最小值. 关于极大值也类似.

从图 4 – 8 中还可以看出，在函数取得极值处，曲线的切线是水平的，即在极值点函数的导数为零，由此可得到函数取得极值的必要条件.

【定理 4.5】（极值存在的必要条件）设函数 $y = f(x)$ 在 x_0 处可导，且在 x_0 处取得极值，那么 $f'(x_0) = 0$.

使函数的导数为零的点叫做函数的驻点.

说明：（1）定理 2 是就可微函数而言的，实际上，连续但不可导的点也可能是极值点. 例如，如图 4 – 9 所示，函数 $y = |x|$ 在 $x = 0$ 处连续但不可导，在该点处有极小值 $f(0) = 0$.

（2）可导函数的极值点必定是它的驻点，但定理反过来是不成立的，即可导函数的驻点不一定是它的极值点. 例如，如图 4 – 10 所示，函数 $y = x^3$，显然 $x = 0$ 是函数的驻点但不是极值点.

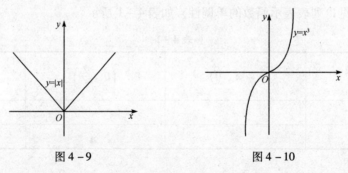

图 4 – 9   图 4 – 10

综上所述，函数可能在驻点或连续但不可导的点处取得极值. 因此，求函数的极值时，先求出函数的所有驻点和一阶导数不存在的点，再判别这些点中哪些是极值点.

下面给出两个判定极值存在的充分条件.

【定理 4.6】（第一充分条件）设函数 $y = f(x)$ 在 x_0 处连续，在 x_0 的某个去心邻域内可导，

（1）如果当 x 取 x_0 左侧邻域内的值时，$f'(x) > 0$；当 x 取 x_0 右侧邻域内的值时，$f'(x) < 0$，则函数 $f(x)$ 在 x_0 处取得极大值.

（2）如果当 x 取 x_0 左侧邻域内的值时，$f'(x) < 0$；当 x 取 x_0 右侧邻域内的值时，$f'(x) > 0$，则函数 $f(x)$ 在 x_0 处取得极小值.

（3）如果当 x 取 x_0 左右两侧邻域内的值时，$f'(x)$ 不改变符号，则函数 $f(x)$ 在 x_0 处没

有极值.

上述结论可以简记为"左正右负，极大；左负右正，极小".

根据上面定理，可以按下列步骤来求 $f(x)$ 在该区间内的极值点和相应的极值：

（1）求出函数的定义域；

（2）求出导数 $f'(x)$，并令 $f'(x)=0$，求出 $f(x)$ 的全部驻点与不可导点；

（3）列表考察 $f'(x)$ 在每个驻点和不可导点的左、右侧邻域的符号是否异号，以确定该点是否为极值点；如果是极值点，进一步确定是极大值点还是极小值点.

【例 4.10】 求函数 $f(x)=2x^3+3x^2-12x+1$ 的极值.

解： 函数的定义域为 $(-\infty, +\infty)$，$f'(x)=6x^2+6x-12=6(x+2)(x-1)$，令 $f'(x)=0$，解得驻点 $x_1=-2$，$x_2=1$.

列表讨论如表 4-2 所示：

表 4-2

x	$(-\infty, -2)$	-2	$(-2, 1)$	1	$(1, +\infty)$
$f'(x)$	+	0	-	0	+
$f(x)$	↗	极大值 21	↘	极小值 -6	↗

函数的极大值为 $f(-2)=21$，极小值为 $f(1)=-6$.

【例 4.11】 求函数 $f(x)=(x-1)x^{\frac{2}{3}}$ 的极值.

解： 函数的定义域为 $(-\infty, +\infty)$，当 $x\neq 0$ 时，$f'(x)=\frac{2}{3}x^{-\frac{1}{3}}(x-1)+x^{\frac{2}{3}}=\frac{5x-2}{3x^{\frac{1}{3}}}$，令 $f'(x)=0$，解得驻点 $x=\frac{2}{5}$. 当 $x=0$ 时，导数不存在.

列表讨论如表 4-3 所示：

表 4-3

x	$(-\infty, 0)$	0	$\left(0, \frac{2}{5}\right)$	$\frac{2}{5}$	$\left(\frac{2}{5}, +\infty\right)$
$f'(x)$	+	不存在	-	0	+
$f(x)$	↗	极大值 0	↘	极小值 $-\frac{3}{5}\sqrt[3]{\frac{4}{25}}$	↗

函数的极大值为 $f(0)=0$，极小值为 $f\left(\frac{2}{5}\right)=-\frac{3}{5}\sqrt[3]{\frac{4}{25}}$.

【定理 4.7】（第二充分条件）设函数 $f(x)$ 在 x_0 处具有二阶导数，且 $f'(x)=0$，$f''(x_0)\neq 0$，那么

（1）当 $f''(x_0)<0$ 时，函数 $f(x)$ 在 x_0 处取得极大值；

（2）当 $f''(x_0)>0$ 时，函数 $f(x)$ 在 x_0 处取得极小值.

定理 4.7 表明，如果函数 $f(x)$ 在驻点 x_0 处的二阶导数 $f''(x_0) \neq 0$，那么该驻点 x_0 一定是极值点，并且可以按二阶导数的符号来判定 $f(x_0)$ 是极大值还是极小值.

【例 4.12】求函数 $f(x) = x^3 + 3x^2 - 24x - 20$ 的极值.

解：函数的定义域为 $(-\infty, +\infty)$，$f'(x) = 3x^2 + 6x - 24 = 3(x+4)(x-2)$，$f''(x) = 6x + 6$.

令 $f'(x) = 0$，解得驻点 $x_1 = -4$，$x_2 = 2$. 因为 $f''(-4) = -18 < 0$，$f''(2) = 18 > 0$，所以函数的极大值为 $f(-4) = 60$，极小值为 $f(2) = -48$.

注意：当 $f''(x_0) = 0$ 或 $f'(x_0)$ 不存在时，定理 4.7 就不能应用了. 这时，仍需用第一充分条件来判定.

4.3.3 函数的最大值和最小值

在许多数学和工程技术问题中，常常会遇到求在一定条件下怎样使"用料最省""产量最多""成本最低""效率最高"等问题. 这类问题在数学上有时可归结为求某一函数（通常称为目标函数）的最大值或最小值问题.

假定函数 $f(x)$ 在闭区间 $[a, b]$ 上连续，由连续函数性质可知 $f(x)$ 在 $[a, b]$ 上一定存在最大值和最小值. 显然最大值和最小值可能在区间的端点处和内部的极值点处以及不可导点处取得. 因此求 $f(x)$ 在 $[a, b]$ 上的最大值和最小值，可按如下步骤进行：

（1）求出函数 $f(x)$ 在 (a, b) 内的所有驻点及不可导点；

（2）计算各驻点、不可导点及区间端点处的函数值；

（3）比较上述各函数值的大小，其中最大的就是 $f(x)$ 在 $[a, b]$ 上的最大值，最小的就是最小值.

【例 4.13】求函数 $f(x) = 2x^3 + 3x^2 - 12x + 14$ 在区间 $[-3, 4]$ 上的最大值和最小值.

解：因为 $f'(x) = 6(x+2)(x-1)$，令 $f'(x) = 0$，解得驻点 $x_1 = -2$，$x_2 = 1$.

求出区间端点及各驻点处的函数值分别是

$$f(-3) = 23, \ f(-2) = 34, \ f(1) = 7, \ f(4) = 142$$

比较上述各值的大小，可知函数在区间 $[-3, 4]$ 上的最大值为 $f(4) = 142$，最小值为 $f(1) = 7$.

说明：在实际问题中，如果函数 $f(x)$ 在一个区间（有限或无限，开或闭）内可导且只有一个驻点 x_0，而从实际问题可知函数必定存在最大值或最小值，那么 $f(x_0)$ 就是 $f(x)$ 在该区间上的最大值或最小值.

练习题 4.3

1. 求下列函数的单调区间.

（1）$y = x^3 - 3x$；

（2）$y = 2x^2 - \ln x$.

2. 求下列函数的极值.

（1）$y = 2x^3 - 3x^2$；

（2）$y = x^3 - \dfrac{9}{2}x^2 + 6x + 11$；

（3）$y = x - \ln(1 + x^2)$；

（4）$y = 3 - 2(x + 1)^{\frac{1}{3}}$.

3. 求下列函数在指定区间上的最大值和最小值.

（1）$y = x + 2\sqrt{x}$，$x \in [0, 4]$；

（2）$y = \sin^3 x + \cos^3 x$，$x \in \left[-\dfrac{\pi}{4}, \dfrac{3\pi}{4} \right]$.

4. 试证面积为定值的矩形中，正方形的周长为最短.

5. 某车间要靠墙盖一间长方形小屋，现有存砖只够砌 20m 长的墙壁. 问应围成怎样的长方形才能使这间小屋的面积最大？

4.4　曲线的凹凸性与拐点

我们已能通过导数的符号来判定函数的单调性，也就是能判断函数的曲线是上升还是下降的. 但是，曲线在上升或下降的过程中，还有一个弯曲方向的问题. 如图 4 - 11 和图 4 - 12 中分别有一条曲线弧，虽然它们都是上升的，但图形的弯曲方向有显著的不同，下面我们就来介绍曲线凹凸性及其判定.

观察图 4 - 11 和图 4 - 12，可以看到：呈凹形的弧段，曲线位于其切线的上方；呈凸形的弧段，曲线位于其切线的下方. 我们以这个明显的几何特征来定义曲线的凹凸性.

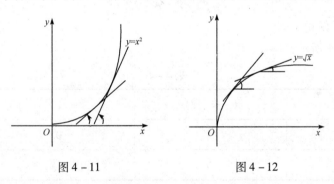

图 4 - 11　　　　　　　图 4 - 12

【定义 4.2】设曲线弧上每一点都有切线，如果在某区间内，曲线弧总位于切线的上方，则称该曲线在此区间内是凹的，此区间称为凹区间；反之，若曲线弧总位于其切线的下方，则称该曲线在此区间内是凸的，此区间称为凸区间.

从图 4 - 11 还可以看出，对于凹的曲线弧，当切点在曲线弧上沿着 x 增加的方向移动时，切线的倾斜角（锐角）逐渐增大，因而切线斜率 $k = \tan\alpha = f'(x)$ 也随之增大，即 $f'(x)$ 单调增加，从而 $f''(x) > 0$.

从图 4 - 12 还可以看出，对于凸的曲线弧，当切点在曲线弧上沿着 x 增加的方向移动时，切线的倾斜角（锐角）逐渐减小，因而切线斜率 $k = \tan\alpha = f'(x)$ 也随之减少，即 $f'(x)$ 单调减少，从而 $f''(x) < 0$.

【定理 4.8】设函数 $y = f(x)$ 在 (a, b) 内有二阶导数 $f''(x)$，

（1）如果在 (a, b) 内，$f''(x) > 0$，则曲线在 (a, b) 内是凹的；

（2）如果在 (a, b) 内，$f''(x) < 0$，则曲线在 (a, b) 内是凸的.

【例 4.14】 判定曲线 $y = x^3$ 的凹凸性.

解： 函数的定义域为 $(-\infty, +\infty)$，$y' = 3x^2$，$y'' = 6x$，

当 $x < 0$ 时，$y'' < 0$；当 $x > 0$ 时，$y'' > 0$. 所以在 $(-\infty, 0)$ 内曲线是凸的，在 $(0, +\infty)$ 内曲线是凹的（图 4 – 13）.

在 $y = x^3$ 的曲线上，点 $(0, 0)$ 是曲线由凸变凹的分界点.

【定义 4.3】 连续曲线上凹的曲线弧与凸的曲线弧的分界点叫做曲线的拐点.

应当注意，拐点是曲线上的点，因此，拐点的坐标需用横坐标与纵坐标同时表示.

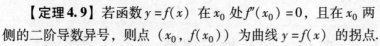

图 4 – 13

【定理 4.9】 若函数 $y = f(x)$ 在 x_0 处 $f''(x_0) = 0$，且在 x_0 两侧的二阶导数异号，则点 $(x_0, f(x_0))$ 为曲线 $y = f(x)$ 的拐点.

判断曲线的凹凸性和求拐点的步骤如下：

（1）求函数的定义域；

（2）求出 $f''(x)$，并令 $f''(x) = 0$，解出全部实根，这些实根将定义域分为若干小区间；

（3）列表考察各小区间内 $f''(x)$ 的符号，并判断凹凸性和求出拐点.

【例 4.15】 讨论曲线 $f(x) = x^3 - 6x^2 + 9x + 1$ 的凹凸区间与拐点.

解： 函数 $f(x) = x^3 - 6x^2 + 9x + 1$ 的定义域为 $(-\infty, +\infty)$，

由于
$$f'(x) = 3x^2 - 12x + 9$$
$$f''(x) = 6x - 12$$

令 $f''(x) = 0$，解得 $x = 2$.

列表如表 4 – 4 所示：

表 4 – 4

x	$(-\infty, 2)$	2	$(2, +\infty)$
$f''(x)$	$-$	0	$+$
$f(x)$	$\cap$	拐点 $(2, 3)$	$\cup$

其中 $\cap$ 表示曲线是凸的，$\cup$ 表示曲线是凹的.

所以曲线 $f(x) = x^3 - 6x^2 + 9x + 1$ 的凸区间是 $(-\infty, 2)$，凹区间是 $(2, +\infty)$，拐点是 $(2, 3)$，如图 4 – 14 所示.

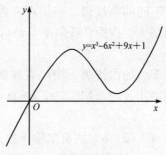

图 4 – 14

练习题 4.4

1. 是非题.

（1）设函数 $y = f(x)$ 在 (a, b) 内二次可导，且 $y > 0$，$y' > 0$，$y'' < 0$，则曲线在 (a, b) 内位于 x 轴上方，单调递增，且凸向上.

（2）若 $\lim\limits_{x \to +\infty} f(x) = c$，则曲线 $y = f(x)$ 有水平渐近线 $y = c$.

2. 已知曲线 $y = x^3 - ax^2 - 9x + 4$ 在 $x = 1$ 处有拐点，则 $a =$ （   ）.

A. $a = -3$ B. $a = 3$ C. $a = \pm 3$ D. 无法确定

3. 求下列函数的凹凸区间及拐点.

（1）$y = x^3 - 6x^2 + x - 1$；

（2）$y = x + \dfrac{x}{x-1}$.

4. 已知函数 $y = ax^3 + bx^2 + cx + d$ 有拐点 $(-1, 4)$，且在 $x = 0$ 处有极大值2. 求 a，b，c，d 的值.

4.5 函数图像的描绘

4.5.1 曲线的水平渐近线和铅直渐近线

看下面的例子：

（1）当 $x \to \infty$ 时，曲线 $y = 2 + \dfrac{1}{x}$ 无限接近于直线 $y = 2$，因此直线 $y = 2$ 是曲线的一条渐近线（图 4 – 15）；

（2）当 $x \to 1$ 时，曲线 $y = \ln(x-1)$ 无限接近于直线 $x = 1$，因此直线 $x = 1$ 是曲线的一条渐近线（图 4 – 16）.

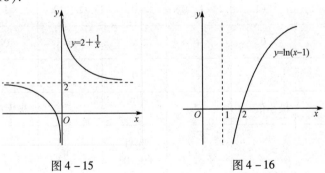

图 4 – 15   图 4 – 16

①水平渐近线：若 $\lim\limits_{x \to \infty} f(x) = A$，则 $y = A$ 为曲线 $y = f(x)$ 的水平渐近线.

②铅直渐近线：若 $\lim\limits_{x \to x_0} f(x) = \infty$，则 $x = x_0$ 为曲线 $y = f(x)$ 的铅直渐近线.

【例 4.16】求曲线 $y = \dfrac{2x}{1 + x^2}$ 的渐近线.

解： 因为 $\lim\limits_{x \to \infty} \dfrac{2x}{1+x^2} = 0$，所以 $x = 0$ 是曲线的水平渐近线.

【例 4.17】求曲线 $y = \dfrac{x}{(x+1)(x-1)}$ 的渐近线.

解： 因为 $\lim\limits_{x \to -1} \dfrac{x}{(x+1)(x-1)} = \infty$，$\lim\limits_{x \to 1} \dfrac{x}{(x+1)(x-1)} = \infty$，$\lim\limits_{x \to \infty} \dfrac{x}{(x+1)(x-1)} = 0$，

所以水平渐近线为 $y = 0$，铅直渐近线为 $x = 1$，$x = -1$.

4.5.2 函数图像的描绘

利用导数描绘函数图像的一般步骤：

（1）确定函数 $y = f(x)$ 的定义域，讨论它的奇偶性；

（2）求导数 $f'(x)$ 和 $f''(x)$，解出方程 $f'(x) = 0$ 和 $f''(x) = 0$ 在定义域内的全部实根，并求出所有使 $f'(x)$ 和 $f''(x)$ 不存在的点；

（3）用上述点把函数的定义域分成几个部分区间，列表讨论函数的单调性、极值、曲线的凹凸性和拐点；

（4）确定曲线的渐近线；

（5）确定极值点、拐点及必要的辅助点（例如曲线与坐标轴的交点）的坐标，把它们连成光滑的曲线，从而得到函数 $y = f(x)$ 的图像.

【例 4.18】作函数 $y = 3x - x^3$ 的图像.

解：（1）函数的定义域为 $(-\infty, +\infty)$，

因为　　　　　　　　$f(-x) = 3(-x) - (-x)^3 = -(3x - x^3) = -f(x)$

所以，$y = f(x)$ 是奇函数，它的图像关于原点对称.

（2）$f'(x) = 3 - 3x^2 = 3(1-x)(1+x)$，令 $f'(x) = 0$，得 $x_1 = 1$，$x_2 = -1$. $f''(x) = -6x$，令 $f''(x) = 0$　得 $x_3 = 0$.

（3）列表讨论如表 4 - 5 所示：

表 4 - 5

x	$(-\infty, -1)$	-1	$(-1, 0)$	0	$(0, 1)$	1	$(1, +\infty)$
$f'(x)$	$-$	0	$+$		$+$	0	$-$
$f''(x)$	$+$		$+$	0	$-$		$-$
$f(x)$	↘	极小值 -2	↗		↗	极大值 2	↘
曲线	∪		∪	拐点 $(0, 0)$	∩		∩

计算从而得到曲线上的三个点 $(-1, -2)$，$(0, 0)$，$(1, 2)$.

再取辅助点 $(-\sqrt{3}, 0)$，$(\sqrt{3}, 0)$，得到如图 4 - 17 所示的图像.

【例 4.19】作函数 $y = e^{-x^2}$ 的图像.

解：（1）函数的定义域为 $(-\infty, +\infty)$，因为 $f(-x) = e^{-(-x)^2} = e^{-x^2} = f(x)$，所以 $f(x)$

是偶函数, 它的图像关于 y 轴对称.

(2) $y' = -2xe^{-x^2}$, 令 $y' = 0$ 得 $x = 0$. $y'' = 2(2x^2 - 1)e^{-x^2}$, 令 $y'' = 0$, 得 $x = \pm\dfrac{\sqrt{2}}{2}$.

极大值为 $f(0) = 1$, 拐点为 $\left(\pm\dfrac{\sqrt{2}}{2},\ e^{-\frac{1}{2}}\right)$.

(3) 列表讨论如表 4 – 6 所示:

表 4 – 6

x	$\left(-\infty,\ -\dfrac{\sqrt{2}}{2}\right)$	$-\dfrac{\sqrt{2}}{2}$	$\left(-\dfrac{\sqrt{2}}{2},\ 0\right)$	0	$\left(0,\ \dfrac{\sqrt{2}}{2}\right)$	$\dfrac{\sqrt{2}}{2}$	$\left(\dfrac{\sqrt{2}}{2},\ +\infty\right)$
y'	+		+	0	–		–
y''	+	0	–		–	0	+
y	↗		↗	极大值 1	↘		↘
曲线	∪	拐点 $\left(-\dfrac{\sqrt{2}}{2},\ e^{-\frac{1}{2}}\right)$	∩		∩	拐点 $\left(\dfrac{\sqrt{2}}{2},\ e^{-\frac{1}{2}}\right)$	∪

(4) $\lim\limits_{x \to \infty} e^{-x^2} = 0$, 所以 $y = 0$ 是函数 $y = e^{-x^2}$ 的水平渐近线.

得到函数 $y = e^{-x^2}$ 的图像如图 4 – 18 所示.

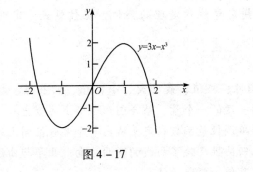

图 4 – 17　　　　　　　图 4 – 18

练习题 4.5

1. 求下列曲线的渐近线.

(1) $y = \dfrac{1}{1 - x^2}$;

(2) $y = 2 + \dfrac{x}{x + 1}$;

(3) $y = e^{-2x}$;

(4) $y = x^2 + \dfrac{1}{x}$.

2. 作出下列函数的图像.

（1）$y = 2 + 3x - x^3$；

（2）$y = x^4 - 2x^2 + 1$；

（3）$y = xe^{-x}$；

（4）$y = \ln(x^2 + 1)$.

本章 小结及思维导图
BENZHANG XIAOJIE JI SIWEI DAOTU

学习本章，要求读者从几何直观了解中值定理的条件与结论；了解可导函数的单调性、极值、曲线的凹凸性与导数的关系；掌握函数极值、曲线的凹凸的定义；了解可导函数的极值、曲线的凹凸性的判定方法；会用导数判定函数的单调性、求极值、判定曲线的凹凸性；会解决一些实际最大值和最小值的问题；会作简单函数的图像.

一、定理学习

1. 拉格朗日中值定理

拉格朗日中值定理是从曲线上的弦与过切点的切线平行这个几何意义得出关于端点函数值之差与切点的导数之间的关系. 它是本章的理论基础.

2. 罗尔中值定理

罗尔中值定理是拉格朗日中值定理的特例，在几何上表现为曲线存在与端点弦和 x 轴都平行的切线.

3. 函数特性的判定定理

单调性判定、极值判定、凹凸性判定要注意定理的条件，记住结论，定理之间不能混淆.

二、概念学习

学会从几何角度去了解函数的单调性、极值、最（大、小）值、凹凸性、拐点与导数的关系，了解曲率是用来描述曲线弯曲程度的一个量，结合图形理解上述概念.

单调性和极值都是局部性的概念，单调性是函数在定义域内一个部分区间上的特性；极值是在定义域内一点的邻域上的特性；凹凸性反映了曲线的弯曲方向；曲率与曲线弧端点切线的转角成正比，与曲线弧长成反比，其值一般取正值.

三、学习要点

单调区间与凹凸区间都有分界点，这些分界点可能分别在一阶导数和二阶导数为零的点处取得，但必须讨论导数的符号变化情况；极值点是驻点，但驻点不一定是极值点，只有当驻点两侧一阶导数异号，这个驻点才是极值点；同样，二阶导数为零的点也不一定是拐点，只有当两侧二阶导数异号时才是拐点.

取得极值的点有两类，驻点和导数不存在的点；取得最值的点有三类，驻点、导数不存在的点和区间端点.

学会用列表的方法讨论单调性、极值、最（大、小）值、凹凸性与拐点，简单明了.

四、思维导图

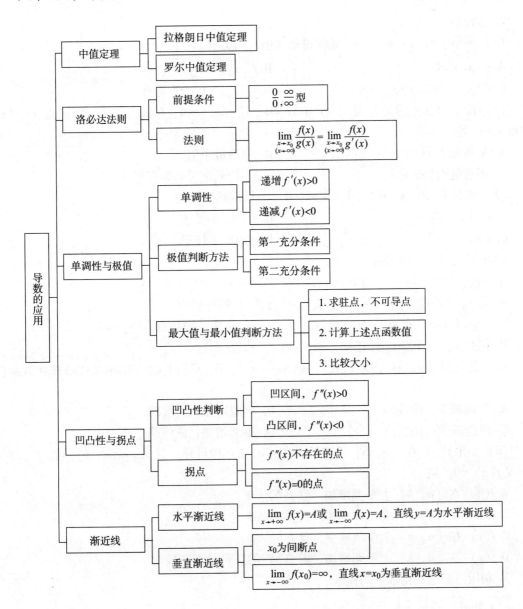

测试题 4

1. 填空题.

（1）函数 $f(x)=6x^2-15x+2$ 的单调递增区间为_____，凹区间为_____.

（2）函数 $y=x+2\cos x$ 在 $\left[0,\dfrac{\pi}{2}\right]$ 上的最大值为_____，最小值为_____.

（3）如果在 (a,b) 内恒有 $f'(x)=g'(x)$，则在 (a,b) 内恒有_____.

（4）$\lim\limits_{x \to 0} \dfrac{\ln(1 + 5x)}{\arcsin x} = $ _____.

2. 选择题.

（1）函数 $y = f(x)$ 在 $x = x_0$ 处取得极大值，则必有 （ ）.

A. $f'(x_0) = 0$ B. $f''(x_0) = 0$

C. $f'(x_0) = 0$ 且 $f''(x_0) < 0$ D. $f'(x_0) = 0$ 或不存在

（2）设 $y = f(x)$ 满足方程 $y'' - y' + 3y = 0$，且 $f(x_0) > 0$，$f'(x_0) = 0$，则函数 $y = f(x)$ 在点 $x = x_0$ 处 （ ）.

  A. 取得极大值   B. 取得极小值

  C. 不可能取得极值   D. 不能确定是否取得极值

（3）函数 $y = ax^2 + c$ 在区间 $(-\infty, 0)$ 内单调减少，则 （ ）.

A. $a < 0$，$c = 0$ B. $a > 0$，c 任意

C. $a > 0$，$c \neq 0$ D. $a < 0$，c 任意

（4）下列结论正确的是 （ ）.

A. 函数 $f(x)$ 的导数不存在的点，一定不是 $f(x)$ 的极值点

B. 若 x_0 为函数 $f(x)$ 的驻点，则 x_0 必为 $f(x)$ 的极值点

C. 若函数 $f(x)$ 在点 x_0 处有极值，且 $f'(x_0)$ 存在，则必有 $f'(x_0) = 0$

D. 函数 $f(x)$ 在点 x_0 处连续，则 $f'(x_0)$ 一定存在

（5）在区间 (a, b) 内函数 $f(x)$ 满足 $f'(x_0) > 0$，$f''(x) < 0$，则函数 $f(x)$ 在此区间内是 （ ）

  A. 单调减少，曲线凹   B. 单调增加，曲线凹

  C. 单调减少，曲线凸   D. 单调增加，曲线凸

（6）如果 $f(x)$ 在 $[a, b]$ 上连续，在 (a, b) 内可导，且当 $x \in (a, b)$ 时，$f'(x) > 0$，又 $f(a) < 0$，则 （ ）.

A. $f(x)$ 在 $[a, b]$ 上单调增加，且 $f(b) < 0$

B. $f(x)$ 在 $[a, b]$ 上单调增加，且 $f(b) > 0$

C. $f(x)$ 在 $[a, b]$ 上单调减少，且 $f(b) < 0$

D. $f(x)$ 在 $[a, b]$ 上单调增加，但 $f(b)$ 的正负号不能确定

3. 利用洛必达法则求下列极限.

（1）$\lim\limits_{x \to 0} \dfrac{(1 + x)^{\alpha} - 1}{x}$；

（2）$\lim\limits_{x \to 1} \dfrac{\cos^2 \dfrac{\pi}{2} x}{(x - 1)^2}$；

（3）$\lim\limits_{x \to +\infty} \dfrac{\ln(1 + x)}{e^x}$；

（4）$\lim\limits_{x \to 0} \dfrac{e^x + e^{-x} - 2}{1 - \cos x}$.

4. 求下列函数在指定区间上的最大值与最小值.

（1）$y = 2x^3 - 6x^2 - 18x - 7$，$x \in [1, 4]$；

(2) $y = \ln(x^2 - 1)$, $x \in [2, 4]$;

(3) $y = \dfrac{x}{x^2 + 1}$, $x \geq 0$.

5. 求下列函数的凹凸区间和拐点.

(1) $y = x^3 + 3x^2 - 2$;

(2) $y = x^4 - 2x^2$.

6. 作出下列函数的图像.

(1) $y = x^3 - x^2 - x + 1$;

(2) $y = \dfrac{1}{1 + x^2}$.

小贴士：

美籍华人陈省身教授是当代举世闻名的数学家，他在北京大学的一次讲学中语惊四座："人们常说，三角形内角和等于 180 度．但是，这是不对的！"

大家愕然．怎么回事？三角形内角和是 180 度，这不是数学常识吗？

接着，这位老教授对大家的疑问作了精辟的解答："说三角形内角和为 180 度不对，不是说这个事实不对，而是说这种看问题的方法不对，应当说三角形外角和是 360 度．"

"把眼光盯住内角，我们只能看到：

三角形内角和是 180 度；

四边形内角和是 360 度；

五边形内角和是 540 度；

……

N 边形内角和是（N–2）×180 度．

这就找到了一个计算内角和的公式．公式里出现了边数 N．如果看外角呢？

三角形的外角和是 360 度；

四边形的外角和是 360 度；

五边形的外角和是 360 度；

……

任意 N 边形外角和都是 360 度．

这就把多种情形用一个十分简单的结论概括起来．用一个与 N 无关的常数代替了与 N 有关的公式，找到了更一般的规律．"

读罢陈省身的故事，我们想起数学家波莱尔的一段话："数学家的目的往往是寻求一般的解，他喜欢用几个一般的公式来解决许多特殊的问题．"

从这则故事中我们得到什么启示呢？数学不是罗列更多的现象，也不是追求更妙的技巧，而是要从更普遍的、更一般的角度寻求规律和答案．我们在学习和工作中要注重抽象思维能力的培养，去繁从简，格物致知．

第五章

不 定 积 分

本章导读

　　前面我们已经学习过已知函数求导数的问题，现在我们考虑其反问题：如何求一个未知函数，使其导数恰好是某一已知函数，即已知导数求其函数．这种由导数求原来函数的逆运算就是我们这章要学习的不定积分．那么不定积分有哪些性质？又如何求不定积分？

　　学习目标：理解原函数、不定积分的概念，了解不定积分的几何意义；掌握不定积分的性质，熟记不定积分的积分公式，会用直接积分法、换元积分法和分部积分法求不定积分

　　素质目标：培养学生明白如何选取合适的路径实现复杂问题简单化，抽象问题形象化，加深学生对"殊途同归""个性和共性"的哲学辩证思考

5.1　不定积分的概念

5.1.1　原函数的概念

【定义5.1】设 $f(x)$ 在区间 I 上有定义，如果存在可导函数 $F(x)$，使得对 $\forall x \in I$，有
$$F'(x) = f(x) \text{ 或 } \mathrm{d}F(x) = f(x)\mathrm{d}x$$
那么，称 $F(x)$ 为 $f(x)$ 在区间 I 上的一个原函数．

　　按定义 5.1 可以验证，$\sin x$ 是 $\cos x$ 的一个原函数，x^2 是 $2x$ 的一个原函数等等．

　　注意到，$\sin x + 1$ 和 $\sin x + 2$ 也是 $\cos x$ 的原函数，即形如 $\sin x + C$（C 为任意常数）的函数都是 $\cos x$ 的原函数．同样，形如 $x^2 + C$（C 为任意常数）的函数都是 $2x$ 的原函数．

　　一般地，若 $F(x)$ 是 $f(x)$ 一个原函数，即 $F'(x) = f(x)$，由于
$$[F(x) + C]' = F'(x) + (C)' = f(x)$$
所以 $F(x) + C$ 都是 $f(x)$ 的原函数，因为 C 是任意常数，一个函数如果存在原函数则有无穷多个原函数．

　　另一方面，如果 $F(x)$ 和 $G(x)$ 都是 $f(x)$ 原函数，即 $F'(x) = G'(x) = f(x)$，由于
$$[F(x) - G(x)]' = F'(x) - G'(x) = f(x) - f(x) = 0$$
所以 $F(x) - G(x) = C$（C 为任意常数），也就是说函数 $f(x)$ 的任意两个原函数之间只相差一个常数．

　　综上所述，可得如下结论：

　　一个函数的原函数不是唯一的，其任意两个原函数之间只相差一个常数；若 $F(x)$ 是

$f(x)$ 的一个原函数，那么 $f(x)$ 的原函数的全体就是 $F(x)+C$（C 为任意常数）.

5.1.2　不定积分的定义

【定义 5.2】　若 $F(x)$ 是 $f(x)$ 在区间 I 上的一个原函数，则 $f(x)$ 在这区间上的全体原函数记为：$\int f(x)\mathrm{d}x$，那么

$$\int f(x)\mathrm{d}x = F(x) + C \quad（C \text{ 为任意常数}）$$

并称它为 $f(x)$ 在区间 I 上的不定积分，其中，$\int$ 称为积分号，$f(x)$ 称为被积函数，x 称为积分变量，$f(x)\mathrm{d}x$ 称为被积表达式，C 称为积分常数.

由定义可知，求函数 $f(x)$ 的不定积分，就是求函数 $f(x)$ 的全体原函数；记号 $\int f(x)\mathrm{d}x$ 表示的是对函数 $f(x)$ 实行求原函数的运算. 不定积分的运算实质上就是求导数或求微分的逆运算.

【例 5.1】　求下列不定积分.

(1) $\int x^3\mathrm{d}x$;　　　(2) $\int e^x\mathrm{d}x$;　　　(3) $\int \dfrac{1}{1+x^2}\mathrm{d}x$.

解：(1) 因为 $\left[\dfrac{x^4}{4}\right]' = x^3$，所以 $\dfrac{x^4}{4}$ 是 x^3 的一个原函数，从而

$$\int x^3\mathrm{d}x = \frac{x^4}{4} + C \quad（C \text{ 为任意常数}）.$$

(2) 因为 $\left[e^x\right]' = e^x$，所以 e^x 是 e^x 的一个原函数，从而

$$\int e^x\mathrm{d}x = e^x + C \quad（C \text{ 为任意常数}）.$$

(3) 因为 $\left[\arctan x\right]' = \dfrac{1}{1+x^2}$，所以 $\arctan x$ 是 $\dfrac{1}{1+x^2}$ 的一个原函数，从而

$$\int \frac{1}{1+x^2}\mathrm{d}x = \arctan x + C \quad（C \text{ 为任意常数}）.$$

5.1.3　不定积分的几何意义

由不定积分 $\int f(x)\mathrm{d}x = F(x) + C$ 可以看出，在几何上，不定积分 $\int f(x)\mathrm{d}x$ 表示的是：曲线 $y = F(x)$ 沿着 y 轴由 $-\infty$ 到 $+\infty$ 平行移动的积分曲线族，它们在同一横坐标 x 处的切线彼此平行（相同的斜率），如图 5-1 所示.

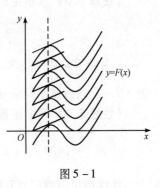

图 5-1

【例 5.2】　已知一曲线经过 $(1,3)$ 点，并且曲线上任一点的切线的斜率等于该点横坐标的两倍，求该曲线方程.

解：设所求方程为 $y = F(x)$，由已知可得 $F'(x) = 2x$，于是

$$F(x) = \int 2x\mathrm{d}x = x^2 + C$$

已知 $F(1) = 3$，所以 $C = 2$，所以 $y = x^2 + 2$ 为所求方程.

练习题 5.1

1. 求下列函数的原函数.

(1) $f(x) = x^5$;　　　　　　　　　(2) $f(x) = e^{2x}$;

(3) $f(x) = \sin 3x$;　　　　　　　　(4) $f(x) = e^x + \cos x$.

2. 用不定积分的定义求下列不定积分.

(1) $\displaystyle\int \frac{1}{1 + x^2} dx$;　　　　　　　(2) $\displaystyle\int \sec^2 x dx$;

(3) $\displaystyle\int x^{-4} dx$;　　　　　　　　　(4) $\displaystyle\int (e^{5x} + \cos x) dx$.

3. 已知某曲线上任意一点 (x, y) 处的切线的斜率为 x^2，且曲线通过点 $A(3, 0)$，求曲线的方程.

5.2　不定积分的基本性质和直接积分法

【性质 5.1】 $\left[\displaystyle\int f(x) dx \right]' = f(x)$ 或 $d\displaystyle\int f(x) dx = f(x) dx$

这是因为 $\left[\displaystyle\int f(x) dx \right]' = [F(x) + C]' = F'(x) + C' = f(x) + 0 = f(x)$.

【性质 5.2】 $\displaystyle\int F'(x) dx = F(x) + C$ 或 $\displaystyle\int dF(x) = F(x) + C$

这是因为 $\displaystyle\int F'(x) dx = \displaystyle\int f(x) dx = F(x) + C$，这再次说明导数（或微分）和不定积分互为逆运算，当两运算符先后作用于同一个函数时，其中 $\left[\int \right]'$ 或 $d\int$ 可以相抵，但 $\int'$ 或 $\int d$ 相抵后差一常数.

【性质 5.3】求不定积分时，非零常数因子可以提到积分号外面，即

$$\int kf(x) dx = k\int f(x) dx \quad (k \neq 0)$$

k 为非零常数的要求，在这个等式中是必需的，因为 $k = 0$ 时，左边 $= \displaystyle\int 0 dx = C$，右边 $= 0$，等式自然不能成立.

【性质 5.4】两个函数线性组合的不定积分等于两函数不定积分相应的线性组合，即

$$\int (k_1 f(x) \pm k_2 g(x)) dx = k_1 \int f(x) dx \pm k_2 \int g(x) dx \quad (k_1, k_2 \text{ 为常数})$$

此性质可以推广到有限多个函数线性组合的情形.

【例 5.3】求不定积分 $\displaystyle\int (2^x - 3\cos x + 4) dx$.

解: $\displaystyle\int (2^x - 3\cos x + 4) dx = \int 2^x dx - \int 3\cos x dx + \int 4 dx = \frac{2^x}{\ln 2} - 3\sin x + 4x + C$.

5.2.1 不定积分的基本公式

我们已经知道，不定积分是导数的逆运算，那么，由导数的基本公式即可得到不定积分的基本公式．它的作用类似于算术运算中"九九乘法表"，以后在计算不定积分时，最终都是化为基本积分公式表的形式．我们通常称以下基本公式为基本积分表：

(1) $\int k\mathrm{d}x = kx + C$ （k 为常数）

(2) $\int x^{\alpha}\mathrm{d}x = \dfrac{1}{1+\alpha}x^{\alpha+1} + C(\alpha \neq -1)$

(3) $\int \dfrac{1}{x}\mathrm{d}x = \ln|x| + C$

(4) $\int a^{x}\mathrm{d}x = \dfrac{1}{\ln a}a^{x} + C$ （$a>0$，$a\neq1$）

(5) $\int \mathrm{e}^{x}\mathrm{d}x = \mathrm{e}^{x} + C$

(6) $\int \sin x\mathrm{d}x = -\cos x + C$

(7) $\int \cos x\mathrm{d}x = \sin x + C$

(8) $\int \sec^{2}x\mathrm{d}x = \tan x + C$

(9) $\int \csc^{2}x\mathrm{d}x = -\cot x + C$

(10) $\int \sec x\tan x\mathrm{d}x = \sec x + C$

(11) $\int \csc x\cot x\mathrm{d}x = -\csc x + C$

(12) $\int \dfrac{1}{\sqrt{1-x^{2}}}\mathrm{d}x = \arcsin x + C = -\arccos x + C$

(13) $\int \dfrac{1}{1+x^{2}}\mathrm{d}x = \arctan x + C = -\text{arccot} x + C$

5.2.2 直接积分法

从前面可以体会到，利用不定积分的定义来计算不定积分是不方便的．当被积函数较为复杂时，我们可以利用不定积分的基本性质和基本公式表，或许还要经过适当的变换，直接求出不定积分的结果，这种方法称为直接积分法．下面我们通过简单的实例，来说明直接积分的基本方法．

【例 5.4】 计算 $\int(\sin x + x^{3} - \mathrm{e}^{x})\mathrm{d}x$．

解：利用多个函数线性组合的不定积分等于各函数不定积分相应的线性组合的性质有：

$$\int(\sin x + x^{3} - \mathrm{e}^{x})\mathrm{d}x = \int\sin \mathrm{d}x + \int x^{3}\mathrm{d}x - \int \mathrm{e}^{x}\mathrm{d}x = -\cos x + \frac{1}{4}x^{4} - \mathrm{e}^{x} + C.$$

【例 5.5】 计算 $\int(5^{x} + \tan^{2}x)\mathrm{d}x$．

解：注意到三角函数基本恒等公式：$1 + \tan^2 x = \sec^2 x$，于是

$$\int (5^x + \tan^2 x)\,dx = \int 5^x dx + \int (\sec^2 x - 1)\,dx = \frac{1}{\ln 5} 5^x + \tan x - x + C.$$

【例 5.6】 计算 $\int \frac{(1+x)^2}{x(1+x^2)}\,dx$.

解：在基本公式中，并没有这个积分，因此我们需要对被积函数进行适当的变换：

$$\frac{(1+x)^2}{x(1+x^2)} = \frac{1 + 2x + x^2}{x(1+x^2)} = \frac{1}{x} + \frac{2}{1+x^2}$$

所以 $\int \frac{(1+x)^2}{x(1+x^2)}\,dx = \int \left(\frac{1}{x} + \frac{2}{1+x^2} \right)dx = \int \frac{1}{x}\,dx + \int \frac{2}{1+x^2}\,dx = \ln|x| + 2\arctan x + C.$

【例 5.7】 $\int \cos^2 \frac{x}{2}\,dx.$

解：注意到 $\cos^2 \frac{x}{2} = \frac{1}{2}(\cos x + 1)$，于是

$$\int \cos^2 \frac{x}{2}\,dx = \int \frac{1 + \cos x}{2}\,dx = \frac{1}{2}\int dx + \frac{1}{2}\int \cos x\,dx = \frac{1}{2}x + \frac{1}{2}\sin x + C.$$

【例 5.8】 $\int \frac{1}{\sin^2 x \cos^2 x}\,dx.$

解：如果能注意到 $1 = \sin^2 x + \cos^2 x$ 的变换，那么

$$\frac{1}{\sin^2 x \cos^2 x} = \frac{\sin^2 x + \cos^2 x}{\sin^2 x \cos^2 x} = \frac{1}{\cos^2 x} + \frac{1}{\sin^2 x}$$

即 $\int \frac{1}{\sin^2 x \cos^2 x}\,dx = \int \left(\frac{1}{\cos^2 x} + \frac{1}{\sin^2 x} \right)dx$

$$= \int \frac{1}{\cos^2 x}\,dx + \int \frac{1}{\sin^2 x}\,dx = \tan x - \cot x + C.$$

对于不定积分的计算，合理地进行一些恒等变换，有时是必要的，这些基本变换方法只有通过加强练习才能得以掌握和运用，只有在练习过程当中多进行归纳和总结，才能提高自己解决问题的能力，才能寻求出适合自己的解题方法.

练习题 5.2

1. 写出下列各式的结果.

(1) $\left(\int \frac{\sqrt[3]{1 + \ln x}}{x}\,dx \right)'$;

(2) $\int [x^3 e^x (\sin 2x + \cos x)]'\,dx$;

(3) $\int d(e^x \sin x^2)$;

(4) $d\left(\int \frac{\sin^2 x}{1 + \cos x}\,dx \right)$.

2. 求下列不定积分.

(1) $\int x^6\,dx$;

(2) $\int \frac{\sqrt{x}}{x^4}\,dx$;

(3) $\int x\sqrt{x}\,dx$;

(4) $\int (x^2 - 2x - 1)\,dx$;

$(5) \int (2x^2 - x + 1) \sqrt{x} \, \mathrm{d}x;$

$(6) \int 3^x \mathrm{e}^x \mathrm{d}x;$

$(7) \int \dfrac{\cos 2t}{\cos t - \sin t} \mathrm{d}t;$

$(8) \int \dfrac{\cos 2x}{\cos^2 x \sin^2 x} \mathrm{d}x;$

$(9) \int \dfrac{1}{\cos^2 \dfrac{x}{2} \sin^2 \dfrac{x}{2}} \mathrm{d}x;$

$(10) \int \cot^2 t \mathrm{d}t;$

$(11) \int \sin^2 \dfrac{x}{2} \mathrm{d}x;$

$(12) \int \dfrac{x^4}{1 + x^2} \mathrm{d}x;$

$(13) \int \dfrac{x - 9}{3 + \sqrt{x}} \mathrm{d}x;$

$(14) \int \left(\dfrac{t - 2}{t} \right)^2 \mathrm{d}t;$

$(15) \int \dfrac{6^x - 2^x}{3^x} \mathrm{d}x;$

$(16) \int \dfrac{(x - 1)^2}{x(x^2 + 1)} \mathrm{d}x.$

3. 已知函数 $f(x)$ 的导数 $f'(x) = 3 - 2x$，且 $f(1) = 4$，求函数 $f(x)$.

5.3　不定积分的换元积分法

5.3　不定积分的
换元积分法

用直接积分法计算的不定积分应是简单的，也是有限的．本节要学习的换元积分法是通过适当的变量替换（换元），把一些不定积分化为可以利用基本积分公式的形式，求出结果来．换元积分法的依据是复合函数的求导法则．

5.3.1　第一换元积分法（凑微分法）

如果不定积分 $\int f(x) \mathrm{d}x$ 用直接积分法不易求得，但被积函数可以分解为

$$f(x) = g[\phi(x)] \phi'(x)$$

作变量代换 $u = \phi(x)$，则可以将关于变量 x 的积分转化为关于变量 u 的积分：

$$\int f(x) \mathrm{d}x = \int g[\phi(x)] \phi'(x) \mathrm{d}x = \int g(u) \mathrm{d}u$$

如果 $\int g(u) \mathrm{d}u$ 可以求出，则不定积分 $\int f(x) \mathrm{d}x$ 的计算问题就解决了，这就是第一类换元积分法（凑微分法）．

【定理5.1】设 $f(u)$ 具有原函数 $F(u)$，$u = \phi(x)$ 可导，则

$$\int f[\phi(x)] \phi'(x) \mathrm{d}x = \int f[\phi(x)] \mathrm{d}\phi(x) = \int f(u) \mathrm{d}u = F(u) + C = F[\phi(x)] + C$$

事实上，由于 $(F[\phi(x)] + C)' = F'[\phi(x)] \phi'(x) = f[\phi(x)] \phi'(x)$，由不定积分定义，等式自然成立．

第一换元积分法的积分思路是：能将 $f(x) \mathrm{d}x$ 凑成微分 $g(\phi(x)) \mathrm{d}\phi(x)$，选择适当的变量代换 $u = \phi(x)$ 后，在新的积分变量 u 下，使积分变得简单．据此，第一换元积分法公式就是：第一个等号是凑成微分，第二个等号是换元，第三个等号是在新变量下积分结果，第四个等号是变量回代．

下面我们以实例来说明如何具体的应用第一换元积分法．

【例5.9】 计算 $\int (3+x)^{100} dx$.

解： $\int (3+x)^{100} dx \xrightarrow{\text{凑微分}} \int (3+x)^{100} d(3+x) \xrightarrow[\text{变量代换}]{3+x=u} \int u^{100} du$

$= \dfrac{1}{101} u^{101} + C \xrightarrow[\text{回代}]{u=3+x} \dfrac{1}{101} (3+x)^{101} + C$.

【例5.10】 计算 $\int e^{3x} dx$.

解： $\int e^{3x} dx \xrightarrow{\text{凑微分}} \int \dfrac{1}{3} e^{3x} d(3x) \xrightarrow[\text{变量代换}]{3x=u} \dfrac{1}{3} \int e^u du = \dfrac{1}{3} e^u + C \xrightarrow[\text{回代}]{u=3x} \dfrac{1}{3} e^{3x} + C$.

【例5.11】 计算 $\int x e^{x^2} dx$.

解： $\int x e^{x^2} dx \xrightarrow{\text{凑微分}} \int \dfrac{1}{2} e^{x^2} dx^2 \xrightarrow[\text{变量代换}]{x^2=u} \dfrac{1}{2} \int e^u du = \dfrac{1}{2} e^u + C \xrightarrow[\text{回代}]{u=x^2} \dfrac{1}{2} e^{x^2} + C$.

【例5.12】 $\int \tan x \, dx$.

解： $\int \tan x \, dx = \int \dfrac{\sin x}{\cos x} dx \xrightarrow{\text{凑微分}} \int \dfrac{-1}{\cos x} d\cos x \xrightarrow[\text{变量代换}]{\cos x = u} - \int \dfrac{1}{u} du = -\ln|u| + C \xrightarrow[\text{回代}]{u=\cos x}$

$-\ln|\cos x| + C$.

用同样的方法可求出：$\int \cot x \, dx = \int \dfrac{\cos x}{\sin x} dx = \int \dfrac{1}{\sin x} d\sin x = \ln|\sin x| + C$.

当我们对凑微分法比较熟练后，可省去书写中间变量的换元和回代过程，如下一些例子.

【例5.13】 计算 $\int \dfrac{1}{a^2 - x^2} dx$.

解： $\int \dfrac{1}{a^2 - x^2} dx = \dfrac{1}{2a} \int \left(\dfrac{1}{a-x} + \dfrac{1}{a+x} \right) dx$

$= \dfrac{1}{2a} \int \dfrac{-1}{a-x} d(a-x) + \dfrac{1}{2a} \int \dfrac{1}{a+x} d(a+x)$

$= \dfrac{-1}{2a} \ln|a-x| + \dfrac{1}{2a} \ln|a+x| + C = \dfrac{1}{2a} \ln \left| \dfrac{a+x}{a-x} \right| + C$.

【例5.14】 计算 $\int \dfrac{1}{a^2 + x^2} dx$.

解： $\int \dfrac{1}{a^2 + x^2} dx = \int \dfrac{1}{a^2} \dfrac{1}{1 + \left(\dfrac{x}{a} \right)^2} dx = \dfrac{1}{a} \int \dfrac{1}{1 + \left(\dfrac{x}{a} \right)^2} d\left(\dfrac{x}{a} \right) = \dfrac{1}{a} \arctan \dfrac{x}{a} + C$.

【例5.15】 计算 $\int \dfrac{1}{\sqrt{a^2 - x^2}} dx$.

解： $\int \dfrac{1}{\sqrt{a^2 - x^2}} dx = \int \dfrac{1}{a} \dfrac{1}{\sqrt{1 - \left(\dfrac{x}{a} \right)^2}} dx = \int \dfrac{1}{\sqrt{1 - \left(\dfrac{x}{a} \right)^2}} d\left(\dfrac{x}{a} \right) = \arcsin \left(\dfrac{x}{a} \right) + C$.

【例5.16】 计算 $\int \dfrac{1}{x \ln x} dx$.

解：$\displaystyle\int \frac{1}{x\ln x}\mathrm{d}x = \int \frac{1}{\ln x}\mathrm{d}\ln x = \ln|\ln x| + C.$

【**例 5.17**】计算 $\displaystyle\int \sin^2 x\mathrm{d}x$；$\displaystyle\int \sin^3 x\mathrm{d}x.$

解：$\displaystyle\int \sin^2 x\mathrm{d}x = \int \frac{1 - \cos 2x}{2}\mathrm{d}x = \frac{1}{2}x - \frac{1}{4}\int \cos 2x\mathrm{d}(2x) = \frac{x}{2} - \frac{1}{4}\sin 2x + C.$

$\displaystyle\int \sin^3 x\mathrm{d}x = \int (1 - \cos^2 x)\mathrm{d}(-\cos x) = \frac{1}{3}\cos^3 x - \cos x + C.$

上面这个例子说明了三角函数不定积分计算的一种思想方法，它就是：尽可能利用恒等变换，把高次幂三角函数降为低次幂三角函数，如果能办到这一点，我们所采用的方法基本上属于成功的方法.

【**例 5.18**】计算 $\displaystyle\int \sec x\mathrm{d}x$；$\displaystyle\int \sec^4 x\mathrm{d}x.$

解：$\displaystyle\int \sec x\mathrm{d}x = \int \frac{1}{\cos x}\mathrm{d}x = \int \frac{\cos x}{\cos^2 x}\mathrm{d}x = \int \frac{1}{1 - \sin^2 x}\mathrm{d}\sin x = \frac{1}{2}\ln\left|\frac{1 + \sin x}{1 - \sin x}\right| + C$

$\displaystyle = \frac{1}{2}\ln\left|\frac{(1 + \sin x)^2}{1 - \sin^2 x}\right| + C = \ln\left|\frac{1 + \sin x}{\cos x}\right| + C = \ln|\sec x + \tan x| + C$

同样得出 $\displaystyle\int \csc x\mathrm{d}x = -\ln|\csc x + \cot x| + C$

$\displaystyle\int \sec^4 x\mathrm{d}x = \int \sec^2 x\sec^2 x\mathrm{d}x = \int \sec^2 x\mathrm{d}\tan x = \int (\tan^2 x + 1)\mathrm{d}\tan x$

$\displaystyle = \frac{1}{3}\tan^3 x + \tan x + C.$

【**例 5.19**】计算 $\displaystyle\int \sin 3x\sin 5x\mathrm{d}x.$

解：$\displaystyle\int \sin 3x\sin 5x\mathrm{d}x = \frac{1}{2}\int (\cos 2x - \cos 8x)\mathrm{d}x = \frac{1}{4}\sin 2x - \frac{1}{16}\sin 8x + C.$

不定积分第一换元积分法是积分计算的一种常用的方法，但是它的技巧性相当强，这不仅要熟练掌握微分、积分、恒等公式，还要有一定的分析能力. 没有普遍遵循的东西，同一个问题，切入点不同，解决途径也就不同，难易程度和计算量也会大不相同.

5.3.2　第二换元积分法

首先看积分 $\displaystyle\int \frac{1}{1 + \sqrt{1 + x}}\mathrm{d}x$ 应当如何计算呢？

在我们所掌握的基本公式中以及所能采用的恒等变换中，很难找到一个很好的变换，凑出简便的积分式. 从问题的分析角度来说，讨厌的就是这个根号，如果能把根号消去的话，问题是否会变得简单一点了呢？不妨试试看：

令 $\sqrt{1 + x} = t$，于是 $x = t^2 - 1$，这时 $\mathrm{d}x = 2t\mathrm{d}t$，把这些关系式代入原式，得

$$\int \frac{1}{1 + \sqrt{1 + x}}\mathrm{d}x = \int \frac{1}{1 + t}2t\mathrm{d}t = \int \left(2 - \frac{2}{1 + t}\right)\mathrm{d}t$$

这是我们能容易求的积分形式了. 这一解决方法就是我们将要介绍的第二类换元积分法.

【**定理 5.2**】如果 $x = \phi(t)$ 单调、可导，$\phi'(t) \neq 0$，并且 $f[\phi(t)]\phi'(t)$ 存在原函数 $F(t)$，那么

$$\int f(x)\,\mathrm{d}x = \int f[\phi(t)]\phi'(t)\,\mathrm{d}t = F(t) + C = F[\phi^{-1}(x)] + C$$

第二类换元积分法解题关键就是：选择适当变量代换 $x = \varphi(t)$，则 $\mathrm{d}x = \varphi'(t)\,\mathrm{d}t$，将这些关系式代入原式后，应该是便于求积分的形式.

【例5.20】 求 $\int \dfrac{1}{1+\sqrt{x}}\mathrm{d}x$.

解：令 $\sqrt{x} = t$，则 $x = t^2$，$\mathrm{d}x = 2t\mathrm{d}t$，于是

$$\int \frac{1}{1+\sqrt{x}}\mathrm{d}x = \int \frac{2t}{1+t}\mathrm{d}t = 2\int \frac{1+t-1}{1+t}\mathrm{d}t = 2\int\left(1 - \frac{1}{1+t}\right)\mathrm{d}t$$

$$= 2(t - \ln|1+t|) + C = 2[\sqrt{x} - \ln(1+\sqrt{x})] + C$$

一般地，被积函数含 $\sqrt[n]{ax+b}$，作代换 $t = \sqrt[n]{ax+b}$，将它转化成有理函数的积分.

【例5.21】 求 $\int \sqrt{a^2 - x^2}\,\mathrm{d}x$.

解：令 $x = a\sin t$，则 $\sqrt{a^2 - x^2} = \sqrt{a^2 - a^2\sin^2 t} = a\cos t$，$\mathrm{d}x = a\cos t\mathrm{d}t$，

所以 $\int \sqrt{a^2 - x^2}\,\mathrm{d}x = \int a^2\cos^2 t\mathrm{d}t = a^2\int \dfrac{1 + \cos 2t}{2}\mathrm{d}t = \dfrac{a^2}{2}t + \dfrac{a^2}{4}\sin 2t + C$.

为将变量 t 还原回原来的积分变量 x，可由 $x = a\sin t$ 作一个辅助直角三角形，从图 5 - 2 可知，$\sin 2t = 2\sin t\cos t = \dfrac{2}{a^2}x\sqrt{a^2 - x^2}$，

所以 $\int \sqrt{a^2 - x^2}\,\mathrm{d}x = \dfrac{a^2}{2}\arcsin\dfrac{x}{a} + \dfrac{x}{2}\sqrt{a^2 - x^2} + C$.

【例5.22】 求 $\int \dfrac{1}{\sqrt{a^2 + x^2}}\mathrm{d}x$.

解：如图 5 - 3 所示，令 $x = a\tan t$，则 $\sqrt{a^2 + x^2} = a\sec t$，$\mathrm{d}x = a\sec^2 t\mathrm{d}t$，所以

$$\int \frac{1}{\sqrt{a^2 + x^2}}\mathrm{d}x = \int \frac{a\sec^2 t}{a\sec t}\mathrm{d}t$$

$$= \int \sec t\mathrm{d}t = \ln|\sec t + \tan t| + C$$

$$= \ln\left|\frac{\sqrt{x^2 + a^2}}{a} + \frac{x}{a}\right| + C = \ln\left|\sqrt{a^2 + x^2} + x\right| - \ln a + C$$

$$= \ln\left|\sqrt{a^2 + x^2} + x\right| + C_1.$$

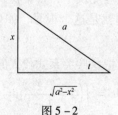

图 5 - 2   图 5 - 3

【例5.23】 计算 $\int \dfrac{1}{\sqrt{x^2 - a^2}}\mathrm{d}x$.

解: 如图 5 - 4 所示，令 $x = a\sec t$，则 $\sqrt{x^2 - a^2} = a\tan t$，$dx = a\sec t\tan t\, dt$，

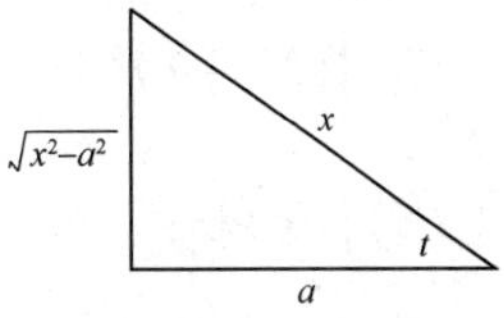

所以 $\int \dfrac{1}{\sqrt{x^2 - a^2}}dx = \int \dfrac{1}{a\tan t}a\sec t\tan t\, dt$

$= \int \sec t\, dt = \ln|\sec t + \tan t| + C = \ln\left|x + \sqrt{x^2 - a^2}\right| + C.$

图 5 - 4

上述几例的计算方法称为三角代换法，其目的就是去掉根式．三角代换可归纳为表 5 - 1.

表 5 - 1

被积函数形式	变量代换	原根式表达式	微分关系
$f(x, \sqrt{a^2 - x^2})$	$x = a\sin t$	$\sqrt{a^2 - x^2} = a\cos t$	$dx = a\cos t\, dt$
$f(x, \sqrt{a^2 + x^2})$	$x = a\tan t$	$\sqrt{a^2 + x^2} = a\sec t$	$dx = a\sec^2 t\, dt$
$f(x, \sqrt{x^2 - a^2})$	$x = a\sec t$	$\sqrt{x^2 - a^2} = a\tan t$	$dx = a\sec t\tan t\, dt$

由三角代换法能求解以下不定积分，通常作为公式使用，能记住是最好的．

(1) $\int \tan x\, dx = -\ln|\cos x| + C$

(2) $\int \cot x\, dx = \ln|\sin x| + C$

(3) $\int \sec x\, dx = \ln|\sec x + \tan x| + C$

(4) $\int \csc x\, dx = -\ln|\csc x + \cot x| + C$

(5) $\int \dfrac{1}{a^2 - x^2}dx = \dfrac{1}{2a}\ln\left|\dfrac{a + x}{a - x}\right| + C$

(6) $\int \dfrac{1}{a^2 + x^2}dx = \dfrac{1}{a}\arctan \dfrac{x}{a} + C$

(7) $\int \dfrac{1}{\sqrt{a^2 - x^2}}dx = \arcsin \dfrac{x}{a} + C$

(8) $\int \dfrac{1}{\sqrt{x^2 \pm a^2}}dx = \ln\left|x + \sqrt{x^2 \pm a^2}\right| + C$

练习题 5.3

1. 在下列等式右边的空格上填入适当的常数，使等式成立．

(1) $dx = $ _____ $d(2x + 1)$；

(2) $x\, dx = $ _____ $d(x^2)$；

(3) $e^{-x}dx = $ _____ $d(e^{-x})$；

(4) $e^{2x}dx = $ _____ $d(e^{2x})$；

(5) $\sin 2x\, dx = $ _____ $d(\cos 2x)$；

(6) $\dfrac{1}{x}dx = $ _____ $d(3\ln|x|)$．

2. 用第一类换元积分法求下列不定积分．

(1) $\int \cos 4x\, dx$；

(2) $\int e^{-2x}dx$；

$(3)\int(3x-1)^4\mathrm{d}x;$

$(4)\int\dfrac{1}{(2x-1)^2}\mathrm{d}x;$

$(5)\int10^{3x}\mathrm{d}x;$

$(6)\int xe^{-x^2}\mathrm{d}x;$

$(7)\int\dfrac{x}{\sqrt{x^2+a^2}}\mathrm{d}x;$

$(8)\int\dfrac{\cos x}{a+b\sin x}\mathrm{d}x(b\neq0);$

$(9)\int\dfrac{\ln^3x}{x}\mathrm{d}x;$

$(10)\int\dfrac{1}{e^x+e^{-x}}\mathrm{d}x;$

$(11)\int\dfrac{(\arctan x)^2}{1+x^2}\mathrm{d}x;$

$(12)\int\dfrac{1}{25+9x^2}\mathrm{d}x;$

$(13)\int\dfrac{1}{x^2-9}\mathrm{d}x;$

$(14)\int\dfrac{1}{\sqrt{1-4x^2}}\mathrm{d}x;$

$(15)\int\cos^3x\mathrm{d}x;$

$(16)\int\sin^2x\mathrm{d}x.$

3. 用第二类换元积分法求下列不定积分.

$(1)\int\dfrac{\sqrt{x}}{1+x}\mathrm{d}x;$

$(2)\int\dfrac{x+1}{\sqrt[3]{3x+1}}\mathrm{d}x;$

$(3)\int\dfrac{\sqrt{x-1}}{x}\mathrm{d}x;$

$(4)\int\dfrac{x^2}{\sqrt{a^2-x^2}}\mathrm{d}x.$

5.4　分部积分法

前面介绍的积分方法，都是把一种类型的积分转换成另一种便于计算的积分. 鉴于这样一种思想，借助两个函数乘积的求导法则，可实现另一种类型的积分转换，这就是我们将要介绍的分部积分法.

分部积分法是不定积分中另一个重要的积分法，它对应于两个函数乘积的求导法则. 现在让我们回忆一下两个函数乘积的求导法则.

设u，v可导，那么$(uv)'=u'v+uv'$. 如果u'，v'连续，对上式两边积分，有$\int(uv)'\mathrm{d}x=\int u'v\mathrm{d}x+\int uv'\mathrm{d}x$，即$\int uv'\mathrm{d}x=uv-\int u'v\mathrm{d}x$，

一般写成

$$\int u\mathrm{d}v=uv-\int v\mathrm{d}u$$

这就是所谓的分部积分法. 应用分部积分法求积分，就是经过函数换位，达到简化积分的目的.

比如，求不定积分$\int xe^x\mathrm{d}x$：

（1）我们直接计算它是没有好办法的；

（2）如果选择x放到微分符号里面去，问题不但没解决，反而使得积分式比原来的积分式更复杂了，即$\int xe^x\mathrm{d}x=\int e^x\mathrm{d}\left(\dfrac{1}{2}x^2\right)=\dfrac{1}{2}x^2e^x-\dfrac{1}{2}\int x^2\mathrm{d}e^x=\dfrac{1}{2}x^2e^x-\dfrac{1}{2}\int x^2e^x\mathrm{d}x;$

（3）事实上，应是 $\int x e^x dx = \int x d e^x = x e^x - \int e^x dx = x e^x - e^x + C.$

下面通过具体的实例，说明分部积分法的一般处理原则：

（1）当被积函数可表示为几个函数的乘积时，一般可应用此法.

（2）此公式是通过"凑微"达到简化积分运算的目的的. 应用此公式的关键是合理选择一个函数，在微分意义下放到微分符号里面去，使得第二部分的积分简单；若放错了，将里外互换一下，积分就可能变得非常简单了.

【例 5.24】 计算 $\int x \sin 3x dx.$

解：$\int x \sin 3x dx = \int x d \left(-\dfrac{1}{3} \cos 3x \right) = -\dfrac{x}{3} \cos 3x + \dfrac{1}{3} \int \cos 3x dx$

$$= -\dfrac{x}{3} \cos 3x + \dfrac{1}{9} \sin 3x + C.$$

一般地，形如 $\int f(x) \sin ax dx$ 的积分，先把积分化为 $\int f(x) d \left(-\dfrac{1}{a} \cos ax \right)$，然后再用分部积分法.

【例 5.25】 计算 $\int x^2 e^x dx.$

解：$\int x^2 e^x dx = \int x^2 d e^x = x^2 e^x - \int e^x dx^2 = x^2 e^x - 2 \int x e^x dx = x^2 e^x - 2 \int x d e^x$

$$= x^2 e^x - 2(x e^x - e^x) + C.$$

一般地，形如 $\int f(x) e^{ax} dx$ 的积分，先把它转换成 $\int f(x) d \left(\dfrac{1}{a} e^{ax} \right)$ 后，再用分部积分法.

【例 5.26】 计算 $\int \ln x dx.$

解：$\int \ln x dx = x \ln x - \int x d \ln x = x \ln x - \int x \dfrac{1}{x} dx = x \ln x - \int dx = x \ln x - x + C.$

【例 5.27】 计算 $\int x^2 \ln x dx.$

解：$\int x^2 \ln x dx = \int \ln x d \left(\dfrac{1}{3} x^3 \right) = \dfrac{x^3}{3} \ln x - \dfrac{1}{3} \int x^3 d \ln x$

$$= \dfrac{x^3}{3} \ln x - \dfrac{1}{3} \int x^2 dx = \dfrac{x^3}{3} \ln x - \dfrac{1}{9} x^3 + C.$$

一般地，形如 $\int f(x) \ln x dx$ 的积分，先把它转换成 $\int \ln x dF(x)$ 后，再考虑用分部积分法.

【例 5.28】 计算 $\int \arctan x dx.$

解：$\int \arctan x dx = x \arctan x - \int x d(\arctan x)$

$$= x \arctan x - \int \dfrac{x}{1 + x^2} dx = x \arctan x - \dfrac{1}{2} \ln(1 + x^2) + C.$$

【例 5.29】 计算 $\int (3x^2 + 2x + 1) \arctan x dx.$

解： $\displaystyle\int(3x^2+2x+1)\arctan x\mathrm{d}x = \int\arctan x\mathrm{d}(x^3+x^2+x+1)$

$$= (x^3+x^2+x+1)\arctan x - \int(x^3+x^2+x+1)\mathrm{d}\arctan x$$

$$= (x^3+x^2+x+1)\arctan x - \int\frac{x^3+x^2+x+1}{1+x^2}\mathrm{d}x$$

$$= (x^3+x^2+x+1)\arctan x - \frac{1}{2}x^2-x+C.$$

一般地，形如 $\displaystyle\int f(x)\arctan ax\mathrm{d}x$ 或 $\displaystyle\int f(x)\mathrm{arccot}ax\mathrm{d}x$ 的积分，都是先把积分转换成 $\displaystyle\int\arctan ax\mathrm{d}F(x)$ 或 $\displaystyle\int\mathrm{arccot}ax\mathrm{d}F(x)$，然后再用分部积分法.

【例 5. 30】 计算 $\displaystyle\int\mathrm{e}^{ax}\sin bx\mathrm{d}x$.

解： $\displaystyle\int\mathrm{e}^{ax}\sin bx\mathrm{d}x = \int\sin bx\mathrm{d}\left(\frac{1}{a}\mathrm{e}^{ax}\right) = \frac{1}{a}\mathrm{e}^{ax}\sin bx - \frac{1}{a}\int\mathrm{e}^{ax}\mathrm{d}\sin bx$

$$= \frac{1}{a}\mathrm{e}^{ax}\sin bx - \frac{b}{a}\int\mathrm{e}^{ax}\cos bx\mathrm{d}x = \frac{1}{a}\mathrm{e}^{ax}\sin bx - \frac{b}{a^2}\int\cos bx\mathrm{d}(\mathrm{e}^{ax})$$

$$= \frac{1}{a}\mathrm{e}^{ax}\sin bx - \frac{b}{a^2}\mathrm{e}^{ax}\cos bx + \frac{b}{a^2}\int\mathrm{e}^{ax}\mathrm{d}\cos bx$$

$$= \frac{1}{a}\mathrm{e}^{ax}\sin bx - \frac{b}{a^2}\mathrm{e}^{ax}\cos bx - \frac{b^2}{a^2}\int\mathrm{e}^{ax}\sin bx\mathrm{d}x$$

所以 $\displaystyle\int\mathrm{e}^{ax}\sin bx\mathrm{d}x = \mathrm{e}^{ax}\left(\frac{a}{a^2+b^2}\sin bx - \frac{b}{a^2+b^2}\cos bx\right)+C.$

注意： 此法是经常要用到的、非常有效的方法. 最后解方程，别忘了加上一个任意常数.

有的情况下，换元积分方法与分部积分法要结合起来使用.

【例 5. 31】 计算 $\displaystyle\int\mathrm{e}^{\sqrt{3x+2}}\mathrm{d}x$.

解： 令 $\sqrt{3x+2}=t$，则 $x=\dfrac{t^2-2}{3}$，所以 $\mathrm{d}x=\dfrac{2}{3}t\mathrm{d}t$，代入原式得

$$\int\mathrm{e}^{\sqrt{3x+2}}\mathrm{d}x = \frac{2}{3}\int t\mathrm{e}^t\mathrm{d}t = \frac{2}{3}\int t\mathrm{d}\mathrm{e}^t = \frac{2}{3}t\mathrm{e}^t - \frac{2}{3}\int\mathrm{e}^t\mathrm{d}t$$

$$= \frac{2}{3}t\mathrm{e}^t - \frac{2}{3}\mathrm{e}^t + C = \frac{2}{3}(\sqrt{3x+2}-1)\mathrm{e}^{\sqrt{3x+2}}+C.$$

练习题 5. 4

1. 求下列不定积分.

（1）$\displaystyle\int x\sin x\mathrm{d}x$；

（2）$\displaystyle\int x\ln x\mathrm{d}x$；

（3）$\displaystyle\int t\mathrm{e}^{-2t}\mathrm{d}t$；

（4）$\displaystyle\int\arcsin x\mathrm{d}x$；

(5) $\int x^2 \cos x \mathrm{d}x$；　　　　　　(6) $\int x \cos \dfrac{x}{2} \mathrm{d}x$；

(7) $\int \mathrm{e}^{-x} \cos x \mathrm{d}x$.

本章 小结及思维导图
BENZHANG XIAOJIE JI SIWEI DAOTU

本章要求理解原函数与不定积分的概念，掌握不定积分的性质和运算法则，熟练掌握基本积分公式，掌握第一类换元积分法，熟悉常用的凑微分法，理解第二类换元积分法，掌握分部积分法.

一、思维导图

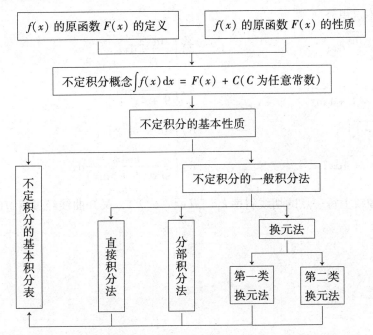

二、学习中应注意的问题

（1）不定积分是微分的逆运算，一般而言，逆向运算都要困难一些，不习惯逆向思维是求原函数的难点. 求解不定积分的关键在于熟悉微分公式，逆用微分公式.

（2）积分方法是本章的重点，也是难点. 积分方法总体上可分为三大类：

第一类　直接积分法；

第二类　根据被积函数的特点，做适当地改变，可以使用下列方法：

①恒等变换：仅从形式上改变被积函数；

②换元积分法：引进新的变量，改变被积函数；

③分部积分法：转化为同一量的另一个函数的积分；

第三类　综合法：综合上述各种方法，包括解方程的方法.

测试题 5

1. 填空题.

（1）若 $\int f(x)\mathrm{d}x = F(x) + C$，则 $\int \mathrm{e}^x f(\mathrm{e}^x)\mathrm{d}x = $ _____.

（2）若函数 $f(x)$ 具有一阶连续导数，则 $\int f'(x)\cos f(x)\mathrm{d}x = $ _____.

（3）已知函数 $f(x) = 2x$ 的某一积分曲线通过原点，则该积分曲线的方程为_____.

（4）已知函数 $f(x)$ 可导，$F(x)$ 是 $f(x)$ 的一个原函数，则 $\int x f'(x)\mathrm{d}x = $ _____.

2. 求下列不定积分.

（1）$\int \dfrac{\sqrt[3]{1 + \ln x}}{x}\mathrm{d}x$；

（2）$\int \dfrac{\sin\sqrt{x}}{\sqrt{x}}\mathrm{d}x$；

（3）$\int \dfrac{1}{\cos^2 x \sqrt{1 + \tan x}}\mathrm{d}x$；

（4）$\int \dfrac{1}{9 + 4x^2}\mathrm{d}x$；

（5）$\int x\sqrt{x - 1}\mathrm{d}x$；

（6）$\int \sin^2 x\cos^2 x\mathrm{d}x$；

（7）$\int x\sqrt{3x^2 + 4}\mathrm{d}x$；

（8）$\int \dfrac{\cos x}{\sin x(1 + \sin x)}\mathrm{d}x$.

3. 已知某曲线上每一点的切线斜率 $k = \dfrac{1}{2}\left(\mathrm{e}^{\frac{x}{a}} - \mathrm{e}^{-\frac{x}{a}}\right)$，又知曲线经过点 $M(0，a)$，求曲线的方程.

第六章

定积分及其应用

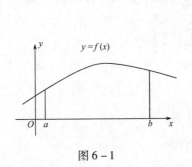

本章导读

在计算曲边梯形的面积和变速直线运动的路程时，把它们的计算方法从具体意义中抽象出来，是不是有什么共同特征？这种共同特征就是我们要学习的定积分．定积分的定义是什么？几何意义是什么？它有哪些性质？什么是变上限的定积分？如何求定积分？定积分与不定积分有什么关系？周期性非恒定电流的有效值如何用定积分表示？

学习目标：理解求曲边梯形面积的思维方法、定积分的概念和性质，会求积分上限函数的导数、掌握运用牛顿－莱布尼兹公式，会用换元积分法和分部积分法计算定积分，了解无穷积分的定义．

素质目标：引导学生对量变与质变的思考，培养学生脚踏实地，一步一个脚印走好每一步的精神，树立正确的"三观"

6.1 定积分概念与性质

6.1.1 曲边梯形的面积问题

所谓曲边梯形是由三条直边和一条曲边围成的几何图形，图 6－1 就是由连续曲线 $y = f(x)$ 与三直线 $x = a$，$x = b$ 和 $y = 0$ 围成的曲边梯形．

不像有定义的矩形面积，即：面积＝底×高，曲边梯形面积无此类定义，而无法轻易计算．现在来研究一种新的计算办法，具体做法如下：

第一步：分割

如图 6－2 所示，将区间 $[a，b]$ 任意分割成 n 个小区间，分别记为：$[a = x_0，x_1]$；$[x_1，x_2]$；$[x_2，x_3]$；…；$[x_{n-1}，x_n = b]$．第 i 个小区间的长度记为 $\Delta x_i = x_i - x_{i-1}$（$i = 1，2，…，n$）．这样，通过各个分割点作垂直于 x 轴的直线，把曲边梯形分成了 n 个小曲边梯形．

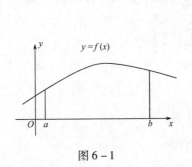

图 6－1

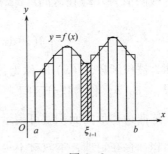

图 6－2

第二步：近似代替

在第 i 个小区间 $[x_{i-1}, x_i]$ 任取一点 $\xi_i \in [x_{i-1}, x_i]$，作乘积 $f(\xi_i)\Delta x_i$，这是以 Δx_i 为底，$f(\xi_i)$ 为高的小矩形面积；由于区间很小，可用这个小矩形的面积近似代替相应的小"曲边梯形"面积，即

$$\Delta A \approx f(\xi_i)\Delta x_i (i = 1, 2, \cdots, n)$$

第三步：求和

将所有小矩形的面积累加起来，所得的和就是整个曲边梯形面积的近似值，即

$$\Delta A_i \approx \sum_{i=1}^{n} f(\xi_i)\Delta x_i$$

第四步：取极限

当分割点个数 n 无限增加，且使小区间长度的最大者 $\lambda = \max(\Delta x_1, \Delta x_2, \cdots, \Delta x_n)$ 趋于 0 时，上面的和式的极限就是曲边梯形面积．即

$$A = \lim_{\lambda \to 0} \sum_{i=1}^{n} f(\xi_i)\Delta x_i$$

把上述实例的计算方法从具体意义中抽象出来的话，这种求和式的极限问题就是将要介绍的定积分的概念.

6.1.2 定积分的定义

设 $f(x)$ 在闭区间 $[a, b]$ 上有界，如果

（1）用分割点 $a = x_0 < x_1 \cdots < x_{i-1} < x_i < \cdots < x_{n-1} < x_n = b$ 将区间 $[a, b]$ 分成 n 个小区间：

$[x_0, x_1]$；$[x_1, x_2]$；$[x_2, x_3]$；$\cdots$；$[x_{n-1}, x_n]$．第 i 个小区间的长度记为 $\Delta x_i = x_i - x_{i-1}$ $(i = 1, 2, \cdots, n)$．

（2）在第 i 个小区间 $[x_{i-1}, x_i]$ 任取一点 $\xi_i \in [x_{i-1}, x_i]$，作乘积 $f(\xi_i)\Delta x_i$，并作出和式：

$$\sum_{i=1}^{n} f(\xi_i)\Delta x_i$$

（3）令 $\lambda = \max\{\Delta x_1, \Delta x_2, \cdots, \Delta x_n\}$，当 $\lambda \to 0$ 时，和式的极限：

$$\lim_{\lambda \to 0} \sum_{i=1}^{n} f(\xi_i)\Delta x_i$$

存在，并且此极限值与区间 $[a, b]$ 的分割无关，与点 ξ_i 在区间 $[x_{i-1}, x_i]$ 上的选取无关，那么就称这个极限值为 $f(x)$ 在区间 $[a, b]$ 上的定积分，记为 $\int_a^b f(x)\mathrm{d}x$，即

$$\int_a^b f(x)\mathrm{d}x = \lim_{\lambda \to 0} \sum_{i=1}^{n} f(\xi_i)\Delta x_i$$

其中，$f(x)$ 称为被积函数，$f(x)\mathrm{d}x$ 称为被积表达式，x 称为积分变量，a 称为积分下限，b 称为积分上限，$[a, b]$ 称为积分区间.

现在，上述曲边梯形的面积就可表示为 $A = \int_a^b f(x)\mathrm{d}x$.

下面给出积分存在定理，本教材不再作深入讨论.

（1）若 $f(x)$ 在区间 $[a, b]$ 上连续，则 $f(x)$ 在区间 $[a, b]$ 上可积；

（2）若 $f(x)$ 在区间 $[a, b]$ 上有界，并且至多只有有限个间断点，则 $f(x)$ 在区间 $[a, b]$ 上可积.

【例 6.1】用定积分的定义求 $\int_0^1 x^2 \mathrm{d}x$.

解：（1）将 $[0, 1]$ 区间进行 n 等分，得到 n 个等宽小区间，每一区间的宽度 $\Delta x_i = \dfrac{1}{n}$；

（2）在第 i 个小区间 $\left[\dfrac{i-1}{n}, \dfrac{i}{n}\right]$ 上取右端点 $\dfrac{i}{n}$ 值，作乘积 $\left(\dfrac{i}{n}\right)^2 \dfrac{1}{n}$；

（3）积分和式 $\displaystyle\sum_{i=1}^n \left(\dfrac{i}{n}\right)^2 \dfrac{1}{n} = \dfrac{1}{n^3} \sum_{i=1}^n i^2 = \dfrac{n(n+1)(2n+1)}{6n^3}$；

（4）因为是 n 等分区间，最长的区间长度为 $\dfrac{1}{n}$，而 $\dfrac{1}{n} \to 0 \Leftrightarrow n \to \infty$，所以，

$$\int_0^1 x^2 \mathrm{d}x = \lim_{n \to \infty} \frac{(n+1)n(2n+1)}{6n^3} = \frac{1}{3}$$

6.1.3 定积分的几何意义

（1）当 $f(x) \geqslant 0$ 时，曲线 $y = f(x)$ 位于上半平面，$\int_a^b f(x)\mathrm{d}x \geqslant 0$，它所表示的是 x 轴上方的面积值，我们称之为正面积，如图 6-3（a）所示；

（2）当 $f(x) \leqslant 0$ 时，曲线 $y = f(x)$ 位于下半平面，$\int_a^b f(x)\mathrm{d}x \leqslant 0$，它所表示的是 x 轴下方的面积值，我们称之为负面积，如图 6-3（b）所示；

更一般地，如果 $f(x)$ 在 $[a, b]$ 上连续，且有时取正值有时取负值，则 $\int_a^b f(x)\mathrm{d}x$ 在几何上表示的就是：上半平面围成的图形面积与下半平面围成的图形面积之差，如图 6-3（c）所示.

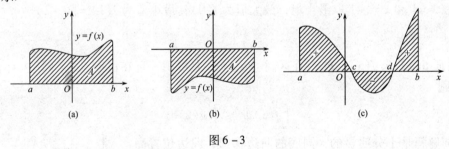

图 6-3

6.1.4 定积分的简单性质

首先，为计算和应用方便起见，我们有以下约定：

（1）$\int_a^b f(x)\mathrm{d}x = -\int_b^a f(x)\mathrm{d}x, \int_a^a f(x)\mathrm{d}x = 0$；

（2）定积分 $\int_a^b f(x)\mathrm{d}x$ 的值与积分变量选择无关，即

$$\int_a^b f(x)\mathrm{d}x = \int_a^b f(s)\mathrm{d}s = \int_a^b f(t)\mathrm{d}t = \int_a^b f(y)\mathrm{d}y$$

以下是定积分的一些简单性质，证明是简单易懂的（可参见相关教材的证明）.

【性质 6.1】 若 $f(x)$、$g(x)$ 在 $[a, b]$ 上可积，则 $f(x) \pm g(x)$ 在 $[a, b]$ 上仍可积，且

$$\int_a^b [f(x) \pm g(x)] \mathrm{d}x = \int_a^b f(x)\mathrm{d}x \pm \int_a^b g(x)\mathrm{d}x$$

【性质 6.2】 若 $f(x)$ 在 $[a, b]$ 上可积，k 是一个常数，则 $kf(x)$ 在 $[a, b]$ 上仍可积，并且

$$\int_a^b kf(x)\mathrm{d}x = k\int_a^b f(x)\mathrm{d}x$$

性质 1 与性质 2 合起来称为定积分的线性性质，即

$$\int_a^b [Kf(x) \pm Lg(x)]\mathrm{d}x = K\int_a^b f(x)\mathrm{d}x \pm L\int_a^b g(x)\mathrm{d}x$$

【性质 6.3】（积分区间的可加性）设 $f(x)$ 在所讨论的区间上都是可积的，c 为任意一个实数，则

$$\int_a^b f(x)\mathrm{d}x = \int_a^c f(x)\mathrm{d}x + \int_c^b f(x)\mathrm{d}x$$

【性质 6.4】（积分估值性）若 $f(x)$ 在区间 $[a, c]$ 上连续，m、M 分别是 $f(x)$ 在区间 $[a, c]$ 上的最小值和最大值，则

$$m(b-a) \leqslant \int_a^b f(x)\mathrm{d}x \leqslant M(b-a)$$

从几何图形上，进一步地说明了积分估值的正确性，如图 6-4 所示.

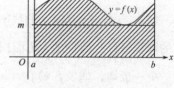

图 6-4

【例 6.2】 估计积分值 $\int_{-1}^1 \mathrm{e}^{-x^2}\mathrm{d}x$.

解： 设 $f(x) = \mathrm{e}^{-x^2}$，则 $f'(x) = -2x\mathrm{e}^{-x^2}$，并且 $x>0$ 时有 $f'(x)<0$；$x<0$ 时有 $f'(x)<0$，所以，$f(x)$ 在 $x=0$ 取最大值，在 $x=1$ 和 $x=-1$ 取最小值，最大值为 $f(0)$，最小值为 $f(1)=f(-1)=\mathrm{e}^{-1}$，因此 $2\mathrm{e}^{-1} < \int_{-1}^1 \mathrm{e}^{-x^2}\mathrm{d}x < 2$.

【性质 6.5】 若 $f(x)$、$g(x)$ 在区间 $[a, b]$ 上可积，且在区间 $[a, b]$ 上有 $f(x) \leqslant g(x)$，则

$$\int_a^b f(x)\mathrm{d}x \leqslant \int_a^b g(x)\mathrm{d}x$$

几何解释是十分明显的，同底的曲边梯形，曲边位置高的图形面积值自然不小，如图 6-5 所示.

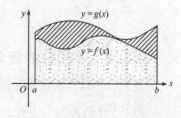

图 6-5

【例 6.3】 估计积分 $\int_0^1 x\mathrm{d}x$ 与 $\int_0^1 \sin x\mathrm{d}x$ 的相对大小.

解： 由于当 $0<x<1$ 时，有不等式 $\sin x < x$，根据性质 5，$\int_0^1 x\mathrm{d}x > \int_0^1 \sin x\mathrm{d}x$.

【性质 6.6】（保号性）若 $f(x)$ 在区间 $[a, b]$ 上可积，且有 $f(x) \geqslant 0$，则 $\int_a^b f(x)\mathrm{d}x \geqslant 0$.

【性质 6.7】（积分中值定理）若 $f(x)$ 在区间 $[a, b]$ 上连续，则在 $[a, b]$ 区间上至少存在一点 ξ，使得：

$$\int_a^b f(x)\,\mathrm{d}x = f(\xi)(b-a)$$

它的几何意义可解释成：连续曲线 $y=f(x)$ 与 $x=a$，$x=b$ 和 $y=0$ 三条直线所围的曲面梯形的面积，等于以区间 $[a,b]$ 为底，以该区间上某点处的函数值 $f(\xi)$ 为高的矩形的面积，如图 6-6 所示.

从另一个角度来解释的话，函数 $f(x)$ 在区间 $[a,b]$ 上平均值就是

$$f(\xi) = \frac{1}{b-a}\int_a^b f(x)\,\mathrm{d}x$$

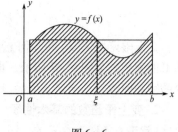

图 6-6

练习题 6.1

1. 用定积分的定义求 $\int_0^2 x^2\,\mathrm{d}x$.

2. 根据定积分的几何意义，求下列各式的值.

(1) $\int_{-2}^3 4\,\mathrm{d}x$；　　　　　　　　(2) $\int_0^4 (x+1)\,\mathrm{d}x$.

3. 已知 $\int_{-1}^0 x^2\,\mathrm{d}x = \frac{1}{3}$，$\int_{-1}^0 x\,\mathrm{d}x = -\frac{1}{2}$，求 $\int_{-1}^0 (2x^2-3x)\,\mathrm{d}x$ 的值.

4. 利用定积分的性质，判断下列积分的值是正的还是负的.

(1) $\int_0^2 \mathrm{e}^{-x}\,\mathrm{d}x$；　　　　　　　(2) $\int_{\frac{\pi}{2}}^{\pi} \cos x\,\mathrm{d}x$.

5. 不用计算，比较下列积分值的大小.

(1) $\int_0^1 x^2\,\mathrm{d}x$ 与 $\int_0^1 x^3\,\mathrm{d}x$；　　(2) $\int_{-1}^0 \mathrm{e}^x\,\mathrm{d}x$ 与 $\int_{-1}^0 \mathrm{e}^{-x}\,\mathrm{d}x$.

6.2　微积分学基本公式

前面已看到，根据定义求解定积分是非常烦琐的，上一章学习了许多不定积分的计算方法，它们既然都叫积分，它们之间是否有某种联系呢？答案是肯定的. 这一节我们主要讨论这两者之间的联系，进而引出微积分基本公式——牛顿-莱布尼茨公式，一个计算定积分简便而有效的工具.

6.2.1　变上限函数（积分上限函数）及其导数

1. 变上限函数的定义

设 $f(x)$ 在区间 $[a,b]$ 上连续，那么 $f(x)$ 在区间 $[a,b]$ 上可积，对于 $\forall x\in[a,b]$，$f(x)$ 在子区间 $[a,x]$ 上也连续而可积，并且积分值 $\int_a^x f(x)\,\mathrm{d}x$ 由上限 x 唯一确定，如果令

$$F(x) = \int_a^x f(x)\,\mathrm{d}x \quad (a\leqslant x\leqslant b)$$

那么 $F(x)$ 是定义在 $[a,b]$ 上的函数，我们称它为变上限函数（或积分上限函数）.

积分上限和积分变量都是 x，但意义不同，在一块时易混淆. 由于定积分的值与积分变量选择无关，可将积分变量换成 t，那么变上限函数记为：

$$F(x) = \int_a^x f(t)\,\mathrm{d}t \quad (a \leq x \leq b)$$

变上限函数 $F(x)$ 的几何意义是右侧直线可移动的曲边梯形的面积，如图 6 – 7 所示，曲边梯形的面积 $F(x)$ 随 x 位置的变动而改变，给定 x 值后，面积 $F(x)$ 就随之确定.

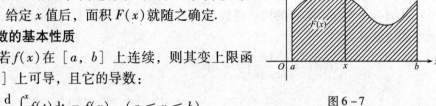

图 6 – 7

2. 变上限函数的基本性质

【定理 6.1】 若 $f(x)$ 在 $[a, b]$ 上连续，则其变上限函数 $F(x)$ 在 $[a, b]$ 上可导，且它的导数：

$$F'(x) = \frac{\mathrm{d}}{\mathrm{d}x} \int_a^x f(t)\,\mathrm{d}t = f(x) \quad (a \leq x \leq b)$$

证明：设 $x \in [a, b]$，$\Delta x \neq 0$ 且 $x + \Delta x \in [a, b]$，则有

$$\Delta F(x) = F(x + \Delta x) - F(x) = \int_a^{x+\Delta x} f(t)\,\mathrm{d}t - \int_a^x f(t)\,\mathrm{d}t$$

$$= \int_a^x f(t)\,\mathrm{d}t + \int_x^{x+\Delta x} f(t)\,\mathrm{d}t - \int_a^x f(t)\,\mathrm{d}t = \int_x^{x+\Delta x} f(t)\,\mathrm{d}t$$

$$= f(\xi)\Delta x, \xi \in [x, x + \Delta x]$$

由于函数 $f(x)$ 在点 x 处连续，所以

$$F'(x) = \lim_{\Delta x \to 0} \frac{\Delta F}{\Delta x} = \lim_{\Delta x \to 0} f(\xi) = f(x)$$

即

$$\frac{\mathrm{d}}{\mathrm{d}x} \int_a^x f(t)\,\mathrm{d}t = f(x) \quad (a \leq x \leq b)$$

这个定理说明：连续函数的积分上限函数是可导函数，其导数就等于被积函数；而被积函数的一个原函数就是它的积分上限函数，即

$$F'(x) = f(x) \text{ 和 } \int_a^x f(t)\,\mathrm{d}t = F(x) + C$$

由复合函数的求导法则，便可得到下列结论：

(1) $\dfrac{\mathrm{d}}{\mathrm{d}x} \displaystyle\int_a^{\phi(x)} f(t)\,\mathrm{d}t = f[\phi(x)]\phi'(x)$；

(2) $\dfrac{\mathrm{d}}{\mathrm{d}x} \displaystyle\int_{a(x)}^{b(x)} f(t)\,\mathrm{d}t = f[b(x)]b'(x) - f[a(x)]a'(x)$.

有了这个结论，积分上（下）限函数就有了更加广泛的应用. 下面我们看几个简单的例子.

【例 6.4】 求下列函数的导数.

(1) $F(x) = \displaystyle\int_1^x (1 + t^2\cos t - \mathrm{e}^{-t^2})\,\mathrm{d}t$；

(2) $F(x) = \displaystyle\int_x^1 \sin^2 t\,\mathrm{d}t$；

(3) $F(x) = \displaystyle\int_0^{\cos x} \frac{1}{1 + t^4}\,\mathrm{d}t$.

解：（1）$F'(x) = 1 + x^2\cos x - e^{-x^2}$；

（2）$F'(x) = -\dfrac{d}{dx}\displaystyle\int_1^x \sin^2 t\,dt = -\sin^2 x$；

（3）$F'(x) = \dfrac{d}{dx}\displaystyle\int_0^{\cos x}\dfrac{1}{1+t^4}dt = \dfrac{1}{1+\cos^4 x}(\cos x)' = \dfrac{-\sin x}{1+\cos^4 x}$.

【例6.5】求极限 $\lim\limits_{x\to 0}\dfrac{\displaystyle\int_0^x \sin t^2\,dt}{x^3}$.

解：题设极限是 $\dfrac{0}{0}$ 未定型，利用洛必达法则，有

$$\lim_{x\to 0}\dfrac{\displaystyle\int_0^x \sin t^2\,dt}{x^3} = \lim_{x\to 0}\dfrac{\sin x^2}{3x^2} = \dfrac{1}{3}.$$

6.2.2 微积分基本公式

由定理6.1知道，被积函数的一个原函数就是它的积分上限函数，这初步揭示了定积分与原函数的联系．因此，我们就有可能通过原函数来计算定积分；而原函数一般可以通过不定积分求得，这样，求定积分就可借助不定积分来计算了．现有以下重要定理：

【定理6.2】若 $f(x)$ 在 $[a, b]$ 上连续，$F(x)$ 是 $f(x)$ 在 $[a, b]$ 上的一个原函数，则：

$$\int_a^b f(x)\,dx = F(b) - F(a)$$

记为 $\displaystyle\int_a^b f(x)\,dx = [F(x)]_a^b$ 或 $F(x)\big|_a^b$，此式称为牛顿－莱布尼茨公式，也叫微积分基本定理．

证明：已知 $F(x)$ 是 $f(x)$ 在 $[a, b]$ 上的一个原函数，其积分上限函数 $G(x) = \displaystyle\int_a^x f(t)\,dt$ 也是 $f(x)$ 在 $[a, b]$ 上的一个原函数，则有：

$$G(x) = F(x) + C$$

令 $x = a$，有 $0 = G(a) = F(a) + C$，则 $C = -F(a)$，于是得关系式

$$\int_a^x f(t)\,dt = F(x) - F(a)$$

此式中令 $x = b$，则得

$$\int_a^b f(t)\,dt = F(b) - F(a)$$

由于定积分的值与积分变量无关，仍用 x 表示积分变量，即得

$$\int_a^b f(x)\,dx = F(b) - F(a)$$

牛顿－莱布尼茨公式为我们计算定积分提供了非常简洁、适用的方法：先用不定积分方法求出被积函数的一个原函数，然后计算积分上下限的原函数值差，便得到定积分的值；或者说，定积分的值等于被积函数的一个原函数在积分区间上的增量．

【例6.6】计算 $\displaystyle\int_0^1 x^2\,dx$.

解：$\displaystyle\int_0^1 x^2\,dx = \dfrac{1}{3}x^3\Big|_0^1 = \dfrac{1}{3}(1^3 - 0^3) = \dfrac{1}{3}$.

【例 6.7】 计算 $\int_1^{\sqrt{3}} \dfrac{1}{1+x^2}\mathrm{d}x$.

解： $\int_1^{\sqrt{3}} \dfrac{1}{1+x^2}\mathrm{d}x = \arctan x \big|_1^{\sqrt{3}} = \arctan\sqrt{3} - \arctan 1 = \dfrac{\pi}{3} - \dfrac{\pi}{4} = \dfrac{\pi}{12}$.

【例 6.8】 求由 $y = x^2$ 和 $x = y^2$ 所围的平面图形.

解： 两函数的图像在点 $[0,0]$ 和 $[1,1]$ 相交，围成的面积如图 6-8 所示. 所求积分是

$$S = \int_0^1 \sqrt{x}\,\mathrm{d}x - \int_0^1 x^2\,\mathrm{d}x = \frac{2}{3}x^{\frac{3}{2}}\bigg|_0^1 - \frac{1}{3}x^3\bigg|_0^1 = \frac{2}{3} - \frac{1}{3} = \frac{1}{3}.$$

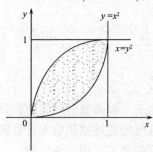

图 6-8

练习题 6.2

1. 求下列函数的导数.

(1) $F(x) = \int_0^x \mathrm{e}^{t^2}\mathrm{d}t$;　　　　　　　(2) $F(x) = \int_x^0 t\sin^2 2t\,\mathrm{d}t$;

(3) $F(x) = \int_0^{x^2} \sqrt{1+t}\,\mathrm{d}t$;　　　　　　(4) $F(x) = \int_{\sin x}^{\cos x} t\,\mathrm{d}t$;

2. 设 $F(x) = \int_0^x \mathrm{e}^t(1-t)^2\mathrm{d}t$，求 $F'(x)$，$F'(1)$.

3. 求下列定积分.

(1) $\int_0^1 (x^3 + 3x - 2)\,\mathrm{d}x$;　　　　　　(2) $\int_0^2 (\mathrm{e}^t - t)\,\mathrm{d}t$;

(3) $\int_0^{\frac{\pi}{4}} \tan^2\theta\,\mathrm{d}\theta$;　　　　　　　(4) $\int_{-\frac{\pi}{2}}^{\frac{\pi}{4}} \sin^2\frac{x}{2}\,\mathrm{d}x$;

(5) $\int_0^{\pi} |\sin x|\,\mathrm{d}x$;　　　　　　　(6) $\int_1^4 |x-2|\,\mathrm{d}x$.

4. 设 $f(x) = \begin{cases} x^2 + 2, & x \leqslant 1 \\ 4 - x, & x > 1 \end{cases}$，求 $\int_0^3 f(x)\,\mathrm{d}x$.

6.3　定积分的基本积分法则

牛顿–莱布尼茨公式把定积分的计算转化为不定积分的计算，因而求不定积分的方法都

可以用于求定积分. 由于定积分上下限的存在, 在变量代换时, 又有新的知识, 请注意它同不定积分的差异.

6.3.1 定积分的换元积分法

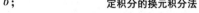

【定理 6.3】设 $f(x)$ 在区间 $[a, b]$ 上连续, 令 $x = \phi(t)$, 且满足

(1) $\phi(\alpha) = a$, $\phi(\beta) = b$;

(2) 当 t 从 α 变化到 β 时, $\varphi(t)$ 单调地从 a 变化到 b;

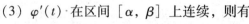
定积分的换元积分法

(3) $\varphi'(t)$ 在区间 $[\alpha, \beta]$ 上连续, 则有

$$\int_a^b f(x)\mathrm{d}x = \int_\alpha^\beta f[\phi(t)]\phi'(t)\mathrm{d}t$$

证明: 设 $F(x)$ 是 $f(x)$ 在区间 $[a, b]$ 上的一个原函数, 则 $\int_a^b f(x)\mathrm{d}x = F(b) - F(a)$.

另一方面 $\qquad \dfrac{\mathrm{d}}{\mathrm{d}t}F[\phi(t)] = F'[\phi(t)]\phi'(t) = f[\phi(t)]\phi'(t)$

因此 $\qquad \int_\alpha^\beta f[\phi(t)]\phi'(t)\mathrm{d}t = F[\phi(t)]\big|_\alpha^\beta = F[\phi(\beta)] - F[\phi(\alpha)] = F(b) - F(a)$

所以 $\qquad\qquad \int_a^b f(x)\mathrm{d}x = \int_\alpha^\beta f[\phi(t)]\phi'(t)\mathrm{d}t$

在应用定理 6.3 时, 应注意以下两点:

(1) 用 $x = \phi(t)$ 把变量 x 换成新变量 t 时, 积分上下限也要换成相应于新变量 t 的积分上下限, 即 "换元必换限";

(2) 在新变量下求出原函数后, 不必像不定积分那样要进行变量回代, 而只需将新变量的积分上下限代入原函数即可.

【例 6.9】计算 $\int_3^8 \dfrac{1}{\sqrt{x+1} - 1}\mathrm{d}x$.

解: 令 $\sqrt{x+1} = t$, 则 $x = t^2 - 1$, $\mathrm{d}x = 2t\mathrm{d}t$, 且当 $x = 3$ 时, $t = 2$; 当 $x = 8$ 时, $t = 3$. 于是, $\int_3^8 \dfrac{1}{\sqrt{x+1}-1}\mathrm{d}x = \int_2^3 \dfrac{1}{t-1}2t\mathrm{d}t = 2\int_2^3 \mathrm{d}t + 2\int_2^3 \dfrac{1}{t-1}\mathrm{d}t = 2t\big|_2^3 + 2\ln|t-1|\big|_2^3 = 2 + \ln 4$.

【例 6.10】计算 $\int_0^{\frac{1}{2}} \dfrac{x^2}{\sqrt{1-x^2}}\mathrm{d}x$.

解: 令 $x = \sin t$, 则 $\mathrm{d}x = \cos t\mathrm{d}t$, 且当 $x = 0$ 时, $t = 0$; 当 $x = \dfrac{1}{2}$ 时, $t = \dfrac{\pi}{6}$. 因此

$$\int_0^{\frac{1}{2}} \frac{x^2}{\sqrt{1-x^2}}\mathrm{d}x = \int_0^{\frac{\pi}{6}} \frac{\sin^2 t}{\sqrt{1-\sin^2 t}}\cos t\mathrm{d}t = \int_0^{\frac{\pi}{6}} \sin^2 t\mathrm{d}t = \int_0^{\frac{\pi}{6}} \frac{1-\cos 2t}{2}\mathrm{d}t$$

$$= \frac{t}{2}\Big|_0^{\frac{\pi}{6}} - \frac{1}{4}\int_0^{\frac{\pi}{6}}\cos 2t\mathrm{d}2t = \frac{\pi}{12} - \frac{1}{4}\sin 2t\Big|_0^{\frac{\pi}{6}} = \frac{\pi}{12} - \frac{\sqrt{3}}{8}.$$

【例 6.11】计算 $\int_0^1 xe^{-\frac{x^2}{2}}\mathrm{d}x$.

解: $\int_0^1 xe^{-\frac{x^2}{2}}\mathrm{d}x = \int_0^1 -e^{-\frac{x^2}{2}}\mathrm{d}\left(-\dfrac{x^2}{2}\right) = -e^{-\frac{x^2}{2}}\big|_0^1 = 1 - e^{-\frac{1}{2}}.$

【例 6.12】 若 $f(x)$ 在区间 $[-a, a]$ 上可积，试证明：

（1）如果 $f(x)$ 是区间 $[-a, a]$ 上的奇函数，则 $\int_{-a}^{a} f(x)\,\mathrm{d}x = 0$；

（2）如果 $f(x)$ 是区间 $[-a, a]$ 上的偶函数，则 $\int_{-a}^{a} f(x)\,\mathrm{d}x = 2\int_{0}^{a} f(x)\,\mathrm{d}x$.

证： 由积分区间的可加性可得：$\int_{-a}^{a} f(x)\,\mathrm{d}x = \int_{-a}^{0} f(x)\,\mathrm{d}x + \int_{0}^{a} f(x)\,\mathrm{d}x$.

对于 $\int_{-a}^{0} f(x)\,\mathrm{d}x$，令 $x = -t$，则 $\mathrm{d}x = -\mathrm{d}t$，且当 $x = -a$ 时，$t = a$；当 $x = 0$ 时，$t = 0$.

因此，$\int_{-a}^{0} f(x)\,\mathrm{d}x = \int_{a}^{0} f(-t)(-\mathrm{d}t) = -\int_{a}^{0} f(-t)\,\mathrm{d}t = \int_{0}^{a} f(-x)\,\mathrm{d}x$.

那么，$\int_{-a}^{a} f(x)\,\mathrm{d}x = \int_{-a}^{0} f(x)\,\mathrm{d}x + \int_{0}^{a} f(x)\,\mathrm{d}x = \int_{0}^{a} [f(x) + f(-x)]\,\mathrm{d}x$.

（1）若 $f(x)$ 是区间 $[-a, a]$ 上的奇函数，有 $f(-x) = -f(x)$，所以 $\int_{-a}^{a} f(x)\,\mathrm{d}x = 0$；

（2）若 $f(x)$ 是区间 $[-a, a]$ 上的偶函数，有 $f(-x) = f(x)$，所以 $\int_{-a}^{a} f(x)\,\mathrm{d}x = 2\int_{0}^{a} f(x)\,\mathrm{d}x$.

在几何上这个结果是明显的. 利用奇、偶函数在对称区间上的这个积分性质，可以简化计算.

【例 6.13】 计算下列定积分.

（1）$\int_{-4}^{4} \dfrac{x\cos x}{3x^4 + x^2 + 1}\,\mathrm{d}x$；（2）$\int_{-1}^{1} \mathrm{e}^{|x|}\,\mathrm{d}x$.

解： （1）显然，被积函数是奇函数，且积分区间关于原点对称，由例 6.12 立刻得知，该积分值为零.

（2）被积函数是偶函数，且积分区间关于原点对称，所以

$$\int_{-1}^{1} \mathrm{e}^{|x|}\,\mathrm{d}x = 2\int_{0}^{1} \mathrm{e}^{x}\,\mathrm{d}x = 2\mathrm{e}^{x}\big|_{0}^{1} = 2(\mathrm{e} - 1).$$

【例 6.14】 设 $f(x)$ 在 $[0, 1]$ 上连续，证明 $\int_{0}^{\frac{\pi}{2}} f(\sin x)\,\mathrm{d}x = \int_{0}^{\frac{\pi}{2}} f(\cos x)\,\mathrm{d}x$.

证： 令 $x = \dfrac{\pi}{2} - t$，则 $\sin\left(\dfrac{\pi}{2} - t\right) = \cos t$，$\mathrm{d}x = -\mathrm{d}t$，且当 $x = 0$ 时，$t = \dfrac{\pi}{2}$；当 $x = \dfrac{\pi}{2}$ 时，

$t = 0$. 于是 $\int_{0}^{\frac{\pi}{2}} f(\sin x)\,\mathrm{d}x = \int_{\frac{\pi}{2}}^{0} f(\cos t)(-\mathrm{d}t) = \int_{0}^{\frac{\pi}{2}} f(\cos t)\,\mathrm{d}t = \int_{0}^{\frac{\pi}{2}} f(\cos x)\,\mathrm{d}x$.

6.3.2 定积分的分部积分法

从导数公式 $(uv)' = u'v + uv'$ 来讲，uv 是 $u'v + uv'$ 的一个原函数. 当 u、v 在 $[a, b]$ 上连续可导时，由牛顿－莱布尼茨公式有 $\int_{a}^{b} (u'v + uv')\,\mathrm{d}x = uv\big|_{a}^{b}$，可以写成

$$\int_{a}^{b} u\,\mathrm{d}v = uv\big|_{a}^{b} - \int_{a}^{b} v\,\mathrm{d}u \quad 或 \quad \int_{a}^{b} v\,\mathrm{d}u = uv\big|_{a}^{b} - \int_{a}^{b} u\,\mathrm{d}v$$

这就是定积分的分部积分公式.

【例 6.15】 计算 $\int_0^{\frac{\pi}{2}} x\sin x\,dx$.

解：$\int_0^{\frac{\pi}{2}} x\sin x\,dx = -\int_0^{\frac{\pi}{2}} x\,d\cos x = -x\cos x\big|_0^{\frac{\pi}{2}} + \int_0^{\frac{\pi}{2}}\cos x\,dx = 0 + \sin x\big|_0^{\frac{\pi}{2}} = 1$.

【例 6.16】 计算 $\int_0^1 x^2 e^x\,dx$.

解：$\int_0^1 x^2 e^x\,dx = \int_0^1 x^2\,de^x = x^2 e^x\big|_0^1 - \int_0^1 e^x\,dx^2 = e - \int_0^1 2xe^x\,dx = e - \int_0^1 2x\,de^x$

$\qquad = e - 2xe^x\big|_0^1 + \int_0^1 2e^x\,dx = e - 2e + 2e^x\big|_0^1 = -e + 2$.

【例 6.17】 计算 $\int_0^1 x\arctan x\,dx$.

解：$\int_0^1 x\arctan x\,dx = \int_0^1 \arctan x\,d\frac{x^2}{2} = \frac{x^2}{2}\arctan x\bigg|_0^1 - \frac{1}{2}\int_0^1 x^2\,d\arctan x$

$\qquad = \frac{\pi}{8} - \frac{1}{2}\int_0^1 \frac{x^2}{1+x^2}\,dx = \frac{\pi}{8} - \frac{1}{2}\left(\int_0^1 dx - \int_0^1 \frac{1}{1+x^2}\,dx\right)$

$\qquad = \frac{\pi}{8} - \frac{1}{2} + \frac{1}{2}\arctan x\bigg|_0^1 = \frac{\pi}{4} - \frac{1}{2}$.

练习题 6.3

1. 用换元法计算下列定积分.

(1) $\int_1^4 \frac{1}{1+\sqrt{x}}\,dx$;

(2) $\int_3^8 \frac{x-1}{\sqrt{1+x}}\,dx$;

(3) $\int_0^4 \frac{\sqrt{x}}{\sqrt{x}+1}\,dx$;

(4) $\int_0^2 \sqrt{4-x^2}\,dx$;

(5) $\int_0^{\frac{\pi}{2}} \cos^4 x\sin x\,dx$;

(6) $\int_0^1 e^{2x+3}\,dx$;

(7) $\int_0^1 \frac{e^x}{1+e^x}\,dx$;

(8) $\int_e^{e^2} \frac{1}{x\ln x}\,dx$.

2. 用分部积分法计算下列定积分.

(1) $\int_0^1 xe^{-x}\,dx$;

(2) $\int_0^{\frac{\pi}{2}} x\sin x\,dx$;

(3) $\int_{\frac{\pi}{4}}^{\frac{\pi}{3}} \frac{x}{\sin^2 x}\,dx$;

(4) $\int_0^1 x\arctan x\,dx$;

(5) $\int_0^{2\pi} e^x\cos x\,dx$;

(6) $\int_0^{\pi} x^2\cos x\,dx$;

(7) $\int_0^{\frac{1}{2}} \arcsin x\,dx$;

(8) $\int_1^e \ln x\,dx$.

3. 利用函数的奇偶性计算下列定积分.

(1) $\int_{-3}^3 \frac{x^3}{1+x^2}\,dx$;

(2) $\int_{-\frac{1}{2}}^{\frac{1}{2}} \ln\frac{1-x}{1+x}\,dx$;

(3) $\displaystyle\int_{-a}^{a}\frac{x^2\sin x}{x^4+6}\mathrm{d}x$;

(4) $\displaystyle\int_{-\frac{\pi}{2}}^{\frac{\pi}{2}}x^4\sin^5 x\mathrm{d}x$;

(5) $\displaystyle\int_{-2}^{2}x\mathrm{e}^{|x|}\mathrm{d}x$;

(6) $\displaystyle\int_{-\frac{1}{2}}^{\frac{1}{2}}\frac{(\arcsin x)^2}{\sqrt{1-x^2}}\mathrm{d}x$.

6.4 广义积分

前面我们介绍了定积分的概念，必须满足两个前提条件：其一，被积函数必须是有界函数；其二，积分区间必须是有限区间．这样的积分称为常义积分．如果打破了这两个限制的话，就可以推广出两种类型的积分，称为广义积分．一个是无穷区间上的积分，通常称为无穷区间上的广义积分，简称为无穷积分；另一个是有限区间上无界函数的积分，通常称为无界函数的广义积分，简称为瑕积分．

6.4.1 无穷区间上的广义积分

【定义 6.1】设 $f(x)$ 在 $[a,+\infty)$ 上连续，任取 $b>a$，如果 $\displaystyle\lim_{b\to+\infty}\int_a^b f(x)\mathrm{d}x$ 存在，则称此极限为函数 $f(x)$ 在区间 $[a,+\infty)$ 上的广义积分，并记为

$$\int_a^{+\infty}f(x)\mathrm{d}x=\lim_{b\to+\infty}\int_a^b f(x)\mathrm{d}x$$

这时也称广义积分 $\displaystyle\int_a^{+\infty}f(x)\mathrm{d}x$ 是收敛的，否则称广义积分 $\displaystyle\int_a^{+\infty}f(x)\mathrm{d}x$ 发散．由于 $f(x)$ 定义在无穷区间 $[a,+\infty)$ 上，此广义积分又称为无穷积分．

【例 6.18】如图 6-9 所示，求区间 $[1,+\infty)$ 上，曲线 $y=\dfrac{1}{x^2}$ 下方和 x 轴上方之间的开口曲边梯形面积．

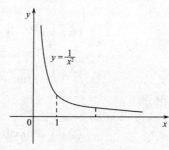

图 6-9

解：此开口曲边梯形面积为

$$A=\int_1^{+\infty}\frac{1}{x^2}\mathrm{d}x=\lim_{b\to+\infty}\int_1^b\frac{1}{x^2}\mathrm{d}x$$

$$=\lim_{b\to+\infty}\left(-\frac{1}{x}\right)\Big|_1^b=\lim_{b\to+\infty}\left(1-\frac{1}{b}\right)=1.$$

易见，题设面积是一个底边为"无限宽"的曲边梯形面积．

在其他无限区间的广义积分可定义为：

在区间 $(-\infty, b]$ 上：$\displaystyle\int_{-\infty}^{b} f(x)\mathrm{d}x = \lim_{a\to-\infty}\int_{a}^{b} f(x)\mathrm{d}x$

在区间 $(-\infty, +\infty)$ 上：$\displaystyle\int_{-\infty}^{+\infty} f(x)\mathrm{d}x = \int_{-\infty}^{c} f(x)\mathrm{d}x + \int_{c}^{+\infty} f(x)\mathrm{d}x$

$$= \lim_{a\to\infty}\int_{a}^{c} f(x)\mathrm{d}x + \lim_{b\to+\infty}\int_{c}^{b} f(x)\mathrm{d}x$$

若 $F(x)$ 是 $f(x)$ 的一个原函数，引入记号：

$$F(+\infty) = \lim_{x\to+\infty} F(x), \quad F(-\infty) = \lim_{x\to-\infty} F(x)$$

则广义积分可表示为

$$\int_{a}^{+\infty} f(x)\mathrm{d}x = F(x)\Big|_{a}^{+\infty} = F(+\infty) - F(a)$$

$$\int_{-\infty}^{b} f(x)\mathrm{d}x = F(x)\Big|_{-\infty}^{b} = F(b) - F(-\infty)$$

$$\int_{-\infty}^{+\infty} f(x)\mathrm{d}x = F(x)\Big|_{-\infty}^{+\infty} = F(+\infty) - F(-\infty)$$

【例 6.19】讨论广义积分 $\displaystyle\int_{-\infty}^{+\infty} \frac{1}{1+x^2}\mathrm{d}x$ 的敛散性.

解：因为 $\displaystyle\int \frac{1}{1+x^2}\mathrm{d}x = \arctan x$，则

$\displaystyle\int_{0}^{+\infty} \frac{1}{1+x^2}\mathrm{d}x = \lim_{x\to\infty}\arctan x\Big|_{0}^{x} = \frac{\pi}{2}$，所以 $\displaystyle\int_{0}^{+\infty} \frac{1}{1+x^2}\mathrm{d}x$ 收敛；

$\displaystyle\int_{-\infty}^{0} \frac{1}{1+x^2}\mathrm{d}x = \lim_{x\to-\infty}(-\arctan x)\Big|_{x}^{0} = \frac{\pi}{2}$，所以 $\displaystyle\int_{-\infty}^{0} \frac{1}{1+x^2}\mathrm{d}x$ 收敛；

所以，$\displaystyle\int_{-\infty}^{+\infty} \frac{1}{1+x^2}\mathrm{d}x$ 收敛，并且

$$\int_{-\infty}^{+\infty} \frac{1}{1+x^2}\mathrm{d}x = \int_{-\infty}^{0} \frac{1}{1+x^2}\mathrm{d}x + \int_{0}^{+\infty} \frac{1}{1+x^2}\mathrm{d}x = \frac{\pi}{2} + \frac{\pi}{2} = \pi$$

或 $\displaystyle\int_{-\infty}^{+\infty} \frac{1}{1+x^2}\mathrm{d}x = \arctan x\Big|_{-\infty}^{+\infty} = \lim_{x\to+\infty}\arctan x - \lim_{x\to-\infty}\arctan x$

$$= \frac{\pi}{2} - \left(-\frac{\pi}{2}\right) = \pi.$$

【例 6.20】讨论广义积分 $\displaystyle\int_{0}^{+\infty} \cos x\mathrm{d}x$ 的敛散性.

解：由于 $\forall a > 0$ 有 $\displaystyle\int_{0}^{a} \cos x\mathrm{d}x = \sin x\Big|_{0}^{a} = \sin a$，而 $\displaystyle\lim_{a\to+\infty}\sin a$ 不存在，所以 $\displaystyle\int_{0}^{+\infty} \cos x\mathrm{d}x$ 发散.

【例 6.21】讨论广义积分 $\displaystyle\int_{a}^{+\infty} \frac{1}{x^{\alpha}}\mathrm{d}x$ 的敛散性（α 为任意常数）.

解：由于 $\forall A > a$ 有

$$\int_{a}^{A} \frac{1}{x^{\alpha}}\mathrm{d}x = \begin{cases} \ln x\Big|_{a}^{A} = \ln A - \ln a & (\alpha = 1) \\[2mm] \dfrac{1}{(1-\alpha)\, x^{\alpha-1}}\Big|_{a}^{A} = \dfrac{1}{1-\alpha}\left(\dfrac{1}{A^{\alpha-1}} - \dfrac{1}{a^{\alpha-1}}\right) & (\alpha \neq 1) \end{cases}$$

当 $\alpha = 1$ 时，有 $\lim\limits_{A \to +\infty} (\ln A - \ln a) = +\infty$，$\int_a^{+\infty} \frac{1}{x^\alpha} dx$ 发散；

当 $\alpha > 1$ 时，有 $\lim\limits_{A \to +\infty} \frac{1}{1-\alpha}\left(\frac{1}{A^{\alpha-1}} - \frac{1}{a^{\alpha-1}}\right) = \frac{1}{(\alpha-1) \, a^{\alpha-1}}$，$\int_a^{+\infty} \frac{1}{x^\alpha} dx$ 收敛；

当 $\alpha < 1$ 时，有 $\lim\limits_{A \to +\infty} \frac{1}{1-\alpha}\left(\frac{1}{A^{\alpha-1}} - \frac{1}{a^{\alpha-1}}\right) = +\infty$，$\int_a^{+\infty} \frac{1}{x^\alpha} dx$ 发散.

即，$\int_a^{+\infty} \frac{1}{x^\alpha} dx = \begin{cases} 发散, & \alpha \leqslant 1 \\ \dfrac{1}{\alpha-1}\dfrac{1}{a^{\alpha-1}}, & \alpha > 1 (收敛) \end{cases}$

特别地，当 $a = 1$ 时，$\int_1^{+\infty} \frac{1}{x^\alpha} dx = \begin{cases} 发散, & \alpha \leqslant 1 \\ \dfrac{1}{\alpha-1}, & \alpha > 1 (收敛) \end{cases}$

6.4.2　无界函数的广义积分

【定义6.2】（瑕积分的定义）设 $f(x)$ 在 $(a, b]$ 上连续，且 $\lim\limits_{x \to a+0} f(x) = \infty$. 任取 $\varepsilon > 0$，如果 $\lim\limits_{\varepsilon \to 0} \int_{a+\varepsilon}^b f(x) dx$ 存在，则称此极限为函数 $f(x)$ 在区间 $(a, b]$ 上的广义积分，并记为

$$\int_a^b f(x) dx = \lim_{\varepsilon \to 0} \int_{a+\varepsilon}^b f(x) dx$$

这时也称广义积分 $\int_a^b f(x) dx$ 是收敛的；否则，称它是发散的.

这里的点 $x = a$ 称为函数 $f(x)$ 的瑕点，此广义积分的敛散性与其在瑕点处的极限存在与否相关，所以，这种广义积分也称为瑕积分.

其他情形的瑕积分为：

（1）区间右端点是瑕点的情形：区间 $[a, b)$ 上的点 $x = b$ 是函数 $f(x)$ 的瑕点. 这时有定义 $\int_a^b f(x) dx = \lim\limits_{\varepsilon \to 0} \int_a^{b-\varepsilon} f(x) dx$.

（2）区间的内部有一瑕点的情形：设在区间 $[a, b]$ 上仅点 c（$a < c < b$）是函数 $f(x)$ 的瑕点. 这时有定义 $\int_a^b f(x) dx = \lim\limits_{\varepsilon_1 \to 0} \int_a^{c-\varepsilon_1} f(x) dx + \lim\limits_{\varepsilon_2 \to 0} \int_{c+\varepsilon_2}^b f(x) dx$.

与定积分的几何意义类似，只是这个时候所围的几何图形"无限高".

【例6.22】如图6-10所示，求在区间 $(0, 1]$ 上，曲线 $y = \dfrac{1}{\sqrt{x}}$ 与 x 轴、y 轴围成的开口曲边梯形面积.

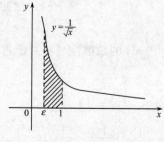

图6-10

解： 题设开口曲边梯形面积为

$$A = \int_0^1 \frac{1}{\sqrt{x}} dx = \lim_{\varepsilon \to 0} \int_{0+\varepsilon}^1 \frac{1}{\sqrt{x}} dx$$

$$= 2 \lim_{\varepsilon \to 0} \sqrt{x} \Big|_\varepsilon^1 = 2 \lim_{\varepsilon \to 0} (1 - \sqrt{\varepsilon}) = 2$$

这个时候所围的几何图形是"无限高"的曲边梯形.

【例 6.23】 讨论广义积分 $\int_{-1}^1 \frac{1}{x^3} dx$ 的敛散性.

解： 易见，$x = 0$ 是 $\frac{1}{x^3}$ 的一个瑕点. 不难求知 $\int_0^1 \frac{1}{x^3} dx$ 发散，所以 $\int_{-1}^1 \frac{1}{x^3} dx$ 也发散. 如果没有注意到它是广义积分（有瑕点）的话，按常义积分方法来求解就会出现错误，即会得出：

$$\int_{-1}^1 \frac{1}{x^3} dx = -\frac{1}{2} x^{-2} \Big|_{-1}^1 = -\frac{1}{2} - \left(-\frac{1}{2} \right) = 0$$

练习题 6.4

1. 下列广义积分是否收敛？若收敛，则求出它的值.

(1) $\int_1^{+\infty} \frac{1}{x^4} dx$;

(2) $\int_{-\infty}^{+\infty} \frac{1}{1+x^2} dx$;

(3) $\int_0^{+\infty} e^{-x} dx$;

(4) $\int_e^{+\infty} \frac{1}{x \ln x} dx$;

(5) $\int_{-\infty}^0 x e^x dx$;

(6) $\int_{-\infty}^{+\infty} \frac{1}{x^2 + 2x + 2} dx$.

2. 计算下列广义积分.

(1) $\int_0^1 \frac{x}{\sqrt{1-x^2}} dx$;

(2) $\int_0^2 x \ln^2 x \, dx$;

(3) $\int_{\frac{\pi}{4}}^{\frac{\pi}{2}} \frac{1}{\cos^2 x} dx$;

(4) $\int_1^e \frac{1}{x \sqrt{1 - \ln^2 x}} dx$;

(5) $\int_{-1}^1 \frac{1}{\sqrt{1-x^2}} dx$;

(6) $\int_0^2 \frac{1}{(x-1)^2} dx$.

6.5　定积分的应用

6.5.1　平面图形的面积

在学习定积分几何意义的时候，我们已经知道，对于非负的连续函数 $f(x)$，定积分

$$\int_a^b f(x) dx$$

表示由曲线 $y = f(x)$ 与三条直线 $x = a$，$x = b$ 和 $y = 0$（x 轴）围成的曲边梯形的面积，如图 6-3（a）所示.

若$f(x)$是负值函数，如图6-3（b）所示，则图形围成的面积应为

$$-\int_a^b f(x)\,\mathrm{d}x \text{ 或 } \int_a^b |f(x)|\,\mathrm{d}x$$

若$f(x)$时正时负，如图6-3（c）所示，则图形围成的面积应为

$$\int_a^c f(x)\,\mathrm{d}x - \int_c^d f(x)\,\mathrm{d}x + \int_d^b f(x)\,\mathrm{d}x$$

其中，c、d是$f(x)$与x轴的交点，也是正负面积在区间$[a,b]$上的分割点.

一般地，由两条连续曲线$y=f(x)$，$y=g(x)$与直线$x=a$，$x=b$围成的平面图形，如图6-11所示，其面积是两曲边梯形面积之差，即

$$\int_a^b f(x)\,\mathrm{d}x - \int_a^b g(x)\,\mathrm{d}x = \int_a^b [f(x)-g(x)]\,\mathrm{d}x$$

以上这些图形可归结为具有"上下是曲边、左右是直线"的特点，我们把它们称为X-型平面图形；如果它们是"上下是直线、左右是曲边"的图形，如图6-12所示，我们把它们称为Y-型平面图形，显然，这样图形的面积是由曲线$x=\varphi(y)$，$x=\psi(y)$与直线$y=c$，$y=d$所围成的.

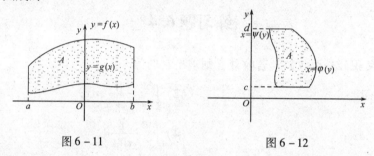

图6-11　　　　　　　　　图6-12

像X-型的讨论一样，Y-型平面图形也有多种情形，其公式形式是一样的：一般只需将式中的x换成y，将积分区间$[a,b]$换成$[c,d]$即可；Y-型平面图形面积计算公式的一般形式是

$$A = \int_c^d |\varphi(y)-\psi(y)|\,\mathrm{d}y$$

【**例6.24**】求抛物线$y=x^2$与$y=2-x^2$围成的图形面积.

解：由两曲线方程解得它们的交点坐标是（-1，1）和（1，1）. 两曲线围成的图形就在这两交点之间，即所求面积的积分区间是$[-1,1]$，且其间$y=2-x^2 \geqslant y=x^2 \geqslant 0$，故面积

$$A = \int_{-1}^1 [(2-x^2)-x^2]\,\mathrm{d}x = \int_{-1}^1 (2-2x^2)\,\mathrm{d}x = \left[2x - \frac{2}{3}x^3\right]\Big|_{-1}^1 = \frac{8}{3}$$

【**例6.25**】求由曲线$y=x^3-2x$以及$y=x^2$所围的平面图形的面积.

解：由两曲线方程解得它们的交点坐标是：（-1，1）；（0，0）；（2，4）. 由图6-13知，由于在积分区间（-1，0）上$x^3-2x>x^2$；在积分区间（0，2）上$x^3-2x<x^2$. 从而，所求面积

$$S = \int_{-1}^0 [(x^3-2x-x^2)]\,\mathrm{d}x + \int_0^2 [x^2-(x^3-2x)]\,\mathrm{d}x$$

$$= \left[\frac{1}{4}x^4 - x^2 - \frac{1}{3}x^3\right]\Big|_{-1}^0 + \left[\frac{1}{3}x^3 - \frac{1}{4}x^4 + x^2\right]\Big|_0^2 = \frac{5}{12} + \frac{8}{3} = \frac{37}{12}.$$

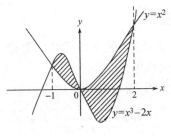

图 6 – 13

【例 6. 26】 求椭圆 $9x^2 + 16y^2 = 144$ 的面积.

解：据椭圆的对称性，所求椭圆的面积 $S = 4S_1$，S_1 为椭圆在第一象限部分的面积，见图 6 – 14，于是

$$S = 4 \int_0^4 \frac{3}{4} \sqrt{16-x^2}\,\mathrm{d}x$$

令 $x = 4\sin t$，x 从 0 单调递增到 4，相当于 t 从 0 单调递增到 $\dfrac{\pi}{2}$，于是

$$S = 4 \int_0^4 \frac{3}{4} \sqrt{16-x^2}\,\mathrm{d}x = 4 \int_0^{\frac{\pi}{2}} \frac{3}{4} \sqrt{16-16\sin^2 t}\,4\cos t\,\mathrm{d}t$$

$$= 48 \int_0^{\frac{\pi}{2}} \cos^2 t\,\mathrm{d}t = 24 \int_0^{\frac{\pi}{2}} (1 + \cos 2t)\,\mathrm{d}t = 12\pi.$$

在计算平面图形面积的过程中，经常会遇到对称图形，在这种情况下，我们可以只求某一部分图形的面积，再利用对称性得出最终的结果，这样会使计算简单一些.

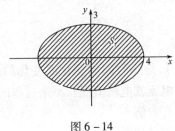

图 6 – 14

【例 6. 27】 求由曲线 $y^2 = x$ 以及直线 $y = x - 2$ 所围的平面图形的面积.

解：由 $\begin{cases} x = y^2 \\ y = x - 2 \end{cases}$ 解得它们的交点坐标是：$(1, -1)$；$(4, 2)$. 因此所求的平面图形的面积为：

$$A = \int_{-1}^2 \left[(y + 2) - y^2 \right]\mathrm{d}y$$

$$= \left(\frac{1}{2}y^2 + 2y - \frac{1}{3}y^3 \right) \Big|_{-1}^2 = \frac{10}{3} + \frac{7}{6} = \frac{9}{2}.$$

本例用 X – 型面积公式求面积，面积为

$$A = \int_0^1 \left[\sqrt{x} - (-\sqrt{x}) \right]\mathrm{d}x + \int_1^4 \left[\sqrt{x} - (x - 2) \right]\mathrm{d}x$$

$$= \frac{4}{3}\sqrt{x^3}\,\Big|_0^1 + \left(\frac{2}{3}\sqrt{x^3} - \frac{1}{2}x^2 + 2x \right) \Big|_1^4 = \frac{4}{3} + \frac{19}{6} = \frac{9}{2}.$$

6.5.2 平均值的计算

在定积分的学习中，积分中值定理（性质 7）里的 $f(\xi)$ 就是连续函数 $f(x)$ 在区间 $[a, b]$ 上的平均值，它等于函数 $f(x)$ 在区间 $[a, b]$ 上的定积分除以区间 $[a, b]$ 的长度 $b - a$．在工程技术上常用 $\overline{f(x)}$ 表示 $f(x)$ 的平均值，即

$$\overline{f(x)} = \frac{1}{b-a} \int_a^b f(x) \, \mathrm{d}x$$

【例 6.28】 计算纯电阻电路中，正弦交流电 $i(t) = I_m \sin \omega t$ 在一个周期上功率的平均值．

解： 在电子电路中，功率的平均值称为平均功率，它代表了电路实际消耗的功率，因此也称为有功功率，常用大写字母 P 表示，通常交流电器上标明的功率就是指平均功率．现设电路的总等效电阻为 R，则这电路的两端电压为

$$u(t) = iR = I_m R \sin \omega t$$

而功率

$$p(t) = ui = I_m^2 R \sin^2 \omega t$$

因此，功率在一个周期 $T = \dfrac{2\pi}{\omega}$ 上的平均值

$$P = \frac{1}{T} \int_0^T p(t) \, \mathrm{d}t = \frac{1}{\frac{2\pi}{\omega}} \int_0^{\frac{2\pi}{\omega}} I_m^2 R \sin^2 \omega t \, \mathrm{d}t$$

$$= \frac{I_m^2 R}{4\pi} \int_0^{\frac{2\pi}{\omega}} (1 - \cos 2\omega t) \, d(\omega t) = \frac{I_m^2 R}{4\pi} \left[\omega t - \frac{\sin 2\omega t}{2} \right]_0^{\frac{2\pi}{\omega}} = \frac{1}{2} I_m^2 R .$$

6.5.3 有效值的计算

非恒定电流（如正弦交流电）是随时间的变化而变化的，那么为什么一般使用的非恒定电流的电器上却标明着确定的电流或电压值呢？原来这些电器上标明的电流或电压值都是一种特定的平均值，习惯上称为有效值．

周期性非恒定电流的有效值定义如下

$$I = \sqrt{\frac{1}{T} \int_0^T i^2(t) \, \mathrm{d}t}$$

对于正弦交流电 $i(t) = I_m \sin \omega t$，有效值

$$I = \sqrt{\frac{1}{T} \int_0^T i^2(t) \, \mathrm{d}t} = \sqrt{\frac{1}{\frac{2\pi}{\omega}} \int_0^{\frac{2\pi}{\omega}} I_m^2 \sin^2 \omega t \, \mathrm{d}t} = \sqrt{\frac{I_m^2}{2\pi} \int_0^{\frac{2\pi}{\omega}} \sin^2 \omega t \, d(\omega t)}$$

$$= \sqrt{\frac{I_m^2}{4\pi} \left[\omega t - \frac{\cos 2\omega t}{2} \right]_0^{2\pi/\omega}} = \frac{I_m}{\sqrt{2}} .$$

就是说，正弦交流电的有效值等于它的峰值（最大值）的 $\dfrac{1}{\sqrt{2}}$．

我们把 $\sqrt{\dfrac{1}{b-a} \int_a^b f^2(x) \, \mathrm{d}x}$ 叫做函数 $f(x)$ 在区间 $[a, b]$ 上的均方根．可见，交流电

$i(t)$ 的有效值 I 就是它在一个周期上的均方根.

练习题 6.5

1. 求由下列曲线所围成的图形的面积.

（1）$y = \sin x \, (0 \leqslant x \leqslant 2\pi)$，$y = 0$；

（2）$y = 1 - x^2$，$y = 0$；

（3）$y = x^3$，$y = x$；

（4）$y = e^x$，$y = e^{-x}$，$x = 1$；

（5）$y = \ln x$，$y = \ln 2$，$y = \ln 7$，$x = 0$.

2. 可控硅控制电路中，流过负载 R 的电流为

$$i\ (t) = \begin{cases} 0, & 0 \leqslant t \leqslant t_0 \\ 5\sin\omega t, & t_0 < t \leqslant \dfrac{T}{2} \end{cases}$$

其中 t_0 称为触发时间，$\omega = \dfrac{2\pi}{T}$. 设 $T = 0.02\text{s}$，当触发时间 $t_0 = 0.0025$ 秒时，求 $0 \leqslant t \leqslant \dfrac{T}{2}$ 内电流的平均值.

3. 计算正弦电流 $i(t) = I_m \sin\omega t$ 经半波整流后得到的电流

$$i(t) = \begin{cases} I_m \sin\omega t, & 0 \leqslant t \leqslant \dfrac{\pi}{\omega} \\ 0, & \dfrac{\pi}{\omega} < t \leqslant \dfrac{2\pi}{\omega} \end{cases}$$

的有效值.

本章 小结及思维导图
BENZHANG XIAOJIE JI SIWEI DAOTU

牛顿－莱布尼茨公式

本章要求能理解定积分的概念和性质，理解积分上限函数，掌握其求导方法，熟练掌握牛顿－莱布尼茨公式及定积分的换元积分法及分部积分法，了解反常积分的概念，会计算反常积分，会用定积分求解平面图形的面积问题，了解微元法，能求解有关应用问题，如平均值和有效值等.

一、思维导图

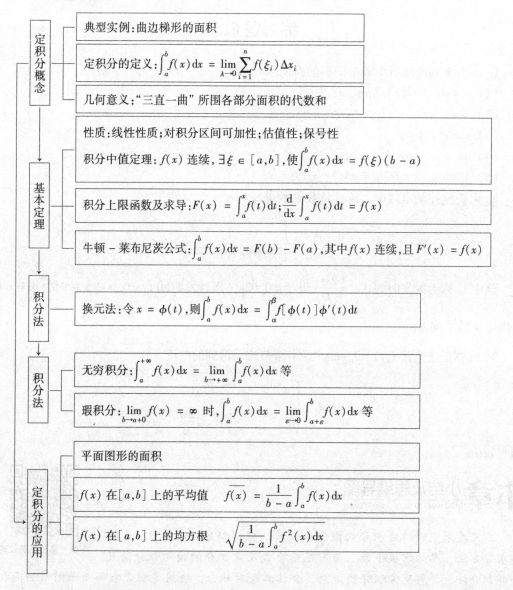

二、学习中应注意的问题

定积分概念是来源于实际应用模型，借助于极限工具，以结构性的形式而严格定义的，它研究的是分布在某区间上的非均匀量的求和问题，必须通过"分割、近似、求和、取极限"四个步骤完成，它表示了一个与积分变量无关的常量.

学习这部分应注意正确使用定积分性质的条件与结论. 这些性质在定积分的计算和理论研究上都具有重大作用. 前四条性质主要用于计算，例如对于分段函数，则要用到可加性；后数条性质，如比较定理，积分中值定理等主要用于理论证明，且后数条性质只有定积分才具备.

换元法的目的是将复杂的或者抽象的被积函数变量代换为常见的积分形式，所以基本的积分公式一定要熟记，另外，要掌握换元法所遵循的几个原则以正确地应用它.

运用分部积分公式的关键是正确地选取 $u(x)$ 和 $v(x)$，熟练掌握分部积分法的几种常用类型可帮助读者正确选取 $u(x)$ 和 $v(x)$.

微元法是用定积分求解实际问题的一种常用方法，应掌握其分析问题的三个步骤，即"定变量""取微元"和"求积分".

测试题 6

1. 填空题.

(1) 若 $f(x)$ 在 $[a, b]$ 上连续，则 $\int_a^b f(x)\mathrm{d}x + \int_b^a f(t)\mathrm{d}t = $ _____.

(2) $\dfrac{\mathrm{d}}{\mathrm{d}x}\int_a^b f(t)\mathrm{d}t = $ _____ , $\dfrac{\mathrm{d}}{\mathrm{d}x}\int_0^x \sin t^2 \mathrm{d}t = $ _____ .

(3) 设 $k \neq 0$，且 $\int_0^k (2x - x^2)\mathrm{d}x = 0$，则 $k = $ _____.

(4) $\int_{-1}^1 x^4 \sin^3 x \mathrm{d}x = $ _____ .

(5) $\int_{\frac{1}{2}}^{+\infty} \dfrac{1}{1 + x^2}\mathrm{d}x = $ _____ .

2. 求下列定积分.

(1) $\int_0^{\frac{\pi}{2}} \cos^3 x \sin 2x \mathrm{d}x$; (2) $\int_0^5 |2 - x|\mathrm{d}x$;

(3) $\int_0^\pi (1 - \sin^3 x)\mathrm{d}x$; (4) $\int_1^2 \dfrac{\sqrt{x^2 - 1}}{x}\mathrm{d}x$;

(5) $\int_{-1}^1 \dfrac{x}{\sqrt{5 - 4x}}\mathrm{d}x$; (6) $\int_1^e x\ln^2 x \mathrm{d}x$;

(7) $\int_1^e \dfrac{1 + \ln x}{x}\mathrm{d}x$; (8) $\int_0^1 \arctan\sqrt{x}\mathrm{d}x$.

3. 求下列定积分.

(1) $\int_e^{+\infty} \dfrac{\ln x}{x}\mathrm{d}x$; (2) $\int_3^{+\infty} \dfrac{1}{(1 + x)\sqrt{x}}\mathrm{d}x$;

(3) $\int_1^2 \dfrac{x}{\sqrt{x - 1}}\mathrm{d}x$; (4) $\int_a^b \dfrac{1}{(x - a)^k}\mathrm{d}x (0 < k < 1)$.

4. 设 $f(x) = \begin{cases} 2x + 1, & |x| \leq 2 \\ 1 + x^2, & 2 < x \leq 4 \end{cases}$，求 k 的值，使 $\int_k^3 f(x)\mathrm{d}x = \dfrac{40}{3}$.

5. 求由抛物线 $y = 3 - x^2$ 与直线 $y = 2x$ 所围成的平面图形的面积.

6. 曲线 $xy = 1$ 与直线 $y = 2$，$x = 3$ 围成一平面图形，求此平面图形的面积.

7. 计算函数 $y = 2x\mathrm{e}^{-x}$ 在 $[0, 2]$ 上的平均值.

8. 计算周期为 T 的矩形脉冲电流 $i = \begin{cases} a, & 0 \leq t \leq c \\ 0, & c < t \leq T \end{cases}$ 的有效值.

小贴士：牛顿和莱布尼茨间的故事

　　1665 年夏天，因为英国暴发鼠疫，剑桥大学暂时关闭．刚刚获得学士学位、准备留校任教的牛顿被迫离校到他母亲的农场住了一年多．这一年多被称为"奇迹年"，牛顿三大运动定律、万有引力定律和光学的研究都开始于这个时期．在研究这些问题过程中，他发现了他称为"流数术"的微积分．他在 1666 年写下了一篇关于流数术的短文，之后又写了几篇有关文章．但是这些文章当时都没有公开发表，只是在一些英国科学家中流传．首次发表有关微积分研究论文的是德国哲学家莱布尼茨．莱布尼茨在 1675 年已发现了微积分，但是也不急于发表，只是在手稿和通信中提及这些发现．

　　1684 年，莱布尼茨正式发表他对微分的发现．两年后，他又发表了有关积分的研究．在瑞士人伯努利兄弟的大力推动下，莱布尼茨的方法很快传遍了欧洲．到 1696 年时，已有微积分的教科书出版．起初，并没有人来争夺微积分的发现权．1699 年，移居英国的一名瑞士人一方面为了讨好英国人，另一方面由于与莱布尼茨的个人恩怨，指责莱布尼茨的微积分是剽窃自牛顿的流数术，但此人并无威望，遭到莱布尼茨的驳斥后，就没了下文．

　　1704 年，在其光学著作的附录中，牛顿首次完整地发表了其流数术．当年出现了一篇匿名评论，反过来指责牛顿的流数术是剽窃自莱布尼茨的微积分．于是究竟是谁首先发现了微积分，就成了一个需要解决的问题了．1711 年，苏格兰科学家、英国王家学会会员约翰·凯尔在致王家学会书记的信中，指责莱布尼茨剽窃了牛顿的成果，只不过用不同的符号表示法改头换面．同样身为王家学会会员的莱布尼茨提出抗议，要求王家学会禁止凯尔的诽谤．王家学会组成一个委员会调查此事，在次年发布的调查报告中认定牛顿首先发现了微积分，并谴责莱布尼茨有意隐瞒他知道牛顿的研究工作．此时牛顿是王家学会的会长，虽然在公开的场合假装与这个事件无关，但是这篇调查报告其实是牛顿本人起草的．他还匿名写了一篇攻击莱布尼茨的长篇文章．当然，争论并未因为这个偏向性极为明显的调查报告的出笼而平息．事实上，这场争论一直延续到了现在．没有人，包括莱布尼茨本人，否认牛顿首先发现了微积分．问题是，莱布尼茨是否独立地发现了微积分？莱布尼茨是否剽窃了牛顿的发现？

　　1673 年，在莱布尼茨创建微积分的前夕，他曾访问伦敦．虽然他没有见过牛顿，但是与一些英国数学家见面讨论过数学问题．其中有的数学家的研究与微积分有关，甚至有可能给莱布尼茨看过牛顿的有关手稿．莱布尼茨在临死前承认他看过牛顿的一些手稿，但是又说这些手稿对他没有价值．

　　1676 年，莱布尼茨甚至收到过牛顿的两封信，信中概述了牛顿对无穷级数的研究．虽然这些通信后来被牛顿的支持者用来反对莱布尼茨，但是它们并不含有创建微积分所需要的详细信息．莱布尼茨在创建微积分的过程中究竟受到了英国数学家多大的影响，恐怕没人能说得清．后人在莱布尼茨的手稿中发现他曾抄录牛顿关于流数术的论文的段落，并将其内容改用他发明的微积分符号表示．这个发现似乎对莱布尼茨不利．

　　但是，我们无法确定的是，莱布尼茨是什么时候抄录的？如果是在他创建微积分之前，从某位英国数学家那里看到牛顿的手稿时抄录的，那当然可以作为莱布尼茨剽窃的铁证．但是他也可能是牛顿于 1704 年发表该论文时才抄录的，此时他本人的有关论文早已发表多年了．

　　后人通过研究莱布尼茨的手稿还发现，莱布尼茨和牛顿是从不同的思路创建微积分的；牛顿是为解决运动问题，先有导数概念，后有积分概念；莱布尼茨则反过来，受其哲学思想的影响，先有积分概念，后有导数概念．牛顿仅仅是把微积分当作物理研究的数学工具，而莱布尼茨则意识到了微积分将会给数学带来一场革命．这些似乎又表明莱布尼茨像他一再声称的那样，是自己独立地创建微积分的．即使莱布尼茨不是独立地创建微积分，他也对微积分的发展做出了重大贡献．莱布尼茨对微积分表述得更清楚，采用的符号系统比牛顿的更直观、合理，被普遍采纳沿用至今．因此现在的教科书一般把牛顿和莱布尼茨共同列为微积分的创建者．

二、选修模块

第七章

多元函数微积分

本章导读

　　前面学习了一元函数及其微积分学，但在很多实际问题中需要考虑多个变量之间的关系，反映到数学上，就是考虑一个变量（因变量）与另外多个变量（自变量）之间的关系，由此引入多元函数以及多元函数微积分问题．那么如何求多元函数的极限、偏导数和全微分？特别是如何求复合函数和隐函数的偏导数？又如何求多元函数的极值和最值？什么是二重积分？如何求二重积分？

　　学习目标：理解多元函数的极限、偏导数、全微分、极值概念，会求复合函数和隐函数的偏导数，会求直角坐标系下的二重积分

　　素质目标：培养学生从多个维度发现问题、解决问题的思维模式及团队协作精神

7.1　空间解析几何简介

　　空间解析几何是平面解析几何的推广和发展．与平面解析几何一样，它也是通过建立空间坐标系，把点和数组对应起来，用代数的方法来研究空间几何图形．也就是说将空间图形的几何关系用方程来表示，然后根据方程的性质来研究这个图形的几何性质，这样，几何问题就转化为代数问题了．

7.1.1　空间直角坐标系

　　在空间内取定一点 O，过点 O 作三条具有相同的长度单位且两两互相垂直的数轴：x 轴、y 轴和 z 轴，这样就称建立了空间直角坐标系 $Oxyz$，点 O 称为坐标原点，x 轴、y 轴和 z 轴统称为坐标轴，又分别称为横轴、纵轴和竖轴．通常规定 x 轴、y 轴和 z 轴的正向要遵循右手法则，即以右手握住 z 轴，当右手的四个手指从正向 x 轴以 π 角度转向正向 y 轴时，大拇指的指向是 z 轴的正向（图 7-1）．

　　由任意两条坐标轴确定的平面称为坐标面．由 x 轴和 y 轴、y 轴和 z 轴、z 轴和 x 轴所确定的坐标面分别叫 xOy 面、yOz 面和 zOx 面．三个坐标面把空间分割成八个部分（图 7-2），每个部分称为一个卦限．在 xOy 面的上方有四个卦限，下方有四个卦限．以 x 轴正半轴、y 轴正半轴、z 轴正半轴为棱的那个卦限称为第 I 卦限，在 xOy 平面上方的其他三个卦限按逆时针方向依次称为第 II、III、IV 卦限，对分别位于 I、II、III、IV 卦限下面的四个卦限，依次称为第 V、VI、VII、VIII 卦限.

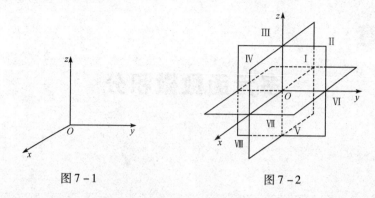

图 7-1   图 7-2

7.1.2　空间一点的直角坐标

设点 M 是空间的一点，过点 M 分别作与三条坐标轴垂直的平面，分别交 x 轴、y 轴和 z 轴于点 P、Q、R. 点 P、Q、R 叫做点 M 在坐标轴上的投影（图 7-3），设点 P、Q、R 在三条坐标轴上的坐标依次为 x、y、z，于是点 M 唯一地确定有序数组 x、y、z. 反之，给定有序数组 x、y、z，总能在三条数轴上找到以它们为坐标的点 P、Q、R. 过这三点分别作垂直于三条坐标轴的平面，三个平面必然交于点 M. 由此可见，点 M 和有序数组 x、y、z 之间存在着一一对应的关系. 有序数组 x、y、z 称为点 M 的坐标，且依次称为 x、y、z 之间的横坐标、纵坐标和竖坐标. 坐标为 x、y、z 的点 M 记作 $M(x, y, z)$.

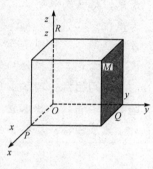

图 7-3

很明显，原点的坐标为 $O(0, 0, 0)$；x 轴上点的坐标为 $(x, 0, 0)$，y 轴上点的坐标为 $(0, y, 0)$，z 轴上点的坐标为 $(0, 0, z)$；xOy 平面上点的坐标为 $(x, y, 0)$，xOz 平面上点的坐标为 $(x, 0, z)$，yOz 平面上点的坐标为 $(0, y, z)$.

7.1.3　两点间的距离公式

在平面直角坐标系中，任意两点 $M_1(x_1, y_1)$，$M_2(x_2, y_2)$ 之间的距离为

$$|M_1M_2| = \sqrt{(x_2 - x_1)^2 + (y_2 - y_1)^2}$$

类似地，空间直角坐标系中任意两点 $M_1(x_1, y_1, z_1)$，$M_2(x_2, y_2, z_2)$ 之间的距离为

$$|M_1M_2| = \sqrt{(x_2 - x_1)^2 + (y_2 - y_1)^2 + (z_2 - z_1)^2} \tag{7.1}$$

特别地，点 $M(x, y, z)$ 到坐标原点 $O(0, 0, 0)$ 的距离为

$$|OM| = \sqrt{x^2 + y^2 + z^2} \tag{7.2}$$

【例 7.1】设点 P 在 x 轴上，它到点 $P_1(0, \sqrt{2}, 3)$ 的距离为到点 $P_2(0, 1, -1)$ 的距离的两倍，求点 P 的坐标.

解： 因为 P 在 x 轴上，故可设 P 点坐标为 $(x, 0, 0)$，由于

$$|PP_1| = \sqrt{x^2 + (\sqrt{2})^2 + 3^2} = \sqrt{x^2 + 11}$$

$$|PP_2| = \sqrt{x^2 + (-1)^2 + 1^2} = \sqrt{x^2 + 2}$$

$$|PP_1| = 2|PP_2|，即 \sqrt{x^2 + 11} = 2\sqrt{x^2 + 2}$$

从而解得 $x = \pm 1$，所求点为 $(1，0，0)$ 或 $(-1，0，0)$.

7.1.4 空间曲面与方程

在空间直角坐标系中，可以建立空间曲面与方程之间的对应关系.

【**定义 7.1**】 如果曲面 S 上任意一点的坐标 $(x，y，z)$ 都满足方程 $F(x，y，z) = 0$，而不在曲面 S 上的点的坐标都不满足方程 $F(x，y，z) = 0$，则称 $F(x，y，z) = 0$ 为曲面 S 的方程，而曲面 S 称为方程 $F(x，y，z) = 0$ 的图形（图 7-4）.

【**例 7.2**】 求球心为点 $M_0(x_0，y_0，z_0)$，半径为 R 的球面方程.

解：如图 7-5 所示，设球面上任一点为 $P(x，y，z)$，则 $|PM_0| = R$，由两点间距离公式得

$$\sqrt{(x-x_0)^2 + (y-y_0)^2 + (z-z_0)^2} = R$$

两边平方得球面方程

$$(x-x_0)^2 + (y-y_0)^2 + (z-z_0)^2 = R^2$$

特别地，当球心为原点时，球面方程为 $x^2 + y^2 + z^2 = R^2$.

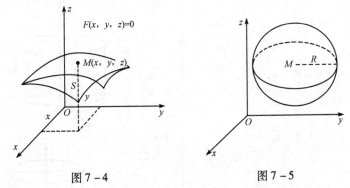

图 7-4　　　　　　图 7-5

【**例 7.3**】 求与两定点 $M(-1，0，2)$，$N(3，1，1)$ 距离相等的动点的轨迹方程.

解：设动点坐标为 $P(x，y，z)$，则有 $|PM| = |PN|$. 由两点间距离公式，得

$$\sqrt{(x+1)^2 + y^2 + (z-2)^2} = \sqrt{(x-3)^2 + (y-1)^2 + (z-1)^2}$$

化简得点 P 的轨迹方程为

$$4x + y - z - 3 = 0$$

在例 7.3 中，所求的轨迹是线段 MN 的垂直平分面，它的方程是三元一次方程. 一般地，可以证明，空间平面的方程为 $Ax + By + Cz + D = 0$，其中 A、B、C、D 都是常数，且 A、B、C 不全为 0.

【**例 7.4**】 作 $x^2 + y^2 = R^2$ 的图形.

解：方程 $x^2 + y^2 = R^2$ 在 xOy 坐标平面上表示以原点为圆心，半径为 R 的圆. 因为方程不含 z，所以只要 x 与 y 满足 $x^2 + y^2 = R^2$，空间点 $(x，y，z)$ 必在 $x^2 + y^2 = R^2$ 表示的曲面上. 因此这个方程所表示的曲面，是由平行于 z 轴的直线沿 xOy 面上的圆 $x^2 + y^2 = R^2$ 移动而形成的圆柱面. xOy 平面上的圆 $x^2 + y^2 = R^2$ 叫做它的准线，平行于 z 轴的直线叫做它的母线（如表 7-1 中的柱面所示）.

【**例 7.5**】 作 $z = x^2 + y^2$ 的图形.

解：因为 $x^2 + y^2 \geq 0$，所以曲面 $z = x^2 + y^2$ 在 xOy 面的上方，且与该坐标面只有一个交

点，用平面 $z=d(d>0)$ 截取面，其截痕为圆 $x^2+y^2=d$，让平面 $z=d$ 向上移动，则截痕面越来越大．如用平面 $x=a$ 或 $y=b$ 去截曲面，则截痕均为抛物线．我们称 $z=x^2+y^2$ 的图形为旋转抛物面（如表 7-1 中的旋转抛物面所示）．

表 7-1

方 程	图 形
球面： $(x-x_0)^2+(y-y_0)^2+(z-z_0)^2=R^2$	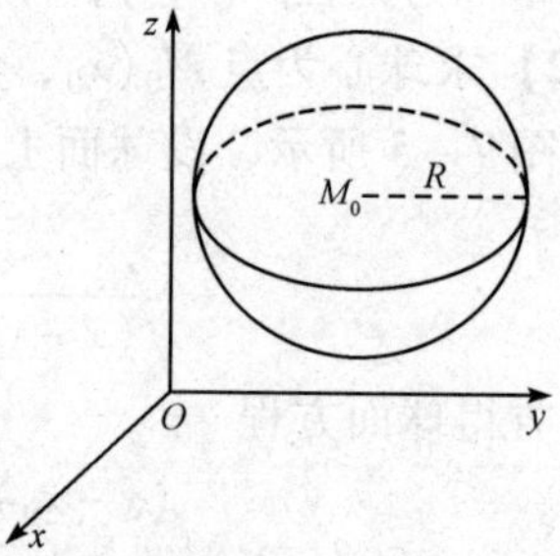
柱面： $x^2+y^2=R^2$	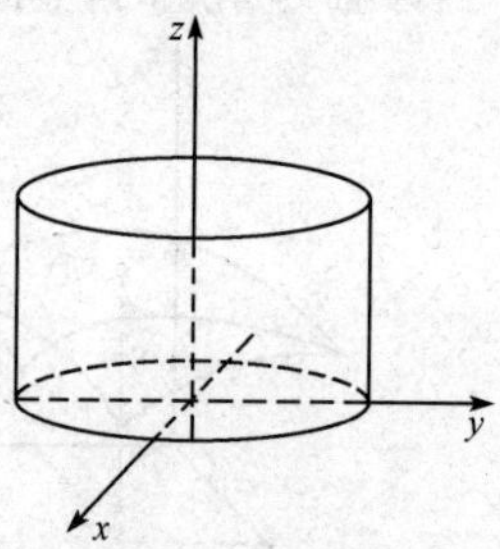
旋转抛物面： $z=x^2+y^2$	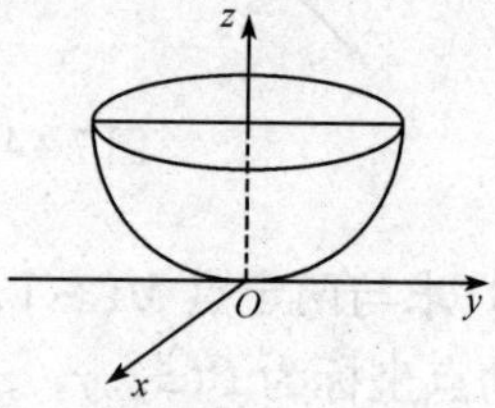
旋转椭球面： $\dfrac{x^2}{a^2}+\dfrac{y^2}{b^2}+\dfrac{z^2}{c^2}=1$	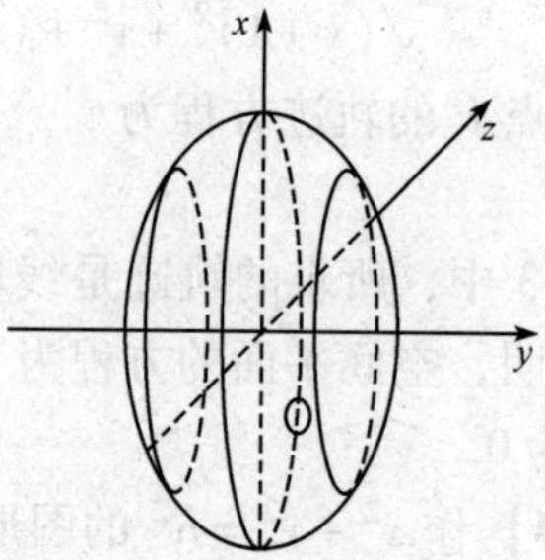

练习题 7.1

1. 指出下列各点在空间中的哪一个卦限．

$A(-1,3,2)$，$B(3,3,-1)$，$C(-5,-2,-2)$，$D(-5,1,-1)$

2. 求点 (a,b,c) 关于 (1) 各坐标面；(2) 各坐标轴；(3) 坐标原点的对称点的坐标.

3. 在 yOz 面上, 求与三点 $A(3, 1, 2)$, $B(4, -2, -2)$, $C(0, 5, 1)$ 等距离的点的坐标.

4. 求球心为 $(-1, 3, 2)$ 且通过坐标原点的球面方程.

7.2 多元函数

在许多实际问题中, 经常会遇到函数关系是依赖于多个自变量的多元函数. 例如: 三角形的面积 S 依赖于三角形的两边 b, c 和这两边的夹角 A, 它们之间的关系可用下面的公式给出

$$S = \frac{1}{2}bc\sin A$$

理想气体的体积 V 与温度 T 成正比而与压强 P 成反比, 它们之间的关系式为

$$V = \frac{RT}{P} \quad (R \text{ 为常数})$$

电流所产生的热量 Q 决定于电压 E、电流强度 I 及时间 t, 它们之间的关系可用下面的公式给出

$$Q = 0.24IEt$$

从以上这几个例子中可以看出, 它们的函数关系中各自所包含的变量不止两个. 譬如理想气体的体积 V, 当压强 P 和温度 T 已知时, 体积 V 的大小就完全确定, V 的变化和 T 和 P 两个量的变化有关, 而这里 T 和 P 却可以独立变化, 此处 T 与 P 是两个自变量, V 是因变量. 这种依赖于两个或两个以上自变量的函数叫做多元函数, 其定义如下.

7.2.1 多元函数的概念

设有一变量 z, 它与 n 个变量 x_1, x_2, $\cdots$, x_n 有这样的关系: 当变量 x_1, x_2, $\cdots$, x_n 取定某一组值时, 变量 z 有确定的值与之对应, 则称 z 为 n 个变量 x_1, x_2, $\cdots$, x_n 的函数, 记为

$$z = f(x_1, x_2, \cdots, x_n)$$

或用它的隐式即方程 $F(x_1, x_2, \cdots, x_n) = 0$ 表示. 当 $n = 1$ 时, 此时称为一元函数; 当 $n = 2$ 时, 即有两个自变量, 则称为二元函数; 当 $n = 3$ 时, 即有三个自变量, 则称为三元函数, 以此类推. 总之, 当 $n \geq 2$ 时统称为多元函数.

和一元函数相类似, 在多元函数的概念中也具有两个基本要素, 即对应规律与定义域. 譬如二元函数

$$z = f(x, y)$$

以一点 (a, b) 代入上式的 (x, y), 如果 z 也有值与这一点 (a, b) 对应, 我们就说函数 z 在 (a, b) 点有定义. 使函数 z 有定义的一切点组成函数 z 的定义域. 与一元函数类似, 如果不考虑函数的实际意义或没有特别指定, 那么二元函数的定义域就是使函数有意义的一切点组成的平面点集.

二元函数 $z = f(x, y)$ 的定义域, 在几何上是一个平面区域, 所谓平面区域, 是指整个 xOy 平面或 xOy 平面上由几条曲线所围成的部分. 围成平面区域的曲线称为该区域的边

界，包括边界在内的区域称为闭区域，不包括边界在内的区域称为开区域．如果一个区域可以包含在一个以原点为圆心且半径适当大的圆内，则称该区域为有界区域，否则称为无界区域．

【例7.6】 求下列函数的定义域 D，并画出 D 的图形．

（1）$z = \ln(x - y) - \sqrt{x}$；

（2）$z = \sqrt{4 - x^2 - y^2} + \dfrac{1}{\sqrt{x^2 + y^2 - 1}}$．

解：（1）当且仅当自变量 x，y 满足不等式 $\begin{cases} x - y > 0 \\ x \geq 0 \end{cases}$ 时函数 z 才有意义．

故所求函数的定义域为 $D = \{(x, y) \mid x - y > 0 \text{ 且 } x \geq 0\}$（图 7-6）．

（2）要使函数 z 有意义，应有 $\begin{cases} 4 - x^2 - y^2 \geq 0 \\ x^2 + y^2 - 1 > 0 \end{cases}$，即 $D = \{(x, y) \mid 1 < x + y^2 \leq 4\}$

（图 7-7）．

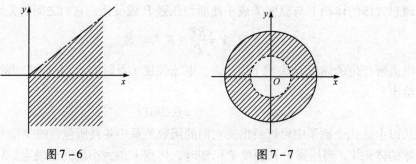

图 7-6　　　　　　　　　图 7-7

7.2.2　二元函数的几何意义

设 $z = f(x, y)$ 是定义在区域 D 上的一个二元函数，点集

$$S = \{(x, y, z) \mid z = f(x, y), (x, y) \in D\}$$

为二元函数 $z = f(x, y)$ 的图形．易见，属于 S 的点 $P(x_0, y_0, z_0)$ 满足三元方程

$$F(x, y, z) = z - f(x, y) = 0$$

故二元函数 $z = f(x, y)$ 的图形就是空间中区域 D 上的一张曲面（图 7-8），定义域 D 就是该曲面在 xOy 面上的投影．

例如：二元函数 $z = \sqrt{1 - x^2 - y^2}$ 表示以原点为中心、半径为 1 的上半球（图 7-9），它的定义域 D 是 xOy 面上以原点为中心的单位圆．

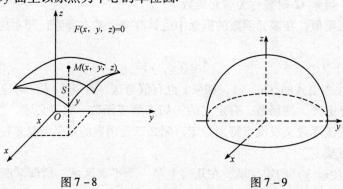

图 7-8　　　　　　　　　图 7-9

7.2.3　二元函数的极限

与一元函数极限概念类似，二元函数的极限也是反映函数值随自变量变化而变化的趋势.

【定义 7.2】 设函数 $z=f(x, y)$ 在点 $P_0(x_0, y_0)$ 的某一去心邻域内有定义，如果当点 $P(x, y)$ 无限趋于点 $P_0(x_0, y_0)$ 时，函数 $f(x, y)$ 无限趋于一个常数 A，则称 A 为函数 $z=f(x, y)$ 在 (x, y) 趋于 (x_0, y_0) 时的极限，记为

$$\lim_{\substack{x \to x_0 \\ y \to y_0}} f(x, y) = A \quad \text{或} \quad f(x, y) \to A((x, y) \to (x_0, y_0))$$

也记作

$$\lim_{P \to P_0} f(P) = A \quad \text{或} \quad f(P) \to A(P \to P_0)$$

二元函数的极限与一元函数的极限具有相同的性质和运算法则. 为了区别于一元函数的极限，我们称二元函数的极限为二重极限.

注意： 在一元函数的极限中，$x \to x_0$ 是指 x 沿着 x 轴无限趋近于 x_0，但在二元函数极限定义中，要求点 $P(x, y)$ 以任意方式趋向于 $P_0(x_0, y_0)$. 如果点 $P(x, y)$ 只取某些特殊方式无限趋向于 $P_0(x_0, y_0)$ 时，函数值无限趋近于一个确定的常数，则并不能断定二重极限一定存在.

【例 7.7】 讨论二元函数 $f(x, y) = \begin{cases} \dfrac{xy}{x^2+y^2}, & x^2+y^2 \neq 0 \\ 0 & x^2+y^2 = 0 \end{cases}$ 当 $(x, y) \to (0, 0)$ 时的极限.

解： 当点 $P(x, y)$ 沿 x 轴趋近于 $(0, 0)$ 时，有

$$\lim_{\substack{x \to 0 \\ y = 0}} f(x, y) = \lim_{x \to 0} f(x, 0) = \lim_{x \to 0} \frac{x \cdot 0}{x^2 + 0^2} = 0$$

当点 $P(x, y)$ 沿 y 轴趋近于 $(0, 0)$ 时，有

$$\lim_{\substack{x = 0 \\ y \to 0}} f(x, y) = \lim_{y \to 0} f(0, y) = \lim_{y \to 0} \frac{0 \cdot y}{0^2 + y^2} = 0$$

当点 $P(x, y)$ 沿直线 $y = kx(k \neq 0)$ 趋近于 $(0, 0)$ 时，有

$$\lim_{\substack{x \to 0 \\ y = kx}} f(x, y) = \lim_{x \to 0} f(x, kx) = \lim_{x \to 0} \frac{kx^2}{x^2 + k^2 x^2} = \frac{k}{1 + k^2} \neq 0$$

显然它随着 k 值的不同而改变.

这说明当点 (x, y) 沿不同的方式趋向于 $(0, 0)$ 时，函数 $f(x, y)$ 不是趋向于一个确定常数，因此，函数 $f(x, y)$ 当 $(x, y) \to (0, 0)$ 时的极限不存在.

二元函数的极限运算，有与一元函数类似的运算法则.

【例 7.8】 求下列函数的二重极限.

(1) $\lim\limits_{\substack{x \to 0 \\ y \to 0}} \dfrac{\sin(x^2 + y^2)}{x^2 + y^2}$；　　(2) $\lim\limits_{\substack{x \to 0 \\ y \to 0}} (x^2 + y^2) \sin \dfrac{1}{x^2 + y^2} = 0$.

解： (1) 令 $u = x^2 + y^2$，当 $x \to 0$，$y \to 0$ 时 $u \to 0$，所以

$$\lim_{\substack{x \to 0 \\ y \to 0}} \frac{\sin(x^2 + y^2)}{x^2 + y^2} = \lim_{u \to 0} \frac{\sin u}{u} = 1$$

（2）当 $x \to 0$, $y \to 0$ 时，$x^2 + y^2$ 为无穷小量，而 $\sin \dfrac{1}{x^2 + y^2}$ 为有界变量，所以

$$\lim_{\substack{x \to 0 \\ y \to 0}} (x^2 + y^2) \sin \frac{1}{x^2 + y^2} = 0$$

7.2.4　二元函数的连续性

【定义 7.3】设二元函数 $z = f(x, y)$ 在点 (x_0, y_0) 的某一邻域内有定义，如果

$$\lim_{\substack{x \to x_0 \\ y \to y_0}} f(x, y) = f(x_0, y_0)$$

则称函数 $z = f(x, y)$ 在点 (x_0, y_0) 处连续. 如果函数 $z = f(x, y)$ 在点 (x_0, y_0) 处不连续，则称函数 $z = f(x, y)$ 在 (x_0, y_0) 处间断.

如果 $z = f(x, y)$ 在区域 D 内每一点都连续，则称该函数在区域 D 内连续. 在区域 D 上连续的二元函数的图形是区域 D 上的一张连续曲面.

与一元函数类似，二元连续函数经过四则运算和复合运算后仍为二元连续函数. 由 x 和 y 的基本初等函数经过有限次的四则运算和复合运算所构成的一个可用式子表示的二元函数称为二元初等函数. 一切二元初等函数在其定义区域内是连续的. 这里所说的定义区域是指包含在定义域内的区域或闭区域. 利用这个结论，当求某个二元初等函数在其定义区域内一点的极限时，只要计算出函数在该点的函数值即可.

【例 7.9】求下列二重极限.

（1）$\displaystyle\lim_{\substack{x \to 1 \\ y \to 0}} \frac{2x + \sin y}{\sqrt{x^2 - y^2}}$；

（2）$\displaystyle\lim_{\substack{x \to 0 \\ y \to 0}} \frac{1 - \sqrt{xy + 1}}{xy}$.

解：（1）因为 $(1, 0)$ 是初等函数 $f(x, y) = \dfrac{2x + \sin y}{\sqrt{x^2 - y^2}}$ 定义区域内的一点，

所以

$$\lim_{\substack{x \to 1 \\ y \to 0}} \frac{2x + \sin y}{\sqrt{x^2 - y^2}} = f(1, 0) = \frac{2 \times 1 + \sin 0}{\sqrt{1^2 - 0^2}} = 2$$

（2）$\displaystyle\lim_{\substack{x \to 0 \\ y \to 0}} \frac{1 - \sqrt{xy + 1}}{xy} = \lim_{\substack{x \to 0 \\ y \to 0}} \frac{(1 - \sqrt{xy + 1})(1 + \sqrt{xy + 1})}{xy(1 + \sqrt{xy + 1})}$

$$= -\lim_{\substack{x \to 0 \\ y \to 0}} \frac{1}{1 + \sqrt{xy + 1}} = -\frac{1}{2}$$

以上关于二元函数极限与连续的讨论可以推广到二元以上的多元函数.

练习题 7.2

1. 设函数 $f(x, y) = \dfrac{x^2 - y^2}{2xy}$，求 $f(-y, -x)$.

2. 求下列函数的定义域 D.

（1）$z = \dfrac{\sqrt{4x - y^2}}{\ln(1 - x^2 - y^2)}$；

（2）$z = \sqrt{xy} + \arcsin \dfrac{x}{2}$.

3. 求下列极限.

(1) $\lim\limits_{\substack{x\to 0\\ y\to 1}}\left[\ln(y-x)+\dfrac{y}{\sqrt{1-x^2}}\right]$;

(2) $\lim\limits_{\substack{x\to 2\\ y\to 0}}\dfrac{\sin(xy)}{y}$;

(3) $\lim\limits_{\substack{x\to 0\\ y\to 0}}\dfrac{x^2+y^2}{\sqrt{2+x^2+y^2}-\sqrt{2}}$.

7.3　偏导数

7.3.1　二元函数偏导数的概念

在研究一元函数时，我们从研究函数的变化率引入了导数的概念，从而解决了变速直线运动的瞬时速度、切线的斜率、曲线的单调性、凹凸性等问题. 实际问题中，我们常常需要了解一个受到多种因素制约的变量，在其他因素固定不变的情况下，该变量只随一种因素变化的变化率问题，反映在数学上就是多元函数在其他自变量固定不变时，函数随一个自变量变化的变化率问题，这就是偏导数.

以二元函数 $z=f(x,y)$ 为例，如果固定自变量 $y=y_0$，则函数 $z=f(x,y_0)$ 就是 x 的一元函数，该函数对 x 的导数，就称为二元函数 $z=f(x,y)$ 对 x 的偏导数.

例如，函数 $z=x^3y^2$，令 y 暂时固定，把 z 看成 x 的一元函数，可求 z 对 x 导数，称为 z 对 x 的偏导数，记成 $\dfrac{\partial z}{\partial x}=3x^2y^2$；再令 x 暂时固定，把 z 看成 y 的一元函数，可求 z 对 y 的导数，称为 z 对 y 的偏导数，记成 $\dfrac{\partial z}{\partial y}=2x^3y$. 一般我们有如下定义：

【定义 7.4】设函数 $z=f(x,y)$ 在点 (x_0,y_0) 的某一邻域内有定义，当 y 固定在 y_0，而 x 在 x_0 处有增量 Δx 时，相应地函数有偏增量 $f(x_0+\Delta x,y_0)-f(x_0,y_0)$，如果极限

$$\lim_{\Delta x\to 0}\frac{f(x_0+\Delta x,y_0)-f(x_0,y_0)}{\Delta x}$$

存在，则称此极限为函数 $z=f(x,y)$ 在点 (x_0,y_0) 处对 x 的偏导数，记为

$$\frac{\partial z}{\partial x}\bigg|_{\substack{x=x_0\\y=y_0}}或\frac{\partial f}{\partial x}\bigg|_{(x_0,y_0)}或 f_x'(x_0,y_0)\ 或\ z_x'(x_0,y_0)$$

也可记作 $f_x(x_0,y_0)$ 或 $z_x(x_0,y_0)$.

类似的，当 x 固定在 x_0，而 y 在 y_0 有改变量 Δy 时，如果极限

$$\lim_{\Delta y\to 0}\frac{f(x_0,y_0+\Delta y)-f(x_0,y_0)}{\Delta y}$$

存在，则称此极限为函数 $z=f(x,y)$ 在点 (x_0,y_0) 处对 y 的偏导数，记为

$$\frac{\partial z}{\partial y}\bigg|_{\substack{x=x_0\\y=y_0}}或\frac{\partial f}{\partial y}\bigg|_{(x_0,y_0)}或 f_y'(x_0,y_0)\ 或\ z_y'(x_0,y_0)$$

也可记为 $f_y(x_0,y_0)$ 或 $z_y(x_0,y_0)$.

如果函数 $z=f(x,y)$ 在区域 D 内每一点 (x,y) 处对 x 的偏导数都存在，这个偏导数是关于 x,y 的函数，则称这个函数为 $z=f(x,y)$ 在区域 D 内对 x 的偏导函数，记作

$$\frac{\partial z}{\partial x}或\frac{\partial f}{\partial x}或 f_x'(x,y)\ 或\ z_x'$$

即
$$f_x'(x, y) = \lim_{\Delta x \to 0} \frac{f(x + \Delta x, y) - f(x, y)}{\Delta x}$$

类似地，$z = f(x, y)$ 对 y 的偏导函数记为

$$\frac{\partial z}{\partial y} \text{或} \frac{\partial f}{\partial y} \text{或} f_y'(x, y) \text{ 或 } z_y'$$

即
$$f_y' = \lim_{\Delta y \to 0} \frac{f(x, y + \Delta y) - f(x, y)}{\Delta y}$$

在不至于混淆的情况下，常把偏导函数简称为偏导数.

显然，$f_x'(x_0, y_0)$ 或 $f_y'(x_0, y_0)$ 是偏导数 $f_x'(x, y)$ 或 $f_y'(x, y)$ 在点 (x_0, y_0) 处的函数值.

二元函数偏导数的定义可以类推到三元及三元以上的函数.

对一元函数而言，导数 $\dfrac{\mathrm{d}x}{\mathrm{d}y}$ 可看作自变量的微分 $\mathrm{d}x$ 与函数的微分 $\mathrm{d}y$ 的商，但偏导数的记号 $\dfrac{\partial u}{\partial x}$ 是一个整体.

上述定义表明，在求多元函数对某个自变量的偏导数时，只需把其余自变量看作常数，然后直接利用一元函数的求导公式及复合函数求导法则来计算即可.

【例 7.10】 求 $z = f(x, y) = x^2 + 3xy + y^2$ 在点 $(1, 2)$ 处的偏导数.

解： 把 y 看作常数，对 x 求导，得

$$f_x(x, y) = 2x + 3y$$

把 x 看作常数，对 y 求导，得

$$f_y(x, y) = 3x + 2y$$

故所求偏导数
$$f_x(1, 2) = 2 \times 1 + 3 \times 2 = 8, \ f_y(1, 2) = 3 \times 1 + 2 \times 2 = 7$$

【例 7.11】 求 $z = x^2 \sin y$ 的偏导数 $\dfrac{\partial z}{\partial x}, \dfrac{\partial z}{\partial y}$.

解： 对 x 求偏导数，把 y 看作常量对 x 求导数，得

$$\frac{\partial z}{\partial x} = 2x \sin y$$

对 y 求偏导数，把 x 看作常量对 y 求导数，得

$$\frac{\partial z}{\partial y} = x^2 \cos y$$

【例 7.12】 求 $z = x^y \ (x > 0, \ x \neq 1)$ 的偏导数.

解： $\dfrac{\partial z}{\partial x} = yx^{y-1}$, $\dfrac{\partial z}{\partial y} = x^y \ln x$.

【例 7.13】 求 $u = xy^2z + \dfrac{xy}{z}$ 的偏导数.

解： $\dfrac{\partial u}{\partial x} = y^2z + \dfrac{y}{z}$, $\dfrac{\partial u}{\partial y} = 2xyz + \dfrac{x}{z}$, $\dfrac{\partial u}{\partial z} = xy^2 - \dfrac{xy}{z^2}$.

【例 7.14】 已知理想气体的状态方程 $PV = RT$ （R 为常数），求证：

$$\frac{\partial P}{\partial V} \cdot \frac{\partial V}{\partial T} \cdot \frac{\partial T}{\partial P} = -1$$

证：由 $PV = RT$ 得 $P = \dfrac{RT}{V}$，所以 $\dfrac{\partial P}{\partial V} = -\dfrac{RT}{V^2}$；

由 $PV = RT$ 得 $V = \dfrac{RT}{P}$，所以 $\dfrac{\partial V}{\partial T} = \dfrac{R}{P}$；

由 $PV = RT$ 得 $T = \dfrac{PV}{R}$，所以 $\dfrac{\partial T}{\partial P} = \dfrac{V}{R}$，

因此

$$\frac{\partial P}{\partial V} \cdot \frac{\partial V}{\partial T} \cdot \frac{\partial T}{\partial P} = -\frac{RT}{V^2} \cdot \frac{R}{P} \cdot \frac{V}{R} = -\frac{RT}{PV} = -1$$

注意：一元函数中，在某点可导，函数在该点一定连续，但多元函数中，在某点偏导数存在，函数未必连续.

例如：$f(x, y) = \begin{cases} \dfrac{xy}{x^2 + y^2}, & (x, y) \neq (0, 0) \\ 0, & (x, y) = (0, 0) \end{cases}$

$$f'_x(0, 0) = \lim_{\Delta x \to 0} \frac{f(0 + \Delta x, 0) - f(0, 0)}{\Delta x} = \lim_{\Delta x \to 0} 0 = 0$$

$$f'_y(0, 0) = \lim_{\Delta y \to 0} \frac{f(0, 0 + \Delta y) - f(0, 0)}{\Delta y} = \lim_{\Delta y \to 0} 0 = 0$$

但 $\lim\limits_{\substack{x \to 0 \\ y \to 0}} f(x, y)$ 不存在（见例 7.7），因而函数在点 （0, 0） 处不连续.

7.3.2 高阶偏导数

我们注意到二元函数 $z = f(x, y)$ 的两个偏导数 $\dfrac{\partial z}{\partial x}$，$\dfrac{\partial z}{\partial y}$ 仍是 x，y 的函数，如果它们关于 x 和 y 的偏导数存在，可以继续对 x 和 y 求偏导数，则称它们的偏导数是 $f(x, y)$ 的二阶偏导数.

按照对变量求导次序有下列四种二阶偏导数：

$$\frac{\partial}{\partial x}\left(\frac{\partial z}{\partial x}\right) = \frac{\partial^2 z}{\partial x^2} = f''_{xx}(x, y) = z''_{xx}$$

$$\frac{\partial}{\partial y}\left(\frac{\partial z}{\partial x}\right) = \frac{\partial^2 z}{\partial x \partial y} = f''_{xy}(x, y) = z''_{xy}$$

$$\frac{\partial}{\partial x}\left(\frac{\partial z}{\partial y}\right) = \frac{\partial^2 z}{\partial y \partial x} = f''_{yx}(x, y) = z''_{yx}$$

$$\frac{\partial}{\partial y}\left(\frac{\partial z}{\partial y}\right) = \frac{\partial^2 z}{\partial y^2} = f''_{yy}(x, y) = z''_{yy}$$

其中 $f''_{xy}(x, y)$，$f''_{yx}(x, y)$ 称为二阶混合偏导数，类似地，可以定义三阶，四阶，$\cdots$，n 阶偏导数，二阶及二阶以上的偏导数称为高阶偏导数. 因为由一个偏导数可以再求出两个偏导数，因此二阶偏导数有 $2 \times 2 = 2^2$ （个），三阶偏导数有 $2 \times 2^2 = 2^3$ （个），一般说，n 阶偏导数有 2^n 个.

【例 7.15】 求函数 $z = x^3 y^2 - 3xy^3 + xy + 5$ 的二阶偏导数.

解：因为

$$\frac{\partial z}{\partial x} = 3x^2 y^2 - 3y^3 + y, \quad \frac{\partial z}{\partial y} = 2x^3 y - 9xy^2 + x$$

所以

$$\frac{\partial^2 z}{\partial x^2} = \frac{\partial}{\partial x}\left(\frac{\partial z}{\partial x}\right) = \frac{\partial}{\partial x}(3x^2 y^2 - 3y^3 + y) = 6xy^2$$

$$\frac{\partial^2 z}{\partial x \partial y} = \frac{\partial}{\partial y}\left(\frac{\partial z}{\partial x}\right) = \frac{\partial}{\partial y}(3x^2y^2 - 3y^3 + y) = 6x^2y - 9y^2 + 1$$

$$\frac{\partial z^2}{\partial y \partial x} = \frac{\partial}{\partial x}\left(\frac{\partial z}{\partial y}\right) = \frac{\partial}{\partial x}(2x^3y - 9xy^2 + x) = 6x^2y - 9y^2 + 1$$

$$\frac{\partial^2 z}{\partial y^2} = \frac{\partial}{\partial y}\left(\frac{\partial z}{\partial y}\right) = \frac{\partial}{\partial y}(2x^3y - 9xy^2 + x) = 2x^3 - 18xy$$

此例中的两个二阶混合偏导数相等，这不是偶然的．事实上，我们有下面的定理.

【定理 7.1】 若 $z = f(x, y)$ 的两个二阶混合偏导数在区域 D 上连续，则在该区域上任意一点处必有 $\dfrac{\partial^2 z}{\partial x \partial y} = \dfrac{\partial^2 z}{\partial y \partial x}$.

这个定理说明，二阶混合偏导数在连续条件下与求偏导次序无关，对更高阶的混合偏导数，也有类似的条件和结论.

那么，在未求出某阶的全部混合偏导数之前，怎样预先知道它们是否连续呢？当函数及其偏导数都是初等函数时，可以依据"一切初等函数在其定义域的区域内是连续的"这一性质预先做出判断.

【例 7.16】 $z = \ln \dfrac{1}{\sqrt{x^2 + y^2}}$，求二阶混合偏导数.

解： $z = -\dfrac{1}{2}\ln(x^2 + y^2)$ 在没有求偏导数之前，可以预先判断出这个函数的各阶偏导数仍是初等函数，且在 $(x, y) \neq (0, 0)$ 时均有定义．因而各阶偏导数在 $(x, y) \neq (0, 0)$ 时都连续，于是

$$z_x = -\frac{x}{x^2 + y^2}, \quad z_{xy} = \frac{2xy}{(x^2 + y^2)^2} = z_{yx}$$

7.3.3 全微分

我们已经知道，二元函数对某个自变量的偏导数表示，当其中一个自变量固定时因变量对另一个自变量的变化率，根据一元函数微分学中增量与微分的关系，可得

$$f(x + \Delta x, y) - f(x, y) \approx f_x(x, y)\Delta x$$

$$f(x, y + \Delta y) - f(x, y) \approx f_y(x, y)\Delta y$$

上面两式左端分别称为二元函数对 x 和对 y 的偏增量，而右端分别称为二元函数对 x 和对 y 的偏微分.

在实际问题中，有时需要研究多元函数中各个自变量都取得增量时因变量所获得的增量，即所谓全增量的问题．下面以二元函数为例进行讨论.

如果函数 $z = f(x, y)$ 在点 $P(x, y)$ 的某邻域内有定义，并设 $Q(x + \Delta x, y + \Delta y)$ 为该邻域内的任意一点，则称

$$f(x + \Delta x, y + \Delta y) - f(x, y)$$

为函数在点 P 处对应于自变量增量 Δx，Δy 的全增量．记为 Δz，即

$$\Delta z = f(x + \Delta x, y + \Delta y) - f(x, y)$$

一般来说，计算全增量比较复杂．与一元函数的情形类似，我们也希望利用关于自变量 Δx，Δy 的线性函数来近似地代替函数的全增量 Δz，由此引入关于二元函数全微分的定义.

例如： 设一金属长方形薄片，当受冷热影响时，其长和宽发生了变化，问此金属薄片面

积改变了多少?

如图 7 – 10 所示，设此长方形长为 x，宽为 y，则面积 $z = xy$，若受热后，长增加 Δx，宽增加 Δy，则其面积的改变量（全增量）为

$$\Delta z = (x + \Delta x)(y + \Delta y) - xy = y\Delta x + x\Delta y + \Delta x\Delta y$$

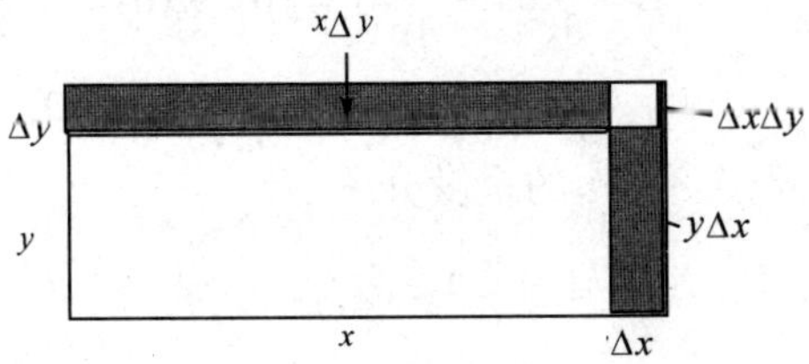

图 7 – 10

上式右端包含两个部分，一部分是 $y\Delta x + x\Delta y$，它是关于 Δx，Δy 的线性函数，另一部分是 $\Delta x\Delta y$，当 $\Delta x \to 0$，$\Delta y \to 0$ 时，即当 $\rho = \sqrt{(\Delta x)^2 + (\Delta y)^2} \to 0$ 时，$\Delta x\Delta y$ 是比 ρ 高阶的无穷小量，即 $\Delta x\Delta y = o(\rho)$，因此函数 z 的全增量可表示为 $\Delta z = y\Delta x + x\Delta y + o(\rho)$.

所以，当 Δx，Δy 很小时，便有 $\Delta z \approx y\Delta x + x\Delta y$.

7.3.4   全微分的定义

【定义 7.5】设二元函数 $z = f(x, y)$ 在点 (x, y) 的某邻域内有定义，在该邻域内，当自变量 x，y 在点 (x_0, y_0) 处分别有增量 Δx，Δy 时，相应的函数的全增量

$$\Delta z = f(x_0 + \Delta x, y_0 + \Delta y) - f(x_0, y_0)$$

可以表示为

$$\Delta z = A\Delta x + B\Delta y + o(\rho)$$

其中，A，B 是 x，y 的函数，与 Δx，Δy 无关，$\rho = \sqrt{(\Delta x)^2 + (\Delta y)^2}$，$o(\rho)$ 是 $\rho \to 0$ 时比 ρ 高阶的无穷小，则称 $A\Delta x + B\Delta y$ 是 $z = f(x, y)$ 在点 (x, y) 处的全微分，记作 dz，

即

$$dz = A\Delta x + B\Delta y$$

这时，也称函数 $z = f(x, y)$ 在点 (x_0, y_0) 处可微.

若函数 $z = f(x, y)$ 在区域 D 内的每一点处都可微，则称函数 $z = f(x, y)$ 在区域 D 内可微.

可以证明，如果函数 $z = f(x, y)$ 在点 (x, y) 的某一邻域内有连续偏导数 $\dfrac{\partial z}{\partial x}$ 和 $\dfrac{\partial z}{\partial y}$，则 $z = f(x, y)$ 在点 (x, y) 处可微，且

$$dz = \frac{\partial z}{\partial x}\Delta x + \frac{\partial z}{\partial y}\Delta y$$

习惯上，常将自变量的增量 Δx，Δy 分别记为 dx，dy，并分别称为自变量的微分. 这样 $z = f(x, y)$ 的全微分就表示为

$$dz = \frac{\partial z}{\partial x}dx + \frac{\partial z}{\partial y}dy$$

上述关于二元函数全微分的必要条件和充分条件，可以完全类似地推广到三元以及三元以上的多元函数中去，例如，三元函数 $u = f(x, y, z)$ 的全微分可表示为

$$du = \frac{\partial u}{\partial x}dx + \frac{\partial u}{\partial y}dy + \frac{\partial u}{\partial z}dz$$

【例7.17】求 $z = xy$ 在点（2，3）处，关于 $\Delta x = 0.1$，$\Delta y = 0.2$ 的全增量与全微分.

解： 因为 $\qquad \Delta z = (x + \Delta x)(y + \Delta y) - xy = y\Delta x + x\Delta y + \Delta x\Delta y$

所以 $\qquad \Delta z \mid_{(2,3)} = 3 \times 0.1 + 2 \times 0.2 + 0.1 \times 0.2 = 0.72$

因为 $\qquad dz = \dfrac{\partial u}{\partial x}dx + \dfrac{\partial u}{\partial y}dy = ydx + xdy$

所以 $\qquad dz \mid_{(2,3)} = 3 \times 0.1 + 2 \times 0.2 = 0.70$

【例7.18】求函数 $z = x^3 y - 3x^2 y^3$ 的全微分.

解： 因为 $\dfrac{\partial z}{\partial x} = 3x^2 y - 6xy^3$，$\qquad \dfrac{\partial z}{\partial y} = x^3 - 9x^2 y^2$，

所以 $\qquad dz = (3x^2 y - 6xy^3)dx + (x^3 - 9x^2 y^2)dy$

【例7.19】求函数 $u = x + \sin\dfrac{y}{2} + e^{yz}$ 的全微分.

解： 因为 $\dfrac{\partial u}{\partial x} = 1$，$\dfrac{\partial u}{\partial y} = \dfrac{1}{2}\cos\dfrac{y}{2} + ze^{yz}$，$\dfrac{\partial u}{\partial z} = ye^{yz}$，

故所求全微分

$$du = dx + \left(\frac{1}{2}\cos\frac{y}{2} + ze^{yz}\right)dy + ye^{yz}dz$$

最后，我们再简单讨论一下全微分在近似计算中的应用.

设二元函数 $z = f(x, y)$ 在点 $P(x, y)$ 处的两个偏导数 $f_x(x, y)$，$f_y(x, y)$ 连续，且 $|\Delta x|$，$|\Delta y|$ 都较小时，则根据全微分定义，有

$$\Delta z \approx dz$$

即 $\qquad \Delta z \approx f_x(x, y)\Delta x + f_y(x, y)\Delta y$

由 $\Delta z = f(x + \Delta x, y + \Delta y) - f(x, y)$，即可得到二元函数的全微分近似计算公式

$$f(x + \Delta x, y + \Delta y) \approx f(x, y) + f_x(x, y)\Delta x + f_y(x, y)\Delta y \qquad (7.3)$$

【例7.20】计算 $(1.04)^{2.02}$ 的近似值.

解： 设函数 $f(x, y) = x^y$，则要计算的近似值就是该函数在 $x = 1.04$，$y = 2.02$ 时的函数值的近似值. 取

$$x = 1, \ y = 2, \ \Delta x = 0.04, \ \Delta y = 0.02,$$

由于 $f(1, 2) = 1$，且

$$f_x(x, y) = yx^{y-1}, \ f_y(x, y) = x^y \ln x, \ f_x(1, 2) = 2, \ f_y(1, 2) = 0$$

所以，根据公式（7.3）得到

$$(1.04)^{2.02} = (1 + 0.04)^{2 + 0.02} \approx 1 + 2 \times 0.04 + 0 \times 0.02 = 1.08$$

【例7.21】圆柱形的铁罐，内半径为 5cm，内高为 12cm，壁厚均为 0.2cm，估计制作这个铁罐所需材料的体积大约是多少（包括上下底）.

解： 圆柱的体积 $V = \pi r^2 h$，这个铁罐所需材料的体积则是

$$\Delta V = \pi(r + \Delta r)^2(h + \Delta h) - \pi r^2 h$$

因为 $\Delta r = 0.2$cm，$\Delta h = 0.4$cm 都比较小，所以精确计算意义不大，用全微分近似代替全增量，即

$$\Delta V \approx dV = \frac{\partial V}{\partial r}dr + \frac{\partial V}{\partial h}dh = 2\pi rh dr + \pi r^2 dh = \pi r(2h dr + r dh)$$

所以 $\left. \Delta V\right|_{\substack{r=5,h=12 \\ \Delta r=0.2,\Delta h=0.4}} \approx 5\pi(2\times12\times0.2+5\times0.4)=34\pi\approx106.8(\text{cm}^3).$

故所需材料的体积大约为 106.8 cm³.

练习题 7.3

1. 求下列各函数的偏导数.

(1) $z=x^2+3xy^2$；

(2) $z=y\ln(x^2+y^2)$；

(3) $z=\left(\dfrac{1}{a}\right)^{\frac{y}{x}}$，$(a>0)$；

(4) $z=\sin(xy)+\cos^2(xy)$；

(5) $r=\sqrt{x^2+y^2+z^2}$；

(6) $u=\operatorname{arccot}(x-y)^z$.

2. 求下列函数在指定点处的偏导数.

(1) $f(x,y)=x^3+y^3-2xy$，求 $f_x(2,1)$，$f_y(2,1)$；

(2) $f(x,y)=\operatorname{arccot}\dfrac{y}{x}$，求 $f_x(1,1)$，$f_y(1,1)$.

3. 求下列函数的二阶偏导数.

(1) $z=x^4+y^4-4x^2y^2$；

(2) $z=\cos(2xy)$；

(3) $z=x\ln(x+y)$；

(4) $z=y^x$.

4. 求下列函数的全微分.

(1) $z=4xy^3+5x^2y^6$；

(2) $z=x^2y$；

(3) $z=x^2y+\cot(x+y)$；

(4) $z=e^{xy}$.

5. 求函数 $z=\dfrac{y}{x}$ 当 $x=2$，$y=1$，$\Delta x=0.1$，$\Delta y=-0.2$ 时的全微分.

7.4 复合函数的偏导数

7.4.1 复合函数的偏导数

在一元函数的复合求导中，有所谓的"链式法则"，这一法则可以推广到多元复合函数的情形.

设函数 $z=f(u,v)$ 是变量 u，v 的函数，而 $u=u(x,y)$，$v=v(x,y)$ 又是 (x,y) 的函数．则 $z=f[u(x,y),v(x,y)]$ 是 x，y 的复合函数，其中 $u=u(x,y)$，$v=v(x,y)$ 称为中间变量.

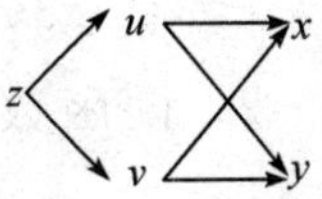

函数变量之间的关系可用图 7-11（称为函数结构图）表示．由函数结构图可以看到，如果我们求偏导数 $\dfrac{\partial z}{\partial x}$，则将 y 看作常数，让 x 变化，这时 x 的变化会使得变量 u 和 v 都发生变化，因此，变量 z 的变化应是两部分变化的叠加，一部分是由 u 的变化引起的，另一部分是由 v 的变化引起的．因此，我们有下面的定理.

图 7-11

【定理 7.2】如果函数 $z=f(u,v)$ 关于 u，v 有连续的一阶偏导数，又函数

$u = u(x, y)$，$v = v(x, y)$ 在点 (x, y) 有偏导数，则复合函数
$$z = f[u(x, y), v(x, y)]$$
在点 (x, y) 的偏导数存在，且

$$\frac{\partial z}{\partial x} = \frac{\partial z}{\partial u} \cdot \frac{\partial u}{\partial x} + \frac{\partial z}{\partial v} \cdot \frac{\partial v}{\partial x}$$

$$\frac{\partial z}{\partial y} = \frac{\partial z}{\partial u} \cdot \frac{\partial u}{\partial y} + \frac{\partial z}{\partial v} \cdot \frac{\partial v}{\partial y}$$

上述求导公式称为多元复合函数求导的链式法则.

【例7. 22】设 $z = e^u \cos v$，而 $u = x + 2y$，$v = x^2 - y^2$，求 $\frac{\partial z}{\partial x}$ 和 $\frac{\partial z}{\partial y}$.

解： 函数的复合关系如图7－11所示.

因为 $\frac{\partial z}{\partial u} = e^u \cos v$，$\frac{\partial z}{\partial v} = -e^u \sin v$，$\frac{\partial u}{\partial x} = 1$，$\frac{\partial u}{\partial y} = 2$，$\frac{\partial v}{\partial x} = 2x$，$\frac{\partial v}{\partial y} = -2y$，

所以

$$\begin{aligned}
\frac{\partial z}{\partial x} &= \frac{\partial z}{\partial u} \cdot \frac{\partial u}{\partial x} + \frac{\partial z}{\partial v} \cdot \frac{\partial v}{\partial x} = e^u \cos v - e^u \sin v \cdot 2x \\
&= e^{x+2y} \cos(x^2 - y^2) - 2x e^{x+2y} \sin(x^2 - y^2)
\end{aligned}$$

$$\begin{aligned}
\frac{\partial z}{\partial y} &= \frac{\partial z}{\partial u} \cdot \frac{\partial u}{\partial y} + \frac{\partial z}{\partial v} \cdot \frac{\partial v}{\partial y} = 2e^u \cos v + 2y e^u \sin v \\
&= 2e^{x+2y} \cos(x^2 - y^2) + 2y e^{x+2y} \sin(x^2 - y^2)
\end{aligned}$$

下面讨论链式法则的几种特殊情况：

1. 设函数 $z = f(u, v)$ 有连续偏导数，而 $u = \varphi(x)$，$v = \psi(x)$ 可导，则复合函数 $z = f[\varphi(x), \psi(x)]$ 在点 x 可导，且 $\frac{dz}{dx} = \frac{\partial z}{\partial u} \cdot \frac{du}{dx} + \frac{\partial z}{\partial v} \cdot \frac{dv}{dx}$，这里 $\frac{dz}{dx}$ 是一个一元函数的导数，也称为全导数.

【例7. 23】设 $z = \ln(3u + 2v)$，$u = x^2$，$v = \cos x$，求 $\frac{dz}{dx}$.

解： 函数的复合关系如图7－12所示

由于 $\frac{\partial z}{\partial u} = \frac{3}{3u + 2v}$，$\frac{\partial z}{\partial v} = \frac{2}{3u + 2v}$，$\frac{du}{dx} = 2x$，$\frac{dv}{dx} = -\sin x$，

所以

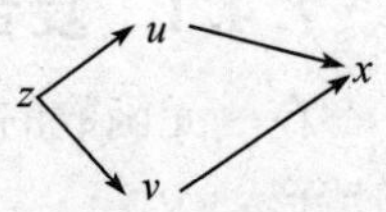

$$\begin{aligned}
\frac{dz}{dx} &= \frac{\partial z}{\partial u} \cdot \frac{du}{dx} + \frac{\partial z}{\partial v} \cdot \frac{dv}{dx} = \frac{3}{3u + 2v} \cdot 2x + \frac{2}{3u + 2v} \cdot (-\sin x) \\
&= \frac{6x - 2\sin x}{3x^2 + 2\cos x}
\end{aligned}$$

图7－12

2. 设函数 $z = f(x, v)$ 有连续偏导数，$v = \psi(x, y)$ 有偏导数，则复合函数 $z = f[x, \psi(x, y)]$ 的偏导数 $\frac{\partial z}{\partial x}$，$\frac{\partial z}{\partial y}$ 为

$$\frac{\partial z}{\partial x} = \frac{\partial f}{\partial x} + \frac{\partial f}{\partial v} \cdot \frac{\partial v}{\partial x}, \quad \frac{\partial z}{\partial y} = \frac{\partial f}{\partial v} \cdot \frac{\partial v}{\partial y}$$

注意： $\frac{\partial z}{\partial x}$ 与 $\frac{\partial f}{\partial x}$ 意义不同，其中 $\frac{\partial z}{\partial x}$ 是将函数 $z = f[x, \psi(x, y)]$ 中的 y 看作常量，对自变

量 x 求偏导数；而 $\dfrac{\partial f}{\partial x}$ 是将函数 $z = f(x, v)$ 中的 v 看作常量，对第一个位置变量 x 求偏导数.

【例 7.24】 设函数 $z = f(u, y)$ 对 u，y 的偏导数连续，$u = x^2 + 3y^2$，求 $\dfrac{\partial z}{\partial x}$ 和 $\dfrac{\partial z}{\partial y}$.

解： 复合结构关系如图 7-13 所示.

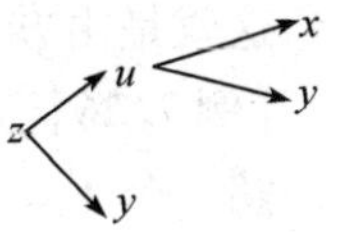

$$\frac{\partial z}{\partial x} = \frac{\partial f}{\partial u} \cdot \frac{\partial u}{\partial x} = 2x \frac{\partial f}{\partial u}$$

$$\frac{\partial z}{\partial y} = \frac{\partial f}{\partial u} \cdot \frac{\partial u}{\partial y} + \frac{\partial f}{\partial y} = 6y \frac{\partial f}{\partial u} + \frac{\partial f}{\partial y}$$

图 7-13

3. 设函数 $u = \varphi(x, y)$ 具有连续偏导数，$z = f(u)$ 在对应点 u 处可微（图 7-14），则复合函数 $z = f[\varphi(x, y)]$ 在点 (x, y) 的两个偏导数存在，且

$$\frac{\partial z}{\partial x} = \frac{\mathrm{d}z}{\mathrm{d}u} \cdot \frac{\partial u}{\partial x}, \frac{\partial z}{\partial y} = \frac{\mathrm{d}z}{\mathrm{d}u} \cdot \frac{\partial u}{\partial y}$$

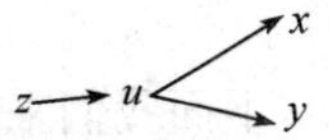

【例 7.25】 设 $z = \arcsin u$，$u = x^2 + y^2$，求 $\dfrac{\partial z}{\partial x}$ 和 $\dfrac{\partial z}{\partial y}$.

图 7-14

解：

$$\frac{\partial z}{\partial x} = \frac{\mathrm{d}z}{\mathrm{d}u} \cdot \frac{\partial u}{\partial x} = \frac{1}{\sqrt{1 - u^2}} \cdot 2x = \frac{2x}{\sqrt{1 - (x^2 + y^2)^2}}$$

$$\frac{\partial z}{\partial y} = \frac{\mathrm{d}z}{\mathrm{d}u} \cdot \frac{\partial u}{\partial y} = \frac{1}{\sqrt{1 - u^2}} \cdot 2y = \frac{2y}{\sqrt{1 - (x^2 + y^2)^2}}$$

多元复合函数求导一般比较复杂，常借助于复合函数的结构图，对每一个中间变量施行链式法则，再相加. 牢记：复合函数对某自变量的偏导数等于通向这个自变量的各条路径上函数对中间变量的导数与中间变量对这个自变量的导数乘积之和.

一般来说：

(1) 有几个自变量就有函数对几个自变量的偏导数公式.

(2) 有几个中间变量，每个公式就有几项.

(3) 函数有几次复合，每项就有几个因子的乘积.

7.4.2 隐函数的偏导数

在一元函数中，已介绍过用复合函数的求导法则求由方程

$$F(x, y) = 0$$

所确定的隐函数 $y = f(x)$ 的导数的方法，现在我们来讨论它的求导公式.

把函数 $y = f(x)$ 代入方程 $F(x, y) = 0$ 中，得恒等式

$$F(x, f(x)) = 0$$

它的左端 $F[x, f(x)] = 0$ 是一个复合函数，其函数结构如图 7-15 所示. 它的第一层有 x 和 y 两个变量，第二层只有 x 一个变量. 利用链式法则，方程 $F[x, f(x)] = 0$ 两端对 x 求全导数，得：

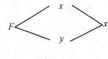

$$\frac{\partial F}{\partial x} + \frac{\partial F}{\partial y} \cdot \frac{\mathrm{d}y}{\mathrm{d}x} = 0$$

图 7-15

如果 $\dfrac{\partial F}{\partial y} \neq 0$，则

$$\frac{\mathrm{d}y}{\mathrm{d}x} = -\frac{\dfrac{\partial F}{\partial x}}{\dfrac{\partial F}{\partial y}} \quad \text{或} \quad \frac{\mathrm{d}y}{\mathrm{d}x} = -\frac{F_x}{F_y}$$

这就是由方程 $F(x, y) = 0$ 所确定的隐函数 $y = f(x)$ 的求导公式.

【例 7.26】求由方程 $y - xe^y + x = 0$ 所确定的函数 $y = y(x)$ 的导数.

解：令 $F = y - xe^y + x$，由

$$\frac{\partial F}{\partial x} = -e^y + 1, \frac{\partial F}{\partial y} = 1 - xe^y$$

所以

$$\frac{\mathrm{d}y}{\mathrm{d}x} = -\frac{-e^y + 1}{1 - xe^y} = \frac{e^y - 1}{1 - xe^y}$$

下面我们来讨论由三元方程 $F(x, y, z) = 0$ 所确定的二元隐函数 $z = z(x, y)$ 的求偏导数的方法及公式.

与推导一元隐函数的求导公式的方法类似，如果三元方程 $F(x, y, z) = 0$ 可以确定 z 是 x, y 的二元函数 $z = z(x, y)$，则将它代入方程 $F(x, y, z) = 0$ 中，得恒等式

$$F(x, y, z(x, y)) = 0$$

上式左端的函数是一个三元复合函数，其函数结构如图 7-16 所示. 根据链式法则，恒等式两边分别对 x 和 y 求偏导数，得

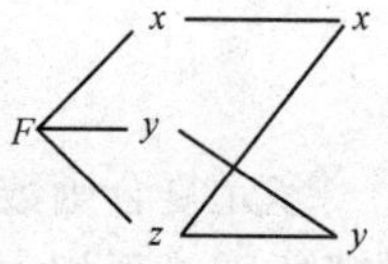

$$F_x(x, y, z) + F_z(x, y, z)\frac{\partial z}{\partial x} = 0$$

$$F_y(x, y, z) + F_z(x, y, z)\frac{\partial z}{\partial y} = 0$$

图 7-16

当 $F_z(x, y, z) \neq 0$ 时，得

$$\frac{\partial z}{\partial x} = -\frac{F_x(x, y, z)}{F_z(x, y, z)} = -\frac{F_x}{F_z}$$

$$\frac{\partial z}{\partial y} = -\frac{F_y(x, y, z)}{F_z(x, y, z)} = -\frac{F_y}{F_z}$$

这就是二元隐函数的求导公式.

【例 7.27】设 $x^3 + y^3 + z^3 = 3xyz$，求 $\dfrac{\partial z}{\partial x}, \dfrac{\partial z}{\partial y}$.

解：设 $F(x, y, z) = x^3 + y^3 + z^3 - 3xyz$，则

$$F_x = 3x^2 - 3yz, \ F_y = 3y^2 - 3xz, \ F_z = 3z^2 - 3xy$$

于是

$$\frac{\partial z}{\partial x} = -\frac{x^2 - yz}{z^2 - xy}, \ \frac{\partial z}{\partial y} = -\frac{y^2 - xz}{z^2 - xy}$$

注意：$F_x(x, y, z)$，$F_y(x, y, z)$，$F_z(x, y, z)$ 是对第一层变量 x, y, z 求导，因此应将它们看作一组独立的变量.

【例 7.28】求由方程 $\dfrac{x}{z} = \ln\dfrac{z}{y}$ 所确定的隐函数 $z = f(x, y)$ 的偏导数 $\dfrac{\partial z}{\partial x}, \dfrac{\partial z}{\partial y}$.

解：设 $F(x, y, z) = \dfrac{x}{z} - \ln\dfrac{z}{y}$，则 $F(x, y, z) = 0$ 且

$$\frac{\partial F}{\partial x} = \frac{1}{z}, \quad \frac{\partial F}{\partial y} = -\frac{y}{z}\left(-\frac{z}{y^2}\right) = \frac{1}{y}, \quad \frac{\partial F}{\partial z} = -\frac{x}{z^2} - \frac{y}{z} \cdot \frac{1}{y} = -\frac{x+z}{z^2}$$

所以

$$\frac{\partial z}{\partial x} = -\frac{F_x}{F_z} = \frac{z}{x+z}, \quad \frac{\partial z}{\partial y} = -\frac{F_y}{F_z} = \frac{z^2}{y(x+z)}$$

练习题 7.4

1. 设 $z = u^2 v$, $u = e^t$, $v = \cos t$, 求 $\dfrac{\mathrm{d}z}{\mathrm{d}t}$.

2. 设 $z = \arcsin(x - y)$, $x = 3t$, $y = 4t^3$, 求 $\dfrac{\mathrm{d}z}{\mathrm{d}t}$.

3. 设 $z = \operatorname{arccot}(xy)$, $y = e^x$, 求 $\dfrac{\mathrm{d}z}{\mathrm{d}x}$.

4. 设 $z = u^2 v$, $u = xy$, $v = x + y$, 求 $\dfrac{\partial z}{\partial x}$, $\dfrac{\partial z}{\partial y}$.

5. 设 $z = u^2 \ln v$, $u = \dfrac{x}{y}$, $v = 3x - 2y$, 求 $\dfrac{\partial z}{\partial x}$, $\dfrac{\partial z}{\partial y}$.

6. 设 $z = (3x + 2y)^{3x - 2y}$, 求 $\dfrac{\partial z}{\partial x}$, $\dfrac{\partial z}{\partial y}$.

7. 设 $z = (x^2 + y^2)^{\sin(2x + y)}$, 求 $\dfrac{\partial z}{\partial x}$, $\dfrac{\partial z}{\partial y}$.

8. 设 $z = x^2 u^2$, $u = xy$, $v = x^3 y^3$, 求 $\dfrac{\partial z}{\partial x}$, $\dfrac{\partial z}{\partial y}$.

9. 设 $\ln \sqrt{x^2 + y^2} = \arctan \dfrac{y}{x}$, 求 $\dfrac{\mathrm{d}y}{\mathrm{d}x}$.

10. 设 $x^3 + y^3 + z^3 = 3xyz$, 求 $\dfrac{\partial z}{\partial x}$, $\dfrac{\partial z}{\partial y}$.

11. 设 $e^{-xy} - 2z + e^z = 0$, 求 $\dfrac{\partial z}{\partial x}$, $\dfrac{\partial z}{\partial y}$.

7.5 多元函数的极值

在一元函数中，我们利用函数的导数求得函数的极值，进一步解决了有关实际问题的最优化问题．但在工程技术、管理技术、经济分析等实际问题中，往往涉及多元函数的极值和最值问题．本节重点讨论二元函数的极值和最值．所得结果可以非常容易地推广到多元函数的极值和最值．

7.5.1 二元函数极值的概念

【定义 7.6】 设函数 $z = f(x, y)$ 在点 (x_0, y_0) 的某一邻域内有定义，对于该邻域内异于 (x_0, y_0) 的任意一点 (x, y)，如果

$$f(x, y) < f(x_0, y_0)$$

则称函数在 (x_0, y_0) 处有极大值；如果

$$f(x, y) > f(x_0, y_0)$$

则称函数在 (x_0, y_0) 处有极小值；极大值、极小值统称为极值. 使函数取得极值的点称为极值点.

例如：函数 $f(x, y) = x^2 + y^2 + 4$ 在点 $(0, 0)$ 处有极小值 4，函数 $z = \sqrt{4 - x^2 - y^2}$ 在点 $(0, 0)$ 处有极大值 2.

7.5.2　二元函数取得极值的条件和求法

与导数在一元函数极值研究中的作用一样，偏导数也是研究多元函数极值的主要手段.

如果二元函数 $z = f(x, y)$ 在点 (x_0, y_0) 处取得极值，那么固定 $y = y_0$，一元函数 $z = f(x, y_0)$ 在 $x = x_0$ 点必取得相同的极值；同理，固定 $x = x_0$，$z = f(x_0, y)$ 在 $y = y_0$ 点也取得相同的极值. 因此，由一元函数极值的必要条件，我们可以得到二元函数极值的必要条件.

【定理 7.3】（必要条件）设函数 $z = f(x, y)$ 在点 (x_0, y_0) 取得极值，且在该点的偏导数存在，则必有 $f_x(x_0, y_0) = 0$，$f_y(x_0, y_0) = 0$.

使两式同时成立的点 (x_0, y_0) 称为函数的驻点（或稳定点）. 又由定理 7.3 可知，在偏导数存在的前提下，极值点必定是驻点. 但是，驻点却未必是极值点. 例如，函数 $z = xy$，$(0, 0)$ 是其驻点，但可用定义验证它不是 $z = xy$ 的极值点. 怎么样判定函数的驻点是否是极值点呢？下面给出极值存在的充分条件.

【定理 7.4】（充分条件）设函数 $z = f(x, y)$ 在点 (x_0, y_0) 的某个邻域内有直到二阶的连续偏导数，又 $f_x(x_0, y_0) = 0$，$f_y(x_0, y_0) = 0$. 令

$$f_{xx}(x_0, y_0) = A, \quad f_{xy}(x_0, y_0) = B, \quad f_{yy}(x_0, y_0) = C$$

（1）当 $AC - B^2 > 0$ 时，函数 $f(x, y)$ 在 (x_0, y_0) 处有极值，且当 $A > 0$ 时有极小值 $f(x_0, y_0)$；当 $A < 0$ 时有极大值 $f(x_0, y_0)$.

（2）当 $AC - B^2 < 0$ 时，函数 $f(x, y)$ 在 $f(x_0, y_0)$ 处没有极值.

（3）当 $AC - B^2 = 0$ 时，函数 $f(x, y)$ 在 $f(x_0, y_0)$ 处可能有极值，也可能没有极值.

根据定理 7.3 与定理 7.4，如果函数 $f(x, y)$ 具有二阶连续偏导数，则求 $z = f(x, y)$ 的极值的一般步骤为：

第一步解方程组 $f_x(x, y) = 0$，$f_y(x, y) = 0$，求出 $f(x, y)$ 所有驻点；

第二步求出函数 $f(x, y)$ 的二阶偏导数，依次确定各驻点处 A、B、C 的值，并根据 $AC - B^2$ 的正负号判定驻点是否为极值点. 最后求出函数 $f(x, y)$ 在极值点处的极值.

【例 7.29】求函数 $f(x, y) = x^3 - y^3 + 3x^2 + 3y^2 - 9x$ 的极值.

解：解方程组

$$\begin{cases} f_x(x, y) = 3x^2 + 6x - 9 = 0 \\ f_y(x, y) = -3y^2 + 6y = 0 \end{cases}$$

得驻点 $(1, 0)$，$(1, 2)$，$(-3, 0)$，$(-3, 2)$. 再求出二阶偏导数

$$f_{xx}(x, y) = 6x + 6, \quad f_{xy}(x, y) = 0, \quad f_{yy}(x, y) = -6y + 6$$

在点 $(1, 0)$ 处，$AC - B^2 = 12 \times 6 > 0$，又 $A > 0$，故函数在该点处有极小值 $f(1, 0) = -5$；

在点 $(1, 2)$，$(-3, 0)$ 处，$AC - B^2 = -12 \times 6 < 0$，故函数在这两点处没有极值；

在点 $(-3, 2)$ 处，$AC - B^2 = -12 \times (-6) > 0$，又 $A < 0$，故函数在该点处有极大值 $f(-3, 2) = 31$.

注意：在讨论一元函数的极值问题时，我们知道，函数的极值既可能在驻点处取得也可能在导数不存在的点处取得. 同样，多元函数的极值也可能在个别偏导数不存在的点处取得. 例如，在例题中，函数 $z = -\sqrt{x^2 + y^2}$ 在点 $(0, 0)$ 处有极大值，但该函数在点 $(0, 0)$ 处不存在偏导数. 因此，在考虑函数的极值问题时，除了考虑函数的驻点外，还要考虑那些使偏导数不存在的点.

7.5.3 多元函数的最大值与最小值

如果函数 $z = f(x, y)$ 在有界闭区域 D 上连续，则 $f(x, y)$ 在 D 上必能取得最大值与最小值. 求最大值与最小值的方法是：比较函数 $f(x, y)$ 在 D 内的所有驻点和导数不存在的点处的函数值及在 D 的边界上的最大值与最小值，其中最大的就是最大值，最小的就是最小值. 但在实际问题中，根据问题的性质，往往可以判定函数的最大值或最小值一定在区域内部取得，而函数在 D 内又只有一个驻点，则可以判定该驻点处的函数值就是函数在 D 上的最大值或最小值.

【例 7.30】 某厂要用铁板做成一个体积为 $2\mathrm{m}^3$ 的有盖长方体冰箱. 问当长、宽、高各取怎样的尺寸时，才能使用料最省？

解：设冰箱的长为 $x\mathrm{m}$，宽为 $y\mathrm{m}$，则其高应为 $\dfrac{2}{xy}\mathrm{m}$. 此冰箱所用的材料的面积

$$S = 2\left(xy + y \cdot \frac{2}{xy} + x \cdot \frac{2}{xy}\right) = 2\left(xy + \frac{2}{x} + \frac{2}{y}\right) \quad (x > 0, \ y > 0)$$

可见材料面积 S 是 x 和 y 的二元函数（目标函数）. 按题意，下面我们要求这个函数的最小值点 (x, y). 解方程组

$$\frac{\partial S}{\partial x} = 2\left(y - \frac{2}{x^2}\right) = 0, \quad \frac{\partial S}{\partial y} = 2\left(x - \frac{2}{y^2}\right) = 0$$

得唯一的驻点 $x = \sqrt[3]{2}$，$y = \sqrt[3]{2}$.

根据题意可断定，冰箱所用材料面积的最小值一定存在，并在区域 $D = \{(x, y) \mid x > 0, y > 0\}$ 内取得，又函数在 D 内只有唯一的驻点，因此该驻点即为所求最小值点. 从而当冰箱的长为 $\sqrt[3]{2}$，宽为 $\sqrt[3]{2}$，高为 $\sqrt[3]{2}$ 时，冰箱所用材料最省.

【例 7.31】 某工厂生产甲和乙两种产品，出售单价分别为 900 元和 1 000 元，生产 x 单位甲与生产 y 单位乙的总费用是 $c(x, y) = 20\,000 + 300x + 200y + 3x^2 + xy + 3y^2$（元）. 求取得最大利润时，两种产品的产量各是多少？

解：设 $L(x, y)$ 表示产品甲和乙分别生产 x 单位与 y 单位时所得的总利润，两种产品销售总收入为 $900x + 1\,000y$（元），因为利润 = 总收入 - 总费用，所以

$$L(x, y) = (900x + 1\,000y) - [20\,000 + 300x + 200y + 3x^2 + xy + 3y^2]$$

解方程组 $\begin{cases} l_x(x, y) = 600 - 6x - y = 0 \\ l_y(x, y) = 800 - 6y - x = 0 \end{cases}$，得驻点 $(80, 120)$，再由

$$l_{xx}(x, y) = -6, \quad l_{xy}(x, y) = -1, \quad l_{yy}(x, y) = -6$$

得 $\qquad\qquad\qquad AC - B^2 = (-6) \times (-6) - (-1)^2 = 35 > 0$

所以，当 $x = 80$，$y = 120$ 时，$L(80, 120) = 52\,000$ 是极大值，因为是唯一驻点，故也是

最大值. 因此，生产 80 单位甲产品与生产 120 单位乙产品时获利最大.

练习题 7.5

1. 求函数 $f(x, y) = x^3 + y^3 - 3x^2 - 3y^2$ 的极小值点.

2. 求函数 $z = x^3 + 3xy^2 - 15x - 12y$ 的极值.

3. 求函数 $f(x, y) = xy(z - x - y)$ 的极值，其中 $(a \neq 0)$.

4. 要做一个容积为 32cm^3 的无盖长方体箱子，问长、宽、高各多少时，才能使所用的材料最省？

5. 设某企业生产甲、乙两种产品，其销售单价分别为 10 元和 13 元，生产 x 万件甲产品与生产 y 万件乙产品的总成本是

$$C(x, y) = 2x^2 + xy + y^2$$

问当两种产品的产量各为多少时利润最大？最大利润是多少？

7.6 二重积分

7.6.1 二重积分的概念

与定积分类似，重积分的概念也是从实践中抽象出来的，它是定积分的推广，其中的数学思想与定积分一样，也是一种"和式的极限". 所不同的是：定积分的被积函数是一元函数，积分范围是一个区间；而二重积分的被积函数是二元函数，积分范围是平面区域. 它们之间存在着密切的联系，二重积分可以通过定积分来计算.

问题：曲顶柱体体积的计算.

设有一柱体如图 7-17 所示，它的底是 xOy 面上的闭区域 D，它的侧面是以 D 的边界曲线为准线而母线平行于 z 轴的柱面，它的顶是曲面 $z = f(x, y)$，其中 $f(x, y)$ 是 D 上的非负连续函数，我们把这样的立体称为曲顶柱体.

图 7-17

求曲顶柱体的体积，其困难在于它的顶面是曲面. 我们联系到曲边梯形的面积计算，可尝试用类似求曲边梯形面积的方法来求曲顶柱体的体积. 其基本思路是：将区域 D 分割为若干个小区域（面积很小），由此将曲顶柱体分成若干个母线平行 z 轴的小曲顶柱体，每个小曲顶柱体的体积用一个同底的小平顶柱体的体积作近似值替代，然后再将各小平顶柱体的体积求和，最后取极限得曲顶柱体的体积，具体步骤为：

（1）分割.

将 D 任意分割为 n 个小区域 $\Delta\sigma_1$，$\Delta\sigma_2$，$\cdots$，$\Delta\sigma_n$，其中 $\Delta\sigma_i$ 表示第 i 个小区域（$i = 1, 2, \cdots, n$），也表示它的面积. 把原来整个的曲顶柱体分成分别以 $\Delta\sigma_1$，$\Delta\sigma_2$，$\cdots$，$\Delta\sigma_n$ 为底的 n 个小曲顶柱体（图 7-18）.

（2）近似替代.

对于每一个小曲顶柱体，在底面 $\Delta\sigma_i$ 上取一点 (ξ_i, η_i)，以此

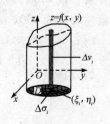

图 7-18

点处的函数值 $f(\xi_i, \eta_i)$ 为高作一个平顶柱体，我们可以将小曲顶柱体近似地看作此平顶柱体，体积为 $f(\xi_i, \eta_i)\Delta\sigma_i(i=1, 2, \cdots, n)$.

（3）作和.

把上述 n 个小平顶柱体体积加起来，便得整个曲顶柱体体积 V 的近似值，即

$$V = \sum_{i=1}^{n} \Delta v_i \approx \sum_{i=1}^{n} f(\xi_i, \eta_i) \cdot \Delta\sigma_i$$

（4）取极限.

让分割越来越细，令 n 个小区域直径（有界闭区域的直径是指区域上任意两点间距离的最大值）中的最大值 λ 趋近于 0 时，得曲顶柱体体积的精确值，即

$$V = \lim_{\lambda \to \infty} \sum_{i=1}^{n} f(\xi_i, \eta_i) \cdot \Delta\sigma_i$$

这样，求曲顶柱体体积的问题就归结为计算一个和式的极限．在几何、物理、力学和工程技术中，有许多几何量和物理量都可归结为这类和式的极限．因此，我们有必要更一般地研究它，并抽象出下述二重积分的定义.

【定义 7.7】设 $f(x, y)$ 是有界闭区域 D 上的有界函数．将闭区域 D 任意分成 n 个小的闭区域 $\Delta\sigma_1$，$\Delta\sigma_2$，$\cdots$，$\Delta\sigma_n$，其中 $\Delta\sigma_i$ 表示第 i 个小区域，也表示它的面积，在每个 $\Delta\sigma_i$ 上任取一点 (ξ_i, η_i)，作乘积 $f(\xi_i, \eta_i) \cdot \Delta\sigma_i(i=1, 2, \cdots, n)$，并作和 $\sum_{i=1}^{n} f(\xi_i, \eta_i) \cdot \Delta\sigma_i$，如果当各小区域的直径中的最大值 λ 趋近于 0 时，该和式的极限存在，则称此极限为函数 $f(x, y)$ 在闭区域 D 上的二重积分，记为 $\iint\limits_{D} f(x,y)\mathrm{d}\sigma$，即

$$\iint\limits_{D} f(x,y)\mathrm{d}\sigma = \lim_{\lambda \to 0} \sum_{i=1}^{n} f(\xi_i, \eta_i) \Delta\sigma_i \qquad (7.4)$$

其中 $f(x, y)$ 称为被积函数，$f(x, y)\mathrm{d}\sigma$ 称为被积表达式，$\mathrm{d}\sigma$ 称为面积元素，x 和 y 称为积分变量，D 称为积分区域，$\sum_{i=1}^{n} f(\xi_i, \eta_i) \cdot \Delta\sigma_i$ 称为积分和.

由二重积分的定义可知，曲顶柱体的体积是函数 $f(x, y)$ 在底 D 上的二重积分

$$V = \iint\limits_{D} f(x,y)\mathrm{d}\sigma$$

说明：（1）二重积分的值仅与被积函数 $f(x, y)$ 和积分区域 D 有关，而与表示积分变量的字母无关．即

$$\iint\limits_{D} f(x,y)\mathrm{d}\sigma = \iint\limits_{D} f(u,v)\mathrm{d}\sigma$$

（2）可以证明，当函数 $f(x, y)$ 在闭区域 D 上连续时，函数 $f(x, y)$ 在 D 上的二重积分必定存在．我们总假定函数 $f(x, y)$ 在闭区域 D 上连续，所以 $f(x, y)$ 在 D 上的二重积分都是存在的，以后就不再加以说明.

7.6.2 二重积分的性质

二重积分也有与定积分相类似的性质，现不加证明地叙述如下.

【性质 7.1】被积函数的常数因子可以提到重积分号的外面，即

$$\iint\limits_{D} kf(x,y)\,d\sigma = k\iint\limits_{D} f(x,y)\,d\sigma\,(k\ 为常数)$$

【性质 7.2】 函数的和（或差）的二重积分，等于各个函数的二重积分的和（或差），即

$$\iint\limits_{D}[f(x,y) \pm g(x,y)]\,d\sigma = \iint\limits_{D} f(x,y)\,d\sigma \pm \iint\limits_{D} g(x,y)\,d\sigma$$

这条性质可推广到闭区域 D 上有限多个可积函数代数和的情形.

【性质 7.3】 如果闭区域 D 被曲线分为两个闭区域 D_1 和 D_2，则在 D 上的二重积分等于在 D_1 与 D_2 上的二重积分的和. 即

$$\iint\limits_{D} f(x,y)\,d\sigma = \iint\limits_{D_1} f(x,y)\,d\sigma + \iint\limits_{D_2} f(x,y)\,d\sigma$$

这条性质表示二重积分对于积分区域具有可加性，且可推广到闭区域 D 被分为有限多个部分闭区域的情形.

【性质 7.4】 如果在闭区域 D 上 $f(x,\ y)=1$，S 是 D 的面积，则

$$\iint\limits_{D} 1 \cdot d\sigma = \iint\limits_{D} d\sigma = S$$

这条性质的几何意义是很明显的，因为高为 1 的平顶柱体体积在数值上就等于柱体的底面积.

【例 7.32】 已知区域 D 可以分成 D_1 和 D_2 两个子区域 （图 7–19），且 $\iint\limits_{D_1} f(x,y)\,d\sigma = 5$，$\iint\limits_{D_2} f(x,y)\,d\sigma = 10$，求 $\iint\limits_{D} f(x,y)\,d\sigma$.

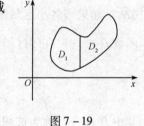

解： $\iint\limits_{D} f(x,y)\,d\sigma = \iint\limits_{D_1} f(x,y)\,d\sigma + \iint\limits_{D_2} f(x,y)\,d\sigma = 5 + 10 = 15$.

试利用二重积分的几何意义说明 I_1 与 I_2 之间的关系.

图 7–19

7.6.3 直角坐标系下二重积分的计算

由于二重积分 $\iint\limits_{D} f(x,y)\,d\sigma$ 的值与积分区域 D 密切相关，我们先介绍所谓 X – 型区域和 Y – 型区域的概念.

X – 型区域：若闭区域 D 可用不等式表示为 $a \leqslant x \leqslant b$，$\phi_1(x) \leqslant y \leqslant \phi_2(x)$，则称此区域为 X – 型区域（图 7–20）.

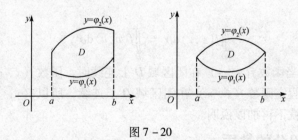

图 7–20

这种区域的特点是：（1）x 介于两实数之间；（2）穿过区域 D 且平行于 y 轴的直线与区域 D 的边界相交不多于两个交点.

Y-型区域：若闭区域 D 可用不等式表示为 $c \leqslant y \leqslant d$，$\psi_1(y) \leqslant x \leqslant \psi_2(y)$，则称此区域为 Y-型区域（图 7-21）.

这种区域的特点是：（1）y 介于两实数之间；（2）穿过区域 D 且平行于 x 轴的直线与区域 D 的边界相交不多于两个交点.

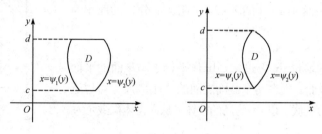

图 7-21

下面用二重积分的几何意义来讨论连续函数 $f(x,y) \geqslant 0$ 时，化二重积分为二次定积分的方法.

我们知道如果二重积分

$$\iint\limits_D f(x,y)\,\mathrm{d}\sigma = \lim_{\lambda \to 0} \sum_{i=1}^n f(\xi_i, \eta_i)\Delta\sigma_i$$

存在，则二重积分的值与对积分区域的划分无关. 因此，在直角坐标系中，可以用平行于坐标轴的直线族将区域 D 分成若干个小区域，这些小区域中除去靠区域边界的一些不规则的小区域外，绝大部分都是小矩形，而小矩形 $\Delta\sigma_i$ 的面积为

$$\Delta\sigma_i = \Delta x_i \Delta y_i$$

如图 7-22 所示，所以，在直角坐标系下，面积元素为

$$\Delta\sigma_i = \mathrm{d}x\mathrm{d}y$$

于是二重积分可写成

$$\iint\limits_D f(x,y)\,\mathrm{d}\sigma = \iint\limits_D f(x,y)\,\mathrm{d}x\mathrm{d}y$$

假设积分区域 D 为 X-型区域：$a \leqslant x \leqslant b$，$\phi_1(x) \leqslant y \leqslant \phi_2(x)$，由二重积分的几何意义，二重积分 $\iint\limits_D f(x,y)\,\mathrm{d}\sigma$ 的值等于以 D 为底，以曲面 $z = f(x,y)$ 为顶的曲顶柱体体积（图 7-23）.

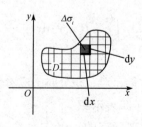

图 7-22

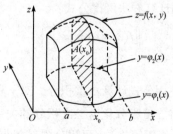

图 7-23

利用求"平行截面面积为已知的立体的体积"的方法，来计算这个曲顶柱体的体积，先计算截面的面积，过区间 $[a,b]$ 上任意一点 x_0，作平行于 yOz 面的平面 $x = x_0$，这个平面截曲顶柱体所得的截面 $A(x_0)$（图 7-23 中阴影部分）是一个以区间 $[\phi_1(x_0), \phi_2(x_0)]$

为底、曲线 $z = f(x_0, y)$ 为曲边的曲边梯形，所以，这个截面的面积为

$$A(x_0) = \int_{\phi_1(x_0)}^{\phi_2(x_0)} f(x_0, y) \, \mathrm{d}y$$

一般地，过区间 $[a, b]$ 上任一点 x 且平行于 yOz 面的平面截曲顶柱体所得截面 $A(x)$（图 7-24 中阴影部分）的面积为

$$A(x) = \int_{\phi_1(x)}^{\phi_2(x)} f(x, y) \, \mathrm{d}y$$

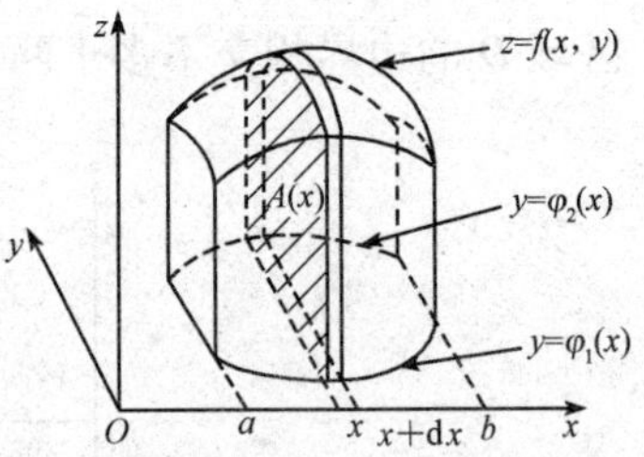

给 x 一个微小的增量 $\mathrm{d}x$ 再过 $x + \mathrm{d}x$ 作平行于 yOz 面的平面截曲顶柱体得另一截面，夹在两个截面之间的"小薄片"可以近似地看作一个以 $A(x)$ 为底，以 $\mathrm{d}x$ 为高的柱体，从而得体积微元为

$$\mathrm{d}V = A(x) \, \mathrm{d}x = \Big[\int_{\phi_1(x)}^{\phi_2(x)} f(x, y) \, \mathrm{d}y \Big] \mathrm{d}x$$

图 7-24

在区间 $[a, b]$ 上对上述体积微元求积分，得曲顶柱体体积为

$$V = \int_a^b A(x) \, \mathrm{d}x = \int_a^b \Big[\int_{\phi_1(x)}^{\phi_2(x)} f(x, y) \, \mathrm{d}y \Big] \mathrm{d}x$$

这个体积就是所求二重积分的值，即

$$\iint\limits_D f(x, y) \, \mathrm{d}\sigma = \int_a^b \Big[\int_{\phi_1(x)}^{\phi_2(x)} f(x, y) \, \mathrm{d}y \Big] \mathrm{d}x$$

我们把上式右端的积分称为先对 y 后对 x 的二次积分，习惯上，常将其中的中括号省略不写，记为

$$\int_a^b \mathrm{d}x \int_{\phi_1(x)}^{\phi_2(x)} f(x, y) \, \mathrm{d}y$$

这就是把区域 D 上的二重积分化为二次定积分的公式，即

$$\iint\limits_D f(x, y) \, \mathrm{d}\sigma = \int_a^b \Big[\int_{\phi_1(x)}^{\phi_2(x)} f(x, y) \, \mathrm{d}y \Big] \mathrm{d}x = \int_a^b \mathrm{d}x \int_{\phi_1(x)}^{\phi_2(x)} f(x, y) \, \mathrm{d}y \tag{7.5}$$

在上面的讨论中，我们假定了 $f(x, y) \geqslant 0$，这只是为了几何上说明方便而引入的条件，实际上，公式（7.4）及（7.5）的成立不受此条件的限制.

上述公式中第一次积分时，要视 x 为常量，对变量 y 由下限 $\phi_1(x)$ 积到上限 $\phi_2(x)$，这时计算结果是一个关于 x 的函数；计算第二次积分时，对变量 x 由下限 a 积到上限 b.

如果积分区域 D 为 Y - 型区域：$c \leqslant y \leqslant d$，$\psi_1(y) \leqslant x \leqslant \psi_2(y)$，用类似于 X - 型区域上二重积分的计算方法可得公式：

$$\iint\limits_D f(x, y) \, \mathrm{d}\sigma = \int_c^d \Big[\int_{\psi_1(y)}^{\psi_2(y)} f(x, y) \, \mathrm{d}x \Big] \mathrm{d}y = \int_c^d \mathrm{d}y \int_{\psi_1(y)}^{\psi_2(y)} f(x, y) \, \mathrm{d}x \tag{7.6}$$

注意：

（1）使用公式计算二重积分，对 y 积分时 x 应看作常量，对 x 积分时 y 应看作常量.

（2）将二重积分化为二次积分的关键是确定积分限（即表示积分区域的一组不等式），而积分限是根据积分区域的形状来确定的，因此，应先画出积分区域的简图，这对于确定二重积分的积分限是很有必要的. 如图 7-25 所示的积分区域 D，如果是计算先对 y 后对 x 的二次积分，那么先把区域 D 投影到 x 轴上，得到区间 $[a, b]$，即不等式 $a \leqslant x \leqslant b$，再在 $[a, b]$ 内取一点 x，过 x 点作一条从下到

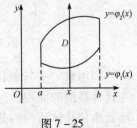

图 7-25

上垂直于 x 的直线，先通过曲线 $y=\varphi_1(x)$，后通过曲线 $y=\varphi_2(x)$，从而得到不等式 $\varphi_1(x)\leqslant y\leqslant\varphi_2(x)$，于是有不等式组

$$\begin{cases} a\leqslant x\leqslant b \\ \varphi_1(x)\leqslant y\leqslant\varphi_2(x) \end{cases}$$

又如，对图 7-26 所示的积分区域 D，如果是计算先对 x，后对 y 二次积分，那么先将区域投影到 y 轴上得区域 $[c,d]$，即不等式 $c\leqslant y\leqslant d$，再在 $[c,d]$ 内任取一点 y，过 y 点作一条从左到右垂直于 y 轴的直线，先通过曲线 $x=\varphi_1(y)$，后通过曲线 $x=\psi_2(y)$，从而得到不等式 $\psi_1(y)\leqslant x\leqslant\psi_2(y)$，于是有不等式组

$$\begin{cases} c\leqslant y\leqslant d \\ \psi_1(y)\leqslant x\leqslant\psi_2(y) \end{cases}$$

（3）若 D 既不是 X-型区域也不是 Y-型区域时，我们可以将它分割成若干块 X-型或 Y-型区域 [图 7-27 (a)]，然后在每块这样的区域上分别应用公式（7.5）或公式（7.6），再根据二重积分对积分区域的可加性，即可计算出所给二重积分．特殊地当积分区域 D 既是 X-型区域又是 Y-型区域 [图 7-27 (b)] 时，可任选一种方式计算二重积分．此时

$$\iint\limits_{D}f(x,y)\mathrm{d}\sigma=\int_a^b\mathrm{d}x\int_{\varphi_1(x)}^{\varphi_2(x)}f(x,y)\mathrm{d}y=\int_c^d\mathrm{d}y\int_{\psi_1(y)}^{\psi_2(y)}f(x,y)\mathrm{d}x$$

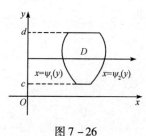

图 7-26

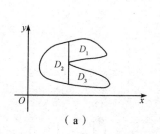

（a）　　　　（b）

图 7-27

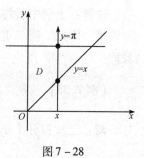

图 7-28

【例 7.33】计算 $\iint\limits_{D}\cos(x+y)\mathrm{d}\sigma$，其中 D 是由直线 $x=0$，$y=\pi$ 及 $y=x$ 围成的闭区域.

解法一：画出积分区域 D（见图 7-28），若将积分区域视为 X-型区域，显然，x 的变化范围为 $[0,\pi]$，在 $[0,\pi]$ 上任取一点 x 值，则 D 上以这个 x 值为横坐标的点在一段平行于 y 轴的直线上，该线段上点的纵坐标从 $y=x$，变到 $y=\pi$，从而得积分区域 D 的积分限为 $0\leqslant x\leqslant\pi$，$x\leqslant y\leqslant\pi$.

所以

$$\iint\limits_{D}\cos(x+y)\mathrm{d}\sigma=\int_0^\pi\Big[\int_x^\pi\cos(x+y)\mathrm{d}y\Big]\mathrm{d}x$$

$$=\int_0^\pi\big[\sin(x+y)\big]\Big|_x^\pi\mathrm{d}x=\int_0^\pi\big[\sin(x+\pi)-\sin2x\big]\mathrm{d}x$$

$$=-\int_0^\pi(\sin x+\sin2x)\mathrm{d}x=-2$$

解法二：若将积分区域 D 视为 Y-型区域，由图 7-29 可知，y 的变化范围为 $[0,\pi]$，

在 $[0, \pi]$ 上任取一点 y 值，则 D 上以这个 y 值为纵坐标的点在一段平行于 x 轴的直线上，该线段上点的横坐标从 $x = 0$，变到 $x = y$，从而得积分区域 D 的积分限为 $0 \leqslant y \leqslant \pi$，$0 \leqslant x \leqslant y$.

所以

$$\iint\limits_{D} \cos(x + y) \mathrm{d}\sigma = \int_0^\pi \left[\int_0^y \cos(x + y) \mathrm{d}x \right] \mathrm{d}y = \int_0^\pi \left[\sin(x + y) \right] \Big|_0^y \mathrm{d}y$$

$$= \int_0^\pi \left[\sin 2y - \sin y \right] \mathrm{d}y = -2$$

【例 7.34】 计算 $\iint\limits_{D} \dfrac{y^2}{x^2} \mathrm{d}\sigma$，其中 D 是由直线 $y = x$，$y = 2$ 及 $xy = 1$ 围成的闭区域.

解： 画出积分区域 D（图 7-30），选取积分区域为 Y - 型区域，则积分限为

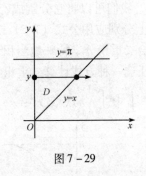

图 7-29

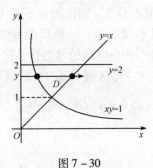

图 7-30

$$\frac{1}{y} \leqslant x \leqslant y, \quad 1 \leqslant y \leqslant 2$$

所以

$$\iint\limits_{D} \frac{y^2}{x^2} \mathrm{d}\sigma = \int_1^2 \mathrm{d}y \int_{\frac{1}{y}}^y \frac{y^2}{x^2} \mathrm{d}x = \int_1^2 \left[-\frac{y^2}{x} \right] \Big|_{\frac{1}{y}}^y \mathrm{d}y = \int_1^2 (y^3 - y) \mathrm{d}y = \frac{9}{4}$$

注意： 上例中若将积分区域取为 X - 型区域，则需将 D 分为两个区域进行积分，计算较为烦琐. 因此，将二重积分化为二次积分时，正确地选择积分区域（积分次序）是很重要的.

【例 7.35】 改换二次积分 $\int_0^1 \mathrm{d}y \int_{-\sqrt{1-y^2}}^{\sqrt{1-y^2}} f(x, y) \mathrm{d}x$ 的积分次序.

解： 二次积分 $\int_0^1 \mathrm{d}y \int_{-\sqrt{1-y^2}}^{\sqrt{1-y^2}} f(x, y) \mathrm{d}x$ 对应的二重积分 $\iint\limits_{D} f(x, y) \mathrm{d}\sigma$ 的积分区域为

D：$-\sqrt{1-y^2} \leqslant x \leqslant \sqrt{1-y^2}$，$0 \leqslant y \leqslant 1$；

画出积分区域 D（图 7-31），则 D 可改写为

D：$-1 \leqslant x \leqslant 1$，$0 \leqslant y \leqslant \sqrt{1-x^2}$，

所以

$$\int_0^1 \mathrm{d}y \int_{-\sqrt{1-y^2}}^{\sqrt{1-y^2}} f(x, y) \mathrm{d}x = \iint\limits_{D} f(x, y) \mathrm{d}\sigma = \int_{-1}^1 \mathrm{d}x \int_0^{\sqrt{1-x^2}} f(x, y) \mathrm{d}y$$

注意： 从上例中我们看到，要改换二次积分的积分次序，一定要先把给定的二次积分化为对应的二重积分，然后由这个对应的二重积分写出另一个积分次序的二次积分，其中作出积分区域 D 的图形是关键.

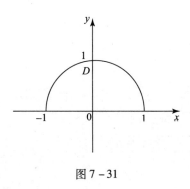

图 7 – 31

练习题 7.6

1. 改变下列二次积分的积分次序.

(1) $\int_0^1 dx \int_0^{1-x} f(x,y) dy$ ；

(2) $\int_0^1 dy \int_0^{y^2} f(x,y) dx$ ；

(3) $\int_0^1 dy \int_y^{\sqrt{y}} f(x,y) dx$ ；

(4) $\int_0^1 dx \int_{x^2}^{\sqrt{2-x^2}} f(x,y) dy$.

2. 计算下列二重积分.

(1) $\iint\limits_D \dfrac{x^2}{y^2} dx dy$ ，D 由 $y = x^2$ ，$y = \dfrac{1}{x}$ 及 $x = 2$ 围成.

(2) $\iint\limits_D xy^2 dx dy$ ，D 由 $y = \sqrt{2-x}$ ，$y = x$ 及 $y = 0$ 围成.

(3) $\iint\limits_D \sin \dfrac{x}{y} dx dy$ ，D 由 $y = x$ ，$y = \sqrt{x}$ 围成.

(4) $\iint\limits_D xy^2 dx dy$ ，D 为 $x^2 + y^2 \leqslant 1$ 在第一象限的部分.

3. 计算积分 $I = \int_0^1 dx \int_x^1 e^{y^2} dy$.

本章 小结及思维导图
BENZHANG XIAOJIE JI SIWEI DAOTU

  学习本章，要求读者掌握多元函数、偏导数、全微分和二重积分的基本概念，熟练掌握求偏导公式和法则，掌握二重积分化二次积分的计算方法，会求二元函数的偏导数和全微分. 会求解一些简单的最大值、最小值应用问题. 了解空间常见曲面及其方程.

一、思维导图

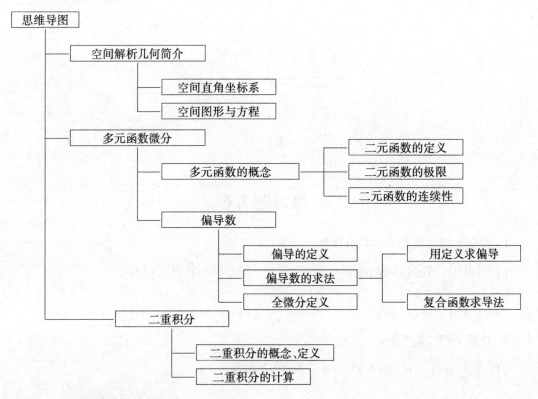

二、空间解析几何简介

1. 空间直角坐标系的概念，空间两点 $P_1(x_1, y_1, z_1)$，$P_2(x_2, y_2, z_2)$ 的距离公式：

$$|P_1P_2| = \sqrt{(x_2 - x_1)^2 + (y_2 - y_1)^2 + (z_2 - z_1)^2}$$

2. 常见空间图形的方程：

平面方程：$Ax + By + Cz + D = 0$

球心在原点的球面方程：$x^2 + y^2 + z^2 = R^2$

柱面方程：母线分别垂直于 xOy、yOz、xOz 面的柱面方程分别为

$$f(x, y) = 0, \quad g(y, z) = 0, \quad h(x, z) = 0$$

三、多元函数的概念、极限与连续

1. 二元函数的概念

二元函数 $z = f(x, y)$ 的定义域是平面区域，二元函数 $z = f(x, y)$ 的图形是空间曲面.

2. 二元函数的极限

$$\lim_{(x,y) \to (x_0, y_0)} f(x, y) = A$$

3. 二元函数的连续性

函数 $z = f(x, y)$ 在点 (x_0, y_0) 处连续 $\Leftrightarrow \lim_{\substack{x \to x_0 \\ y \to y_0}} f(x, y) = f(x_0, y_0)$

四、多元函数的偏导数

1. 偏导数的定义：

$$\frac{\partial z}{\partial x} = \lim_{\Delta x \to 0} \frac{f(x + \Delta x, \ y) \ - f(x, \ y)}{\Delta x}$$

$$\frac{\partial z}{\partial y} = \lim_{\Delta y \to 0} \frac{f(x, \ y + \Delta y) \ - f(x, \ y)}{\Delta y}$$

2. 复合函数的偏导数：$z = f(u, \ v)$ 在点 $(u, \ v)$ 有连续一阶偏导数，$u = \phi(x, \ y)$，$v = \psi(x, \ y)$ 在点 $(x, \ y)$ 有偏导数，则复合函数 $z = f[\phi(x, \ y), \ \psi(x, \ y)]$ 在点 $(x, \ y)$ 偏导数存在，且

$$\frac{\partial z}{\partial x} = \frac{\partial z}{\partial u}\frac{\partial u}{\partial x} + \frac{\partial z}{\partial v}\frac{\partial v}{\partial x}, \ \frac{\partial z}{\partial y} = \frac{\partial z}{\partial u}\frac{\partial u}{\partial y} + \frac{\partial z}{\partial v}\frac{\partial v}{\partial y}$$

3. 高阶偏导数：二阶偏导数共有四个，即

$$\frac{\partial^2 z}{\partial x^2} = \frac{\partial}{\partial x}\left(\frac{\partial z}{\partial x}\right), \frac{\partial^2 z}{\partial x \partial y} = \frac{\partial}{\partial y}\left(\frac{\partial z}{\partial x}\right), \frac{\partial^2 z}{\partial y \partial x} = \frac{\partial}{\partial x}\left(\frac{\partial z}{\partial y}\right), \frac{\partial^2 z}{\partial y^2} = \frac{\partial}{\partial y}\left(\frac{\partial z}{\partial y}\right)$$

五、全微分

1. 全微分的概念：$\mathrm{d}z = \frac{\partial z}{\partial x}\mathrm{d}x + \frac{\partial z}{\partial y}\mathrm{d}y$.

2. 可微的条件：若两个偏导数 $\frac{\partial z}{\partial x}, \frac{\partial z}{\partial y}$ 在点 $(x, \ y)$ 连续，则函数 $z = f(x, \ y)$ 在该点可微.

3. 全微分的近似计算：当 $|\Delta x|$，$|\Delta y|$ 都很小时，有
$$\Delta z \approx f'_x(x, \ y)\Delta x + f'_y(x, \ y)\Delta y$$
$$f(x + \Delta x, \ y + \Delta y) \approx f(x, \ y) + f'_x(x, \ y)\Delta x + f'_y(x, \ y)\Delta y$$

六、多元函数的极值

1. 二元函数极值的概念.

2. 极值的必要条件：$f(x, \ y)$ 在点 $(x_0, \ y_0)$ 处有极值，且 $f'_y(x, \ y), f'_x(x, \ y)$ 存在，则必有 $f'_x(x, \ y) = 0$，$f'_y(x, \ y) = 0$.

3. 极值的充分条件：$z = f(x, \ y)$ 在点 $(x_0, \ y_0)$ 某邻域内有连续的二阶偏导数，且 $f'_y(x_0, \ y_0) = f'_x(x_0, \ y_0) = 0$，令 $\Delta = AC - B^2$，且
$$A = f''_{xx}(x_0, \ y_0), \ B = f''_{xy}(x_0, \ y_0), \ C = f''_{yy}(x_0, \ y_0)$$
当 $\Delta > 0$ 时具有极值，且当 $A < 0$ 时有极大值，$A > 0$ 时有极小值.

4. 最大值与最小值：

现实生活中有些最值问题最终化为某个函数的极值问题，首先对实际问题进行分析，确定 $z = f(x, \ y)$，然后求 $z = f(x, \ y)$ 在 D 内的极值. 如果在求极值的过程中，D 内只有唯一的驻点 $(x_0, \ y_0)$，根据实际问题中最值必存在的实际含义，此驻点必为所求的最值点.

七、二重积分

1. 二重积分的概念

二重积分是一种特定结构的和式的极限，它产生于平面区域上不均匀分布量积累问题的求解.

2. 直角坐标系下计算二重积分的方法.

测试题 7

1. 填空题.

(1) 设 $f(x, y) = \dfrac{x^2 - y^2}{2xy}$, 则 $f\left(1, \dfrac{x}{y}\right) = $ _____.

(2) 函数 $f(x, y) = \dfrac{1}{\ln(y - x)}$ 的定义域是 _____.

(3) 若 $f(x, y) = \sqrt{xy + \dfrac{x}{y}}$, 则 $f_x(2, 1) = $ _____.

(4) 函数 $z = \dfrac{x}{y}$ 在点 $(2, 1)$ 处当 $\Delta x = 0.1$, $\Delta y = 0.2$ 时的全微分为 _____.

(5) 设 $u = z^{xy}$, 则 $du = $ _____.

(6) 设 $z = y^{\ln x}$, 则 $\dfrac{\partial^2 z}{\partial x^2} = $ _____.

(7) 设方程 $e^z - xyz = 0$ 确定了 z 是 x 和 y 的函数, 则 $\dfrac{\partial z}{\partial y} = $ _____.

(8) 若三个正数之和为 8, 且其乘积为最大, 则这三个数为 _____.

(9) 设 $I = \displaystyle\int_0^2 dx \int_x^{2x} f(x, y) dy$, 交换积分顺序后, 则 $I = $ _____.

2. 计算题.

(1) 设 $z = x^2 \sin \sqrt{xy} + \ln(xy)$, 求 $\dfrac{\partial z}{\partial x}$, $\dfrac{\partial z}{\partial y}$.

(2) 设 $z = (1 + xy)^y$, 求 $\dfrac{\partial z}{\partial y}\big|_{(1,1)}$.

(3) 设 $f(x, y) = \dfrac{x}{x^2 + y^2} + (y - 1)\arctan \sqrt{\dfrac{y}{x}}$, 求 $f_x(2, 1)$.

(4) 设 $z = u^2 v - uv^2$, 而 $u = x\cos y$, $v = x\sin y$, 求 $\dfrac{\partial z}{\partial x}$, $\dfrac{\partial z}{\partial y}$.

(5) 设 $z = \arcsin(x - 2y)$, 而 $x = t^2$, $y = 2\sin t$, 求 $\dfrac{dz}{dt}$.

(6) 设函数 $z = z(x, y)$ 由方程 $2xz - 2xyz + \ln(xyz) = 0$ 所确定, 求 dz 及 $dz\big|_{(1,1)}$.

(7) 求函数 $f(x, y) = x^3 + 8y^3 - 6xy + 5$ 的极值.

(8) 算出下列二重积分:

① $\displaystyle\iint_D (2x + y) dx dy$, D 由 $y = x^2$, $y = 4x^2$ 及 $y = 1$ 围成;

② $\displaystyle\iint_D \dfrac{x}{y} dx dy$, D 由 $y = x$, $y = \dfrac{1}{x}$ 及 $y = 2$ 围成;

③ $\displaystyle\iint_D y\sin \dfrac{x}{y} dx dy$, D 由 $y = x$, $y = 2$ 及 $x = 0$ 围成.

第八章

微分方程

 本章导读

> 微积分研究的对象是函数关系，但在实际问题中，往往很难直接得到所研究的变量之间的函数关系，却比较容易建立起某些变量与它们的导数或微分之间的关系，从而得到一个关于未知函数的导数或微分的方程，即我们这章要学习的微分方程．通过求解这种方程，我们可以找到指定未知量之间的函数关系．那么有哪些常见的微分方程？什么是微分方程的阶、通解和特解？如何求解一阶线性微分方程和二阶常系数线性微分方程？
>
> **学习目标：**理解微分方程的阶、通解和特解的概念，会求解一阶线性微分方程和二阶常系数线性微分方程
>
> **素质目标：**培养学生科学研究的思维模式，教会学生正确理解和应用变量变换思想，培养学生胸怀大志的爱国情怀

8.1 微分方程的基本概念

8.1.1 微分方程的定义

我们通过下面的问题来给出微分方程的基本概念．

【例8.1】一条曲线通过原点，且在该曲线上任一点 $M(x, y)$ 处的切线的斜率为 $2x$，求这条曲线的方程．

解：设所求曲线方程为 $y = f(x)$，根据导数的几何意义，得

$$\frac{\mathrm{d}y}{\mathrm{d}x} = 2x$$

两端积分，得

$$y = \int 2x\mathrm{d}x = x^2 + C \quad (\text{其中 } C \text{ 是任意常数})$$

由于曲线经过原点，因此有 $y|_{x=0} = 0$．将其代入上式，得 $C = 0$．

所以，所求曲线方程为

$$y = x^2$$

本例中，建立了含有未知函数的导数的方程，对于这样的方程我们有下面的定义．

【定义8.1】含有未知函数的导数（或微分）的方程称为微分方程．

如果微分方程中的未知函数是一元函数，则称为常微分方程，如果未知函数是多元函数，则称为偏微分方程．在本书中只研究常微分方程，以后简称为微分方程．

注：微分方程中可以不含未知函数及自变量，但必须含有未知函数的导数，如方程

$$y''' + y'' = 0.$$

8.1.2　微分方程的阶

微分方程中所出现的未知函数导数的最高阶数，叫做微分方程的阶．例如，方程 $\dfrac{\mathrm{d}y}{\mathrm{d}x} = 2x$ 是一阶微分方程；方程 $y''' - 2y' + y = \mathrm{e}^x$ 是三阶微分方程.

一般地，方程

$$F(x,\ y,\ y',\ \cdots,\ y^{(n)}) = 0$$

叫做 n 阶微分方程.

8.1.3　微分方程的解

如果把一个函数 $y = f(x)$ 代入微分方程后能使方程成为恒等式，这个函数就称为该微分方程的解．例如，函数 $y = x^2 + 1$ 和 $y = x^2 + C$ 都是微分方程 $\dfrac{\mathrm{d}y}{\mathrm{d}x} = 2x$ 的解.

如果微分方程的解中含有任意常数，且独立的任意常数（指两任意常数不能合并而使得任意常数的个数减少）的个数与微分方程的阶数相同，这样的解叫做微分方程的通解．例如，函数 $y = x^2 + C$ 是微分方程 $\dfrac{\mathrm{d}y}{\mathrm{d}x} = 2x$ 的解，它含有一个任意常数，而方程是一阶微分方程，所以它是方程的通解.

由于通解中含有任意常数，所以它还不能完全确定地反映某一客观事物的规律，为此，要根据问题的实际情况提出确定这些常数的条件．确定了通解中的任意常数后，所得到的微分方程的解称为微分方程的特解.

用于确定通解中的任意常数而得到特解的条件，称为微分方程的初始条件．例如，$y\big|_{x=0} = 0$ 就是微分方程 $\dfrac{\mathrm{d}y}{\mathrm{d}x} = 2x$ 的初始条件.

求微分方程的解的过程称为解微分方程.

【例 8.2】 验证：函数 $x = C_1 \cos kt + C_2 \sin kt$ 是微分方程 $\dfrac{\mathrm{d}^2 x}{\mathrm{d}t^2} + k^2 x = 0$ 的解.

解：求出所给函数的导数

$$\frac{\mathrm{d}x}{\mathrm{d}t} = -kC_1 \sin kt + kC_2 \cos kt$$

$$\frac{\mathrm{d}^2 x}{\mathrm{d}t^2} = -k^2 C_1 \cos kt - k^2 C_2 \sin kt = -k^2(C_1 \cos kt + C_2 \sin kt)$$

把 $\dfrac{\mathrm{d}^2 x}{\mathrm{d}t^2}$ 及 x 的表达式代入微分方程，得

$$-k^2(C_1 \cos kt + C_2 \sin kt) + k^2(C_1 \cos kt + C_2 \sin kt) = 0$$

所以，函数 $x = C_1 \cos kt + C_2 \sin kt$ 是微分方程的解.

8.2　可分离变量的微分方程

8.2.1　可分离变量的微分方程

一阶微分方程的一般形式为

$$F(x,\ y,\ y')=0$$

下面我们来研究几种常用的一阶微分方程的解法.

形如：

$$\frac{\mathrm{d}y}{\mathrm{d}x}=f(x)g(y) \tag{8.1}$$

的方程称为可分离变量的微分方程.

设 $g(y)\neq0$，用 $g(y)$ 除方程的两端，用 $\mathrm{d}x$ 乘以方程的两端，使得方程一端只含 y 的函数和 $\mathrm{d}y$，另一端只含 x 的函数和 $\mathrm{d}x$，得到

$$\frac{1}{g(y)}\mathrm{d}y=f(x)\mathrm{d}x$$

再在上述等式的两端积分，得

$$\int\frac{1}{g(y)}\mathrm{d}y=\int f(x)\mathrm{d}x$$

上式即为所求微分方程（8.1）的解.

注：若 $g(y_0)=0$，则 $y=y_0$ 也是（8.1）的解，称此解为特解. 上述求解可分离变量的方程的方法称为分离变量法.

【例8.3】 求微分方程 $\dfrac{\mathrm{d}y}{\mathrm{d}x}=\dfrac{y}{x}$ 的通解.

解： 显然，$y=0$ 为方程的解. 当 $y\neq0$ 时，将方程分离变量，得

$$\frac{\mathrm{d}y}{y}=\frac{\mathrm{d}x}{x}$$

两端积分，得

$$\ln|y|=\ln|x|+\ln|C_1|$$

即

$$|y|=|C_1x|,\quad y=\pm C_1x$$

又因为 $\pm C_1$ 仍是任意常数，把它记作 C. 所以，方程的通解为

$$y=Cx$$

【例8.4】 求微分方程 $y^2\sin x\mathrm{d}x-\mathrm{d}y=0$ 满足初始条件 $y\big|_{x=0}=1$ 的特解.

解： 方程分离变量，得

$$\frac{1}{y^2}\mathrm{d}y=\sin x\mathrm{d}x$$

两端积分，得

$$-\frac{1}{y}=-\cos x+C$$

即

$$y=\frac{1}{\cos x-C}$$

将初始条件 $y\big|_{x=0}=1$ 代入上式，得 $C=0$.

所以，原方程的特解为

$$y=\sec x$$

【例8.5】 已知在电阻为 R，电容为 C 的串联电路中（如图 8-1 所示），外接直流电源，

其电势为 E，则当合上开关 K 以后，电容 C 两端的电压 u_c 逐渐升高．求电压 u_c 随时间 t 的变化规律 $u_c(t)$.

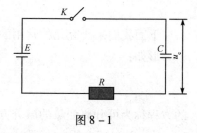

图 8 – 1

解：电容 C 上的电压降 u_c 和电阻 R 上的电压降 R_i 之和就是电池的端电压 E，即

$$u_c + iR = E$$

对电池充电时，电容上的电量 Q 逐渐增多，按电容的性质有

$$Q = Cu_c$$

因而电路中的充电电流

$$i = \frac{\mathrm{d}Q}{\mathrm{d}t} = \frac{\mathrm{d}}{\mathrm{d}t}(Cu_c) = C\frac{\mathrm{d}u_c}{\mathrm{d}t}$$

把此式代入

$$u_c + iR = E$$

得到 $u_c(t)$ 满足的微分方程

$$RC\frac{\mathrm{d}u_c}{\mathrm{d}t} + u_c = E$$

由于充电开始时，电容 C 两端的电压为零，所以初始条件为 $t = 0$ 时，$u_c = 0$.

为了要求出 $u_c(t)$，我们来解这个微分方程，这里的 R，C 和 E 都是常数，方程属于可分离变量的类型．先把方程改为

$$RC\mathrm{d}u_c + (u_c - E)\mathrm{d}t = 0$$

分离变量后为

$$\frac{\mathrm{d}u_c}{u_c - E} = -\frac{\mathrm{d}t}{RC}$$

两边积分得

$$\ln(u_c - E) = -\frac{1}{RC}t + C_1$$

即

$$u_c - E = \mathrm{e}^{-\frac{1}{RC}t + C_1} = \mathrm{e}^{C_1} \cdot \mathrm{e}^{-\frac{1}{RC}t}$$

其中 C_1 是任意常数，e^{C_1} 仍为任意常数，记为 $A = \mathrm{e}^{C_1}$

于是

$$u_c = E + A\mathrm{e}^{-\frac{1}{RC}t}$$

把初始条件 $u_c|_{t=0} = 0$ 带入得 $A = -E$

所以

$$u_c = E - E^{-\frac{1}{RC}t} = E(1 - \mathrm{e}^{-\frac{1}{RC}t})$$

练习题8.2

1. 指出下列微分方程的阶数.

（1）$(y')^2 - 3yy' + x = 0$;

（2）$xy''' + 2y' + x^3y = 0$;

（3）$y\mathrm{d}x - x\mathrm{d}y = 0$;

（4）$L\frac{\mathrm{d}^2Q}{\mathrm{d}t^2} + R\frac{\mathrm{d}Q}{\mathrm{d}t} + \frac{Q}{C} = 0$.

2. 验证下列函数是否是所给方程的解，若是解，指出是通解还是特解.

（1）$xy' = 3y$，$y = x^2$;

（2）$y'' - y' - 2y = 0$，$y = C_1\mathrm{e}^{-x} + C_2\mathrm{e}^{2x}$;

（3） $y' + y = 0$ ， $y = 3\sin x - 4\cos x$ ；

（4） $y'' - (\lambda_1 + \lambda_2)y' + \lambda_1\lambda_2 y = 0$ ； $y = C_1 e^{\lambda_1 x} + C_2 e^{\lambda_2 x}$ ．

3．解微分方程．

（1） $\dfrac{\mathrm{d}y}{\mathrm{d}x} = \cos x$ ；

（2） $y'' = 1$ ， $y\big|_{x=0} = 0$ ， $y'\big|_{x=0} = 1$ ；

（3） $xy' - y\ln y = 0$ ；

（4） $\sqrt{1-x^2}\, y' = \sqrt{1-y^2}$ ；

（5） $\dfrac{\mathrm{d}y}{\mathrm{d}x} = x^2 y^2$ ；

（6） $\dfrac{\mathrm{d}y}{\mathrm{d}x} = 10^{x+y}$ ．

8.3　一阶线性微分方程

若微分方程中未知函数及其各阶导数都是一次的，则称为线性微分方程．

下面，我们介绍在工程技术中常见的一阶线性微分方程．

8.3.1　一阶线性微分方程

形如

$$\frac{\mathrm{d}y}{\mathrm{d}x} + P(x)y = Q(x) \tag{8.2}$$

的微分方程称为一阶线性微分方程．其中 $P(x)$ ， $Q(x)$ 是连续函数．它的特点是未知函数 y 及其导数 y' 都是一次的．

若 $Q(x) \neq 0$ ，则方程（8.2）称为一阶非齐次线性微分方程．若 $Q(x) \equiv 0$ ，即

$$\frac{\mathrm{d}y}{\mathrm{d}x} + P(x)y = 0 \tag{8.3}$$

方程（8.3）称为一阶齐次线性微分方程．

例如，方程 $y' - 2xy = x$ 是一阶非齐次线性微分方程，它对应的一阶齐次线性微分方程是 $y' - 2xy = 0$ ．

1. 一阶齐次线性微分方程的解法

一阶齐次线性微分方程 $\dfrac{\mathrm{d}y}{\mathrm{d}x} + P(x)y = 0$ 是可分离变量的微分方程，分离变量得

$$\frac{\mathrm{d}y}{y} = -P(x)\mathrm{d}x$$

两端积分得

$$\ln y = -\int P(x)\mathrm{d}x + \ln C$$

化简得一阶齐次线性微分方程的通解公式为

$$y = Ce^{-\int P(x)\mathrm{d}x} \tag{8.4}$$

2. 一阶非齐次线性微分方程的解法

对于一阶非齐次线性微分方程（8.2），我们用"常数变易法"来求它的通解．这种方

法就是在非齐次线性微分方程（8.2）所对应的齐次线性微分方程（8.3）的通解

$$y = Ce^{-\int P(x)\mathrm{d}x}$$

中，将任意常数 C 换成 x 的函数 $C(x)$（$C(x)$ 是待定函数），即设 $y = C(x)e^{-\int P(x)\mathrm{d}x}$ 是非齐次线性微分方程（8.2）的解，为了确定 $C(x)$，把 $y = C(x)e^{-\int P(x)\mathrm{d}x}$ 及其导数

$$y' = C'(x)e^{-\int P(x)\mathrm{d}x} + C(x)e^{-\int P(x)\mathrm{d}x}[-P(x)]$$

代入（8.2），化简得

$$C'(x)e^{-\int P(x)\mathrm{d}x} = Q(x)$$

即

$$C'(x) = Q(x)e^{\int P(x)\mathrm{d}x}$$

两端积分得

$$C(x) = \int Q(x)e^{\int P(x)\mathrm{d}x}\mathrm{d}x + C$$

所以，一阶线性非齐次微分方程（8.2）的通解公式为

$$y = e^{-\int P(x)\mathrm{d}x}\left[\int Q(x)e^{\int P(x)\mathrm{d}x}\mathrm{d}x + C\right] \tag{8.5}$$

【例 8.6】 求微分方程 $y' - \dfrac{y}{x} = x^2$ 的通解.

解法一： 用分离变量法求出原方程对应的齐次线性微分方程 $y' - \dfrac{y}{x} = 0$ 的通解为

$$y = Cx$$

再用常数变易法，设 $y = C(x)x$ 是微分方程 $y' - \dfrac{y}{x} = x^2$ 的解，

因为 $$y' = C'(x)x + C(x)$$

将 y、y' 代入原方程，得

$$C'(x)x + C(x) - \frac{C(x)x}{x} = x^2$$

化简，得 $$C'(x) = x$$

积分，得 $$C(x) = \frac{1}{2}x^2 + C$$

所以，所求微分方程的通解为

$$y = x\left(\frac{1}{2}x^2 + C\right)$$

解法二： 因为，$P(x) = -\dfrac{1}{x}$，$Q(x) = x^2$，代入通解公式（8.5），得原方程通解为

$$y = e^{-\int(-\frac{1}{x})\mathrm{d}x}\left[\int x^2 e^{\int(-\frac{1}{x})\mathrm{d}x}\mathrm{d}x + C\right] = x\left(\frac{1}{2}x^2 + C\right)$$

【例 8.7】 求微分方程 $y' - \dfrac{2y}{x+1} = (x+1)^{\frac{5}{2}}$ 满足初始条件 $y|_{x=0} = 1$ 的特解.

解： 用分离变量法求出对应的齐次方程 $y' - \dfrac{2y}{x+1} = 0$ 的通解为

$$y = C(x+1)^2$$

用常数变易法，设 $y = C(x)(x+1)^2$ 是所求微分方程的解，

因为　　　　　　　　 $y' = C'(x)(x+1)^2 + 2C(x)(x+1)$

将 y 和 y' 代入原方程，得

$$C'(x) = (x+1)^{\frac{1}{2}}.$$

两端积分，得

$$C(x) = \frac{2}{3}(x+1)^{\frac{3}{2}} + C$$

所以，所求微分方程通解为

$$y = (x+1)^2 \left[\frac{2}{3}(x+1)^{\frac{3}{2}} + C \right]$$

代入初始条件 $y\big|_{x=0} = 1$，得 $C = \dfrac{1}{3}$，

所以，所求的特解为　　 $y = \dfrac{1}{3}(x+1)^2 \left[2(x+1)^{\frac{3}{2}} + 1 \right]$

【例 8.8】 如图 8−2 所示，有一个由电阻 $R = 10\Omega$，电感 $L = 0.2H$ 和电源电压 $E = 20\sin 50t\,\mathrm{V}$ 串联组成的电路，开关 K 闭合后，电路中有电流通过，求电流 i 与时间 t 之间的函数关系.

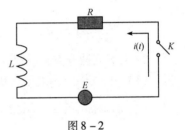

图 8−2

解：首先列出方程，从电学的知识可知：当电流 i 变化时，电感 L 有感应电压 $u_i = L\dfrac{\mathrm{d}i}{\mathrm{d}t}$，电阻 R 上的电压 $u_R = iR$.

根据回路电压定律

$$u_L + u_R = E$$

有　　　　　　　　　 $L\dfrac{\mathrm{d}i}{\mathrm{d}t} + iR = E$

即　　　　　　　　　 $\dfrac{\mathrm{d}i}{\mathrm{d}t} + \dfrac{R}{L}i = \dfrac{E}{L}$

将题目所给的数据代入上式得

$$\frac{\mathrm{d}i}{\mathrm{d}t} + 50i = 100\sin 50t$$

设开关 K 闭合的时候 $t = 0$，则 $i(t)$ 应满足条件 $i\big|_{t=0} = 0$. 也就是说，现在我们所要求的是方程 $\dfrac{\mathrm{d}i}{\mathrm{d}t} + 50i = 100\sin 50t$ 满足初始条件 $i\big|_{t=0} = 0$ 的特解.

$\dfrac{\mathrm{d}i}{\mathrm{d}t} + 50i = 100\sin 50t$ 是一阶线性方程且

$$P(t) = 50, \quad Q(t) = 100\sin 50t$$

由通解公式得

$$i = \mathrm{e}^{-\int 50\mathrm{d}t} \left(\int 100\sin 50t \,\mathrm{e}^{\int 50\mathrm{d}t}\,\mathrm{d}t + C \right)$$

$$= \mathrm{e}^{-50t} \left(\int 100\sin 50t\,\mathrm{e}^{50t}\,\mathrm{d}t + C \right)$$

$$= e^{-50t}[(\sin50t - \cos50t)e^{50t} + C]$$
$$= \sin50t - \cos50t + Ce^{-50t}$$

将 $i|_{t=0} = 0$ 代入上式，解得 $C = 1$. 因此所求 i 与 t 之间的函数关系为

$$i = \sin50t - \cos50t + e^{-50t}$$

练习题 8.3

1. 解下列微分方程.

（1）$\sec^2x\tan ydx + \sec^2y\tan xdy = 0$；

（2）$\dfrac{dy}{dx} + y = e^{-x}$；

（3）$y' + y\cos x = e^{-\sin x}$；

（4）$y' + y\tan x = \sin2x$；

（5）$\dfrac{d\rho}{d\theta} + 3\rho = 2$；

（6）$\dfrac{dy}{dx} + 2xy = 4x$.

2. 求下列微分方程满足所给初始条件的特解.

（1）$y' = e^{2x-y}$，$y|_{x=0} = 0$；

（2）$\cos x\sin ydy = \cos y\sin xdx$，$y|_{x=0} = \dfrac{\pi}{4}$；

（3）$xdy + 2ydx = 0$，$y|_{x=2} = 1$；

（4）$\dfrac{dy}{dx} - y\tan x = \sec x$，$y|_{x=0} = 0$；

（5）$\dfrac{dy}{dx} + \dfrac{y}{x} = \dfrac{\sin x}{x}$，$y|_{x=\pi} = 1$；

（6）$\dfrac{dy}{dx} + 3y = 8$，$y|_{x=0} = 2$.

3. 一曲线通过点（2，3），它在两坐标轴间的任一切线线段均被切点所平分，求该曲线方程.

4. 求一曲线的方程，该曲线通过原点，并且它在点 $(x，y)$ 处的切线斜率等于 $2x + y$.

5. 设有一质量为 m 的质点做直线运动，从速度等于零的时刻起，有一个与运动方向一致、大小与时间成正比（比例系数为 k_1）的力作用于它，此外还受一与运动方向相反、大小与速度成正比（比例系数为 k_2）的阻力作用，求质点运动的速度与时间的函数关系.

8.4 二阶常系数线性微分方程

形如
$$y'' + py' + qy = f(x) \tag{8.6}$$
的方程（其中 p，q 为常数），称为二阶常系数非齐次线性微分方程.

当 $f(x) = 0$ 时，
$$y'' + py' + qy = 0 \tag{8.7}$$

称为二阶常系数齐次线性微分方程.

为了学习二阶常系数齐次线性微分方程的解法，我们先来了解其解的结构.

8.4.1 二阶常系数线性微分方程解的结构

1. 二阶常系数齐次线性微分方程解的结构

【定理8.1】 如果函数 y_1 与 y_2 是方程（8.7）的两个解，那么 $y = C_1 y_1 + C_2 y_2$ 也是方程（8.7）的解，其中 C_1，C_2 是任意常数.

证明：将 $y = C_1 y_1 + C_2 y_2$ 代入方程（8.7）的左边，得

$$(C_1 y_1 + C_2 y_2)'' + p(C_1 y_1 + C_2 y_2)' + q(C_1 y_1 + C_2 y_2)$$
$$= C_1 [y_1'' + py_1' + qy_1] + C_2 [y_2'' + py_2' + qy_2]$$

由于 y_1 与 y_2 是方程（8.7）的两个解，即

$$y_1'' + py_1' + qy_1 = 0$$
$$y_2'' + py_2' + qy_2 = 0$$

因此 $(C_1 y_1 + C_2 y_2)'' + p(C_1 y_1 + C_2 y_2)' + q(C_1 y_1 + C_2 y_2) = 0$

所以 $y = C_1 y_1 + C_2 y_2$ 是方程（8.7）的解.

这个定理表明常系数齐次线性微分方程的解具有叠加性.

由此定理可知，如果能找到方程（8.7）的两个解 $y_1(x)$ 与 $y_2(x)$ 且 $\dfrac{y_1(x)}{y_2(x)} \neq$ 常数，那么 $y = C_1 y_1(x) + C_2 y_2(x)$ 就是含有两个任意常数的解，因而就是方程（8.7）的通解.

注意：如果 $\dfrac{y_1(x)}{y_2(x)} \equiv C$，即 $y_1(x) \equiv Cy_2(x)$，那么

$$C_1 y_1(x) + C_2 y_2(x) = C_1 Cy_2(x) + C_2 y_2(x) = (C_1 C + C_2)y_2(x) = C_3 y_2(x)$$

此时这个解实际上只含有一个任意常数，因而就不是方程（8.7）的通解.

2. 二阶常系数非齐次线性微分方程解的结构

【定理8.2】 设 Y 是方程（8.7）的通解，$\bar{y}$ 是方程（8.6）的一个特解，则

$$y = Y + \bar{y}$$

就是方程（8.6）的通解.

8.4.2 二阶常系数齐次线性微分方程的解法

受一阶常系数齐次线性微分方程 $y' + py = 0$ 有解 $y = e^{-px}$ 的启发，我们分析方程 $y'' + py' + qy = 0$ 可能有 $y = e^{rx}$ 形式的解. 这是因为从方程的形式来看，它们的特点是 y''，y' 与 y 各乘以常数因子后相加等于零. 因此，如果能找到一个函数 y，且 y''，y' 与 y 之间只相差一个常数，这样的函数就可能是方程（8.7）的特解. 易知在初等函数中，指数函数 $y = e^{rx}$ 符合上述要求.

设方程（8.7）的特解为 $y = e^{rx}$（其中 r 是待定常数），此时

$$y' = re^{rx}, \qquad y'' = r^2 e^{rx}$$

将 y''，y'，y 代入方程（8.7），整理得

$$(r^2 + pr + q) e^{rx} = 0$$

因为 $e^{rx} \neq 0$，所以要使上式成立，必须

$$r^2 + pr + q = 0 \tag{8.8}$$

只要 r 满足方程（8.8），函数 $y = e^{rx}$ 就是微分方程（8.7）的解．于是，微分方程（8.7）的求解问题，就转化为求代数方程（8.8）的根的问题．

方程（8.8）称为微分方程（8.7）的特征方程．特征方程的根 r 称为微分方程的特征根．

下面，我们根据特征根的三种情形，分别进行讨论．

（1）特征方程有两个不相等的实数根 r_1 及 r_2．

于是 $y_1 = e^{r_1 x}$ 及 $y_2 = e^{r_2 x}$ 是方程（8.7）的两个特解，且 $\dfrac{y_1}{y_2} = e^{(r_1 - r_2)x} \neq$ 常数．所以方程（8.7）的通解为：
$$y = C_1 e^{r_1 x} + C_2 e^{r_2 x} \qquad (8.9)$$

【例8.9】求微分方程 $y'' + 5y' - 6y = 0$ 的通解．

解：所给微分方程的特征方程为 $r^2 + 5r - 6 = 0$，

即
$$(r+6)(r-1) = 0$$

特征根为
$$r_1 = -6, \qquad r_2 = 1$$

因此，所求微分方程的通解为
$$y = C_1 e^{-6x} + C_2 e^x$$

（2）特征方程有两个相等的实数根 $r_1 = r_2 = r$．

于是只得到方程（8.7）的一个特解 $y_1 = e^{rx}$，要求方程（8.7）的另一个与 y_1 线性无关的特解 y_2，它必须使 $\dfrac{y_2}{y_1} = u(x)$（$u(x)$ 是 x 的特定函数）．所以 $y_2 = u(x)e^{rx}$. 对 y_2 求导，得
$$y'_2 = e^{rx}[u'(x) + ru(x)]$$
$$y''_2 = e^{rx}[u''(x) + 2ru'(x) + r^2 u(x)]$$

将 y_2，y'_2，y''_2 代入方程（8.7），得
$$e^{rx}\{[u''(x) + 2ru'(x) + r^2 u(x)] + p[u'(x) + ru(x)] + qu(x)\} = 0$$

即
$$e^{rx}[u''(x) + (2r+p)u'(x) + (r^2 + pr + q)u(x)] = 0$$

因为 $e^{rx} \neq 0$，所以
$$u''(x) + (2r+p)u'(x) + (r^2 + pr + q)u(x) = 0$$

r 是特征方程的二重根，因此有 $r^2 + pr + q = 0$，且 $2r + p = 0$，于是，得 $u''(x) = 0$. 所以，我们只要选取能使 $u''(x) = 0$ 的函数 $u(x)$ 就可以了．我们不妨取 $u(x) = x$，得 $y_2 = xe^{rx}$，且 $\dfrac{y_2}{y_1} = x \neq$ 常数．所以方程（8.7）的通解为
$$y = (C_1 + C_2 x)\, e^{rx} \qquad (8.10)$$

【例8.10】求微分方程 $y'' - 8y' + 16y = 0$ 的通解．

解：所给微分方程的特征方程为
$$r^2 - 8r + 16 = 0$$

它有两个相同的实根
$$r_1 = r_2 = 4$$

所以，所求微分方程的通解为
$$y = (C_1 + C_2 x)e^{4x}$$

（3）特征方程有一对共轭复数根 $r_1 = \alpha + i\beta$，$r_2 = \alpha - i\beta$．

于是 $y_1 = e^{(\alpha+i\beta)x}$ 和 $y_2 = e^{(\alpha-i\beta)x}$ 是方程（8.7）的两个特解，为得出实数解，利用欧拉公式

$$e^{i\theta} = \cos\theta + i\sin\theta$$

可得

$$y_1 = e^{(\alpha+i\beta)x} = e^{\alpha x} \cdot e^{i\beta x} = e^{\alpha x}(\cos\beta x + i\sin\beta x)$$

$$y_2 = e^{(\alpha-i\beta)x} = e^{\alpha x} \cdot e^{-i\beta x} = e^{\alpha x}(\cos\beta x - i\sin\beta x)$$

由解的结构定理，可知

$$\bar{y}_1 = \frac{1}{2}(y_1 + y_2) = e^{\alpha x}\cos\beta x$$

$$\bar{y}_2 = \frac{1}{2i}(y_1 - y_2) = e^{\alpha x}\sin\beta x$$

仍然是方程（8.7）的解，且 $\dfrac{\bar{y}_1}{\bar{y}_2} = \cot\beta x \neq$ 常数，所以方程（8.7）的通解为

$$y = e^{\alpha x}(C_1\cos\beta x + C_2\sin\beta x) \tag{8.11}$$

【例 8.11】求方程 $y'' - 2y' + 3y = 0$ 的通解.

解： 所给微分方程的特征方程为

$$r^2 - 2r + 3 = 0$$

它有一对共轭复根

$$r_1 = 1 + \sqrt{2}i, \quad r_2 = 1 - \sqrt{2}i$$

所以，所求微分方程的通解为

$$y = e^x(C_1\cos\sqrt{2}x + C_2\sin\sqrt{2}x)$$

【例 8.12】求方程 $\dfrac{d^2s}{dt^2} + 4\dfrac{ds}{dt} + 4s = 0$ 满足初始条件 $s\big|_{t=0} = 4$，$s'\big|_{t=0} = -2$ 的特解.

解： 特征方程为

$$r^2 + 4r + 4 = 0$$

特征根为

$$r_1 = r_2 = -2$$

所以，方程的通解为

$$s = (C_1 + C_2 t)e^{-2t}$$

因为

$$s' = (C_2 - 2C_2 t - 2C_1)e^{-2t}$$

将初始条件代入以上两式，得

$$C_1 = 4, \quad C_2 = 6$$

所以，原方程的特解为

$$s = (4 + 6t)e^{-2t}$$

练习题 8.4

1. 求下列微分方程的通解.

（1）$y'' + 5y' + 6y = 0$；

（2）$y'' - 3y' = 0$；

（3）$y'' + 4y = 0$；

（4）$y'' + 2y' + 5y = 0$；

（5）$y'' - 4y' + 5y = 0$；　　　　　　　　　　（6）$y'' + 25y = 0$.

2. 求下列微分方程满足所给初始条件的特解.

（1）$y'' - 4y' + 3y = 0$，$y\big|_{x=0} = 6$，$y'\big|_{x=0} = 10$；

（2）$4y'' + 4y' + y = 0$，$y\big|_{x=0} = 2$，$y'\big|_{x=0} = 0$；

（3）$y'' + 4y' + 29y = 0$，$y\big|_{x=0} = 0$，$y'\big|_{x=0} = 15$.

本章 小结及思维导图
BENZHANG XIAOJIE JI SIWEI DAOTU

一、学习本章，要求读者掌握微分方程的基本概念，熟练掌握可分离变量的微分方程与一阶线性微分方程的求解方法，会求二阶常系数齐次线性微分方程的解，了解二阶常系数非齐次线性微分方程求解方法，会运用微分方程解决相关实际问题.

二、思维导图

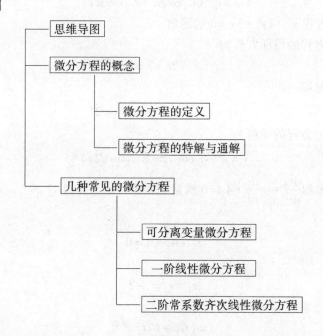

测试题 8

1. 填空题.

（1）n 阶微分方程的通解中含有____个独立的任意常数.

（2）一阶齐次线性微分方程的一般形式为_____，其通解是_____.

（3）一曲线过点（1，2），其上任意点 $P(x，y)$ 处的切线的纵截距等于 P 的横坐标，则此曲线方程是_____.

（4）方程 $y'' - 5y = 0$ 的通解是_____.

2. 选择题.

（1）下列方程中为线性微分方程的是　　　　　　　　　　　　　　　（　　）.

A. $xy' - 2yy' + x = 0$　　　　　　　　B. $2x^2 y'' + 3x^3 y' + x = 0$

C. $(x^2 - y^2)\mathrm{d}x + (x^2 + y^2)\mathrm{d}y = 0$　　　D. $(y'')^2 + 5y' + 3y - x = 0$

（2）一曲线在其上任意一点处切线斜率为 $-\dfrac{2x}{y}$，则曲线是 （　　）.

A. 直线　　　　　　　　　　　　B. 椭圆

C. 双曲线　　　　　　　　　　　D. 抛物线

（3）下列函数中，线性相关的是 （　　）.

A. $2x$ 与 $x+1$　　　　　　　　　B. x^2 与 $-x^2$

C. $\sin x$ 与 $\cos x$　　　　　　　　D. $\sin x$ 与 $e^x \sin x$

（4）特征方程 $r^2 - 3r + 2 = 0$ 所对应的线性齐次微分方程是 （　　）.

A. $y'' - 3y' + 2 = 0$　　　　　　　B. $y'' - 3y' - 2 = 0$

C. $y'' - 3y' + 2y = 0$　　　　　　D. $y'' + 3y' + 2y = 0$

3. 求方程 $xy' + y = y^2$ 满足初始条件 $y(1) = \dfrac{1}{2}$ 的特解.

4. 解微分方程 $y'' - 6y' + 9y = 0$.

5. 求方程 $y'' - y = e^x$ 的通解.

6. 方程 $y'' + 9y = 0$ 的一条积分曲线过点 $(\pi, -1)$，且在该点和直线 $y + 1 = \pi - x$ 相切，求此曲线方程.

7. 镭的衰变有如下的规律，镭的衰变速度与它的现存量 R 成正比，由经验材料得知，镭经过 1 600 年后，只余原始量 R_0 的一半，试求镭的量 R 与时间 t 的函数关系.

8. 设有一个由电阻 $R = 10\Omega$（欧姆）、电感 $L = 2H$（亨）和电源电压 $E = 20\sin 5t\,V$（伏）串联组成的电路，开关 K 合上后，电路中有电源通过，求电流 i 与时间 t 的函数关系.

小贴士：烧水问题（数学中的转化思想）

有人提出这样一个问题："假如你面前有煤气灶、水龙头、水壶和火柴，你想烧些水，应当怎样去做？"被提问者答道："在壶中放上水，点燃煤气，再把水壶放到煤气灶上"提问者肯定了这一回答，接着追问："如其他条件不变，只是水壶中已有了足够的水，那你又应当怎样去做？"这时被提问者很有信心地答道："点燃煤气灶，再把水壶放到煤气灶上."但是提问者说："物理学家通常都这么做，数学家们则会倒去壶中的水，并声称已把后一问题转化成先前的问题."

数学家"倒去壶中的水"似乎是多此一举，故事的编创者不是要我们去"倒去壶中的水"，而是引导我们去感悟数学家独特的思维方式——转化.学习数学不是问题解决方案的累积记忆，而是要学会把未知的问题转化成已知的问题，把复杂的问题转化成简单的问题，把抽象的问题转化成具体的问题.数学的转化思想简化了我们的思维状态，提升了我们的思维品质.转化不是就事论事、一事一策，而是发掘出问题中最本质的内核和原型，再把新问题转化成与已经能够解决的问题.转化思想是数学的基本思想，它应贯穿在我们数学学习和工作的始终.

第九章

傅里叶变换

本章导读

　　通信技术中的信号除了可以用时间函数或波形来描述，还可以用另一种方式描述．即通过傅里叶级数或傅里叶积分将周期信号或非周期信号分解成许许多多不同频率的正弦分量的线性组合，这就是信号的频谱分析．也需要通过傅里叶变换将非周期信号进行信号分解得到对应的频谱图．本章我们将学习如何将一个周期信号展成傅里叶级数，将一个非周期信号展成傅里叶积分，将学习傅里叶变换的条件和定义，以及常见的非周期信号的傅里叶变换．

　　学习目标： 理解并掌握傅里叶级数、傅里叶积分、傅里叶变换的条件和定义及之间的联系，掌握

　　素质目标： 培养学生利用数学的转化思想，将数学计算转化为专业技能，培养理论联系实际的工匠精神

9.1　傅里叶级数

9.1.1　无穷级数的概念

【定义 9.1】 设给定一个数列 u_1，u_2，u_3，…，u_n，…，则和式 $u_1 + u_2$

傅里叶级数

$+ \cdots + u_n + \cdots$ 称为（常数项）无穷级数，简称为级数．记为 $\sum\limits_{n=1}^{\infty} u_n$．即：

$$\sum_{n=1}^{\infty} u_n = u_1 + u_2 + \cdots + u_n + \cdots$$

式中的每一个数称为常数项级数的项，其中第 n 项 u_n 称为级数的通项或一般项．求无穷多个数累加的结果，无法像有限个数那样直接把它们逐项相加．因此引入下列概念．

【定义 9.2】 对于无穷级数 $\sum\limits_{n=1}^{\infty} u_n$，它的前 n 项之和 $s_n = u_1 + u_2 + \cdots + u_n$ 称为级数的部分和．

　　如果当 $n \to \infty$ 时，s_n 有极限，即 $\lim\limits_{n \to \infty} s_n = s$，则称级数 $\sum\limits_{n=1}^{\infty} u_n$ 是收敛的，并称 s 为该级数的和，即 $s = u_1 + u_2 + \cdots + u_n + \cdots$．当 $n \to \infty$ 时，如果 s_n 没有极限，则称级数 $\sum\limits_{n=1}^{\infty} u_n$ 是发散的．

　　我们有以下三个常用的级数．

　　1. 形如 $\sum\limits_{n=1}^{\infty} aq^{n-1} = a + aq + aq^2 + \cdots + aq^{n-1} + \cdots$ 的级数，称为等比级数．其中首项 a

为一非零实数，q 为公比.

当 $|q| < 1$ 时，等比级数收敛且其和 $s = \dfrac{a}{1-q}$.

当 $|q| \geqslant 1$ 时，等比级数发散.

2. 形如 $\displaystyle\sum_{n=1}^{\infty} \dfrac{1}{n} = 1 + \dfrac{1}{2} + \dfrac{1}{3} + \cdots + \dfrac{1}{n} + \cdots$ 的级数称为调和级数.

调和级数是发散的.

3. 形如 $\displaystyle\sum_{n=1}^{\infty} \dfrac{1}{n^p} = \dfrac{1}{1^p} + \dfrac{1}{2^p} + \dfrac{1}{3^p} + \cdots + \dfrac{1}{n^p} + \cdots$ 的级数称为 p – 级数.

其中常数 $p > 0$.

当 $p > 1$ 时，p – 级数收敛.

当 $0 < p \leqslant 1$ 时，p – 级数发散.

【定义 9.3】 级数 $\displaystyle\sum_{n=1}^{\infty} u_n(x) = u_1(x) + u_2(x) + \cdots + u_n(x) + \cdots$ 称为函数项级数.

其中 $u_n(x)$ 是定义在某个区间 I 上的函数.

而当 $u_n(x)$ 为幂函数时，级数称为幂级数.

【定义 9.4】 形如 $\displaystyle\sum_{n=0}^{\infty} a_n x^n = a_0 + a_1 x + a_2 x^2 + \cdots + a_n x^n + \cdots$ 的级数称为幂级数，其中常数 a_0，a_1，a_2，$\cdots$，a_n，$\cdots$ 称为幂级数的系数.

对于每个给定的实数值 x_0，将其代入上式，得到一个常数项级数：

$$\sum_{n=0}^{\infty} a_n x_0^n = a_0 + a_1 x_0 + a_2 x_0^2 + \cdots + a_n x_0^n + \cdots$$

若此常数项级数收敛，称点 x_0 为幂级数的收敛点，所有收敛点的集合称为幂级数的收敛域.

若此常数项级数发散，称点 x_0 为幂级数的发散点，所有发散点的集合称为幂级数的发散域.

9.1.2　三角级数

工程技术中另一个重要的函数项级数是三角级数，它的一般形式为：

$$\frac{a_0}{2} + \sum_{n=1}^{\infty} (a_n \cos nt + b_n \sin nt)$$

其中常数 a_0，a_n，$b_n (n = 1, 2, \cdots)$ 称为三角级数的系数.

在三角级数中出现的函数 1，$\cos x$，$\sin x$，$\cos 2x$，$\sin 2x$，$\cdots$，$\cos nx$，$\sin nx$，$\cdots$ 构成一个三角函数系，三角函数系有两个重要性质.

【性质 1】 （正交性）三角函数系中任意两个不同函数的乘积在 $[-\pi, \pi]$ 上的积分为 0.

【性质 2】 三角函数系中每个函数本身的平方在 $[-\pi, \pi]$ 上的积分不等于 0.

例如：$\displaystyle\int_{-\pi}^{\pi} 1 \cdot \cos nx \mathrm{d}x = 0 (n = 1,2,3,\cdots)$

$$\int_{-\pi}^{\pi} \sin kx \cdot \cos nx \mathrm{d}x = 0 (k = 1,2,3,\cdots; n = 1,2,3,\cdots)$$

$$\int_{-\pi}^{\pi} \sin kx \cdot \sin nx \mathrm{d}x = 0 (k = 1,2,3,\cdots; n = 1,2,3,\cdots; k \neq n)$$

9.1.3　周期为 2π 的函数展开为傅里叶级数

设 $f(x)$ 是一个以 2π 为周期的函数，且能展开为三角级数，即：

$$f(x) = \frac{a_0}{2} + \sum_{n=1}^{\infty} (a_n \cos nx + b_n \sin nx) \tag{9.1}$$

把一个周期函数展开成三角级数，在电工学中叫做谐波分析，其中常数项 $\frac{a_0}{2}$ 叫做 $f(x)$ 的直流分量.

$a_1 \cos x + b_1 \sin x$ 叫做一次谐波（又称基波）.

$a_2 \cos 2x + b_2 \sin 2x$，$a_3 \cos 3x + b_3 \sin 3x$，$\cdots$依次叫做二次谐波、三次谐波等等.

那么这个三角级数中的系数 a_0，a_n，b_n 与函数 $f(x)$ 有什么关系呢？通过计算我们得到：

$$\begin{cases} a_0 = \dfrac{1}{\pi} \displaystyle\int_{-\pi}^{\pi} f(x) \mathrm{d}x \\[3mm] a_n = \dfrac{1}{\pi} \displaystyle\int_{-\pi}^{\pi} f(x) \cos nx \mathrm{d}x (n = 1,2,3,\cdots) \\[3mm] b_n = \dfrac{1}{\pi} \displaystyle\int_{-\pi}^{\pi} f(x) \sin nx \mathrm{d}x (n = 1,2,3,\cdots) \end{cases} \tag{9.2}$$

公式（9.2）称为欧拉 – 傅里叶公式. 由公式（9.2）算出的系数 a_0，a_n，b_n 称为函数 $f(x)$ 的傅里叶系数，简称傅氏系数. 将傅里叶系数代入（9.1）式右端所得到的三角级数 $\frac{a_0}{2} + \sum_{n=1}^{\infty} (a_n \cos nx + b_n \sin nx)$ 称为函数 $f(x)$ 的傅里叶级数，简称傅氏级数.

【定理 9.1】（收敛定理）设 $f(x)$ 是周期为 2π 的周期函数，如果它满足条件：在一个周期内连续或只有有限个第一类间断点，并且至多只有有限个极值点，则函数 $f(x)$ 的傅里叶级数收敛，并且

（1）当 x 是 $f(x)$ 的连续点时，级数收敛于 $f(x)$；

（2）当 x 是 $f(x)$ 的间断点时，级数收敛于 $\dfrac{f(x-0) + f(x+0)}{2}$.

【例 9.1】 设 $f(x)$ 是以 2π 为周期的函数，它在 $[-\pi, \pi)$ 上的表达式为

$$f(x) = x \qquad (-\pi \leqslant x < \pi)$$

将 $f(x)$ 展开为傅里叶级数.

解： 因为 $f(x)$ 是奇函数，所以 $a_0 = 0$，$a_n = 0$（$n = 1$，2，3，$\cdots$），所以它的傅里叶级数是只含正弦项的正弦级数.

$$\begin{aligned} b_n &= \frac{2}{\pi} \int_0^{\pi} x \sin nx \mathrm{d}x \\[2mm] &= \frac{2}{\pi} \Big[-\frac{x}{n} \cos nx + \frac{1}{n^2} \sin nx \,\Big|\,\frac{\pi}{0} \Big] \\[2mm] &= -\frac{2}{n} \cos n\pi = (-1)^{n+1} \frac{2}{n} \quad (n = 1, 2, 3, \cdots) \end{aligned}$$

于是得 $f(x)$ 的傅里叶级数为 $2 \sum_{n=1}^{\infty} \dfrac{(-1)^{n+1}}{n} \sin nx$.

根据收敛定理，在间断点 $x = (2k-1)\pi(k \in z)$ 处，级数收敛于

$$\frac{f(\pi-0)+f(\pi+0)}{2} = \frac{\pi+(-\pi)}{2} = 0$$

而在连续点处有展开式

$$f(x) = 2\sum_{n=1}^{\infty} \frac{(-1)^{n+1}}{n}\sin nx \quad (-\infty < x < +\infty, x \neq 2k-1, k \in Z)$$

图 9-1 和图 9-2 分别是 $f(x)$ 与它的傅里叶级数的和函数 $s(x)$ 的图像.

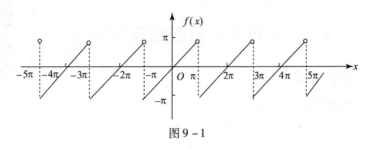

图 9-1

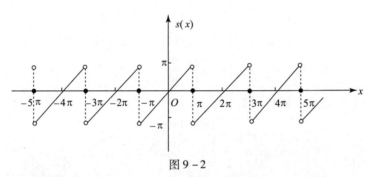

图 9-2

9.1.4 周期为 $2L$ 的函数展开成傅里叶级数

设以 $2L$ 为周期的函数 $f(x)$ 满足收敛定理条件. 通过计算得：

$$\begin{cases} a_n = \dfrac{1}{L} \int_{-L}^{L} f(x) \cos \dfrac{n\pi x}{L} \mathrm{d}x & (n = 0,1,2,\cdots) \\[3mm] b_n = \dfrac{1}{L} \int_{-L}^{L} f(x) \sin \dfrac{n\pi x}{L} \mathrm{d}x & (n = 1,2,\cdots) \end{cases} \tag{9.3}$$

$$f(x) = \frac{a_0}{2} + \sum_{n=1}^{\infty} \left(a_n \cos \frac{n\pi x}{L} + b_n \sin \frac{n\pi x}{L} \right)$$

如果 x 是函数 $f(x)$ 的连续点，级数收敛于 $f(x)$.

如果 x 是函数 $f(x)$ 的间断点，级数收敛于 $\frac{1}{2}[f(x-0)+f(x+0)]$.

9.1.5 傅里叶级数的复数形式

在讨论交流电路、频谱分析等问题时，利用复数形式，往往可以简化计算.

由欧拉公式 $\cos t = \frac{1}{2}(\mathrm{e}^{\mathrm{i}t} + \mathrm{e}^{-\mathrm{i}t})$，$\sin t = \frac{\mathrm{i}}{2}(-\mathrm{e}^{\mathrm{i}t} + \mathrm{e}^{-\mathrm{i}t})$ 有

$$\cos \frac{n\pi x}{L} = \frac{1}{2}(\mathrm{e}^{\mathrm{i}\frac{n\pi x}{L}} + \mathrm{e}^{-\mathrm{i}\frac{n\pi x}{L}})$$

$$\sin\frac{n\pi x}{L} = \frac{\mathrm{i}}{2}\left(-\mathrm{e}^{\mathrm{i}\frac{n\pi x}{L}} + \mathrm{e}^{-\mathrm{i}\frac{n\pi x}{L}}\right)$$

通过计算得傅里叶级数的复数形式为

$$f(x) = \sum_{n=-\infty}^{+\infty} c_n \mathrm{e}^{\mathrm{i}\frac{n\pi x}{L}} \tag{9.4}$$

其中 $c_n = \dfrac{1}{2L}\displaystyle\int_{-L}^{L} f(x)\mathrm{e}^{-\mathrm{i}\frac{n\pi x}{L}}\mathrm{d}x \quad (n=0,\pm1,\pm2,\cdots).$

9.2 从傅氏级数到傅氏积分

从傅氏级数到傅式积分

9.2.1 非周期信号

工程技术中常遇到非周期信号，例如：

1. 最简单的单位（阶跃）函数（图 9-3）.

$$1(t) = \begin{cases} 1, & t>0 \\ 0, & t<0 \end{cases}$$

2. 电容向电阻放电时，其端电压是时间 t 的指数衰减函数（图 9-4）.

$$u_c(t) = \begin{cases} \mathrm{e}^{-\alpha t}, & t>0 \\ 0, & t<0 \end{cases}$$

3. 单个矩形电压脉冲（图 9-5）.

$$e(t) = \begin{cases} E, & 0<t<\tau \\ 0, & t<0 \,\text{或}\, t>\tau \end{cases}$$

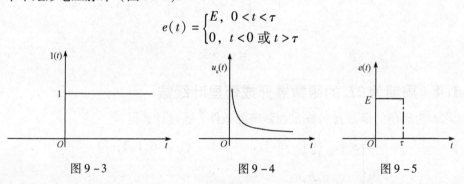

图 9-3　　　　　　　　图 9-4　　　　　　　　图 9-5

非周期信号比周期信号更为广泛. 即使是周期信号，在某些条件下，有时也要按非周期信号来处理. 例如：雷达技术领域内使用的周期性脉冲信号，脉冲间歇时间远远大于脉冲存在时间. 这时，当前一脉冲在系统中的影响完全消失后下一脉冲才出现，因而实际上可以按单个脉冲来处理.

于是，需要类似于周期函数展开为傅氏级数那样，将非周期函数也进行"分解"或"展开"为一些基本信号之和，从而利于技术上对非周期信号的结构、特征进行分析. 即要将非周期函数表示成为傅氏积分，为此下面介绍傅氏积分.

9.2.2 傅氏积分

任何一个非周期函数 $f(t)$ 都可以看成是由某个周期函数 $f_T(t)$ 当 $T\to+\infty$ 时转化而来的. 为了说明这一点，我们作周期为 T 的函数 $f_T(t)$，使其在 $\left[-\dfrac{T}{2}, \dfrac{T}{2}\right)$ 之内等于 $f(t)$；而

在 $\left[-\dfrac{T}{2},\ \dfrac{T}{2}\right]$ 之外按周期延拓到整个数轴，如图 9 – 6 所示. 很明显，T 越大，则 $f_T(t)$ 与 $f(t)$ 相等的范围也越大，这表明当 $T \to +\infty$ 时，周期函数 $f_T(t)$ 便可以转化为 $f(t)$，即有：

$$\lim_{T \to +\infty} f_T(t) = f(t)$$

由于 $f_T(t)$ 满足狄氏条件（收敛定理），故可将其展开为傅氏级数：

$$f_T(t) = \sum_{n=-\infty}^{+\infty} C_n e^{jn\omega t}$$

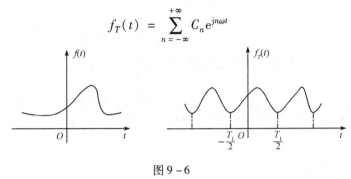

图 9 – 6

其中：

$$C_n = \frac{1}{T} \int_{-\frac{T}{2}}^{\frac{T}{2}} f_T(t) e^{-jn\omega t} dt$$

代入上式得，　　$f_T(t) = \dfrac{1}{T} \sum_{n=-\infty}^{+\infty} \left[\int_{-\frac{T}{2}}^{\frac{T}{2}} f_T(t) e^{-jn\omega t} dt \right] e^{jn\omega t}$

于是：

$$f(t) = \lim_{T \to +\infty} \frac{1}{T} \sum_{n=-\infty}^{+\infty} \left[\int_{-\frac{T}{2}}^{\frac{T}{2}} f_T(t) e^{-jn\omega t} dt \right] e^{jn\omega t}$$

$$= \frac{1}{2\pi} \int_{-\infty}^{+\infty} \left[\int_{-\infty}^{+\infty} f(t) e^{-j\omega t} dt \right] e^{j\omega t} d\omega$$

（证明从略）.

上式称为函数 $f(t)$ 的傅氏积分公式. 一个非周期函数 $f(t)$ 在什么条件下可以用傅氏积分公式表示呢？下面的收敛定理回答了这一问题.

【定理 9.2】（傅氏积分定理）若 $f(t)$ 在 $(-\infty,\ +\infty)$ 上满足下列条件：（1）$f(t)$ 在任一有限区间上满足狄氏条件；（2）$f(t)$ 在无限区间 $(-\infty,\ +\infty)$ 上绝对可积（即积分 $\displaystyle\int_{-\infty}^{+\infty} |f(t)| dt$ 收敛），则有：

$$f(t) = \frac{1}{2\pi} \int_{-\infty}^{+\infty} \left[\int_{-\infty}^{+\infty} f(\tau) e^{-j\omega\tau} d\tau \right] e^{j\omega t} d\omega \tag{9.5}$$

成立. 而左端的 $f(t)$ 在它的间断点 t 处，应以 $\dfrac{f(t+0)+f(t-0)}{2}$ 来代替.

【例 9.2】求函数 $f(t) = \begin{cases} 1, & |t| \leqslant 1 \\ 0, & \text{其他} \end{cases}$ 的傅氏积分表达式.

解：由公式（9.5）有：

$$f(t) = \frac{1}{2\pi} \int_{-\infty}^{+\infty} \left[\int_{-\infty}^{+\infty} f(\tau) e^{-j\omega\tau} d\tau \right] e^{j\omega t} d\omega$$

$$= \frac{1}{2\pi} \int_{-\infty}^{+\infty} \left[\int_{-1}^{1} (\cos\omega\tau - j\sin\omega\tau) \, d\tau \right] e^{j\omega t} \, d\omega$$

$$= \frac{1}{\pi} \int_{-\infty}^{+\infty} \left[\int_{0}^{1} \cos\omega\tau \, d\tau \right] e^{j\omega t} \, d\omega$$

$$= \frac{1}{\pi} \int_{-\infty}^{+\infty} \frac{\sin\omega}{\omega} (\cos\omega t + j\sin\omega t) \, d\omega$$

$$= \frac{2}{\pi} \int_{0}^{+\infty} \frac{\sin\omega\cos\omega t}{\omega} \, d\omega \qquad (t \neq \pm 1)$$

当 $t = \pm 1$ 时，$f(t) = \dfrac{f(\pm 1 + 0) + f(\pm 1 - 0)}{2} = \dfrac{1}{2}$，

根据上述结果，可得：$\dfrac{2}{\pi} \int_{0}^{+\infty} \dfrac{\sin\omega\cos\omega t}{\omega} \, d\omega = \begin{cases} f(t), & t \neq \pm 1 \\ \dfrac{1}{2}, & t = \pm 1 \end{cases}$

即：

$$\int_{0}^{+\infty} \frac{\sin\omega\cos\omega t}{\omega} \, d\omega = \begin{cases} \dfrac{\pi}{2}, & |t| < 1 \\ \dfrac{\pi}{4}, & |t| = 1 \\ 0, & |t| > 1 \end{cases}$$

利用 $f(t)$ 的傅氏积分表达式可以推证一些广义积分的结果，在此，当 $t = 0$ 时，有：

$$\int_{0}^{+\infty} \frac{\sin\omega}{\omega} \, d\omega = \frac{\pi}{2}$$

上式就是著名的狄氏积分.

（9.5）式是 $f(t)$ 的傅氏积分公式的复数形式，利用欧拉公式，可以将它转化为三角形式. 因为：

$$f(t) = \frac{1}{2\pi} \int_{-\infty}^{+\infty} \left[\int_{-\infty}^{+\infty} f(\tau) e^{-j\omega\tau} \, d\tau \right] e^{j\omega t} \, d\omega$$

$$= \frac{1}{2\pi} \int_{-\infty}^{+\infty} \left[\int_{-\infty}^{+\infty} f(\tau) e^{j\omega(t-\tau)} \, d\tau \right] d\omega$$

$$= \frac{1}{2\pi} \int_{-\infty}^{+\infty} \left[\int_{-\infty}^{+\infty} f(\tau) \cos\omega(t-\tau) \, d\tau + j \int_{-\infty}^{+\infty} f(\tau) \sin\omega(t-\tau) \, d\tau \right] d\omega$$

考虑到积分 $\int_{-\infty}^{+\infty} f(\tau) \sin\omega(t-\tau) \, d\tau$ 是 ω 的奇函数，就有：

$$\int_{-\infty}^{+\infty} \left[\int_{-\infty}^{+\infty} f(\tau) \sin\omega(t-\tau) \, d\tau \right] d\omega = 0$$

从而 $f(t) = \dfrac{1}{2\pi} \int_{-\infty}^{+\infty} \left[\int_{-\infty}^{+\infty} f(\tau) \cos\omega(t-\tau) \, d\tau \right] d\omega$ \hfill (9.6)

又考虑到积分 $\int_{-\infty}^{+\infty} f(\tau) \cos\omega(t-\tau) \, d\tau$ 是 ω 的偶函数，（9.6）又可写为

$$f(t) = \frac{1}{\pi} \int_{0}^{+\infty} \left[\int_{-\infty}^{+\infty} f(\tau) \cos\omega(t-\tau) \, d\tau \right] d\omega \qquad (9.7)$$

这便是 $f(t)$ 的傅氏积分公式的三角形式.

在实际应用中，常常要考虑到奇函数和偶函数的傅氏积分公式.

当 $f(t)$ 为奇函数时，利用三角函数的和差公式，（9.7）式可写为

$$f(t) = \frac{1}{\pi} \int_0^{+\infty} \left[\int_{-\infty}^{+\infty} f(\tau)(\cos\omega t\cos\omega\tau + \sin\omega t\sin\omega\tau)\,\mathrm{d}\tau \right]\mathrm{d}\omega$$

由于 $f(t)$ 为奇函数，则 $f(\tau)\cos\omega\tau$ 和 $f(\tau)\sin\omega\tau$ 分别是关于 τ 的奇函数和偶函数，因此

$$f(t) = \frac{2}{\pi} \int_0^{+\infty} \left[\int_0^{+\infty} f(\tau)\sin\omega\tau\,\mathrm{d}\tau \right]\sin\omega t\,\mathrm{d}\omega \qquad (9.8)$$

当 $f(t)$ 为偶函数时，同理可得

$$f(t) = \frac{2}{\pi} \int_0^{+\infty} \left[\int_0^{+\infty} f(\tau)\cos\omega\tau\,\mathrm{d}\tau \right]\cos\omega t\,\mathrm{d}\omega \qquad (9.9)$$

它们分别称为傅氏正弦积分公式和傅氏余弦积分公式.

特别，如果 $f(t)$ 仅在（0，$+\infty$）上有定义，且满足傅氏积分存在定理的条件，我们可以采用类似于傅氏级数中的奇延拓或偶延拓的方法，得到 $f(t)$ 相应的傅氏正弦积分展开式或傅氏余弦积分展开式.

练习题9.2

1. 求下列函数的傅氏积分.

（1）$f(t) = \begin{cases} 1 - t^2, & t^2 < 1 \\ 0, & t^2 > 0 \end{cases}$

（2）$f(t) = \begin{cases} 0, & -\infty < t < -1 \\ -1, & -1 < t > 0 \\ 1, & 0 < t < 1 \\ 0, & 1 < t < +\infty \end{cases}$

2. 求函数 $f(t) = \begin{cases} \sin t, & |t| \leq \pi \\ 0, & |t| > \pi \end{cases}$ 的傅氏积分，并证明

$$\int_0^{+\infty} \frac{\sin\omega\pi\sin\omega t}{1 - \omega^2}\,\mathrm{d}\omega = \begin{cases} \dfrac{\pi}{2}\sin t, & |t| \leq \pi \\ 0, & |t| > \pi \end{cases}$$

9.3 傅氏变换

9.3.1 傅氏变换的概念

我们已经知道，若函数 $f(t)$ 满足傅氏积分定理中的条件，则在 $f(t)$ 的连续点处，便有（9.5）式，即 $f(t) = \dfrac{1}{2\pi}\int_{-\infty}^{+\infty}\left[\int_{-\infty}^{+\infty} f(\tau)\,\mathrm{e}^{-\mathrm{j}\omega\tau}\mathrm{d}\tau\right]\mathrm{e}^{\mathrm{j}\omega t}\mathrm{d}\omega$ 成立.

从（9.5）式出发，设 $F(\omega) = \displaystyle\int_{-\infty}^{+\infty} f(t)\,\mathrm{e}^{-\mathrm{j}\omega t}\mathrm{d}t$ \hfill （9.10）

则 $$f(t) = \frac{1}{2\pi}\int_{-\infty}^{+\infty} F(\omega)\,\mathrm{e}^{\mathrm{j}\omega t}\mathrm{d}\omega \qquad (9.11)$$

从上面（9.10）与（9.11）两个式子可以看出，$f(t)$ 和 $F(\omega)$ 通过指定的积分运算可以相互表达，我们称它为一种积分变换关系，例如：（9.10）式是对时域上的函数 $f(t)$ 进行积分运算之后，变换成频域上的函数 $F(\omega)$，这种积分变换就是傅氏变换. 式（9.10）称为傅氏正变换，记为 $F[f(t)]$，相应的函数 $F(\omega)$ 叫做 $f(t)$ 的像函数，而式（9.11）称为傅氏逆变换，记为 $f(t) = F^{-1}[F(\omega)]$，$f(t)$ 叫做 $F(\omega)$ 的像原函数.

【例9.3】 求函数 $f(t) = \begin{cases} 0, & t < 0 \\ e^{-\beta t}, & t \geq 0 \end{cases}$ 的傅氏变换及其积分表达式，其中 $\beta > 0$. 这个 $f(t)$ 叫做指数衰减函数，是工程技术中常碰到的一个函数.

解： 根据（9.10）式，有

$$F(\omega) = F[f(t)] = \int_{-\infty}^{+\infty} f(t) e^{-j\omega t} dt$$

$$= \int_0^{+\infty} e^{-\beta t} e^{-j\omega t} dt = \int_0^{+\infty} e^{-(\beta + j\omega)t} dt$$

$$= \frac{1}{\beta + j\omega} = \frac{\beta - j\omega}{\beta^2 + \omega^2}$$

这便是指数衰减函数的傅氏变换. 下面我们来求指数衰减函数的积分表达式.

根据（9.11）式，并利用奇偶函数的积分性质，可得

$$f(t) = F^{-1}[F(\omega)] = \frac{1}{2\pi} \int_{-\infty}^{+\infty} F(\omega) e^{j\omega t} d\omega$$

$$= \frac{1}{2\pi} \int_{-\infty}^{+\infty} \frac{\beta - j\omega}{\beta^2 + \omega^2} e^{j\omega t} d\omega$$

$$= \frac{1}{2\pi} \int_{-\infty}^{+\infty} \frac{\beta\cos\omega t + \omega\sin\omega t}{\beta^2 + \omega^2} d\omega$$

$$= \frac{1}{\pi} \int_0^{+\infty} \frac{\beta\cos\omega t + \omega\sin\omega t}{\beta^2 + \omega^2} d\omega$$

当 $t = 0$ 时.

$$f(t) = \frac{f(0+0) + f(0-0)}{2} = \frac{1}{2}$$

由此我们顺便得到一个含参量广义积分的结果：

$$\int_0^{+\infty} \frac{\beta\cos\omega t + \omega\sin\omega t}{\beta^2 + \omega^2} d\omega = \begin{cases} 0, & t < 0 \\ \dfrac{\pi}{2}, & t = 0 \\ \pi e^{-\beta t}, & t > 0 \end{cases}$$

9.3.2 常见函数的傅氏变换

1. 非周期函数的频谱

傅氏变换和频谱概念有着非常密切的关系. 随着无线电技术、声学、振动学的蓬勃发展，频谱理论也相应地得到了发展，它的应用也越来越广泛. 下面我们简单地介绍一下频谱的基本概念.

在傅氏级数的理论中，我们已经知道，对于以 T 为周期的非正弦函数 $f_T(t)$，它的第 n 次谐波 $\left(\omega_n = n\omega = \dfrac{2n\pi}{T}\right)$ $a_n\cos n\omega t + b_n\sin n\omega t = A_n\sin(n\omega t + \varphi_n)$ 的振幅为

$$A_n = \sqrt{a_n^2 + b_n^2}$$

而在复指数形式中，第 n 次谐波为 $c_n \mathrm{e}^{\mathrm{j}n\omega t} + c_{-n}\mathrm{e}^{-\mathrm{j}n\omega t}$，其中 $c_n = \dfrac{a_n - \mathrm{j}b_n}{2}$，$c_{-n} = \dfrac{a_n + \mathrm{j}b_n}{2}$，并

且 $|c_n| = |c_{-n}| = \dfrac{1}{2}\sqrt{a_n^2 + b_n^2}$.

所以，以 T 为周期的非正弦函数 $f_T(t)$ 的第 n 次谐波的振幅为
$$A_n = 2|c_n| \quad (n = 0,\ 1,\ 2,\ 3,\ \cdots)$$

它描述了各次谐波的振幅随频率变化的分布情况. 所谓频谱图，通常是指频率和振幅的关系图，所以 A_n 称为 $f_T(t)$ 的振幅频谱（简称为频谱）. 由于 $n = 0,\ 1,\ 2,\ \cdots$，所以 A_n 频谱的图形是不连续的，称为离散频谱. 它清楚地表明了一个非正弦周期函数包含了哪些频率分量及各分量所占的比重（如振幅的大小）. 因此频谱图在工程技术中应用比较广泛. 例如，图 9-7 所示的周期性矩形脉冲，在一个周期 T 内的表达式为

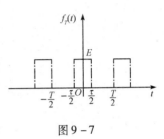

图 9-7

$$f_T(t) = \begin{cases} 0, & -\dfrac{T}{2} \leqslant t < -\dfrac{\tau}{2} \\[2mm] E, & -\dfrac{\tau}{2} \leqslant t < \dfrac{\tau}{2} \\[2mm] 0, & \dfrac{\tau}{2} \leqslant t \leqslant \dfrac{T}{2} \end{cases}$$

它的傅氏级数的复指数形式为
$$f_T(t) = \frac{E\tau}{T} + \sum_{\substack{n=-\infty \\ (n \neq 0)}}^{+\infty} \frac{E}{n\pi}\sin\frac{n\pi\tau}{T}\mathrm{e}^{\mathrm{j}n\omega t}$$

可见 $f_T(t)$ 的傅氏系数为 $c_0 = \dfrac{E\tau}{T}$，$c_n = \dfrac{E}{n\pi}\sin\dfrac{n\pi\tau}{T}$ $(n = \pm 1,\ \pm 2,\ \cdots)$，

它的频谱为 $A_0 = 2|c_0| = \dfrac{2E\tau}{T}$，$A_n = 2|c_n| = \dfrac{2E}{n\pi}\left|\sin\dfrac{n\pi\tau}{T}\right|$ $(n = 1,\ 2,\ \cdots)$，

如 $T = 4\tau$ 时，有 $A_0 = \dfrac{E}{2}$，$A_n = \dfrac{2E}{n\pi}\left|\sin\dfrac{n\pi}{4}\right|$，$\omega_n = n\omega = \dfrac{n\pi}{2\tau}$ $(n = 1,\ 2,\ \cdots)$.

这样，我们把计算出来各次谐波振幅的数值在频谱图中直观地表示出来，如图 9-8 所示.

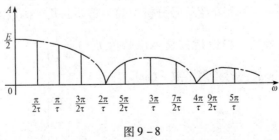

图 9-8

对于非周期函数 $f(t)$，当它满足傅氏积分定理中的条件时，则在 $f(t)$ 的连续点处可表示为

$$f(t) = \frac{1}{2\pi} \int_{-\infty}^{+\infty} F(\omega) \, e^{j\omega t} d\omega$$

其中 $F(\omega) = \int_{-\infty}^{+\infty} f(t) e^{-j\omega t} dt$ 为它的傅氏变换. 在频谱分析中, 傅氏变换 $F(\omega)$ 又称为 $f(t)$ 的频谱函数, 而频谱函数的模 $|F(\omega)|$ 称为 $f(t)$ 的振幅频谱 (亦简称为频谱). 由于 ω 是连续变化的, 我们称之为连续频谱. 对一个时间函数作傅氏变换, 就是求这个时间函数的频谱函数.

由于

$$F(\omega) = \int_{-\infty}^{+\infty} f(t) e^{-j\omega t} dt$$

$$= \int_{-\infty}^{+\infty} f(t) \cos\omega t dt - j \int_{-\infty}^{+\infty} f(t) \sin\omega t dt$$

所以 $$|F(\omega)| = \sqrt{\left(\int_{-\infty}^{+\infty} f(t) \cos\omega t dt\right)^2 + \left(\int_{-\infty}^{+\infty} f(t) \sin\omega t dt\right)^2}$$

显然有 $|F(\omega)| = |F(-\omega)|$, 即振幅频谱 $|F(\omega)|$ 是频率 ω 的偶函数.

$$\varphi(\omega) = \arctan \frac{\int_{-\infty}^{+\infty} f(t) \sin\omega t dt}{\int_{-\infty}^{+\infty} f(t) \cos\omega t dt}$$

为 $f(t)$ 的相角频谱. 显然, 相角频谱 $\varphi(\omega)$ 是 ω 的奇函数, 即 $\varphi(\omega) = -\varphi(-\omega)$. 因此在作频谱图时, 只需作 $\omega > 0$ 的单侧图形.

【例9.4】 作出图9-9中所示的单个矩形脉冲的频谱图.

解： 根据上面的讨论, 单个矩形脉冲的频谱图为

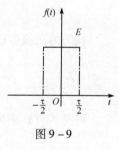

图9-9

$$F(\omega) = \int_{-\infty}^{+\infty} f(t) \, e^{-j\omega t} dt$$

$$= \int_{-\frac{\tau}{2}}^{\frac{\tau}{2}} E e^{-j\omega t} dt$$

$$= \frac{2E}{\omega} \sin\frac{\omega\tau}{2}$$

再根据振幅频谱 $|F(\omega)| = 2E \left| \dfrac{\sin\dfrac{\omega\tau}{2}}{\omega} \right|$, 可作出频谱图, 如图9-10所示 (其中只画出 $\omega \geq 0$ 这一半).

2. 几个常见函数的傅氏变换

作为傅氏变换的例子, 下面介绍信号分析中颇为重要的几个函数的频谱函数.

(1) 单边指数衰减函数. 单边指数衰减函数为 $f(t) = \begin{cases} e^{-\beta t}, & t \geq 0 \\ 0, & t < 0 \end{cases}$, 其中 β 为正实数,

如图9-11所示. 现在来求它的频谱函数 $F(\omega)$.

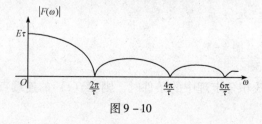

图9-10

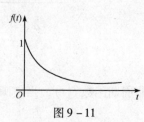

图9-11

由例 9.3 的结果，可得 $F(\omega) = \dfrac{\beta - j\omega}{\beta^2 + \omega^2}$. 由公式（9.8）知它的幅度频谱为

$$|F(\omega)| = \frac{1}{\sqrt{\beta^2 + \omega^2}}$$

如图 9 – 12 所示.

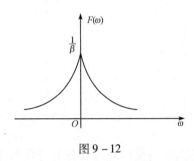

图 9 – 12

（2）单位脉冲函数. 在物理和工程技术中，除了用到指数衰减函数以外，还常常会碰到单位脉冲函数. 因为有许多物理现象具有脉冲性质，如在电学中，要研究线性电路受具有脉冲性质的电势作用所产生的电流；在力学中，要研究机械系统受冲击力作用后的运动情况等.

例如，打桩机在打桩时，质量为 m 的锤以速度 v_0 撞击钢筋混凝土桩，在很短的时间 $(0，\tau)$（τ 为一很小的正数）内，锤的速度由 v_0 变为 0，由物理学的动量定律可知桩所受到的冲击力为

$$F = \frac{mv_0}{\tau}$$

由上式可以看出作用时间越短，冲击力就越大. 若把冲击力 F 看为时间 t 的函数，可以近似表示为

$$F_\tau(t) = \begin{cases} 0, & t < 0 \\ \dfrac{mv_0}{\tau}, & 0 \leqslant t \leqslant \tau \\ 0, & t > \tau \end{cases}$$

在 τ 趋近于零时，若 $t \neq 0$，则 $F_\tau(t)$ 的值将趋于零；若 $t = 0$，则 $F_\tau(t)$ 的值将趋近于无穷大. 即

$$\lim_{\tau \to 0} F_\tau(t) = \begin{cases} 0, & t \neq 0 \\ \infty, & t = 0 \end{cases}$$

由于 $F_\tau(t)$ 的极限 $\lim\limits_{\tau \to 0} F_\tau(t)$ 不能用已学过的普通函数来表示，对于类似的式子有如下定义：

【定义 9.5】 设 $\delta_\tau(t) = \begin{cases} 0, & t < 0 \\ \dfrac{1}{\tau}, & 0 \leqslant t \leqslant \tau \\ 0, & t > \tau \end{cases}$，图形如图 9 – 13 所示. 当 $\tau \to 0$ 时，$\delta_\tau(t)$ 的极

限 $\delta(t) = \lim\limits_{\tau \to 0} \delta_\tau(t)$ 图形如图 9 – 14 所示，称为狄拉克函数，又叫单位脉冲函数，简称为 δ –

函数.

当 $t \neq 0$ 时，$\delta(t)$ 的值为 0；当 $t = 0$ 时，$\delta(t)$ 的值为无穷大，即

$$\delta(t) = \begin{cases} 0, & t \neq 0 \\ \infty, & t = 0 \end{cases}$$

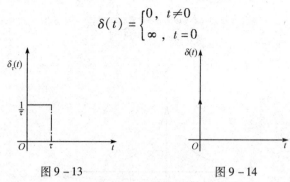

图 9 – 13   图 9 – 14

不过，δ - 函数的这种表达式在研究问题时，没有任何作用，它只能帮助我们回忆 $\delta(t)$ 是 $\delta_\tau(t)$ 当 $\tau \to 0$ 时的极限而已. 但是，下面几个 δ - 函数的性质，却是利用 δ - 函数研究问题的主要工具.

δ - 函数的性质

①因为对任何正数 τ，恒有 $\int_{-\infty}^{+\infty} \delta_\tau(t)\,\mathrm{d}t = \int_0^\tau \frac{1}{\tau}\,\mathrm{d}t = 1$，

所以有 $$\int_{-\infty}^{+\infty} \delta(t)\,\mathrm{d}t = \lim_{\tau \to 0}\int_{-\infty}^{+\infty} \delta_\tau(t)\,\mathrm{d}t = \lim_{\tau \to 0} 1 = 1$$

于是我们得到 δ - 函数的一个重要性质

$$\int_{-\infty}^{+\infty} \delta(t)\,\mathrm{d}t = 1$$

②同样地可知，对于任意一个不包含原点 $t = 0$ 在内的区间 $[a, b]$，恒有 $\int_a^b \delta(t)\,\mathrm{d}t = 0$.

在其他物理问题中，常常把具有上述两个性质的函数 $\delta(t)$ 定义为 δ - 函数.

③δ - 函数还有一个非常重要的性质，称为 δ - 函数筛选性质，即：如果 $f(t)$ 在 $t = 0$ 处连续，则有

$$\int_{-\infty}^{+\infty} \delta(t)f(t)\,\mathrm{d}t = f(0) \tag{9.12}$$

更一般地还有 $$\int_{-\infty}^{+\infty} \delta(t-t_0)f(t)\,\mathrm{d}t = f(t_0) \tag{9.13}$$

根据筛选性质，可以很方便地求出 δ - 函数的频谱函数

$$F(\omega) = F[\delta(t)] = \int_{-\infty}^{+\infty} \delta(t)\mathrm{e}^{-\mathrm{j}\omega t}\,\mathrm{d}t = \mathrm{e}^{-\mathrm{j}\omega t}\big|_{t=0} = 1$$

即单位脉冲函数 $\delta(t)$ 的频谱函数

$$F(\omega) = F[\delta(t)] = 1$$

这就是说，单位冲击函数的各种频率成分的幅度是均匀的（从而各种频率成分的能量也是相同的）.

我们知道，放电现象为一尖脉冲（时间常数 τ 甚小），可以近似地看成一个窄脉冲（脉冲持续时间甚短），于是也可以近似地看成一个幅度为 E 的冲击函数 $E.\delta(t)$，其中 E 为窄脉冲下边的面积. 这种信号的频谱函数为

$$F[E.\delta(t)] = \int_{-\infty}^{+\infty} E.\delta(t)\mathrm{e}^{-\mathrm{j}\omega t}\,\mathrm{d}t$$

$$= E \int_{-\infty}^{+\infty} \delta(t) e^{-j\omega t} dt$$

$$= E. F[\delta(t)] = E$$

所以幅度频谱 $|G(\omega)| = E$，即各种频率成分的幅度是均匀的. 因此，在雷雨放电时，我们在收音机的各频段上都能听到强度大致相仿的咔嚓声.

利用 δ – 函数及其傅氏变换可以很方便地求出下列函数的傅氏变换.

①已知 $F(\omega) = 2\pi\delta(\omega)$，则由傅氏逆变换可得

$$f(t) = \frac{1}{2\pi} \int_{-\infty}^{+\infty} F(\omega) e^{j\omega t} d\omega = \frac{1}{2\pi} \int_{-\infty}^{+\infty} 2\pi\delta(\omega) e^{j\omega t} d\omega = 1$$

即：
$$F[1] = 2\pi\delta(\omega)$$

由此可得：
$$\int_{-\infty}^{+\infty} e^{-j\omega t} dt = 2\pi\delta(\omega)$$

②已知 $F(\omega) = 2\pi\delta(\omega - \omega_0)$，则由：

$$f(t) = \frac{1}{2\pi} \int_{-\infty}^{+\infty} F(\omega) e^{j\omega t} d\omega = \frac{1}{2\pi} \int_{-\infty}^{+\infty} 2\pi\delta(\omega - \omega_0) e^{j\omega t} d\omega = e^{j\omega_0 t}$$

即：
$$F(e^{j\omega_0 t}) = 2\pi\delta(\omega - \omega_0)$$

由此可得：
$$\int_{-\infty}^{+\infty} e^{-j(\omega - \omega_0)t} dt = 2\pi\delta(\omega - \omega_0)$$

练习题 9.3

1. 求下列函数的傅氏变换，并推证下列积分结果.

(1) $f(t) = \begin{cases} \alpha e^{-\beta t}, & t > 0 \\ 0, & t < 0 \end{cases}$ $(\alpha > 0, \beta > 0)$，证明

$$\int_0^{+\infty} \frac{\beta\cos\omega t + \omega\sin\omega t}{\beta^2 + \omega^2} d\omega = \begin{cases} \dfrac{\pi e^{-\beta t}}{\alpha}, & t > 0 \\[2mm] \dfrac{\pi}{2\alpha}, & t = 0 \\[2mm] 0, & t < 0 \end{cases}$$

(2) $f(t) = \begin{cases} \cos t, & |t| \leq \pi \\ 0, & |t| > \pi \end{cases}$，证明

$$\int_0^{+\infty} \frac{\omega\cos\omega t\sin\omega\pi}{1 - \omega^2} d\omega = \begin{cases} \dfrac{\pi}{2}\cos t, & |t| < \pi \\[2mm] \dfrac{\pi}{4}, & |t| = \pi \\[2mm] 0, & |t| > \pi \end{cases}$$

2. 已知某函数的傅氏变换为 $F(\omega) = \pi[\delta(\omega + \omega_0) + \delta(\omega - \omega_0)]$，求该函数 $f(t)$.

3. 求如图所示的三角形脉冲的频谱函数.

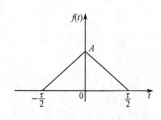

9.4 傅氏变换的性质

这一节我们将介绍，傅氏变换的几个重要性质，其中有的不仅能使求某些信号的频谱的工作大为简化，有的还能指出在一种域中对信号作了某些变动将会在另一域中引起怎样的效果. 为叙述方便，假定在这些性质中，凡是需要求傅氏变换的函数都满足傅氏积分定理中的条件.

1. 线性性质（或叠加性）

$F_1(\omega) = F[f_1(t)]$，$F_2(\omega) = F[f_2(t)]$，α、β 是常数，

则：
$$F[\alpha f_1(t) + \beta f_2(t)] = \alpha F_1(\omega) + \beta F_2(\omega)$$

这一性质说明，信号叠加后，频谱也叠加.

同样，傅氏逆变换也有类似的性质.
$$F^{-1}[\alpha F_1(\omega) + \beta F_2(\omega)] = \alpha f_1(t) + \beta f_2(t)$$

【**例 9.5**】 已知 $F[1] = 2\pi\delta(\omega)$，$F[\text{sgn}t] = \dfrac{2}{j\omega}$，试确定阶跃信号 $u(t) = \begin{cases} 1, & t > 0 \\ 0, & t < 0 \end{cases}$ 的频谱函数 $F(\omega)$.

解： 由图 9 – 15 所示关系得知

$$u(t) = \frac{1}{2} + \frac{1}{2}\text{sgn}t$$

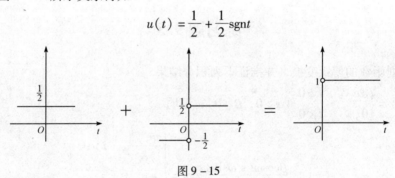

图 9 – 15

由线性性质可得

$$F[u(t)] = F\left[\frac{1}{2} + \frac{1}{2}\text{sgn}t\right] = \frac{1}{2}F[1] + \frac{1}{2}F[\text{sgn}t]$$

$$= \pi\delta(\omega) + \frac{1}{j\omega}$$

即：
$$F[u(t)] = \frac{1}{j\omega} + \pi\delta(\omega)$$

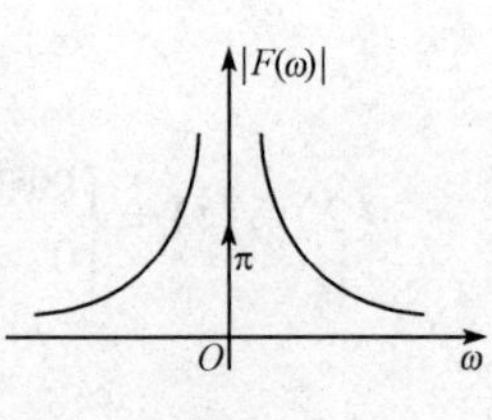

阶跃信号的频谱图如图 9 – 16 所示.

图 9 – 16

2. 相似性（或比例性、尺度变换性）

设
$$F[f(t)] = F(\omega)$$

则
$$F[f(at)] = \frac{1}{|a|}F\left(\frac{\omega}{a}\right)$$

$$F^{-1}[F(c\omega)] = \frac{1}{c}f\left(\frac{t}{c}\right)$$

其中 a，c 均为常数.

下面我们说明当 $a>0$ 时比例性的意义. $f(at)$ 的自变量 at 随着 t 的变化，将以比 t 快 a 倍的速度变化. 换句话说，$f(at)$ 是由 $f(t)$ 沿 t 轴压缩 a 倍而得到的信号. 同理 $F\left(\dfrac{\omega}{a}\right)$ 是由 $F(\omega)$ 沿 ω 轴拉伸 a 倍而得到的频谱. 因此，比例性说明在时域中压缩等效于在频域中的拉伸，反之亦然. 从直观上看，因为在对时域中信号变化的速度加快了 a 倍，所以它在频域中各种成分的频率也将增高 a 倍. 进一步在通信技术中，欲使通信技术速度提高（即压缩脉宽），就不得不以展宽频带宽度作为代价. 同时根据能量守恒原理，各频谱分量的大小（即幅度）必然减小为原来的 $\dfrac{1}{a}$.

3. 位移性质（或时移性）

设

$$F[f(t)] = F(\omega)$$

则

$$F[f(t \pm t_0)] = e^{\pm j\omega t_0}F(\omega)$$

时移性说明信号时间改变（即选择不同的参考时间）时，它的幅度频谱保持不变，仅相位频谱有改变.

【例 9.6】 求矩形单脉冲 $f(t)=\begin{cases}E, & 0<t<\tau \\ 0, & \text{其他}\end{cases}$ 的频谱函数.

解： 根据傅氏变换的定义，有

$$F(\omega) = \int_{-\infty}^{+\infty} f(t)e^{-j\omega t}dt = \int_0^\tau Ee^{-j\omega t}dt$$

$$= \frac{E}{-j\omega}e^{-j\omega t}\Big|_0^\tau = \frac{E}{j\omega}e^{j\frac{\omega\tau}{2}}\left(e^{j\frac{\omega\tau}{2}} - e^{-j\frac{\omega\tau}{2}}\right)$$

$$= \frac{2E}{\omega}e^{-j\frac{\omega\tau}{2}}\sin\frac{\omega\tau}{2}$$

$$= \frac{2E}{\omega}e^{-j\frac{\omega\tau}{2}}\sin\frac{\omega\tau}{2}$$

如果我们根据上节例 9.4 介绍的矩形单脉冲 $f_1(t)=\begin{cases}E, & -\dfrac{\tau}{2}<t<\dfrac{\tau}{2} \\ 0, & \text{其他}\end{cases}$ 的频谱函数

$$F_1(\omega) = \frac{2E}{\omega}\sin\frac{\omega\tau}{2}$$

再利用位移性质，就可以很方便地得到 $F(\omega)$，这是因为 $f(t)=F_1\left(t-\dfrac{\tau}{2}\right)$，所以

$$F(\omega) = F[f(t)] = F\left[f_1\left(t-\frac{\tau}{2}\right)\right] = e^{-j\frac{\omega\tau}{2}}F_1(\omega)$$

$$= \frac{2E}{\omega}e^{-j\frac{\omega\tau}{2}}\sin\frac{\omega\tau}{2}$$

且

$$|F(\omega)| = |F_1(\omega)| = \frac{2E}{\omega}\left|\sin\frac{\omega\tau}{2}\right|$$

两种解法的结果一致，它们的频谱图如上节例 9.4 中的图 9-9 所示.

4. 频移性

设

$$F[f(t)] = F(\omega)$$

则
$$F[f(t)e^{\pm j\omega_0 t}] = F(\omega \mp \omega_0)$$

频移性在通信技术中应用广泛，如多路通信、调制、解调和变频等.

频移性中时域信号 $f(t)$ 所乘的虚指数 $e^{j\omega_0 t}$ 在哪儿？这个虚指数就包含在正弦或余弦信号中. 因此用时域信号 $f(t)$ 乘以所谓的载波信号 $\cos\omega_0 t$ 或 $\sin\omega_0 t$，就能实现频率的搬移. 这一过程在通信技术中称为信号的调制.

由于
$$\cos\omega_0 t = \frac{1}{2}(e^{j\omega_0 t} + e^{-j\omega_0 t})$$
$$\sin\omega_0 t = \frac{1}{2j}(e^{j\omega_0 t} - e^{-j\omega_0 t})$$

所以
$$f(t)\cos\omega_0 t = \frac{1}{2}[f(t)e^{j\omega_0 t} + f(t)e^{-j\omega_0 t}]$$
$$f(t)\sin\omega_0 t = \frac{1}{j2}[f(t)e^{j\omega_0 t} - f(t)e^{-j\omega_0 t}]$$

根据频移性，得
$$F(\omega) = F[f(t)\cos\omega_0 t] = \frac{1}{2}F[f(t)e^{j\omega_0 t}] + \frac{1}{2}F[f(t)e^{-j\omega_0 t}]$$
$$= \frac{1}{2}[F(\omega-\omega_0) + F(\omega+\omega_0)]$$

同理，可得
$$F[f(t)\sin\omega_0 t] = \frac{j}{2}[F(\omega+\omega_0) - F(\omega-\omega_0)]$$

【例9.7】已知 $F[1] = 2\pi\delta(\omega)$，试确定 $f(t) = \cos\omega_0 t$ 的频谱 $F(\omega)$.

解：由于 $\cos\omega_0 t = \frac{1}{2}(e^{j\omega_0 t} + e^{-j\omega_0 t})$，根据频移性：
$$F[1 \cdot e^{j\omega_0 t}] = 2\pi\delta(\omega-\omega_0)$$
$$F[1 \cdot e^{-j\omega_0 t}] = 2\pi\delta(\omega+\omega_0)$$

根据线性得： $F[\cos\omega_0 t] = \pi[\delta(\omega+\omega_0) + \delta(\omega-\omega_0)]$

同理可得： $F[\sin\omega_0 t] = j\pi[\delta(\omega+\omega_0) - \delta(\omega-\omega_0)]$

5. 微分性质

设 $F[f(t)] = F(\omega)$，如果 $f(t)$ 在 $(-\infty, +\infty)$ 上连续或只有有限个可去间断点，且当 $|t| \to +\infty$ 时，$f(t) \to 0$，则有 $F[f'(t)] = j\omega F(\omega)$.

类似地可以推出 $F[f^{(n)}(t)] = (j\omega)^n F(\omega)$

同样，我们还能得到像函数的导数公式（频域微分性质），设 $F[f(t)] = F(\omega)$，

则：
$$\frac{d}{d\omega}F(\omega) = F[-jtf(t)]$$

一般地，有：
$$\frac{d^n}{d\omega^n}F(\omega) = (-j)^n F[t^n f(t)]$$

在实际中，常用像函数的导数公式来计算 $F[t^n f(t)]$.

【例9.8】已知 $F(\omega) = F[f(t)]$，利用傅氏变换的性质求 $g(t) = t^3 f(2t)$ 的傅氏变换.

解：由相似性质，有 $F[f(2t)] = \dfrac{1}{2}F\left(\dfrac{\omega}{2}\right)$. 利用像函数的高阶导数公式：

$$\frac{\mathrm{d}^n}{\mathrm{d}\omega^n}F(\omega) = (-\mathrm{j})^n F[t^n f(t)]$$

有：

$$F[g(t)] = F[t^3 f(2t)] = \frac{1}{(-\mathrm{j})^3}\frac{\mathrm{d}^3}{\mathrm{d}\omega^3}\left[\frac{1}{2}F\left(\frac{\omega}{2}\right)\right]$$

$$= \frac{1}{2\mathrm{j}}\frac{\mathrm{d}^3}{\mathrm{d}\omega^3}F\left(\frac{\omega}{2}\right)$$

6. 积分性质

设 $F[f(t)] = F(\omega)$，则有 $F\left[\displaystyle\int_{-\infty}^{t}f(t)\mathrm{d}t\right] = \dfrac{1}{\mathrm{j}\omega}F(\omega)$.

它表明一个函数积分后的傅氏变换等于这个函数的傅氏变换除以因子 $\mathrm{j}\omega$.

后面我们将看到，微分性质与积分性质在建立电路方程的算式列写中起着重要的作用.

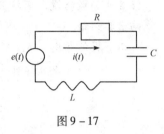

图 9 – 17

欧姆定律的算子形式：设有如图 9 – 17 所示的 R、L、C 串联电路，由回路电压定理：

$$u_R + u_C + u_L = e(t)$$

得：

$$Ri + \frac{1}{c}\int i\mathrm{d}t + L\frac{\mathrm{d}i}{\mathrm{d}t} = e(t)$$

取变换

$$RF(i) + \frac{1}{c}\cdot\frac{1}{\mathrm{j}\omega}F(i) + L\cdot\mathrm{j}\omega F(i) = F[e(t)]$$

$$\left(R + \frac{1}{\mathrm{j}\omega c} + \mathrm{j}\omega L\right)F(i) = F[e(t)]$$

令 $F[i(t)] = I$，$F[e(t)] = E$，则上式可写成

$$(\mathrm{j}\omega)^2 LI + (\mathrm{j}\omega)\, RI + \frac{1}{c}I = \mathrm{j}\omega E$$

由此可得：

$$I = \frac{E}{R + \mathrm{j}\omega L + \dfrac{1}{\mathrm{j}\omega c}}$$

把分母记作 Z（叫做复数阻抗），就得到欧姆定律的算子形式 $I = \dfrac{E}{Z}$.

练习题 9.4

1. 若 $F(\omega) = F[f(t)]$，证明（翻转性质）：

$$F(-\omega) = F[f(-t)]$$

2. 若 $F(\omega) = F[f(t)]$，证明：

$$F[f(t)\cos\omega_0 t] = \frac{1}{2}[F(\omega - \omega_0) + F(\omega + \omega_0)]$$

$$F[f(t)\sin\omega_0 t] = \frac{1}{2j}\left[F(\omega-\omega_0) - F(\omega+\omega_0)\right]$$

3. 若 $F(\omega) = F[f(t)]$，利用傅氏变换的性质求下列函数 $g(t)$ 的傅氏变换.

(1) $g(t) = tf(2t)$；　　　　　　　　(2) $g(t) = (t-2)f(t)$；

(3) $g(t) = (t-2)f(-2t)$；　　　　　(4) $g(t) = t^3 f(2t)$；

(5) $g(t) = tf'(t)$；　　　　　　　　(6) $g(t) = f(1-t)$；

(7) $g(t) = (1-t)f(1-t)$；　　　　　(8) $g(t) = f(2t-5)$.

本章 小结及思维导图
BENZHANG XIAOJIE JI SIWEI DAOTU

一、学习本章，要求读者掌握傅氏变换的概念、傅氏积分公式，会求函数的傅氏变换，掌握常见函数的傅氏变换公式，理解傅氏变换的主要性质，理解非周期函数频谱的概念，并能画出其频谱.

二、思维导图

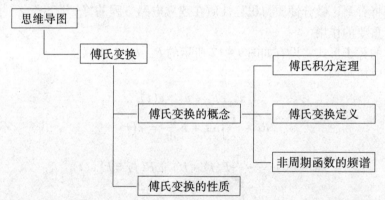

研究周期信号的频率成分，产生了傅氏级数；研究非周期信号的频率成分，就产生了傅氏变换的概念. 傅氏变换是通过积分运算把一个函数转换成另一个函数的变换. 在利用傅氏变换讨论非周期信号频谱时，一般需要讨论其幅度频谱.

测试题 9

1. 求函数 $f(t) = \begin{cases} t, & |t| \leqslant 1 \\ 0, & \text{其他} \end{cases}$ 的傅氏积分表达式.

2. 求函数 $f(t) = u(t)te^{-\alpha t}$ 的傅氏变换，其中 $\alpha > 0$.

3. 求下列函数的傅氏逆变换.

(1) $F(\omega) = \omega\cos\omega t_0$；　　　　　(2) $F(\omega) = \frac{1}{j\omega} + j\pi\delta'(\omega)$.

小贴士：篱笆围面积（数学中的逆向思维）

一位农夫请了工程师、物理学家和数学家，让他们用最少的篱笆围出最大的面积. 工程师用篱笆围出一个圆，宣称这是最优设计. 物理学家说："将篱笆分解拉开，形成一条足够的直线，当围起半个地球时，面积最大了．"数学家好好嘲笑了他们一番．他用很少的篱笆把自己围起来，然后说："我现在是在篱笆的外面．"

工程师的设计是实用的、唯美的，不愧是"最优设计"．物理学家的思维具有奇特的想象，篱笆可无限地分解拉开，似乎围成的面积已经是"最大了"．数学家是用很少的篱笆把自己围起来，然后说："我现在是在篱笆的外面．"工程师和物理学家力图围出最大的面积，数学家是先围出最小的面积．人们说，退一步海阔天空，数学家何止是退一步，是反其道而行之．"反其道"是一种逆向思维的品质．逆向思维是创造思维的组成部分．在我们面对"山重水复"之时，逆向思考常常使我们找到"柳暗花明"之路．我们在数学学习中，要注重逆向思维的培养，应使逆向思维成为应有的自觉意识和实践行为．

第十章

拉普拉斯变换

本章导读

  拉普拉斯变换是在求解常系数线性微分方程中常常采用的一种较为简便的方法，它在分析综合自动控制系统的运动过程及脉冲电路的工作过程中有着广泛的应用．它是傅里叶变换的推广，那么什么是拉普拉斯变换？它有哪些性质？如何求常见信号的拉普拉斯变换？拉普拉斯逆变换和拉普拉斯变换又有哪些简单应用？

  学习目标：理解并掌握拉普拉斯变换的概念及性质，会求常见信号的拉普拉斯变换，了解拉氏逆变换的概念，会求卷积并了解卷积定理

  素质目标：培养学生社会主义核心价值观、坚定共产主义信仰，把自然科学的理论知识应用到祖国建设的社会实践中

10.1 拉普拉斯变换的概念

  在代数中，计算 $N = 6.28 \times \sqrt[3]{\dfrac{5\ 781}{9.8} \times 20^2} \times (1.164)^{\frac{3}{5}}$ 这样一个问题时，直接计算是很复杂的，而引入对数后，上式就可以变换为

$$\lg N = \lg 6.28 + \frac{1}{3}\ (\lg 5\ 781 - \lg 9.8 + 2\lg 20) + \frac{3}{5}\lg(1.164)$$

然后，将由此算得的结果 $\lg N$ 查反对数表，就可得到原来要求的运算结果 N．

  这种把复杂的运算，转化为另一领域内简单运算的做法，也正是拉氏变换的基本思想．

10.1.1 拉氏变换的定义

  【定义 10.1】设函数 $f(t)$ 当 $t \geq 0$ 时有定义，且广义积分

$$\int_0^{+\infty} f(t)\mathrm{e}^{-st}\mathrm{d}t$$

在 s 的某一区域内收敛，则由此积分确定的参数为 s 的函数

$$F(s) = \int_0^{+\infty} f(t)\mathrm{e}^{-st}\mathrm{d}t \tag{10.1}$$

称为函数 $f(t)$ 的拉普拉斯变换（简称拉氏变换），记作 $F(s) = L[f(t)]$，函数 $F(s)$ 也可称为 $f(t)$ 的像函数．

  在许多有关物理与无线电技术的问题里，一般总是把所研究的问题的初始时间定为 $t =$

192

0，当 $t<0$ 时无意义或不需要考虑. 因此，在拉普拉斯变换的定义当中，只要求 $f(t)$ 在区间 $[0，+\infty)$ 内有定义. 为了研究方便，以后总假定在 $(-\infty，0)$ 内 $f(t) \equiv 0$. 另外，拉氏变换中的参数 s 是在复数域中取值的，虽然我们只讨论 s 是实数的情况，但所得结论也适应于 s 是复数的情况.

【例 10.1】 求指数函数 $f(t) = e^{at}$（$t \geqslant 0$，a 是常数）的拉氏变换.

解：由式（10.1）有

$$L(e^{at}) = \int_0^{+\infty} e^{at} e^{-st} dt = \int_0^{+\infty} e^{-(s-a)t} dt$$

此积分在 $s>a$ 时收敛，且有

$$\int_0^{+\infty} e^{-(s-a)t} dt = \frac{1}{s-a}$$

所以

$$L(e^{at}) = \frac{1}{s-a} \quad (s>a)$$

【例 10.2】 求单位阶跃函数

$$u(t) = \begin{cases} 0, & t<0 \\ 1, & t \geqslant 0 \end{cases}$$

的拉氏变换.

解：

$$L[u(t)] = \int_0^{+\infty} e^{-st} dt$$

此积分在 $s>0$ 时收敛，且有

$$\int_0^{+\infty} e^{-st} dt = \frac{1}{s} \quad (s>0)$$

所以

$$L[u(t)] = \frac{1}{s} \quad (s>0)$$

【例 10.3】 求 $f(t) = at$（a 为常数）的拉氏变换.

解：$L[at] = \int_0^{+\infty} at e^{-st} dt = -\frac{a}{s} \int_0^{+\infty} t d(e^{-st})$

$$= -\frac{a}{s} [te^{-st}] \Big|_0^{+\infty} + \frac{a}{s} \int_0^{+\infty} e^{-st} dt$$

$$= -\frac{a}{s^2} [e^{-st}] \Big|_0^{+\infty} = \frac{a}{s^2} \quad (s>0)$$

【例 10.4】 求正弦函数 $f(t) = \sin\omega t$ 的拉氏变换.

解：$L[\sin\omega t] = \int_0^{+\infty} \sin\omega t \, e^{-st} dt$

$$= \frac{1}{s^2+\omega^2} [-e^{-st}(s\sin\omega t + \omega\cos\omega t)] \Big|_0^{+\infty}$$

$$= \frac{\omega}{s^2+\omega^2} \quad (s>0)$$

同样可算得余弦函数的拉氏变换

$$L[\cos\omega t] = \frac{s}{s^2+\omega^2} \quad (s>0)$$

【例10.5】 求单位脉冲函数 $\delta(t)$ 的拉普拉斯变换.

解：由 (10.1) 式，并利用性质 $\int_{-\infty}^{+\infty} f(t)\delta(t)\mathrm{d}t = f(0)$，有

$$F(s) = L[\delta(t)] = \int_0^{+\infty} \delta(t)\mathrm{e}^{-st}\mathrm{d}t$$

$$= \int_{-\infty}^{+\infty} \delta(t)\mathrm{e}^{-st}\mathrm{d}t = \mathrm{e}^{-st}\big|_{t=0} = 1$$

10.1.2 周期函数的拉氏变换

设 $f(t)$ 是一个周期为 T 的周期函数，则有 $f(t) = f(t+kT)$（k 为整数），由拉氏变换的定义有：

$$L(f(t)) = \int_0^{+\infty} f(t)\mathrm{e}^{-st}\mathrm{d}t$$

$$= \int_0^T f(t)\mathrm{e}^{-st}\mathrm{d}t + \int_T^{2T} f(t)\mathrm{e}^{-st}\mathrm{d}t + \cdots + \int_{kT}^{(k+1)T} f(t)\mathrm{e}^{-st}\mathrm{d}t + \cdots$$

$$= \sum_{k=0}^{+\infty} \int_{kT}^{(k+1)T} f(t)\mathrm{e}^{-st}\mathrm{d}t \ (\diamondsuit\ t = \tau + kT)$$

$$= \sum_{k=0}^{+\infty} \int_0^T f(\tau+kT)\mathrm{e}^{-s(\tau+kT)}\mathrm{d}\tau$$

$$= \sum_{k=0}^{+\infty} \mathrm{e}^{-skT} \int_0^T f(\tau)\mathrm{e}^{-s\tau}\mathrm{d}\tau = \int_0^T f(\tau)\mathrm{e}^{-s\tau}\mathrm{d}\tau \sum_{k=0}^{+\infty} (\mathrm{e}^{-sT})^k$$

$$= \frac{1}{1-\mathrm{e}^{-sT}} \int_0^T f(\tau)\mathrm{e}^{-s\tau}\mathrm{d}\tau \ (t>0, |\mathrm{e}^{-sT}| < 1)$$

所以周期函数的拉氏变换式为

$$L[f(t)] = \frac{1}{1-\mathrm{e}^{-sT}} \int_0^T f(t)\mathrm{e}^{-st}\mathrm{d}t \tag{10.2}$$

【例10.6】 矩形周期脉冲函数在一个周期内的函数表达式为

$$f(t) = \begin{cases} E, & 0 \leqslant t \leqslant \dfrac{T}{2} \\ 0, & \dfrac{T}{2} < t \leqslant T \end{cases}$$

求其拉氏变换.

解：由公式 (10.2)

$$L[f(t)] = \frac{1}{1-\mathrm{e}^{-sT}} \int_0^T f(t)\mathrm{e}^{-st}\mathrm{d}t$$

$$= \frac{E}{1-\mathrm{e}^{-sT}} \int_0^{\frac{T}{2}} \mathrm{e}^{-st}\mathrm{d}t$$

$$= \frac{E}{1 - e^{-sT}}\left(-\frac{1}{s} \right) e^{-st} \bigg|_0^{\frac{T}{2}}$$

$$= \frac{E}{s\left(1 + e^{-s\frac{T}{2}} \right)}$$

10.1.3　常见函数拉氏变换

现将常用函数的拉氏变换列于表 10 – 1 以供查用.

表 10 – 1

序号	$f(t)$	$F(s)$	序号	$f(t)$	$F(s)$
1	$\delta(t)$	1	12	$\cos(\omega t + \phi)$	$\dfrac{s\cos\phi - \omega\sin\phi}{s^2 + \omega^2}$
2	$u(t)$	$\dfrac{1}{s}$	13	$t\sin\omega t$	$\dfrac{2\omega s}{(s^2 + \omega^2)^2}$
3	t	$\dfrac{1}{s^2}$	14	$t\cos\omega t$	$\dfrac{s^2 - \omega^2}{(s^2 + \omega^2)^2}$
4	$t^n \ (n=1,\ 2,\ \cdots)$	$\dfrac{n!}{s^{n+1}}$	15	$e^{-at}\sin\omega t$	$\dfrac{\omega}{(s+a)^2 + \omega^2}$
5	e^{at}	$\dfrac{1}{s-a}$	16	$e^{-at}\cos\omega t$	$\dfrac{s+a}{(s+a)^2 + \omega^2}$
6	$1 - e^{-at}$	$\dfrac{a}{s(s+a)}$	17	$\dfrac{1}{a^2}(1-\cos at)$	$\dfrac{1}{s(s^2 + \omega^2)}$
7	te^{at}	$\dfrac{1}{(s-a)^2}$	18	$e^{at} - e^{bt}$	$\dfrac{a-b}{(s-a)(s-b)}$
8	$t^n e^{at} \ (n=1,\ 2,\ \cdots)$	$\dfrac{n!}{(s-a)^{n+1}}$	19	$\sin\omega t - \omega t\cos\omega t$	$\dfrac{2\omega^3}{(s^2 + \omega^2)^2}$
9	$\sin\omega t$	$\dfrac{\omega}{s^2 + \omega^2}$	20	$2\sqrt{\dfrac{t}{\pi}}$	$\dfrac{1}{s\sqrt{s}}$
10	$\cos\omega t$	$\dfrac{s}{s^2 + \omega^2}$	21	$\dfrac{1}{\sqrt{\pi t}}$	$\dfrac{1}{\sqrt{s}}$
11	$\sin(\omega t + \phi)$	$\dfrac{s\sin\phi + \omega\cos\phi}{s^2 + \omega^2}$			

练习题 10.1

1. 求下列函数的拉氏变换.

（1）$f(t) = \sin \dfrac{t}{2}$；

（2）$f(t) = e^{-2t}$；

（3）$f(t) = t^2$；

（4）$f(t) = \sin t \cos t$.

2. 求下列函数的拉氏变换.

（1）$f(t) = \begin{cases} 3, & 0 \leqslant t < 2 \\ -1, & 2 \leqslant t < 4 \\ 0, & t \geqslant 4 \end{cases}$；

（2）$f(t) = \begin{cases} 3, & t < \dfrac{\pi}{2} \\ \cos t, & t > \dfrac{\pi}{2} \end{cases}$；

（3）$f(t) = e^{2t} + 5\delta(t)$；

（4）$f(t) = \cos t \cdot \delta(t) - \sin t \cdot u(t)$.

3. 设 $f(t)$ 是以 2π 为周期的函数，且在一个周期内的表达式为

$$f(t) = \begin{cases} \sin t, & 0 < t \leqslant \pi \\ 0, & \pi < t < 2\pi \end{cases}$$

求 $F[f(t)]$.

4. 求下列图 $10-1$ 所示周期函数的拉氏变换.

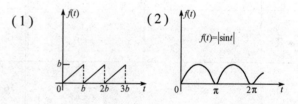

图 $10-1$

10.2 拉普拉斯变换的性质

拉普拉斯变换的性质（一）

拉普拉斯变换的性质（二）

本节介绍拉氏变换的几个主要性质，它们在拉氏变换的实际应用中都很重要. 这些性质都可由拉氏变换的定义及相应的运算性质加以证明，这里不再给出.

10.2.1 线性性质

【**性质 10.1**】若 a，b 是常数，且

$$L[f_1(t)] = F_1(s)，\ L[f_2(t)] = F_2(s)$$

则

$$L[af_1(t) + bf_2(t)] = aL[f_1(t)] + bL[f_2(t)] = aF_1(s) + bF_2(s)$$

性质表明，函数的线性组合的拉氏变换等于各函数的拉氏变换的线性组合．性质可推广到有限个函数的线性组合的情形．即若 k_i 是常数，且

$$L[f_i(t)] = F_i(s) \quad (i=1, 2, \cdots, n)$$

则

$$L\left[\sum_{i=1}^{n} k_i f_i(t)\right] = \sum_{i=1}^{n} k_i L[f_i(t)]$$

【例 10.7】求函数 $f(t) = \dfrac{1}{3}(t^2 - e^{-3t})$ 的拉氏变换．

解： 由于 $L[t^2] = \dfrac{2}{s^3}$，$L[e^{-3t}] = \dfrac{1}{s+3}$ 所以

$$L[f(t)] = L\left[\frac{1}{3}(t^2 - e^{-3t})\right] = \frac{1}{3}\{L[t^2] - L[e^{-3t}]\} = \frac{1}{3}\left[\frac{2}{s^3} - \frac{1}{s+3}\right]$$

$$= \frac{2s + 6 - s^2}{3s^3(s+3)}$$

10.2.2 微分性质

【性质 10.2】若 $L[f(t)] = F(s)$，则

$$L[f'(t)] = sF(s) - f(0)$$

性质表明，一个函数求导后取拉氏变换等于这个函数的拉氏变换乘以参数 s，再减去这个函数的初值．性质可推广到函数的 n 阶导数的情形．

【推论 10.1】若 $L[f(t)] = F(s)$，则

$$L[f^{(n)}(t)] = s^n F(s) - [s^{n-1}f(0) + s^{n-2}f'(0) + \cdots + f^{(n-1)}(0)] \tag{10.3}$$

特别地，若 $f(0) = f'(0) = \cdots = f^{(n-1)}(0) = 0$，则

$$L[f^{(n)}(t)] = s^n F(s) \quad (n=1, 2, \cdots)$$

此性质使我们有可能将 $f(t)$ 的微分方程转化为 $F(s)$ 的代数方程．因此它对分析线性系统有着重要的作用．

【例 10.8】利用微分性质求 $L[\sin\omega t]$．

解： 令 $f(t) = \sin\omega t$，则

$$f(0) = 0,\ f'(t) = \omega\cos\omega t,\ f'(0) = \omega,\ f''(t) = -\omega^2\sin\omega t$$

由式（10.3）得

$$L[-\omega^2\sin\omega t] = L[f''(t)] = s^2 F(s) - sf(0) - f'(0)$$

即

$$-\omega^2 L[\sin\omega t] = s^2 L[\sin\omega t] - \omega$$

移项并化简，即得

$$L[\sin\omega t] = \frac{\omega}{s^2 + \omega^2}$$

这与 10.1 中例 10.4 的结果是相同的．

【例 10.9】利用微分性质，求 $f(t) = t^m$ 的拉氏变换，其中 m 是正整数．

解： 注意到 $f(0) = f'(0) = \cdots = f^{(m-1)}(0) = 0$，及 $f^{(m)}(t) = m!$．

由式（10.3），得

$$L[f^{(m)}(t)] = L[m!] = s^m F(s)$$

而

$$L[\,m\,!\,] = m\,!\ L[\,1\,] = \frac{m\,!}{s}$$

即得

$$F(s) = \frac{m\,!}{s^{m+1}}$$

于是

$$L[\,t^m\,] = \frac{m\,!}{s^{m+1}}$$

10.2.3 积分性质

【性质 10.3】 若 $L[f(t)] = F(s)$，则

$$L\left[\int_0^t f(x)\,\mathrm{d}x\right] = \frac{F(s)}{s}$$

性质表明，一个函数积分后取拉氏变换等于这个函数的拉氏变换除以参数 s.

性质也可以推广到有限次积分的情形：

$$L\underbrace{\left[\int_0^t \mathrm{d}t \int_0^t \mathrm{d}t \cdots \int_0^t f(t)\,\mathrm{d}t\right]}_{n\text{次}} = \frac{F[s]}{s^n} \quad (n = 1,2,\cdots)$$

【例 10.10】 利用积分性质求下列函数的拉氏变换式.

（1）$f(t) = \sin3t$；　　　　　　　　（2）$f(t) = t^3$.

解：（1）因为

$$L[\cos3t] = \frac{s}{s^2+9},\ \ \sin3t = 3\int_0^t \cos3t\mathrm{d}t$$

所以

$$L[f(t)] = L[\sin3t] = L\left[3\int_0^t \cos3t\mathrm{d}t\right] = 3 \cdot \frac{1}{s} \cdot \frac{s}{s^2+9} = \frac{3}{s^2+9}$$

（2）因为

$$L[1] = \frac{1}{s}, L[t] = L\left[\int_0^t 1\mathrm{d}t\right] = \frac{1}{s}L[1] = \frac{1}{s^2}$$

$$L[t^2] = 2L\left[\int_0^t t\mathrm{d}t\right] = 2 \cdot \frac{1}{s} \cdot \frac{1}{s^2} = \frac{2\,!}{s^3}$$

所以

$$L[t^3] = 3L\left[\int_0^t t\mathrm{d}t\right] = 3 \cdot \frac{1}{s} \cdot \frac{2\,!}{s^3} = \frac{3\,!}{s^4}$$

10.2.4 平移性质

【性质 10.4】 若 $L[f(t)] = F(s)$，则

$$L[\,\mathrm{e}^{at}f(t)\,] = F(s-a)$$

性质表明，像原函数乘以 e^{at}，等于其像函数作位移 a，因此该性质称为平移性质.

【例 10.11】 求 $L[\,t\mathrm{e}^{at}\,]$ 及 $L[\,\mathrm{e}^{-at}\sin\omega t\,]$.

解：由平移性质及

$$L[t] = \frac{1}{s^2}, \quad L[\sin\omega t] = \frac{\omega}{s^2 + \omega^2}$$

得
$$L[te^{at}] = \frac{1}{(s-a)^2}$$

$$L[e^{-at}\sin\omega t] = \frac{\omega}{(s+a)^2 + \omega^2}$$

10.2.5　延迟性质

【性质 10.5】若 $L[f(t)] = F(s)$，则
$$L[f(t-\tau)] = e^{-\tau s}F(s)(\tau > 0)$$

函数 $f(t-\tau)$ 与 $f(t)$ 相比，$f(t)$ 是从 $t = 0$ 开始有非零数值，而 $f(t-\tau)$ 是从 $t = \tau$ 开始才有非零数值，即延迟了一个时间 τ. 从它们的图像来看，$f(t-\tau)$ 的图像是由 $f(t)$ 的图像沿 t 轴向右平移距离 τ 而得，如图 10-2 所示. 这个性质表明，时间函数延迟 τ 的拉氏变换等于它的像函数乘以指数因子 $e^{-\tau s}$. 因此，该性质也可以叙述为：对任意的正数 τ，有

$$F[f(t-\tau)u(t-\tau)] = e^{-s\tau}F(s)$$

【例 10.12】求函数
$$u(t-a) = \begin{cases} 0, & t < a \\ 1, & t > a \end{cases}$$

的拉氏变换.

解： 由 $L[u(t)] = \dfrac{1}{s}$ 及延迟性质可得

$$L[u(t-a)] = \frac{1}{s}e^{-as}$$

【例 10.13】求如图 10-3 所示的分段函数
$$h(t) = \begin{cases} 1, & a \leq t < b \\ 0, & \text{其他} \end{cases}$$

的拉氏变换.

解： 由 $h(t) = u(t-a) - u(t-b)$ 得
$$\begin{aligned}
L[h(t)] &= L[u(t-a) - u(t-b)] \\
&= L[u(t-a)] - L[u(t-b)] \\
&= \frac{1}{s}e^{-as} - \frac{1}{s}e^{-bs} = \frac{1}{s}(e^{-as} - e^{-bs})
\end{aligned}$$

【例 10.14】求如图 10-4 所示的阶梯函数 $f(t)$ 的拉氏变换.

解： 利用单位阶跃函数，可将这个阶梯函数表示为
$$\begin{aligned}
f(t) &= A[u(t) + u(t-\tau) + u(t-2\tau) + \cdots] \\
&= \sum_{k=0}^{\infty} Au(t-k\tau)
\end{aligned}$$

上式两边取拉氏变换，并假定右边也可以逐项去拉氏变换，再由拉式变换的线性性质及延迟性质，可得

$$L[f(t)] = A\left(\frac{1}{s} + \frac{1}{s}e^{-s\tau} + \frac{1}{s}e^{-2s\tau} + \frac{1}{s}e^{-3s\tau} + \cdots\right)$$

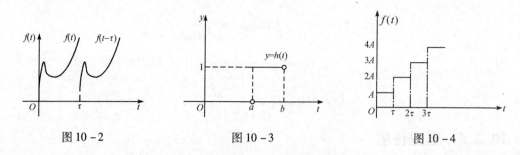

图 10 – 2　　　　　　　　　图 10 – 3　　　　　　　　　图 10 – 4

当 $\mathrm{Re}(s) > 0$ 时，有 $|\mathrm{e}^{-s\tau}| < 1$，所以，上式右端圆括号中为一公比的模小于 1 的等比数列，从而

$$L[f(t)] = \frac{A}{s} \frac{1}{1 - \mathrm{e}^{-s\tau}}$$

一般地，$L[f(t)] = F(s)$，则对任何 $\tau > 0$，有

$$L\left[\sum_{k=0}^{\infty} f(t - k\tau)\right] = \sum_{k=0}^{\infty} L[f(t - k\tau)] = \sum_{k=0}^{\infty} \mathrm{e}^{-ks\tau} F(s)$$

$$= F(s) \cdot \frac{1}{1 - \mathrm{e}^{-s\tau}} \quad (\mathrm{Re}(s) > 0)$$

现将拉普拉斯变换的常用性质列出如表 10 – 2 所示.

表 **10 – 2**

序号	拉氏变换性质（设 $L[f(t)] = F(s)$）
1	$L[a_1 f_1(t) + a_2 f_2(t)] = a_1 L[f_1(t)] + a_2 L[f_2(t)]$
2	$L[\mathrm{e}^{at} f(t)] = F(s - a)$
3	$L[f(t - a)] = \mathrm{e}^{-as} F(s) \, (a > 0)$
4	$L[f'(t)] = sF(s) - f(0)$
5	$L[f^{(n)}(t)] = s^n F(s) - [s^{n-1} f(0) + s^{n-2} f'(0) + \cdots + f^{(n-1)}(0)]$
6	$L\left[\int_0^t f(x)\,\mathrm{d}x\right] = \dfrac{F(s)}{s}$
7	$L[f(at)] = \dfrac{1}{a} F\left(\dfrac{s}{a}\right) (a > 0)$
8	$L[t^n f(t)] = (-1)^n F^{(n)}(s)$
9	$L\left[\dfrac{f(t)}{t}\right] = \displaystyle\int_s^{+\infty} F(s)\,\mathrm{d}s$
10	如果 $f(t)$ 有周期 $T > 0$，即 $f(t + T) = f(t)$， 则 $L[f(t)] = \dfrac{1}{1 - \mathrm{e}^{-sT}} \displaystyle\int_0^T \mathrm{e}^{-st} f(t)\,\mathrm{d}t$
11	如果 $L[f(t)] = F(s)$，$L[g(t)] = G(s)$， 则 $L\left[\displaystyle\int_0^t f(u) g(t - u)\,\mathrm{d}u\right] = F(s) G(s)$

【例 10.15】 查表求 $L\left[\dfrac{\sin t}{t}\right]$.

解：令 $f(t)=\sin t$，则由表 $10-1$ 的序号 9 得

$$L[\sin t]=\frac{1}{s^2+1^2}=F(s)$$

再由表 $10-2$ 的序号 9 得

$$L\left[\frac{\sin t}{t}\right]=\int_s^{+\infty}\frac{1}{s^2+1^2}\mathrm{d}s=\arctan s\Big|_s^{+\infty}=\frac{\pi}{2}-\arctan s$$

【例 10.16】 求 $L\left[\mathrm{e}^{-4t}\cos\left(2t+\dfrac{\pi}{4}\right)\right]$.

解：由 $\cos\left(2t+\dfrac{\pi}{4}\right)=\dfrac{1}{\sqrt{2}}(\cos 2t-\sin 2t)$ 得

$$L\left[\mathrm{e}^{-4t}\cos\left(2t+\frac{\pi}{4}\right)\right]=\frac{1}{\sqrt{2}}L[\mathrm{e}^{-4t}\cos 2t-\mathrm{e}^{-4t}\sin 2t]$$

$$=\frac{1}{\sqrt{2}}L[\mathrm{e}^{-4t}\cos 2t]-\frac{1}{\sqrt{2}}L[\mathrm{e}^{-4t}\sin 2t]$$

查表 $10-1$ 的序号 15 及 16 得

$$L[\mathrm{e}^{-4t}\cos 2t]=\frac{s+4}{(s+4)^2+2^2}$$

$$L[\mathrm{e}^{-4t}\sin 2t]=\frac{2}{(s+4)^2+2^2}$$

于是

$$L\left[\mathrm{e}^{-4t}\cos\left(2t+\frac{\pi}{4}\right)\right]=\frac{1}{\sqrt{2}}\left[\frac{s+4}{(s+4)^2+2^2}-\frac{2}{(s+4)^2+2^2}\right]=\frac{1}{\sqrt{2}}\frac{s+2}{(s+4)^2+4}$$

练习题 10.2

1. 求下列函数的拉氏变换.

（1）$f(t)=t^2+3t+2$；

（2）$f(t)=1-t\mathrm{e}^t$；

（3）$f(t)=(t-1)^2\mathrm{e}^t$；

（4）$f(t)=\dfrac{t}{2a}\sin at$；

（5）$f(t)=t\cos at$；

（6）$f(t)=5\sin 2t-3\cos 2t$；

（7）$f(t)=\mathrm{e}^{-2t}\sin 6t$；

（8）$f(t)=\mathrm{e}^{-4t}\cos 4t$；

（9）$f(t)=t^n\mathrm{e}^{at}$；

（10）$f(t)=u(3t-5)$.

2. 若 $L[f(t)]=F(s)$，证明（像函数的微分性质）

$$F^{(n)}(s)=(-1)^n L[t^n f(t)],\ \mathrm{Re}(s)>c$$

特别地，$L[tf(t)]=-F'(s)$ 或 $f(t)=\dfrac{-1}{t}L^{-1}[F'(s)]$，并利用此结论，计算下列各式：

（1）$f(t)=t\mathrm{e}^{-3t}\sin 2t$，求 $F(s)$；

（2）$f(t)=t\displaystyle\int_0^t \mathrm{e}^{-3t}\sin 2t\mathrm{d}t$，求 $F(s)$；

(3) $F(s) = \ln \dfrac{s+1}{s-1}$，求 $f(t)$；

(4) $f(t) = \displaystyle\int_0^t t\mathrm{e}^{-3t}\sin 2t\mathrm{d}t$，求 $F(s)$.

10.3 拉氏逆变换

前两节我们讨论了由已知函数 $f(t)$ 求它的像函数 $F(s)$ 的问题，本节我们讨论相反的问题——已知像函数 $F(s)$，求它的像原函数 $f(t)$，即拉氏变换的逆变换.

10.3.1 拉氏逆变换的定义

【定义 10.2】若 $F(s)$ 是 $f(t)$ 的拉氏变换，即 $F(s) = L[f(t)]$，则称 $f(t)$ 是 $F(s)$ 的拉氏逆变换（或称为 $F(s)$ 的像原函数），记作

$$f(t) = L^{-1}[F(s)]$$

10.3.2 拉氏逆变换的性质

在求像原函数时，常从拉氏变换表 10 - 1 中查找，同时要结合拉氏变换的性质，因此把常用的拉氏变换的性质用逆变换的形式列出如下：

设 $L[f_1(t)] = F_1(s)$，$L[f_2(t)] = F_2(s)$，$L[f(t)] = F(s)$.

1. 线性性质

$$L^{-1}[aF_1(s) + bF_2(s)] = aL^{-1}[F_1(s)] + bL^{-1}[F_2(s)]$$
$$= af_1(t) + bf_2(t) \quad (a，b \text{ 为常数})$$

2. 平移性质

$$L^{-1}[F(s-a)] = \mathrm{e}^{at}L^{-1}[F(s)] = \mathrm{e}^{at}f(t)$$

3. 延迟性质

$$L^{-1}[\mathrm{e}^{-\tau s}F(s)] = f(t-\tau) \quad (\tau > 0)$$

【例 10.17】求下列函数的拉氏逆变换.

(1) $F(s) = \dfrac{1}{s+3}$；　　　　　　　　(2) $F(s) = \dfrac{1}{(s-2)^2}$；

(3) $F(s) = \dfrac{2s-5}{s^2}$；　　　　　　　　(4) $F(s) = \dfrac{4s-3}{s^2+4}$.

解：(1) 由表 10 - 1 中的序号 5，取 $a = -3$，得

$$f(t) = L^{-1}\left[\frac{1}{s+3}\right] = \mathrm{e}^{-3t}$$

(2) 由表 10 - 1 中的序号 7，取 $a = 2$，得

$$f(t) = L^{-1}\left[\frac{1}{(s-2)^2}\right] = t\mathrm{e}^{2t}$$

(3) 由线性性质及表 10 - 1 中的序号 2、3，得

$$f(t) = L^{-1}\left[\frac{2s-5}{s^2}\right] = 2L^{-1}\left[\frac{1}{s}\right] - 5L^{-1}\left[\frac{1}{s^2}\right] = 2 - 5t$$

(4) 由线性性质及表 10 - 1 中的序号 9、10，得

$$f(t) = L^{-1}\left[\frac{4s-3}{s^2+4}\right] = 4L^{-1}\left[\frac{s}{s^2+4}\right] - \frac{3}{2}L^{-1}\left[\frac{2}{s^2+4}\right] = 4\cos 2t - \frac{3}{2}\sin 2t$$

【例 10.18】 求 $F(s) = \dfrac{2s+3}{s^2-2s+5}$ 的拉氏逆变换.

解：$f(t) = L^{-1}\left[\dfrac{2s+3}{s^2-2s+5}\right] = L^{-1}\left[\dfrac{2s+3}{(s-1)^2+4}\right]$

$\qquad = 2L^{-1}\left[\dfrac{s-1}{(s-1)^2+4}\right] + \dfrac{5}{2}L^{-1}\left[\dfrac{2}{(s-1)^2+4}\right]$

$\qquad = 2e^t\cos 2t + \dfrac{5}{2}e^t\sin 2t$

$\qquad = e^t\left(2\cos 2t + \dfrac{5}{2}\sin 2t\right)$

在用拉氏变换解决工程技术中的应用问题时，经常遇到的像函数是有理分式，一般可将其分解为部分分式之和，然后再利用拉氏变换表求出像原函数.

【例 10.19】 求 $F(s) = \dfrac{s+9}{s^2+5s+6}$ 的拉氏逆变换.

解：先将 $F(s)$ 分解为部分分式之和

$$\frac{s+9}{s^2+5s+6} = \frac{s+9}{(s+2)(s+3)} = \frac{7}{s+2} - \frac{6}{s+3}$$

则有

$$f(t) = L^{-1}\left[\frac{s+9}{s^2+5s+6}\right] = 7L^{-1}\left[\frac{1}{s+2}\right] - 6L^{-1}\left[\frac{1}{s+3}\right] = 7e^{-2t} - 6e^{-3t}$$

4. 卷积定理

积分 $\displaystyle\int_0^t f_1(\tau)f_2(t-\tau)\mathrm{d}\tau$ 称为函数 $f_1(t)$ 和 $f_2(t)$ 的卷积（或折积）. 记做 $f_1(t)*f_2(t)$，即

$$f_1(t)*f_2(t) = \int_0^t f_1(\tau)f_2(t-\tau)\mathrm{d}\tau$$

卷积定理是指：如果记

$$L[f_1(t)] = F_1(s), L[f_2(t)] = F_2(s)$$

则
$$L[f_1(t)*f_2(t)] = F_1(s)\cdot F_2(s)$$

或
$$L^{-1}[F_1(s)\cdot F_2(s)] = f_1(t)*f_2(t)$$

在拉氏变换的应用中，卷积定理起着十分重要的作用. 下面我们利用它来求一些函数的逆变换.

【例 10.20】 若 $F(s) = \dfrac{1}{s^2(1+s^2)}$，求 $f(t)$.

解 因为 $F(s) = \dfrac{1}{s^2(1+s^2)} = \dfrac{1}{s^2}\cdot\dfrac{1}{s^2+1}$

取
$$F_1(s) = \frac{1}{s^2},\ F_2(s) = \frac{1}{s^2+1}$$

于是
$$f_1(t) = t, f_2(t) = \sin t$$

根据卷积定理有 $f(t) = L^{-1}[F(s)] = L^{-1}[F_1(s) \cdot F_2(s)] = f_1(t) * f_2(t)$

得

$$\begin{aligned}
f(t) = f_1(t) * f_2(t) &= \int_0^t f_1(\tau) f_2(t-\tau) \mathrm{d}\tau \\
&= \int_0^t \tau \sin(t-\tau) \mathrm{d}\tau \\
&= \tau \cos(t-\tau) \Big|_0^t - \int_0^t \cos(t-\tau) \mathrm{d}\tau \\
&= t - \sin t
\end{aligned}$$

【例 10.21】 若 $F(s) = \dfrac{s^2}{(s^2+1)^2}$，求 $f(t)$.

解： 因为 $\quad F(s) = \dfrac{s^2}{(s^2+1)^2} = \dfrac{s}{s^2+1} \cdot \dfrac{s}{s^2+1}$

所以

$$\begin{aligned}
f(t) = L^{-1}\left[\frac{s}{s^2+1} \cdot \frac{s}{s^2+1} \right] &= \cos t * \cos t \\
&= \int_0^t \cos\tau \cos(t-\tau) \mathrm{d}\tau \\
&= \frac{1}{2} \int_0^t \left[\cos t + \cos(2\tau - t) \right] \mathrm{d}\tau \\
&= \frac{1}{2}(t\cos t + \sin t)
\end{aligned}$$

练习题 10.3

1. 求下列卷积.

(1) $1 * 1$；　　　　　　　　(2) $t * t$；

(3) $t * \mathrm{e}^t$.

2. 利用卷积定理，证明 $L^{-1}\left[\dfrac{s}{(s^2+a^2)^2} \right] = \dfrac{t}{2a} \sin at$.

3. 求下列函数的拉氏逆变换.

(1) $F(s) = \dfrac{1}{s^2+4}$；　　　　　　(2) $F(s) = \dfrac{1}{s^4}$；

(3) $F(s) = \dfrac{1}{(s+1)^4}$；　　　　　(4) $F(s) = \dfrac{1}{s+3}$；

(5) $F(s) = \dfrac{2s+3}{s^2+9}$；　　　　　(6) $F(s) = \dfrac{s+3}{(s+1)(s-3)}$.

本章 小结及思维导图
BENZHANG XIAOJIE JI SIWEI DAOTU

学习本章，要求读者掌握拉普拉斯变换的定义，会求函数的拉氏变换；掌握常见函数的拉氏变换公式，理解拉氏变换的主要性质；了解拉氏逆变换的概念，掌握拉氏变换的逆变换的性质，会求逆变换.

拉普拉斯变换的定义

一、思维导图

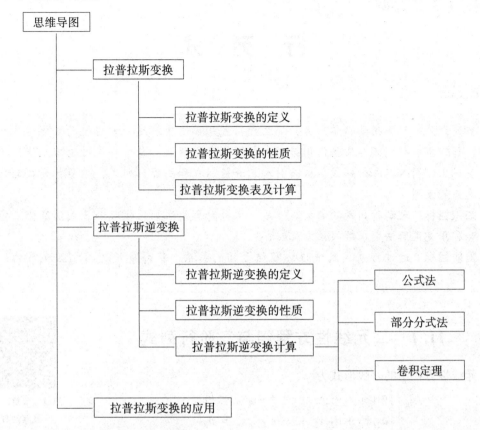

二、学习中应注意的问题

（1）在定义中，只要求 $f(t)$ 当 $t \geqslant 0$ 时有意义，为了方便研究拉氏变换的性质，总假定在 $(-\infty, 0)$ 内 $f(t) \equiv 0$.

（2）拉氏变换就是将给定的函数，通过特定的广义积分转换成一个新的函数，实质上它是一种积分变换.

（3）在拉氏变换表中，要结合使用拉氏变换的性质，并借助一些代数运算，把函数的微分运算化为代数运算.

测试题 10

1. 求下列函数的拉氏变换.

（1）$f(t) = te^{\alpha t} \cos \beta t$（$\alpha$，$\beta$ 约为实数）；

（2）$f(t) = \delta(t) \cos t + ke^{kt} u(t)(k > 0)$.

2. 求下列函数的拉氏逆变换.

（1）$F(s) = \dfrac{s^2 + 1}{s^2 + 2s + 1}$；

（2）$F(s) = \arctan \dfrac{a}{s}$.

第十一章

行 列 式

本章导读

　　行列式是一种常用的数学工具，那么行列式是如何从解线性方程组的需要中建立起来的？如何求解行列式？又如何用行列式求解线性方程组？本章将在讨论二元线性方程组的基础上，引入二阶行列式，从而引入三阶行列式和高阶行列式，学习行列式的计算以及克莱姆法则.

　　知识目标：理解行列式的定义与性质，掌握对角线法则、代数余子式法及化三角形法，会利用克莱姆法则求解线性方程组；

　　素质目标：通过行列式及线性方程组之间的关系，获得事物之间相互联系的辩证观点.

11.1　二元线性方程组与二阶行列式

n 元线性方程组的一般形式为

$$\begin{cases} a_{11}x_1 + a_{12}x_2 + \cdots + a_{1n}x_n = b_1 \\ a_{21}x_1 + a_{22}x_2 + \cdots + a_{2n}x_n = b_2 \\ \cdots\cdots\cdots\cdots\cdots\cdots \\ a_{m1}x_1 + a_{m2}x_2 + \cdots + a_{mn}x_n = b_m \end{cases}$$

11.1　二阶行列式
及其性质

它含有 m 个方程，n 个未知数，m 与 n 可以相等，也可以不相等，其中 $x_1, x_2, \cdots x_n$ 是未知数；$b_1, b_2, \cdots b_n$ 是常数；$a_{11}, a_{12}, \cdots a_{21}, a_{22} \cdots$ 是方程中未知数的系数.

　　一般地，把方程组中第 i 个方程的未知数 x_j 的系数记为 $a_{ij}(i = 1, 2, \cdots, m; j = 1, 2, \cdots, n)$. 下面先讨论 $m = n = 2$，即二元线性方程组的情形.

11.1.1　二阶行列式

　　设二元线性方程组为

$$\begin{cases} a_{11}x_1 + a_{12}x_2 = b_1 \\ a_{21}x_1 + a_{22}x_2 = b_2 \end{cases} \tag{11.1}$$

现在用消元法来求解.

　　将方程组中第一个方程的两边同乘以 a_{22}，第二个方程的两边同乘以 a_{12}，然后相减，消去 x_2，可得到：

$$(a_{11}a_{22} - a_{12}a_{21})x_1 = b_1 a_{22} - a_{12}b_2$$

　　用类似的方法消去 x_1，可得：

$$(a_{11}a_{22} - a_{12}a_{21})x_2 = a_{11}b_2 - b_1 a_{21}$$

当 $a_{11}a_{22} - a_{12}a_{21} \neq 0$ 时，就可得到方程组的解为：

$$\begin{cases} x_1 = \dfrac{b_1 a_{22} - a_{12} b_2}{a_{11} a_{22} - a_{12} a_{21}} \\ x_2 = \dfrac{a_{11} b_1 - b_1 a_{21}}{a_{11} a_{22} - a_{12} a_{21}} \end{cases} \tag{11.2}$$

为了便于记忆，我们用记号 $\begin{vmatrix} a_{11} & a_{12} \\ a_{21} & a_{22} \end{vmatrix}$ 表示代数和 $a_{11} a_{22} - a_{12} a_{21}$，称为二阶行列式，即：

定义 11.1

$$\begin{vmatrix} a_{11} & a_{12} \\ a_{21} & a_{22} \end{vmatrix} = a_{11} a_{22} - a_{12} a_{21} \tag{11.3}$$

公式（11.3）的左端称为二阶行列式，右端称为二阶行列式的展开式.

其中 $a_{ij}(i = 1, 2; j = 1, 2)$ 称为行列式的元素，横排称为行列式的行，竖排称为行列式的列. a_{ij} 的下标 i 表示它位于自上而下的第 i 行，第二个下标 j 表示它位于从左到右的第 j 列. 即 a_{ij} 是位于行列式第 i 行第 j 列相交处的一个元素. 把 a_{11} 到 a_{22}（即左上角到右下角）的对角线称为主对角线. a_{12} 到 a_{21}（即右上角到左下角）的对角线称为次对角线. 由上述定义可知："二阶行列式的值等于主对角线上两元素之积减去次对角线上两元素之积."

由上述定义，表达式（11.2）的分子部分，可分别表示为：

$$b_1 a_{22} - a_{12} b_2 = \begin{vmatrix} b_1 & a_{12} \\ b_2 & a_{22} \end{vmatrix}$$

$$a_{11} b_2 - b_1 a_{21} = \begin{vmatrix} a_{11} & b_1 \\ a_{21} & b_2 \end{vmatrix}$$

用 D, D_1, D_2 分别表示上述各行列式，即：

$$D = \begin{vmatrix} a_{11} & a_{12} \\ a_{21} & a_{22} \end{vmatrix}, D_1 = \begin{vmatrix} b_1 & a_{12} \\ b_2 & a_{22} \end{vmatrix}, D_2 = \begin{vmatrix} a_{11} & b_1 \\ a_{21} & b_2 \end{vmatrix}$$

于是，当 $D \neq 0$ 时，线性方程组（11.1）的解可表示为：

$$x_1 = \frac{D_1}{D}, x_2 = \frac{D_2}{D}$$

其中 D 称为方程组（11.1）的系数行列式；D_1, D_2 是用方程组（11.1）右端的常数列 b_1, b_2 分别替代系数行列式 D 中的第一列，第二列的元素所得到的两个二阶行列式. D_j 的下标 j 有两个作用，① j 表示第 j 个未知量的分子；② j 表示用方程组右端的常数列来替代系数行列式中第 j 列的元素. 利用行列式解二元线性方程组的方法，称为二元线性方程组的克莱姆法则.

例 11.1 计算下列各行列式.

(1) $\begin{vmatrix} -3 & 5 \\ -2 & 4 \end{vmatrix}$; (2) $\begin{vmatrix} \sin x & \cos x \\ -\cos x & \sin x \end{vmatrix}$;

解：(1) $\begin{vmatrix} -3 & 5 \\ -2 & 4 \end{vmatrix} = (-3) \times 4 - 5 \times (-2) = -2$

(2) $\begin{vmatrix} \sin x & \cos x \\ -\cos x & \sin x \end{vmatrix} = \sin^2 x + \cos^2 x = 1$

例 11. 2 用行列式解线性方程组

$$\begin{cases} 2x_1 + 3x_2 = 4 \\ 5x_1 + 6x_2 = 7 \end{cases}$$

解： 方程组的系数行列式为

$$D = \begin{vmatrix} 2 & 3 \\ 5 & 6 \end{vmatrix} = -3 \neq 0$$

用方程组右端的常数项替代系数行列式的第一列

$$D_1 = \begin{vmatrix} 4 & 3 \\ 7 & 6 \end{vmatrix} = 3$$

用方程组右端的常数项替代系数行列式的第二列

$$D_2 = \begin{vmatrix} 2 & 4 \\ 5 & 7 \end{vmatrix} = -6$$

所以方程组的解为：

$$x_1 = \frac{D_1}{D} = \frac{3}{-3} = -1, x_2 = \frac{D_2}{D} = \frac{-6}{-3} = 2$$

11. 1. 2 二阶行列式的性质

将一个二阶行列式 D 的行与列依次互换所得到的行列式称为行列式 D 的转置行列式，记为 D^T. 即：

$$D = \begin{vmatrix} a_{11} & a_{12} \\ a_{21} & a_{22} \end{vmatrix}, \text{ 则 } D^T = \begin{vmatrix} a_{11} & a_{21} \\ a_{12} & a_{22} \end{vmatrix}$$

性质 1 行列式 D 与它的转置行列式 D^T 的值相等，即 $D = D^T$.

由性质 1 可知，凡是对行列式的行成立的性质对列也成立. 反之亦然.

性质 2 如果行列式某一列（行）的每一个元素都是二项式，则此行列式等于把这些二项式各取一项作为相应的列（行），而其余的列（行）不变的两个行列式的和.

例如 $\begin{vmatrix} a_{11} + b_{11} & a_{12} \\ a_{21} + b_{21} & a_{22} \end{vmatrix} = \begin{vmatrix} a_{11} & a_{12} \\ a_{21} & a_{22} \end{vmatrix} + \begin{vmatrix} b_{11} & a_{12} \\ b_{21} & a_{22} \end{vmatrix}$

证 左边 $= \begin{vmatrix} a_{11} + b_{11} & a_{12} \\ a_{21} + b_{21} & a_{22} \end{vmatrix} = (a_{11} + b_{11})a_{22} - (a_{21} + b_{21})a_{12}$

右边 $= \begin{vmatrix} a_{11} & a_{12} \\ a_{21} & a_{22} \end{vmatrix} + \begin{vmatrix} b_{11} & a_{12} \\ b_{21} & a_{22} \end{vmatrix}$

$= a_{11}a_{22} - a_{12}a_{21} + b_{11}a_{22} - b_{21}a_{12}$

$= (a_{11} + b_{11})a_{22} - (a_{21} + b_{21})a_{12}$

因为左边 = 右边，所以等式成立.

性质 3 如果行列式 D 的某一列（行）的每一个元素，同乘以一个常数 K，则行列式的值等于 kD.

例如 $\begin{vmatrix} ka_{11} & a_{12} \\ ka_{21} & a_{22} \end{vmatrix} = k \begin{vmatrix} a_{11} & a_{12} \\ a_{21} & a_{22} \end{vmatrix}$

推论：行列式中某一行（列）所有元素的公因子可以提到行列式的记号外面.

性质4　互换行列式的两列（行），行列式的值改变符号，即：

$$\begin{vmatrix} a_{11} & a_{12} \\ a_{21} & a_{22} \end{vmatrix} = -\begin{vmatrix} a_{12} & a_{11} \\ a_{22} & a_{21} \end{vmatrix}$$

性质1、3、4都可以仿照性质2进行证明.

例11.3　利用行列式的性质计算下列行列式.

(1) $\begin{vmatrix} a+b & a \\ b+a & b \end{vmatrix}$;　　(2) $\begin{vmatrix} 339 & 125 \\ 113 & 50 \end{vmatrix}$;

解：(1)

$$\begin{vmatrix} a+b & a \\ b+a & b \end{vmatrix} = \begin{vmatrix} a & a \\ b & b \end{vmatrix} + \begin{vmatrix} b & a \\ a & b \end{vmatrix}$$
$$= ab - ab + b^2 - a^2 = b^2 - a^2$$

(2)

$$\begin{vmatrix} 339 & 125 \\ 113 & 50 \end{vmatrix} = 113 \times 25 \begin{vmatrix} 3 & 5 \\ 1 & 2 \end{vmatrix}$$
$$= 113 \times 25 \times 1 = 2825$$

练习题 11.1

1. 求下列各行列式的值：

(1) $\begin{vmatrix} 3 & 5 \\ 1 & 5 \end{vmatrix}$　　　　(2) $\begin{vmatrix} -3 & 5 \\ 2 & -5 \end{vmatrix}$

(3) $\begin{vmatrix} \sin\alpha & \cos\alpha \\ \sin\beta & \cos\beta \end{vmatrix}$　　(4) $\begin{vmatrix} 0 & 0 \\ 3 & 5 \end{vmatrix}$

2. 利用行列式解下列方程组

(1) $\begin{cases} 4x + 3y = 5 \\ 3x + 4y = 6 \end{cases}$　　(2) $\begin{cases} 60I_1 - 20I_2 - 120 = 0 \\ -20I_1 + 80I_2 + 60 = 0 \end{cases}$

11.2　三阶行列式

为了方便地表达三元线性方程组

$$\begin{cases} a_{11}x_1 + a_{12}x_2 + a_{13}x_3 = b_1 \\ a_{21}x_1 + a_{22}x_2 + a_{23}x_3 = b_2 \\ a_{31}x_1 + a_{32}x_2 + a_{33}x_3 = b_3 \end{cases}$$ 　(11.4)

**11.2　三阶行列式
及其性质**

的求解公式，类似于二阶行列式，我们给出三阶行列式的定义.

11. 2. 1 三阶行列式

定义 11. 2

$$\begin{vmatrix} a_{11} & a_{12} & a_{13} \\ a_{21} & a_{22} & a_{23} \\ a_{31} & a_{32} & a_{33} \end{vmatrix} = a_{11}a_{22}a_{33} + a_{12}a_{23}a_{31} + a_{13}a_{21}a_{32} - a_{13}a_{22}a_{31} - a_{12}a_{21}a_{33} - a_{11}a_{23}a_{32} \quad (11.5)$$

上式左端称为三阶行列式，右端称为三阶行列式的展开式.

三阶行列式的展开方法，如图 11 - 1 所示. 三阶行列式中共有三行三列 9 个元素，我们把图中实线部分的元素称为主对角线，虚线部分的元素称为次对角线，将它按照对角线展开，其展开式共有 6 项，每项都是不同行不同列的三个元素的乘积，主对角线上的元素之积为正，次对角线上的元素之积为负，这种展开三阶行列式的方法称为对角线法则.

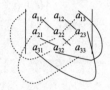

图 11 - 1

有了三阶行列式的定义，可以证明，对方程组（11.4）我们有三元线性方程组的克莱姆法则. 当系数行列式

$$D = \begin{vmatrix} a_{11} & a_{12} & a_{13} \\ a_{21} & a_{22} & a_{23} \\ a_{31} & a_{32} & a_{33} \end{vmatrix} \neq 0 \text{ 时，方程组有唯一的解.}$$

$$x_1 = \frac{D_1}{D}, x_2 = \frac{D_2}{D}, x_3 = \frac{D_3}{D}$$

其中，$D_j (j = 1,2,3)$ 是将方程组（11.4）右端的常数项 b_1, b_2, b_3 依次替换系数行列式 D 中的第 j 列元素所得到的三阶行列式.

例 11. 4 验证下列两式.

$$(1) \begin{vmatrix} 0 & a & b \\ -a & 0 & c \\ -b & -c & 0 \end{vmatrix} = 0 \quad (2) \begin{vmatrix} a & x & y \\ 0 & b & z \\ 0 & 0 & c \end{vmatrix} = abc$$

解：利用对角线法则验证如下：

$$(1) \begin{vmatrix} 0 & a & b \\ -a & 0 & c \\ -b & -c & 0 \end{vmatrix} = 0 - abc + abc - 0 - 0 - 0 = 0$$

$$(2) \begin{vmatrix} a & x & y \\ 0 & b & z \\ 0 & 0 & c \end{vmatrix} = abc + 0 + 0 - 0 - 0 - 0 = abc$$

主对角线一侧的元素都为零的行列式叫做三角形行列式，由本例（2）可知，三角形行列式的值等于主对角线上元素之积.

例 11. 5 解线性方程组 $\begin{cases} 2x - y + z = 0 \\ 3x + 2y - 5z = 1 \\ x + 3y - 2z = 4 \end{cases}$

解：用对角线法则，可求出

$$D = \begin{vmatrix} 2 & -1 & 1 \\ 3 & 2 & -5 \\ 1 & 3 & -2 \end{vmatrix} = 28 \neq 0 \,, D_1 = \begin{vmatrix} 0 & -1 & 1 \\ 1 & 2 & -5 \\ 4 & 3 & -2 \end{vmatrix} = 13$$

$$D_2 = \begin{vmatrix} 2 & 0 & 1 \\ 3 & 1 & -5 \\ 1 & 4 & -2 \end{vmatrix} = 47 \,, D_3 = \begin{vmatrix} 2 & -1 & 0 \\ 3 & 2 & 1 \\ 1 & 3 & 4 \end{vmatrix} = 21$$

于是，方程组的解为：

$$x = \frac{13}{28}, y = \frac{47}{28}, z = \frac{3}{4}$$

可见，只要方程组的系数行列式不为零，方程组就有唯一解.

在三阶行列式
$$D = \begin{vmatrix} a_{11} & a_{12} & a_{13} \\ a_{21} & a_{22} & a_{23} \\ a_{31} & a_{32} & a_{33} \end{vmatrix} \qquad (11.6)$$

中，划去元素 a_{ij} 所在的行和列的元素，剩下的元素按原来的次序构成一个二阶行列式，叫做元素 a_{ij} 的余子式，记为 D_{ij}，例如，在行列式（11.6）中，元素 a_{21} 的代数余子式为

$$D_{21} = \begin{vmatrix} a_{12} & a_{13} \\ a_{32} & a_{33} \end{vmatrix}$$

把 $(-1)^{i+j}D_{ij}$ 叫做元素 a_{ij} 的代数余子式，记为 A_{ij}，即

$$A_{ij} = (-1)^{i+j}D_{ij}$$

例如， 在行列式（11.6）中，元素 a_{21} 的代数余子式为

$$A_{21} = (-1)^{2+1}D_{21} = -\begin{vmatrix} a_{12} & a_{13} \\ a_{32} & a_{33} \end{vmatrix}$$

由三阶行列式的定义式（11.5）

$$D = \begin{vmatrix} a_{11} & a_{12} & a_{13} \\ a_{21} & a_{22} & a_{23} \\ a_{31} & a_{32} & a_{33} \end{vmatrix} = a_{11}a_{22}a_{33} + a_{12}a_{23}a_{31} + a_{13}a_{21}a_{32} - a_{13}a_{22}a_{31} - a_{12}a_{21}a_{33} - a_{11}a_{23}a_{32}$$

将其按第一行元素 a_{11}, a_{12}, a_{13} 来整理，得

$$D = a_{11}(a_{22}a_{33} - a_{23}a_{32}) - a_{12}(a_{21}a_{33} - a_{23}a_{31}) + a_{13}(a_{21}a_{32} - a_{22}a_{31})$$

$$= (-1)^{1+1}a_{11}\begin{vmatrix} a_{22} & a_{23} \\ a_{32} & a_{33} \end{vmatrix} + (-1)^{1+2}a_{12}\begin{vmatrix} a_{21} & a_{23} \\ a_{31} & a_{33} \end{vmatrix} + (-1)^{1+3}a_{13}\begin{vmatrix} a_{21} & a_{22} \\ a_{31} & a_{32} \end{vmatrix}$$

$$= a_{11}A_{11} + a_{12}A_{12} + a_{13}A_{13}$$

同理，按第二、三行的元素来整理，可得

$$D = a_{21}A_{21} + a_{22}A_{22} + a_{23}A_{23}$$
$$D = a_{31}A_{31} + a_{32}A_{32} + a_{33}A_{33}$$

定理 11.1 行列式等于它任一行（列）上所有元素与其对应的代数余子式乘积的代数和.

例 11.6（三阶行列式的应用）

有甲、乙、丙三种品牌的零食套盒，甲种品牌零食套盒每千克含鸭脖 100 克、草莓干 100 克、腰果 100 克；乙种品牌零食套盒每千克含鸭脖 200 克、草莓干 200 克、腰果 200 克；

丙种品牌零食套盒每千克含鸭脖 200 克、草莓干 100 克、腰果 0 克；若把此三种品牌零食套盒混合，要求混合后的零食含鸭脖 3 千克、草莓干 4 千克、腰果 3 千克，问三种品牌零食各需多少千克？

解： 设甲、乙、丙三种品牌零食各需 x、y、z 千克，根据题意建立线性方程组

$$\begin{cases} 0.1x + 0.2y + 0.2z = 3 \\ 0.1x + 0.2y + 0.1z = 4 \\ 0.1x + 0.2y = 3 \end{cases}$$

则有 $x = 10$，$y = 10$，$z = 10$

11.2.2 三阶行列式的性质

可以证明三阶行列式具有与二阶行列式相应的四条性质.

性质 5 下来三种情况之一的行列式，其值必等于零.

（1）某一行（列）的元素都为零

例如
$$\begin{vmatrix} 0 & b_1 & c_1 \\ 0 & b_2 & c_2 \\ 0 & b_3 & c_3 \end{vmatrix} = 0$$

证 只要按第一列展开即知

（2）某两行（列）的对应元素相等

例如
$$\begin{vmatrix} a_1 & a_1 & b_1 \\ a_2 & a_2 & b_2 \\ a_3 & a_3 & b_3 \end{vmatrix} = 0$$

按第三列展开，得

$$左端 = b_1 \begin{vmatrix} a_2 & a_2 \\ a_3 & a_3 \end{vmatrix} - b_2 \begin{vmatrix} a_1 & a_1 \\ a_3 & a_3 \end{vmatrix} + b_3 \begin{vmatrix} a_1 & a_1 \\ a_2 & a_2 \end{vmatrix} = 0$$

因为各二阶行列式均为零.

（3）某两行（列）的对应元素成比例

例如
$$\begin{vmatrix} kb_1 & b_1 & c_1 \\ kb_2 & b_2 & c_2 \\ kb_3 & b_3 & c_3 \end{vmatrix} = 0$$

证 利用性质 3，得

$$左端 = k \begin{vmatrix} b_1 & b_1 & c_1 \\ b_2 & b_2 & c_2 \\ b_3 & b_3 & c_3 \end{vmatrix} = k \cdot 0 = 0$$

因为第一、二列元素对应相等.

性质 6 把行列式某一行（列）的各元素都乘以同一常数 k 后，再加到另一行（列）的对应元素上，行列式的值不变.

例如 $\begin{vmatrix} a_1 + kb_1 & b_1 & c_1 \\ a_2 + kb_2 & b_2 & c_2 \\ a_3 + kb_3 & b_3 & c_3 \end{vmatrix} = \begin{vmatrix} a_1 & b_1 & c_1 \\ a_2 & b_2 & c_2 \\ a_3 & b_3 & c_3 \end{vmatrix}$

证 利用性质 2 和性质 5（3），得

$$左端 = \begin{vmatrix} a_1 & b_1 & c_1 \\ a_2 & b_2 & c_2 \\ a_3 & b_3 & c_3 \end{vmatrix} + \begin{vmatrix} kb_1 & b_1 & c_1 \\ kb_2 & b_2 & c_2 \\ kb_3 & b_3 & c_3 \end{vmatrix} = \begin{vmatrix} a_1 & b_1 & c_1 \\ a_2 & b_2 & c_2 \\ a_3 & b_3 & c_3 \end{vmatrix} + 0 = 右端$$

注：k 可取正值、负值或零.

性质 7 行列式某一行（列）的各元素与另一行（列）的对应元素的代数余子式乘积的和等于零.

例 11.7 计算三阶行列式 $\begin{vmatrix} 1 & -2 & 1 \\ 2 & 1 & -3 \\ -1 & 1 & -1 \end{vmatrix}$

解：**方法一**：利用对角线法则，得

$$\begin{vmatrix} 1 & -2 & 1 \\ 2 & 1 & -3 \\ -1 & 1 & -1 \end{vmatrix} = -1 - 6 + 2 + 1 - 4 + 3 = -5$$

方法二：根据定理 11.1，按第一行展开

$$\begin{vmatrix} 1 & -2 & 1 \\ 2 & 1 & -3 \\ -1 & 1 & -1 \end{vmatrix} = 1 \begin{vmatrix} 1 & -3 \\ 1 & -1 \end{vmatrix} - (-2) \begin{vmatrix} 2 & -3 \\ -1 & -1 \end{vmatrix} + 1 \begin{vmatrix} 2 & 1 \\ -1 & 1 \end{vmatrix}$$

$$= 2 - 10 + 3 = -5$$

方法三：利用性质 6，得

$$\begin{vmatrix} 1 & -2 & 1 \\ 2 & 1 & -3 \\ -1 & 1 & -1 \end{vmatrix} \xrightarrow[\text{把第一行的 +1 倍加到第三行上}]{\text{把第一行的 -2 倍加到第二行上}} \begin{vmatrix} 1 & -2 & 1 \\ 0 & 5 & -5 \\ 0 & -1 & 0 \end{vmatrix}$$

据定理 11.1，按第一列展开 $= \begin{vmatrix} 5 & -5 \\ -1 & 0 \end{vmatrix} = -5$

由于行列式的整个计算过程方法灵活，变化较多，为了便于求解和复查，在计算过程中约定采用下列标记方法：

（1）以 r 代表行，c 代表列.

（2）把第 i 行（列）的每个元素加上第 j 行（列）对应元素的 k 倍，记作 $r_i + kr_j$ ［或 $c_i + kc_j$］

（3）互换 i 行（列）和 j 行（列），记作 $r_i \leftrightarrow r_j$ ［或 $c_i \leftrightarrow c_j$］.

例 11.8 计算下列行列式的值

（1）$D_1 = \begin{vmatrix} 3 & 1 & 2 \\ 290 & 106 & 196 \\ 5 & -3 & 2 \end{vmatrix}$;　　　　（2）$\begin{vmatrix} a-b & a & b \\ -a & b-a & a \\ b & -b & -a-b \end{vmatrix}$ $(a, b \neq 0)$

解：（1）把 D_1 的第二行的元素分别看成 $300 - 10$，$100 + 6$，$200 - 4$，由性质 4，得

$$D_1 = \begin{vmatrix} 3 & 1 & 2 \\ 300-10 & 100+6 & 200-4 \\ 5 & -3 & 2 \end{vmatrix} = \begin{vmatrix} 3 & 1 & 2 \\ 300 & 100 & 200 \\ 5 & -3 & 2 \end{vmatrix} + \begin{vmatrix} 3 & 1 & 2 \\ -10 & 6 & -4 \\ 5 & -3 & 2 \end{vmatrix}$$

由性质 5 (3)，得 = 0

（2） $\begin{vmatrix} a-b & a & b \\ -a & b-a & a \\ b & -b & -a-b \end{vmatrix} \xlongequal{r_1+r_2} \begin{vmatrix} -b & b & a+b \\ -a & b-a & a \\ b & -b & -a-b \end{vmatrix} = 0$

（一、三行对应元素成比例）．

练习题 11.2

1. 计算下列行列式：

（1） $\begin{vmatrix} 3 & 4 & -5 \\ 11 & 6 & -1 \\ 2 & 3 & 6 \end{vmatrix}$ 　　　　（2） $\begin{vmatrix} 3 & 2 & 1 \\ 2 & 3 & 2 \\ 1 & 2 & 3 \end{vmatrix}$

（3） $\begin{vmatrix} 4 & 2 & 3 \\ 2 & 3 & 0 \\ 3 & 0 & 0 \end{vmatrix}$ 　　　　（4） $\begin{vmatrix} a & b & 0 \\ c & 0 & b \\ 0 & c & a \end{vmatrix}$

2. 用行列式解下列线性方程组：

（1） $\begin{cases} 2x-y+3z=3 \\ 3x+y-5z=0 \\ 4x-y+z=3 \end{cases}$ 　　　　（2） $\begin{cases} x_1+2x_2-3x_3=0 \\ 2x_1-x_2+4x_3=0 \\ x_1+x_2+x_3=0 \end{cases}$

（3） $\begin{cases} x+y-z=3 \\ 2x+y+z=6 \\ 2x-y+z=0 \end{cases}$

3. 解方程

（1） $\begin{vmatrix} x^2 & 4 & -9 \\ x & 2 & 3 \\ 1 & 1 & 1 \end{vmatrix} = 0$ 　　　　（2） $\begin{vmatrix} x-1 & -2 & -3 \\ -2 & x-1 & -3 \\ -3 & -3 & x-6 \end{vmatrix} = 0$

11.3　高阶行列式

二阶及三级行列式的概念，可类似地推广至四阶或更高阶的行列式．称四阶和四阶以上的行列式为高阶行列式．前面我们所讨论的行列式的性质和展开法，对任意阶行列式都完全成立．但是，必须注意，对于高阶行列式，前面所讲述的对角线法则不能适用．下面我们讨论高阶行列式的计算方法．

11.3　代数余子式

例 11.9 证明 $\begin{vmatrix} a_{11} & a_{12} & \cdots & a_{1n} \\ 0 & a_{22} & \cdots & a_{2n} \\ \cdots & \cdots & \cdots & \cdots \\ 0 & 0 & \cdots & a_{nn} \end{vmatrix} = a_{11}a_{22}\cdots a_{nn}$

证 由定理 11.1，依次按第一列展开可得

$$\begin{vmatrix} a_{11} & a_{12} & \cdots & a_{1n} \\ 0 & a_{22} & \cdots & a_{2n} \\ \cdots & \cdots & \cdots & \cdots \\ 0 & 0 & \cdots & a_{nn} \end{vmatrix} = a_{11} \begin{vmatrix} a_{22} & a_{23} & \cdots & a_{2n} \\ 0 & a_{33} & \cdots & a_{3n} \\ \cdots & \cdots & \cdots & \cdots \\ 0 & 0 & \cdots & a_{nn} \end{vmatrix} = \cdots = a_{11}a_{22}\cdots a_{nn}$$

同理，可得
$$\begin{vmatrix} a_{11} & 0 & \cdots & 0 \\ a_{21} & a_{22} & \cdots & 0 \\ \cdots & \cdots & \cdots & \cdots \\ a_{n1} & a_{n2} & \cdots & a_{nn} \end{vmatrix} = a_{11}a_{22}\cdots a_{nn}$$

非零元素只出现在主对角线（包括主对角线）一侧的行列式，称为三角形行列式，由上例可知：三角形行列式的值等于主对角线上的元素之积.

11.3.1 行列式的计算

1. "化三角形法"把数字元素的行列式化为三角形行列式的一般步骤为：

（1）将元素 a_{11} 变换为 1（有时也可以将第一行乘 $\dfrac{1}{a_{11}}$ 来实现，但要注意尽量避免将元素化为分数，否则将给后面的计算增加困难）

（2）将第一列 a_{11} 以下的元素全部化为零，即将第一行乘 $-a_{21}, -a_{31}, \cdots -a_{n1}$ 并分别加到第 $2,3,\cdots,n$ 行对应元素上；

（3）从第二行依次用类似的方法把主对角线 $a_{22}, a_{33}, \cdots, a_{n-1,n-1}$ 以下的元素全部化为零，即可得上三角形行列式.

注意，在上述变换过程中，主对角线上元素 $a_{ii}(i = 1,2,\cdots,n-1)$ 不能为零，若出现零，可通过行变换或列变换使得主对角线上的元素不为零.

例 11.10 计算行列式 $\begin{vmatrix} 1 & 2 & 0 & 1 \\ 1 & 3 & 5 & 0 \\ 0 & 1 & 5 & 6 \\ 1 & 2 & 3 & 4 \end{vmatrix}$

解：

$$\begin{vmatrix} 1 & 2 & 0 & 1 \\ 1 & 3 & 5 & 0 \\ 0 & 1 & 5 & 6 \\ 1 & 2 & 3 & 4 \end{vmatrix} \xrightarrow[r_4 + (-1)r_1]{r_2 + (-1)r_1} \begin{vmatrix} 1 & 2 & 0 & 1 \\ 0 & 1 & 5 & -1 \\ 0 & 1 & 5 & 6 \\ 0 & 0 & 3 & 3 \end{vmatrix} \xrightarrow{r_3 + (-1)r_2} \begin{vmatrix} 1 & 2 & 0 & 1 \\ 0 & 1 & 5 & -1 \\ 0 & 0 & 0 & 7 \\ 0 & 0 & 3 & 3 \end{vmatrix}$$

$$\xrightarrow{r_3 \leftrightarrow r_4} - \begin{vmatrix} 1 & 2 & 0 & 1 \\ 0 & 1 & 5 & -1 \\ 0 & 0 & 3 & 3 \\ 0 & 0 & 0 & 7 \end{vmatrix} = -21$$

2. "降价法"

计算矩阵行列式的另一种基本方法是选择零元素较多的行（或列），按这一行（或列）展开，将行列式转化成几个低一价的行列式的代数和；如果原行列式没有一行（或列）多

数元素为零，则可以利用性质，使某一行（或列）化成只有一两个非零元素，其他均为零元素，然后按这一行（或列）展开．按此方法逐步降价，直至计算出结果．这种方法一般称为"降价法"．

例 11. 11 计算行列式 $\begin{vmatrix} 2 & 7 & 8 & 9 \\ -5 & 3 & 1 & -8 \\ 1 & 7 & 8 & 9 \\ 6 & 4 & 2 & -16 \end{vmatrix}$

解：注意到行列式第一行与第三行元素的特点，利用性质 6，先将第一行的元素尽量化为 0，然后定理 9.1.1，将其变成三阶行列式，再逐步降阶，直至求出结果．即：

$$\begin{vmatrix} 2 & 7 & 8 & 9 \\ -5 & 3 & 1 & -8 \\ 1 & 7 & 8 & 9 \\ 6 & 4 & 2 & -16 \end{vmatrix} \xrightarrow{r_1 + (-1)r_3} \begin{vmatrix} 1 & 0 & 0 & 0 \\ -5 & 3 & 1 & -8 \\ 1 & 7 & 8 & 9 \\ 6 & 4 & 2 & -16 \end{vmatrix} = \begin{vmatrix} 3 & 1 & -8 \\ 7 & 8 & 9 \\ 4 & 2 & -16 \end{vmatrix}$$

$$\xrightarrow{r_1 + \left(-\frac{1}{2}\right)r_3} \begin{vmatrix} 1 & 0 & 0 \\ 7 & 8 & 9 \\ 4 & 2 & -16 \end{vmatrix} = \begin{vmatrix} 8 & 9 \\ 2 & -16 \end{vmatrix} = -146$$

11. 3. 2　克莱姆法则

定理 11. 2（克莱姆法则）

设含有 n 个方程，n 个未知元的线性方程组

$$\begin{cases} a_{11}x_1 + a_{12}x_2 + \cdots + a_{1n}x_n = b_1 \\ a_{21}x_1 + a_{22}x_2 + \cdots + a_{2n}x_n = b_2 \\ \cdots\cdots\cdots\cdots\cdots\cdots\cdots\cdots\cdots \\ a_{n1}x_1 + a_{n2}x_2 + \cdots + a_{nn}x_n = b_n \end{cases} \tag{11.7}$$

的系数行列式 $D = \begin{vmatrix} a_{11} & a_{12} & \cdots & a_{1n} \\ a_{21} & a_{22} & \cdots & a_{2n} \\ \cdots & \cdots & \cdots & \cdots \\ a_{n1} & a_{n2} & \cdots & a_{nn} \end{vmatrix} \neq 0$

则该方程组有唯一解，其解为

$$x_j = \frac{D_j}{D}(j = 1, 2, \cdots, n)$$

其中，$D_j(j = 1, 2, \cdots, n)$ 是把 D 中第 j 列元素 $a_{1j}, a_{2j}, \cdots a_{nj}$ 对应地换成常数项 $b_1, b_2, \cdots,$ b_n，而其余各列保持不变所得到的行列式．

注意：用克莱姆法则解线性方程组时有两个前提条件．

（1）方程的个数与未知量的个数相等．

（2）方程组的系数行列式 $D \neq 0$.

例 11. 12　用克莱姆法则解方程组

$$\begin{cases} x_1 - x_2 + 2x_4 = -5 \\ 3x_1 + 2x_2 - x_3 - 2x_4 = 6 \\ 4x_1 + 3x_2 - x_3 - x_4 = 0 \\ 2x_1 - x_3 = 0 \end{cases}$$

解：

$$D = \begin{vmatrix} 1 & -1 & 0 & 2 \\ 3 & 2 & -1 & -2 \\ 4 & 3 & -1 & -1 \\ 2 & 0 & -1 & 0 \end{vmatrix} = 5 \neq 0$$

根据克莱姆法则，它有唯一解，计算 $D_j = j(1,2,3,4)$，得

$$D_1 = \begin{vmatrix} -5 & -1 & 0 & 2 \\ 6 & 2 & -1 & -2 \\ 0 & 3 & -1 & -1 \\ 0 & 0 & -1 & 0 \end{vmatrix} = 10 \quad D_2 = \begin{vmatrix} 1 & -5 & 0 & 2 \\ 3 & 5 & -1 & -2 \\ 4 & 0 & -1 & -1 \\ 2 & 0 & -1 & 0 \end{vmatrix} = -15$$

$$D_3 = \begin{vmatrix} 1 & -1 & -5 & 2 \\ 3 & 2 & 6 & -2 \\ 4 & 3 & 0 & -1 \\ 2 & 0 & 0 & 0 \end{vmatrix} = 20 \quad D_4 = \begin{vmatrix} 1 & -1 & 0 & -5 \\ 3 & 2 & -1 & 6 \\ 4 & 3 & -1 & 0 \\ 2 & 0 & -1 & 0 \end{vmatrix} = -25$$

把 D 和 D_j 的值代入公式 $x_j = \dfrac{D_j}{D} (j = 1,2,\cdots,n)$，即得方程组的解

$$x_1 = \frac{10}{5} = 2, x_2 = \frac{-15}{5} = -3, x_3 = \frac{20}{5} = 4, x_4 = \frac{-25}{5} = -5$$

如果线性方程组（11.7）的常数项均为零时，即：

$$\begin{cases} a_{11}x_1 + a_{12}x_2 + \cdots + a_{1n}x_n = 0 \\ a_{21}x_1 + a_{22}x_2 + \cdots + a_{2n}x_n = 0 \\ \cdots\cdots \\ a_{n1}x_1 + a_{n2}x_2 + \cdots + a_{nm}x_n = 0 \end{cases} \tag{11.8}$$

称为齐次线性方程组，这时行列式 D_j 的第 j 列元素都是零，所以 $D_j = 0(j = 1,2,\cdots,n)$，因此，当方程组（11.8）的系数行列式 $D \neq 0$ 时，由克莱姆法则知道它有唯一的解

$$x_j = 0(j = 1,2,\cdots,n)$$

全部由零组成的解称为零解．于是我们得到下面的推论：

推论 1 若齐次线性方程组（11.8）的系数行列式 $D \neq 0$，则方程组只有零解．

由推论 1 又可得到推论 2

推论 2 齐次线性方程组（11.8）有非零解的充分必要条件是系数行列式 $D = 0$.

练习题 11.3

1. 利用行列式性质计算下列各行列式：

$(1)\begin{vmatrix} 1 & 1 & 2 \\ 2 & 1 & 1 \\ 1 & 2 & 1 \end{vmatrix}$
$\qquad$
$(2)\begin{vmatrix} 1 & 1 & 1 \\ a & b & c \\ b+c & c+a & a+b \end{vmatrix}$

$(3)\begin{vmatrix} 1+\cos x & 1+\sin x & 1 \\ 1-\sin x & 1+\cos x & 1 \\ 1 & 1 & 1 \end{vmatrix}$

$(4)\begin{vmatrix} 1 & 1 & 1 & 1 \\ 1 & -1 & 1 & 1 \\ 1 & 1 & -1 & 1 \\ 1 & 1 & 1 & -1 \end{vmatrix}$
$\qquad$
$(5)\begin{vmatrix} 0 & 1 & 1 & 1 \\ 1 & 0 & 1 & 1 \\ 1 & 1 & 0 & 1 \\ 1 & 1 & 1 & 0 \end{vmatrix}$

$(6)\begin{vmatrix} -1 & 2 & -2 & 1 \\ 2 & 3 & 1 & -1 \\ 2 & 0 & 0 & 3 \\ 4 & 1 & 0 & 1 \end{vmatrix}$
$\qquad$
$(7)\begin{vmatrix} a_{11} & a_{12} & a_{13} & a_{14} \\ a_{21} & a_{22} & a_{23} & 0 \\ a_{31} & a_{32} & 0 & 0 \\ a_{41} & 0 & 0 & 0 \end{vmatrix}$

2. 利用行列式性质证明

$(1)\begin{vmatrix} 1 & a & a^2-bc \\ 1 & b & b^2-ca \\ 1 & c & c^2-ab \end{vmatrix}=0;$

$(2)\begin{vmatrix} 1 & a & a^2 \\ 1 & b & b^2 \\ 1 & c & c^2 \end{vmatrix}=(a-b)(b-c)(c-a)$

本章 小结及思维导图
BENZHANG XIAOJIE JI SIWEI DAOTU

一、内容提要

本章主要内容有行列式的概念，行列式的性质，行列式的计算和克莱姆法则.

二、基本要求

1. 理解二阶、三阶行列式的概念，了解高阶行列式的概念.

2. 了解行列式的代数余子式概念，理解行列式的性质.

3. 掌握行列式的常用计算法（对角线法、三角形法及降阶法）.

4. 理解克莱姆法则，并能用其求解简单的线性方程组.

三、例题选讲

例1 计算行列式 $\begin{vmatrix} 1 & 0 & -2 \\ 3 & 2 & -4 \\ 2 & 1 & 3 \end{vmatrix}$.

解法一（对角线法） 利用三阶行列式的展开式将所求行列式展开,得

$$\begin{vmatrix} 1 & 0 & -2 \\ 3 & 2 & -4 \\ 2 & 1 & 3 \end{vmatrix} = 1\times2\times3 + 3\times1\times(-2) + 2\times0\times(-4) - 2\times2\times(-2)$$

$$- 0\times3\times3 - 1\times1(-4) = 12.$$

解法二（三角形法） 利用行列式的性质将行列式化为三角形，然后将对角线元素相乘，求得行列式的值，即

$$\begin{vmatrix} 1 & 0 & -2 \\ 3 & 2 & -4 \\ 2 & 1 & 3 \end{vmatrix} \xrightarrow[r_3-2r_1]{r_2-3r_1} \begin{vmatrix} 1 & 0 & -2 \\ 0 & 2 & 2 \\ 0 & 1 & 7 \end{vmatrix} \xrightarrow{r_3-\frac{1}{2}r_2} \begin{vmatrix} 1 & 0 & -2 \\ 0 & 2 & 2 \\ 0 & 0 & 6 \end{vmatrix} = 12.$$

解法三（降价法） 将所求行列式按第一行展开，于是三阶行列式就化为二阶行列式（降阶），从而可计算出行列式的值．计算过程如下：

$$\begin{vmatrix} 1 & 0 & -2 \\ 3 & 2 & -4 \\ 2 & 1 & 3 \end{vmatrix} = 1\times(-1)^{1+1}\begin{vmatrix} 2 & -4 \\ 1 & 3 \end{vmatrix} + 0\times(-1)^{1+2}\begin{vmatrix} 3 & -4 \\ 2 & 3 \end{vmatrix} +$$

$$(-2)\times(-1)^{1+3}\begin{vmatrix} 3 & 2 \\ 2 & 1 \end{vmatrix} = 12.$$

注意 上述三种方法是计算行列式的三种基本方法，解题应根据灵活选取．

例2 计算行列式 $\begin{vmatrix} x & a & a & a \\ a & x & a & a \\ a & a & x & a \\ a & a & a & x \end{vmatrix}$

解 $\begin{vmatrix} x & a & a & a \\ a & x & a & a \\ a & a & x & a \\ a & a & a & x \end{vmatrix} \xrightarrow{将第2,3,4列都加到第1列} \begin{vmatrix} x+3a & a & a & a \\ x+3a & x & a & a \\ x+3a & a & x & a \\ x+3a & a & a & x \end{vmatrix}$

$$= (x+3a)\begin{vmatrix} 1 & a & a & a \\ 1 & x & a & a \\ 1 & a & x & a \\ 1 & a & a & x \end{vmatrix}$$

$$\xrightarrow{将第1行乘以(-1)分别加到2,3,4行} (x+3a)\begin{vmatrix} 1 & a & a & a \\ 0 & x-a & 0 & 0 \\ 0 & 0 & x-a & 0 \\ 0 & 0 & 0 & x-a \end{vmatrix}$$

$$= (x+3a)(x-a)^3$$

注意 上题中，列元素和相等，将其他列都加到第1列，提公因式，再化三角行列式，这种方法是计算这类行列式的常用方法．

四、思维导图

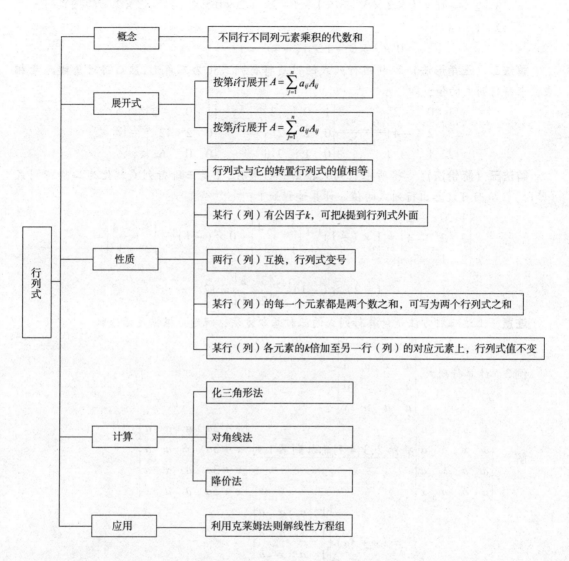

测试题 11

1. 计算行列式

$$(1) \quad \begin{vmatrix} 1 & 4 & 9 & 16 \\ 4 & 9 & 16 & 25 \\ 9 & 16 & 25 & 36 \\ 16 & 25 & 36 & 49 \end{vmatrix}$$

$$(2) \quad \begin{vmatrix} 2 & 0 & 2\cos\alpha & 0 \\ 0 & 2 & 0 & 2\cos\alpha \\ 2\cos\alpha & 0 & 2 & 0 \\ 0 & 2\cos\alpha & 0 & 2 \end{vmatrix}$$

$$(3) \begin{vmatrix} 1 & 1 & 1 & 1 \\ a & a & b & b \\ b & b & a & c \\ c & c & c & a \end{vmatrix}$$

$$(4) \begin{vmatrix} 1 & i & 1+i \\ -i & 1 & 0 \\ 1-i & 0 & 1 \end{vmatrix}$$

2. 解下列各线性方程组：

$$(1) \begin{cases} x + 3y + z = 5 \\ x + y + 5z = -7 \\ 2x + 3y - 3z = 14 \end{cases}$$

$$(2) \begin{cases} 2x_1 + x_2 - 5x_3 + x_4 = 8 \\ x_1 - 3x_2 - 6x_4 = 9 \\ 2x_2 - x_3 + 2x_4 = -5 \\ x_1 + 4x_2 - 7x_3 + 6x_4 = 0 \end{cases}$$

$$(3) \begin{cases} 3x_1 + 2x_2 = 1 \\ x_1 + 3x_2 + 2x_3 = 0 \\ x_2 + 3x_3 + 2x_4 = 0 \\ x_3 + 3x_4 = -2 \end{cases}$$

小贴士：数学家高斯的故事

1785 年，8 岁的小高斯在德国农村的一所小学里念一年级．

数学老师是城里来的．他有一个偏见，总觉得农村孩子不如城里孩子聪明．不过，他对孩子们的学习，还是严格要求的．他最讨厌在课堂上不专心听讲、爱做小动作的学生，常常用鞭子敲打他们．孩子们到爱听他的课，因为他经常讲一些非常有趣的东西．

有一天，他出了一道算术题．他说：你们算一算，1 加 2 加 3，一直加到 100 等于多少？谁算不出来，就不准回家吃饭．说完，他就坐在椅子上，用目光巡视着趴在桌上演算的学生．

不到一分钟的时间，小高斯站了起来，手里举着小石板，说：老师，我算出来了……

没等小高斯说完，老师就不耐烦地说：不对！重新再算！

小高斯很快的检查了一遍，高声说：老师，没错！说着走下座位，把小石板伸到老师面前．

老师低头一看，只见上面端端正正地写着 5 050，不禁大吃一惊．他简直不敢相信，这样复杂的数学题，一个 8 岁的孩子，用不到一分钟的时间就算出了正确的得数．要知道，他自己算了一个多小时，算了三遍才把这道题算对的．他怀疑以前别人让小高斯算过这道题．就问小高斯：你是怎么算的？小高斯回答说：我不是按照 1、2、3 的次序一个一个往上加的．老师，你看，一头一尾的两个数的和都是一样的：1 加 100 是 101，2 加 99 时 101，3 加 98 也是 101……一前一后的数相加，一共有 50 个 101，101 乘 50，得到 5 050．

小高斯的回答使老师感到吃惊．因为他还是第一次知道有这种算法．他惊喜地看着小高斯，好像刚刚才认识这个穿着破烂不堪的，砌砖工人的儿子．

不久，老师专门买了一本数学书送给小高斯，鼓励他继续努力，还把小高斯推荐给当地教育局，使他得到免费教育的待遇．后来，小高斯成了世界著名的数学家．人们为了纪念他，把他的这种计算方法称为高斯定理．

我们从这则故事中得到什么启示呢？高斯没有显赫的家庭背景，也并不认为自己才智超常，他经常说"如果别人能和我一样深刻而持续地去思考数学真理，他们也会做出同样的发现．"

第十二章

矩　阵

在求解线性方程组的过程中，我们发现如果线性方程组的系数行列式为零或方程的个数不等于未知数的个数，我们不能用克莱姆法则来解线性方程组，因此我们引入矩阵．矩阵是处理线性问题的重要工具，本章将学习矩阵的基本概念及基本运算、逆矩阵、矩阵的秩，以及如何用矩阵的初等变换求矩阵的秩和逆矩阵．

矩阵是处理线性问题的重要工具，被广泛地应用在经济研究领域．本节介绍矩阵的基本概念，及矩阵的基本运算．

知识目标：掌握矩阵的概念与性质，掌握矩阵的基本运算，会利用矩阵的初等变换求矩阵的秩及矩阵的逆

素质目标：培养学生实用技能，引导学生不要用旧眼光看问题，要用发展的眼光看问题

12.1　矩阵的基本概念与基本运算

12.1.1　矩阵的基本概念

矩阵是数（或函数）的矩形阵表．在工程技术、生产活动和日常

12.1　矩阵的基本概念

生活中，人们常常用数表示一些量或关系．如工厂中的产量统计表，市场上的价目表，等等．

例如，在物资调运中，某类物资有三个产地、四个销地，它的调运情况如下表所示：

表 12 – 1　物资调运表

产地＼销地	I	II	III	IV
A	0	3	4	7
B	8	2	3	0
C	5	4	0	6

把表中数据取出并且不改变数据的相对位置，则我们可用一个三行四列或 3×4 的数表表示该调运方案．

简记作

$$\begin{bmatrix} 0 & 3 & 4 & 7 \\ 8 & 2 & 3 & 0 \\ 5 & 4 & 0 & 6 \end{bmatrix}$$

其中每一行表示一个产地调往四个销售地的调运量，每一列表示三个产地调到该销地的调运量．在数学上将这种矩形数表称为矩阵．

定义 12.1　由 $m \times n$ 个数 $a_{ij}(i = 1,2,\cdots,m, j = 1,2,\cdots,n)$ 排成 m 行 n 列的矩形数表

$$\begin{bmatrix} a_{11} & a_{12} & \cdots & a_{1n} \\ a_{21} & a_{22} & \cdots & a_{2n} \\ \cdots & \cdots & \cdots & \cdots \\ a_{n1} & a_{n2} & \cdots & a_{nn} \end{bmatrix} \qquad (12.1)$$

称为 m 行 n 列矩阵，简称 $m \times n$ 矩阵。这 $m \times n$ 个数叫做矩阵的元素。a_{ij} 为该矩阵的第 i 行第 j 列位置上的元素（横排称为行，竖排称为列）。

通常用大写字母 A、B、C……来表示矩阵。例如上述矩阵可记作 A 或 $A_{m \times n}$ 或 $A = (a_{ij})$

当 $m = n$ 时，矩阵 A 叫做 n 阶方阵。在 n 阶方阵中，从左上角到右下角的对角线称为主对角线，从右上角到左下角的对角线称为次对角线。

当 $n = 1$ 时，$A = \begin{bmatrix} a_{11} \\ a_{21} \\ \cdots \\ a_{m1} \end{bmatrix}$

矩阵 A 叫做列矩阵。

当 $m = 1$ 时，$A = [a_{11}, a_{12}, \cdots, a_{1n}]$

矩阵 A 叫做行矩阵。

元素都是零的矩阵，叫做零矩阵，记作 $0_{m \times n}$ 或 0。

除主对角线上的元素外，其余的元素都为零的 n 阶方阵，叫做对角矩阵，其形式为

$$A = \begin{bmatrix} a_{11} & 0 & \cdots & 0 \\ 0 & a_{22} & \cdots & 0 \\ \cdots & \cdots & \cdots & \cdots \\ 0 & 0 & \cdots & a_{nn} \end{bmatrix}$$

主对角线上的元素都为 1 的对角矩阵，叫做单位矩阵。记作 E，即：

$$E = \begin{bmatrix} 1 & 0 & \cdots & 0 \\ 0 & 1 & \cdots & 0 \\ \cdots & \cdots & \cdots & \cdots \\ 0 & 0 & \cdots & 1 \end{bmatrix}$$

主对角线一侧所有元素都为零的方阵，叫做三角矩阵。分为上三角矩阵与下三角矩阵：

$$L_{上} = \begin{bmatrix} a_{11} & a_{12} & \cdots & a_{1n} \\ 0 & a_{22} & \cdots & a_{2n} \\ \cdots & \cdots & \cdots & \cdots \\ 0 & 0 & \cdots & a_{nn} \end{bmatrix}$$

$$L_{下} = \begin{bmatrix} a_{11} & 0 & \cdots & 0 \\ a_{21} & a_{22} & \cdots & 0 \\ \cdots & \cdots & \cdots & \cdots \\ a_{n1} & a_{n2} & \cdots & a_{nn} \end{bmatrix}$$

把矩阵 A 的行换成列所得到的矩阵叫做 A 的转置矩阵，记作 A^T。例如，当

$$A = \begin{bmatrix} 1 & 3 & 1 \\ -2 & 0 & -1 \end{bmatrix}$$

时，A 的转置矩阵为

$$A^T = \begin{bmatrix} 1 & -2 \\ 3 & 0 \\ 1 & -1 \end{bmatrix}$$

显然，对任何矩阵 A，都有 $(A^T)^T = A$

列矩阵的转置矩阵为行矩阵. 例如

$$B = \begin{bmatrix} b_1 \\ b_2 \\ b_3 \end{bmatrix}, B^T = (b_1 \quad b_2 \quad b_3)$$

对于主对角线对称的元素相等（即 $a_{ij} = a_{ji}, i,j = 1,2,\cdots,n$）的方阵叫做对称矩阵. 例如

$$A = \begin{bmatrix} 1 & 2 & 3 \\ 2 & 5 & 6 \\ 3 & 6 & 4 \end{bmatrix}$$

则 A 是对称阵. 显然，对于任何一个对称矩阵 A，有 $A^T = A$.

如果 $A = (a_{ij})$ 与 $B = (b_{ij})$ 都是 m 行 n 列矩阵，并且它们的对应元素相等，即

$$a_{ij} = b_{ji}(i = 1,2,\cdots,m; j = 1,2,\cdots,n)$$

那么就称矩阵 A 与矩阵 B 相等，记为

$$A = B$$

例如，$\begin{bmatrix} 1 & 2 \\ 3 & 4 \end{bmatrix} \neq \begin{bmatrix} 1 & 3 \\ 2 & 4 \end{bmatrix}$

又如，若 $\begin{bmatrix} 1 & x \\ 3 & 4 \end{bmatrix} = \begin{bmatrix} 1 & 2 \\ 3 & 4 \end{bmatrix}$，则必有 $x = 2$.

应当注意，从外形上看，矩阵（特别是方阵）的记号与行列式的记号很相似，但矩阵与行列式是两个不同概念. 行列式是一个算式或一个数，而矩阵是某些数构成的一个数表；行列式相等是表示两个行列式的运算结果一样，而矩阵相等是表示两个矩阵中对应的元素都相等.

通常，把由方阵 A 的元素按原来次序所构成的行列式，叫做方阵 A 的行列式，记作 $|A|$.

12.1.2 矩阵的加减 数与矩阵相乘

设有两个 m 行 n 列矩阵 $A = (a_{ij})$ $B = (b_{ij})$，规定矩阵 A 与 B 的和（差）为

$$A \pm B = (a_{ij} \pm b_{ij})$$

例如，设 $A = \begin{bmatrix} 5 & 6 & -7 \\ 4 & 3 & 1 \end{bmatrix}, B = \begin{bmatrix} 6 & 8 & -4 \\ 9 & -1 & 3 \end{bmatrix}$

则

$$A + B = \begin{bmatrix} 5 & 6 & -7 \\ 4 & 3 & 1 \end{bmatrix} + \begin{bmatrix} 6 & 8 & -4 \\ 9 & -1 & 3 \end{bmatrix}$$

$$= \begin{bmatrix} 5+6 & 6+8 & -7+(-4) \\ 4+9 & 3+(-1) & 1+3 \end{bmatrix}$$

$$= \begin{bmatrix} 11 & 14 & -11 \\ 13 & 2 & 4 \end{bmatrix}$$

$$A - B = \begin{bmatrix} 5 & 6 & -7 \\ 4 & 3 & 1 \end{bmatrix} - \begin{bmatrix} 6 & 8 & -4 \\ 9 & -1 & 3 \end{bmatrix}$$

$$= \begin{bmatrix} -1 & -2 & -3 \\ -5 & 4 & -2 \end{bmatrix}$$

注意：两个矩阵只有当它们的行数相同，列数也相同时，才可以进行加、减运算；矩阵的加、减运算归结为对应元素的加、减运算.

矩阵的加法满足以下规律：

（1）交换律 $A + B = B + A$；

（2）结合律 $(A + B) + C = A + (B + C)$

其中 A，B，C 都是 m 行 n 列矩阵.

例 12.1　已知

$$A = \begin{bmatrix} 0 & 2 & 3 \\ -2 & 0 & 4 \\ -3 & -4 & 0 \end{bmatrix}$$

求 $A^T + A$

解

$$A^T + A = \begin{bmatrix} 0 & -2 & -3 \\ 2 & 0 & -4 \\ 3 & 4 & 0 \end{bmatrix} + \begin{bmatrix} 0 & 2 & 3 \\ -2 & 0 & 4 \\ -3 & -4 & 0 \end{bmatrix}$$

$$= \begin{bmatrix} 0 & 0 & 0 \\ 0 & 0 & 0 \\ 0 & 0 & 0 \end{bmatrix} = 0$$

例 12.2　设

$$A = \begin{bmatrix} 1 & 5 & 1 \\ 1 & 2 & -3 \\ 9 & -5 & 3 \end{bmatrix}, B = \begin{bmatrix} 1 & x_1 & x_2 \\ x_1 & 2 & x_3 \\ x_2 & x_3 & 3 \end{bmatrix}, C = \begin{bmatrix} 0 & y_1 & y_2 \\ -y_1 & 0 & y_3 \\ -y_2 & -y_3 & 0 \end{bmatrix}$$

并且，$A = B + C$，求矩阵 B 和 C.

解　由 $A = B + C$，得

$$\begin{bmatrix} 1 & 5 & 1 \\ 1 & 2 & -3 \\ 9 & -5 & 3 \end{bmatrix} = \begin{bmatrix} 1 & x_1 & x_2 \\ x_1 & 2 & x_3 \\ x_2 & x_3 & 3 \end{bmatrix} + \begin{bmatrix} 0 & y_1 & y_2 \\ -y_1 & 0 & y_3 \\ -y_2 & -y_3 & 0 \end{bmatrix}$$

$$= \begin{bmatrix} 1 & x_1+y_1 & x_2+y_2 \\ x_1-y_1 & 2 & x_3+y_3 \\ x_2-y_2 & x_3-y_3 & 3 \end{bmatrix}$$

根据矩阵相等的规定，可得下面三个方程组：

$$\begin{cases} x_1 + y_1 = 5 \\ x_1 - y_1 = 1 \end{cases}, \begin{cases} x_2 + y_2 = 1 \\ x_2 - y_2 = 9 \end{cases}, \begin{cases} x_3 + y_3 = -3 \\ x_3 - y_3 = -5 \end{cases},$$

解出

$$\begin{cases} x_1 = 3 \\ y_1 = 2 \end{cases}, \begin{cases} x_2 = 5 \\ y_2 = -4 \end{cases}, \begin{cases} x_3 = -4 \\ y_3 = 1 \end{cases},$$

于是，所求的矩阵为

$$B = \begin{bmatrix} 1 & 3 & 5 \\ 3 & 2 & -4 \\ 5 & -4 & 3 \end{bmatrix}, C = \begin{bmatrix} 0 & 2 & -4 \\ -2 & 0 & 1 \\ 4 & -1 & 0 \end{bmatrix}$$

数 k 与矩阵 $A = (a_{ij})$ 的乘积规定为

$$kA = k \begin{bmatrix} a_{11} & a_{12} & \cdots & a_{1n} \\ a_{21} & a_{22} & \cdots & a_{2n} \\ \cdots & \cdots & \cdots & \cdots \\ a_{m1} & a_{m2} & \cdots & a_{mn} \end{bmatrix} = \begin{bmatrix} ka_{11} & ka_{12} & \cdots & ka_{1n} \\ ka_{21} & ka_{22} & \cdots & ka_{2n} \\ \cdots & \cdots & \cdots & \cdots \\ ka_{m1} & ka_{m2} & \cdots & ka_{mn} \end{bmatrix}$$

并且 $Ak = kA$

数与矩阵的乘法满足以下规律：

（1）分配律 $k(A + B) = kA + kB$

$$(k + l)A = kA + lA$$

（2）结合律 $k(lA) = (kl)A$

其中 A，B 都是 m 行 n 列矩阵，k, l 为任意的数.

例 12.3 已知

$$A = \begin{bmatrix} 3 & 4 & -6 \\ 2 & 5 & 7 \end{bmatrix}, B = \begin{bmatrix} 5 & 2 & 3 \\ 1 & -4 & -2 \end{bmatrix}$$

求 $\frac{1}{2}(A + B)$.

解

$$\begin{aligned} \frac{1}{2}(A + B) &= \frac{1}{2}A + \frac{1}{2}B \\ &= \frac{1}{2}\begin{bmatrix} 3 & 4 & -6 \\ 2 & 5 & 7 \end{bmatrix} + \frac{1}{2}\begin{bmatrix} 5 & 2 & 3 \\ 1 & -4 & -2 \end{bmatrix} \\ &= \begin{bmatrix} \frac{3}{2} & 2 & -3 \\ 1 & \frac{5}{2} & \frac{7}{2} \end{bmatrix} + \begin{bmatrix} \frac{5}{2} & 1 & \frac{3}{2} \\ \frac{1}{2} & -2 & -1 \end{bmatrix} \\ &= \begin{bmatrix} 4 & 3 & -\frac{3}{2} \\ \frac{3}{2} & \frac{1}{2} & \frac{5}{2} \end{bmatrix} \end{aligned}$$

或

$$\frac{1}{2}(A + B) = \frac{1}{2}\left\{\begin{bmatrix} 3 & 4 & -6 \\ 2 & 5 & 7 \end{bmatrix} + \begin{bmatrix} 5 & 2 & 3 \\ 1 & -4 & -2 \end{bmatrix}\right\}$$

$$= \frac{1}{2}\begin{bmatrix} 8 & 6 & -3 \\ 3 & 1 & 5 \end{bmatrix}$$

$$= \begin{bmatrix} 4 & 3 & -\dfrac{3}{2} \\ \dfrac{3}{2} & \dfrac{1}{2} & \dfrac{5}{2} \end{bmatrix}$$

12.1.3 矩阵的乘法

设某鞋业加工厂生产甲乙丙三种品牌鞋子，第一季度和第二季度的产量用矩阵 A 表示，其成本单价和销售单价用矩阵 B 表示．试求该加工厂第一季度和第二季度的成本总额和销售总额．

$$
\begin{array}{ccc} \text{甲} & \text{乙} & \text{丙} \end{array}
$$
$$A = \begin{bmatrix} a_{11} & a_{12} & a_{13} \\ a_{21} & a_{22} & a_{23} \end{bmatrix}\begin{matrix} \text{第一季度} \\ \text{第二季度} \end{matrix}$$

$$
\begin{array}{cc} \text{成本价} & \text{销售价} \end{array}
$$
$$B = \begin{bmatrix} b_{11} & b_{12} \\ b_{21} & b_{22} \\ b_{31} & b_{32} \end{bmatrix}\begin{matrix} \text{甲} \\ \text{乙} \\ \text{丙} \end{matrix}$$

解：若用矩阵

$$
\begin{array}{cc} \text{成本总额} & \text{销售总额} \end{array}
$$
$$C = \begin{bmatrix} c_{11} & c_{12} \\ c_{21} & c_{22} \end{bmatrix}\begin{matrix} \text{第一季度} \\ \text{第二季度} \end{matrix}$$

来表示该厂第一、二季度的成本总额和销售总额．则有

第一季度的成本总额和销售总额分别为

$$c_{11} = a_{11}b_{11} + a_{12}b_{21} + a_{13}b_{31}$$
$$c_{12} = a_{11}b_{12} + a_{12}b_{22} + a_{13}b_{32}$$

第二季度的成本总额和销售总额分别为

$$c_{21} = a_{21}b_{11} + a_{22}b_{21} + a_{23}b_{31}$$
$$c_{22} = a_{21}b_{12} + a_{22}b_{22} + a_{23}b_{32}$$

由上例可以看出，矩阵 C 的元素 $c_{ij}(i = 1,2,\cdots,n; j = 1,2,\cdots,,n)$ 是由矩阵 A 的第 i 行元素与矩阵 B 第 j 列的对应元素的乘积之和求得．类似于上述矩阵 A、B、C 之间的关系，下面给出矩阵的乘法定义．

定义 12.2 设矩阵 $A = (a_{ij})_{m \times s}$，矩阵 $B = (b_{ij})_{s \times n}$，则 A 与 B 的乘积 AB 为矩阵 $C = AB$．其中

$$c_{ij} = a_{i1}b_{1j} + a_{i2}b_{2j} + \cdots + a_{is}b_{sj} = \sum_{k=1}^{s} a_{ik}b_{kj}(i = 1,2,\cdots,m; j = 1,2,\cdots,n) \quad (12.2)$$

由定义 12.2 可知：

（1）只有当左矩阵 A 的列数等于右矩阵 B 的行数时，A、B 才能作乘法运算 $C = AB$.

（2）两个矩阵的乘积 $C = AB$ 也是矩阵，它的行数等于左矩阵 A 的行数，它的列数等于右矩阵 B 的列数．

（3）乘积矩阵 $C = AB$ 中的第 i 行第 j 列的元素等于矩阵 A 的第 i 行元素与矩阵 B 第 j 列的对应元素的乘积之和，故简称行乘列法则.

例 12.4　设 $A = [-2,1,3], B = \begin{bmatrix} 1 \\ 0 \\ -3 \end{bmatrix}$

求 AB 与 BA.

解： $AB = (-2,1,3)\begin{pmatrix} 1 \\ 0 \\ -3 \end{pmatrix} = [-2\times1 + 1\times0 + 3\times(-3)] = [-11]$

$BA = \begin{pmatrix} 1 \\ 0 \\ -3 \end{pmatrix}(-2,1,3) = \begin{bmatrix} 1\times(-2) & 1\times1 & 1\times3 \\ 0\times(-2) & 0\times1 & 0\times3 \\ -3\times(-2) & (-3)\times1 & (-3)\times3 \end{bmatrix} = \begin{bmatrix} -2 & 1 & 3 \\ 0 & 0 & 0 \\ 6 & -3 & -9 \end{bmatrix}$

由上例可知，一般情况下，$AB \neq BA$，即矩阵的乘法不满足交换律.

例 12.5　设矩阵 $A = \begin{bmatrix} 2 & -1 \\ -4 & 0 \\ 3 & 5 \end{bmatrix}, B = \begin{bmatrix} 9 & -8 \\ -7 & 10 \end{bmatrix}$

求 AB 与 BA.

解：

$AB = \begin{bmatrix} 2 & -1 \\ -4 & 0 \\ 3 & 5 \end{bmatrix} = \begin{bmatrix} 2\times9+(-1)\times(-7) & 2\times(-8)+(-1)\times10 \\ -4\times9+0\times(-7) & -4\times(-8)+0\times10 \\ 3\times9+5\times(-7) & 3\times(-8)+5\times10 \end{bmatrix} = \begin{bmatrix} 25 & -26 \\ -36 & 32 \\ -8 & 26 \end{bmatrix}$

BA 无意义. 矩阵 B 的列数 $\neq$ 矩阵 A 的行数

例 12.6　已知 $A = \begin{bmatrix} a_1 & b_1 & c_1 \\ a_2 & b_2 & c_2 \\ a_3 & b_3 & c_3 \end{bmatrix}, E = \begin{bmatrix} 1 & 0 & 0 \\ 0 & 1 & 0 \\ 0 & 0 & 1 \end{bmatrix}$

求 AE 和 EA.

解： $AE = \begin{bmatrix} a_1 & b_1 & c_1 \\ a_2 & b_2 & c_2 \\ a_3 & b_3 & c_3 \end{bmatrix}\begin{bmatrix} 1 & 0 & 0 \\ 0 & 1 & 0 \\ 0 & 0 & 1 \end{bmatrix} = \begin{bmatrix} a_1 & b_1 & c_1 \\ a_2 & b_2 & c_2 \\ a_3 & b_3 & c_3 \end{bmatrix} = A$

$EA = \begin{bmatrix} 1 & 0 & 0 \\ 0 & 1 & 0 \\ 0 & 0 & 1 \end{bmatrix}\begin{bmatrix} a_1 & b_1 & c_1 \\ a_2 & b_2 & c_2 \\ a_3 & b_3 & c_3 \end{bmatrix} = \begin{bmatrix} a_1 & b_1 & c_1 \\ a_2 & b_2 & c_2 \\ a_3 & b_3 & c_3 \end{bmatrix} = A$

结论：在矩阵乘法中，单位矩阵 E 所起的作用与普通代数中 1 所起的作用类似.

例 12.7　设矩阵 $A = \begin{bmatrix} 1 & 2 & 3 \\ 2 & 4 & 6 \\ 3 & 5 & 7 \end{bmatrix}, B = \begin{bmatrix} 1 & -2 \\ -2 & 4 \\ 1 & -2 \end{bmatrix}$

求 AB.

解： $AB = \begin{bmatrix} 1 & 2 & 3 \\ 2 & 4 & 6 \\ 3 & 5 & 7 \end{bmatrix} \begin{bmatrix} 1 & -2 \\ -2 & 4 \\ 1 & -2 \end{bmatrix} = \begin{bmatrix} 0 & 0 \\ 0 & 0 \\ 0 & 0 \end{bmatrix} = 0$

例 12.8 设矩阵

$$A = \begin{bmatrix} 2 & 3 & 0 \\ 1 & 2 & 0 \end{bmatrix}, B = \begin{bmatrix} 1 & 0 \\ 0 & 2 \\ 3 & 0 \end{bmatrix}, C = \begin{bmatrix} 1 & 0 \\ 0 & 2 \\ 4 & 5 \end{bmatrix}$$

求 AB 和 AC.

解：

$$AB = \begin{bmatrix} 2 & 3 & 0 \\ 1 & 2 & 0 \end{bmatrix} \begin{bmatrix} 1 & 0 \\ 0 & 2 \\ 3 & 0 \end{bmatrix} = \begin{bmatrix} 2 & 6 \\ 1 & 4 \end{bmatrix}$$

$$AC = \begin{bmatrix} 2 & 3 & 0 \\ 1 & 2 & 0 \end{bmatrix} \begin{bmatrix} 1 & 0 \\ 0 & 2 \\ 4 & 5 \end{bmatrix} = \begin{bmatrix} 2 & 6 \\ 1 & 4 \end{bmatrix}$$

由上两例可知

（1）当 $AB = 0$ 时，不能保证 A 和 B 中至少有一个是零矩阵.

（2）当 $AB = AC$ 时，且 $A \neq 0$ 时，不能消去矩阵 A，而得 $B = C$.

矩阵的乘法不满足交换律、消去律. 以及两个非零矩阵的乘积有可能是零矩阵. 这些都是矩阵乘法与数的乘法不同之处. 但矩阵的乘法与数的乘法也有相似的地方；或者说有相似的运算规则，即矩阵的乘法满足下列运算规律.

（1）结合律　$(AB)C = A(BC)$

$$k(AB) = (kA)B = A(kB)$$

（2）分配律 $A(B + C) = AB + AC$

$$(B + C)A = BA + CA$$

（3）$(AB)^T = B^T A^T$

例 12.9 设矩阵 $A = \begin{bmatrix} 4 & -1 \\ 0 & 2 \\ -3 & 2 \end{bmatrix}, B = \begin{bmatrix} 2 & 1 \\ 3 & 4 \end{bmatrix}$

求 $(AB)^T$ 和 $B^T A^T$.

解： $AB = \begin{bmatrix} 4 & -1 \\ 0 & 2 \\ -3 & 2 \end{bmatrix} \begin{bmatrix} 2 & 1 \\ 3 & 4 \end{bmatrix} = \begin{bmatrix} 5 & 0 \\ 6 & 8 \\ 0 & 5 \end{bmatrix}$

$$(AB)^T = \begin{bmatrix} 5 & 6 & 0 \\ 0 & 8 & 5 \end{bmatrix}$$

$$A^T = \begin{bmatrix} 4 & 0 & -3 \\ -1 & 2 & 2 \end{bmatrix}, B^T = \begin{bmatrix} 2 & 3 \\ 1 & 4 \end{bmatrix}$$

$$B^T A^T = \begin{bmatrix} 2 & 3 \\ 1 & 4 \end{bmatrix} \begin{bmatrix} 4 & 0 & -3 \\ -1 & 2 & 2 \end{bmatrix} = \begin{bmatrix} 5 & 6 & 0 \\ 0 & 8 & 5 \end{bmatrix}$$

即：$(AB)^T = B^T A^T$.

定理 12.1 设 A 与 B 是两个 n 阶方阵，那么乘积矩阵 AB 的行列式等于矩阵 A 与 B 的行列式的乘积．即

$$|AB| = |A||B|$$

例 12.10 设矩阵 $A = \begin{bmatrix} 1 & 2 \\ 4 & 3 \end{bmatrix}, B = \begin{bmatrix} -2 & 0 \\ 3 & 4 \end{bmatrix}$

求 $|AB|$ 与 $|A||B|$.

解：$AB = \begin{bmatrix} 1 & 2 \\ 4 & 3 \end{bmatrix} \begin{bmatrix} -2 & 0 \\ 3 & 4 \end{bmatrix} = \begin{bmatrix} 4 & 8 \\ 1 & 12 \end{bmatrix}$

$$|AB| = \begin{vmatrix} 4 & 8 \\ 1 & 12 \end{vmatrix} = 40$$

$$|A| = \begin{vmatrix} 1 & 2 \\ 4 & 3 \end{vmatrix} = -5, |B| = \begin{bmatrix} -2 & 0 \\ 3 & 4 \end{bmatrix} = -8$$

$$|A||B| = -5 \times (-8) = 40$$

即 $|AB| = |A||B|$.

由定理 12.1 可作如下推广：

设 A 是 n 阶方阵，k 是任意常数，m 是正整数，则

$$|kA| = k^n |A|$$

$$|A^m| = |A|^m$$

$$|A^T A| = |AA^T| = |A|^2$$

例 12.11（矩阵乘法的应用） 某工厂某年销售到三个地区的两种货物的数量及两种货物的单位价格、重量、体积如表 12-2 及表 12-3 所示：

表 12-2 货物销售表

地区 \ 数量 \ 货物	湖南	湖北	广东
甲	2 000	1 000	1 000
乙	1 500	2 000	3 000

表 12-3 货物的单位价格、重量及体积表

	单位价格（万元）	单位重量（吨）	单位体积（m³）
甲	0.5	0.02	0.2
乙	0.6	0.05	1

利用矩阵乘法计算该工厂销售到三个地区的货物总销售额、总重量、总体积各为多少？

解：设矩阵

$$A = \begin{bmatrix} 2\ 000 & 1\ 500 \\ 1\ 000 & 2\ 000 \\ 1\ 000 & 3\ 000 \end{bmatrix}, B = \begin{bmatrix} 0.5 & 0.02 & 0.2 \\ 0.6 & 0.05 & 1 \end{bmatrix}$$

则矩阵

$$C = AB = \begin{bmatrix} 1\ 900 \\ 1\ 700 \\ 2\ 300 \end{bmatrix}$$

练习题 12.1

1. 已知 $A = \begin{bmatrix} 3 & 6 & 2 \\ 2 & 4 & 7 \\ -1 & 2 & 5 \end{bmatrix}$，求 $A + A^T$ 及 $A - A^T$.

2. 设 $A = \begin{bmatrix} 3 & 7 & 4 \\ -3 & 4 & 4 \\ -2 & 0 & 3 \end{bmatrix}$，$B = \begin{bmatrix} 3 & x_1 & x_2 \\ x_1 & 4 & x_3 \\ x_2 & x_3 & 3 \end{bmatrix}$，$C = \begin{bmatrix} 0 & y_1 & y_2 \\ -y_1 & 0 & y_3 \\ -y_2 & y_3 & 3 \end{bmatrix}$，且 $A = B + C$，求

B 和 C 中的未知数 x_1, x_2, x_3 和 y_1, y_2, y_3.

3. 对 n 阶方阵 A，求证 $|kA| = k^n |A|$ （k 为常数）

4. 计算：

(1) $\begin{bmatrix} 1 & 0 \\ 0 & 1 \end{bmatrix} \begin{bmatrix} 3 & 2 \\ 5 & 6 \end{bmatrix}$

(2) $\begin{bmatrix} 1 & 0 \end{bmatrix} \begin{bmatrix} 0 \\ 1 \end{bmatrix}$

(3) $\begin{bmatrix} 2 \\ 1 \\ -1 \\ 2 \end{bmatrix} \begin{bmatrix} -2 & 1 & 0 \end{bmatrix}$

(4) $\begin{bmatrix} x & y \end{bmatrix} \begin{bmatrix} 9 & -12 \\ -12 & 16 \end{bmatrix} \begin{bmatrix} x \\ y \end{bmatrix}$

(5) $\begin{bmatrix} \lambda & 1 & 0 \\ 0 & \lambda & 1 \\ 0 & 0 & \lambda \end{bmatrix}^3$

(6) $\begin{bmatrix} 9 & 9 & 2 & -12 \\ 0 & 1 & 0 & 0 \\ 0 & 0 & 1 & 0 \\ 0 & 0 & 0 & 1 \end{bmatrix} \begin{bmatrix} -1 & 0 & 1 & 2 \\ 9 & 9 & 2 & -12 \\ 0 & 1 & 0 & 0 \\ 0 & 0 & 1 & 0 \end{bmatrix} \begin{bmatrix} \dfrac{1}{9} & -1 & -\dfrac{2}{9} & \dfrac{12}{9} \\ 0 & 1 & 0 & 0 \\ 0 & 0 & 1 & 0 \\ 0 & 0 & 0 & 1 \end{bmatrix}$

5. 对于下列各组矩阵 A 和 B，验证 $AB = BA = E$

(1) $A = \begin{bmatrix} 1 & 2 & -3 \\ 0 & 1 & 2 \\ 0 & 0 & 1 \end{bmatrix}$，$B = \begin{bmatrix} 1 & -2 & 7 \\ 0 & 1 & -2 \\ 0 & 0 & 1 \end{bmatrix}$

(2) $A = \begin{bmatrix} \cos\theta & \sin\theta \\ -\sin\theta & \cos\theta \end{bmatrix}$，$B = A^T$

12.2 逆 矩 阵

12.2.1 逆矩阵的概念

利用矩阵的乘法及矩阵相等的概念，可把线性方程组写成矩阵形式.

12.2 逆矩阵

例如, 对于线性方程组

$$\begin{cases} x_1 + 2x_2 + 3x_3 = -7 \\ 2x_1 - x_2 + 2x_3 = -8 \\ x_1 + 3x_2 = 7 \end{cases} \tag{12.3}$$

如果令 $A = \begin{bmatrix} 1 & 2 & 3 \\ 2 & -1 & 2 \\ 1 & 3 & 0 \end{bmatrix}, X = \begin{bmatrix} x_1 \\ x_2 \\ x_3 \end{bmatrix}, B = \begin{bmatrix} -7 \\ -8 \\ 7 \end{bmatrix}$

其中 A 叫做方程组(12.3)的系数矩阵,X 叫做未知矩阵,B 叫做方程组(12.3)的常数项矩阵,于是方程组(12.3)可简写成

$$AX = B \tag{12.4}$$

(12.4)叫做矩阵方程,于是解线性方程组(12.3)的问题,就变成求矩阵方程(12.4)中未知矩阵 X 的问题.

我们知道,代数方程 $ax = b$ 的解为 $x = \dfrac{b}{a} = a^{-1}b (a \neq 0)$ 那么,形式与 $ax = b$ 类似的矩阵方程(12.4)的解是否也可以写成 $X = A^{-1}B$ 呢?

在代数中我们知道,当 $a = 0$ 时,a 的倒数不存在,而当 $a \neq 0$ 时,a 的倒数存在,$\dfrac{1}{a} = a^{-1}$ 也称为 a 的逆,这时 $a \times a^{-1} = a^{-1} \times a = 1$. 那么在矩阵中是否存在一个矩阵 A^{-1},使得 $AA^{-1} = A^{-1}A = E$. 如果存在,那么矩阵 A 必须满足什么条件,如何求 A^{-1}. 这就是下面我们所要讨论的问题.

定义 12.3 对于一个 n 阶方阵 A,如果存在一个 n 阶方阵 C,满足 $AC = CA = E$ 则称 A 为可逆矩阵,简称 A 可逆,称 C 为 A 的逆矩阵,记作 A^{-1},即 $C = A^{-1}$.

由定义可知

(1) 因为矩阵 A 与 C 可交换,所以 A 与 C 时同阶方阵.

(2) 若矩阵 A 可逆,则 A 的逆矩阵是唯一的.

这是由于,如果设有矩阵 C_1,C_2 都是 A 的逆矩阵,则 $C_1A = E$,$AC_2 = E$,且

$$C_1 = C_1E = C_1(AC_2) = (C_1A)C_2 = EC_2 = C_2$$

例 12.12 设矩阵 $A = \begin{bmatrix} 4 & 3 & 2 \\ 3 & 2 & 1 \\ 2 & 1 & 1 \end{bmatrix}, C = \begin{bmatrix} -1 & 1 & 1 \\ 1 & 0 & -2 \\ 1 & -2 & 1 \end{bmatrix}$

因为 $AC = \begin{bmatrix} 4 & 3 & 2 \\ 3 & 2 & 1 \\ 2 & 1 & 1 \end{bmatrix}\begin{bmatrix} -1 & 1 & 1 \\ 1 & 0 & -2 \\ 1 & -2 & 1 \end{bmatrix} = \begin{bmatrix} 1 & 0 & 0 \\ 0 & 1 & 0 \\ 0 & 0 & 1 \end{bmatrix} = E$

$$CA = \begin{bmatrix} -1 & 1 & 1 \\ 1 & 0 & -2 \\ 1 & -2 & 1 \end{bmatrix}\begin{bmatrix} 4 & 3 & 2 \\ 3 & 2 & 1 \\ 2 & 1 & 1 \end{bmatrix} = \begin{bmatrix} 1 & 0 & 0 \\ 0 & 1 & 0 \\ 0 & 0 & 1 \end{bmatrix} = E$$

即 A,C 满足 $AC = CA = E$,所以矩阵 A 可逆,其逆矩阵 $A^{-1} = C$.

12.2.2 逆矩阵的求法

定理 12.2 若 n 阶方阵 A 是可逆矩阵,则 $|A| \neq 0$

证　因为矩阵 A 可逆，即存在逆矩阵 A^{-1} ，使 $AA^{-1} = E$

由定理 12.2　得 $|A||A^{-1}| = |AA^{-1}| = |E| = 1$ 所以 $|A| \neq 0$

若矩阵 A 满足 $|A| \neq 0$ ，则称 A 是非奇异方阵，否则称 A 是奇异方阵.

例如　$A = \begin{bmatrix} 1 & 2 & 3 \\ -3 & 0 & 5 \\ -2 & -4 & -6 \end{bmatrix}$

是不可逆的，这是因为 A 中第三行是第一行的 -2 倍，故 $|A| = 0$.

定义 12.4　设 $A = (a_{ij})_{n \times n}$ 是 n 阶方阵，则称

$$\begin{bmatrix} A_{11} & A_{21} & \cdots & A_{n1} \\ A_{12} & A_{22} & \cdots & A_{n2} \\ \cdots & \cdots & \cdots & \cdots \\ A_{1n} & A_{2n} & \cdots & A_{nn} \end{bmatrix}$$

为矩阵 A 的伴随矩阵，记作 A^* ，其中 A_{ij} 是行列式 $|A|$ 中元素 a_{ij} 的代数余子式.

定理 12.3　n 阶方阵 A 可逆的充分必要条件是 $|A| \neq 0$ ，且有

$$A^{-1} = \frac{1}{|A|} A^*$$

例 12.13　设矩阵 $A = \begin{pmatrix} a & b \\ c & d \end{pmatrix}$ 求 A^{-1}

解： 因为 $\begin{vmatrix} a & b \\ c & d \end{vmatrix} = ad - bc$ ，所以当 $ad - bc = 0$ 时，矩阵 A 不可逆.

当 $ad - bc \neq 0$ ，矩阵 A 可逆；且 $A_{11} = d$ ，$A_{12} = -c$ ，$A_{21} = -b$ ，$A_{22} = a$

于是：$A^{-1} = \frac{1}{|A|} A^* = \frac{1}{ad - bc} \begin{bmatrix} d & -b \\ -c & a \end{bmatrix}$

根据逆矩阵的定义，还可推得以下性质：

（1）$(A^{-1})^{-1} = A$

（2）若两个同阶方阵 A 和 B 都可逆，则 A 与 B 的积也是可逆的，且

$$(AB)^{-1} = B^{-1} A^{-1}$$

例 12.14　求方阵 $A = \begin{bmatrix} 1 & 2 & 3 \\ 2 & -1 & 2 \\ 1 & 3 & 0 \end{bmatrix}$ 的逆阵.

解：　因为 $|A| = \begin{vmatrix} 1 & 2 & 3 \\ 2 & -1 & 2 \\ 1 & 3 & 0 \end{vmatrix} = 19 \neq 0$

所以 A^{-1} 存在，计算 $|A|$ 中各元素的代数余子式：

$$A_{11} = \begin{vmatrix} -1 & 2 \\ 3 & 0 \end{vmatrix} = -6 , \quad A_{21} = -\begin{vmatrix} 2 & 3 \\ 3 & 0 \end{vmatrix} = 9 , \quad A_{31} = \begin{vmatrix} 2 & 3 \\ -1 & 2 \end{vmatrix} = 7$$

$$A_{12} = -\begin{vmatrix} 2 & 2 \\ 1 & 0 \end{vmatrix} = 2 , \quad A_{22} = \begin{vmatrix} 1 & 3 \\ 1 & 0 \end{vmatrix} = -3 , \quad A_{32} = -\begin{vmatrix} 1 & 3 \\ 2 & 2 \end{vmatrix} = 4$$

$$A_{13} = \begin{vmatrix} 2 & -1 \\ 1 & 3 \end{vmatrix} = 7 , A_{23} = - \begin{vmatrix} 1 & 2 \\ 1 & 3 \end{vmatrix} = -1 , A_{33} = \begin{vmatrix} 1 & 2 \\ 2 & -1 \end{vmatrix} = -5$$

所以 $A^{-1} = \dfrac{1}{19} \begin{bmatrix} -6 & 9 & 7 \\ 2 & -3 & 4 \\ 7 & -1 & -5 \end{bmatrix}$

例 12.15 用逆阵解线性方程组 （12.3）

解： 设 $A = \begin{bmatrix} 1 & 2 & 3 \\ 2 & -1 & 2 \\ 1 & 3 & 0 \end{bmatrix}, X = \begin{bmatrix} x_1 \\ x_2 \\ x_3 \end{bmatrix}, B = \begin{bmatrix} -7 \\ -8 \\ 7 \end{bmatrix}$

对方程组 （12.3） 可写成

$$AX = B$$

它的解为（上式两端左乘 A^{-1} ）

$$X = A^{-1}B$$

由例 12.14 知 　 $A^{-1} = \dfrac{1}{19} \begin{bmatrix} -6 & 9 & 7 \\ 2 & -3 & 4 \\ 7 & -1 & -5 \end{bmatrix}$

于是 $\begin{bmatrix} x_1 \\ x_2 \\ x_3 \end{bmatrix} = X = A^{-1}B = \dfrac{1}{19} \begin{bmatrix} -6 & 9 & 7 \\ 2 & -3 & 4 \\ 7 & -1 & -5 \end{bmatrix} \begin{bmatrix} -7 \\ -8 \\ 7 \end{bmatrix} = \begin{bmatrix} 1 \\ 2 \\ -4 \end{bmatrix}$

即： $x_1 = 1 , x_2 = 2 , x_3 = -4$

练习题 12. 2

1. 求下列矩阵的逆矩阵

(1) $\begin{bmatrix} 1 & 2 \\ 2 & 5 \end{bmatrix}$ 　 　 (2) $\begin{bmatrix} 1 & 0 & 0 \\ 0 & 1 & 0 \\ 0 & 0 & 1 \end{bmatrix}$

(3) $\begin{bmatrix} 1 & 2 & -3 \\ 0 & 1 & 2 \\ 0 & 0 & 1 \end{bmatrix}$ 　 (4) $\begin{bmatrix} 3 & 2 & 1 \\ 6 & 4 & 2 \\ 1 & 2 & 5 \end{bmatrix}$

(5) $\begin{bmatrix} 2 & 1 & 0 & 0 \\ 0 & 2 & 1 & 0 \\ 0 & 0 & 2 & 1 \\ 0 & 0 & 0 & 2 \end{bmatrix}$

2. 用逆矩阵解下列线性方程组

(1) $\begin{cases} 2x + 2y + z = 5 \\ 3x + y + 5z = 0 \\ 3x + 2y + 3z = 0 \end{cases}$

$$(2)\begin{cases} \dfrac{5}{8}x - 2y + \dfrac{1}{8}z = 0 \\ -\dfrac{1}{2}x + y - \dfrac{1}{2}z = 0 \\ \dfrac{1}{8}x - \dfrac{1}{2}y + \dfrac{5}{8}z = 1 \end{cases}$$

3. 求下列各矩阵中的未知矩阵

$$(1)\begin{bmatrix} 2 & 5 \\ 1 & 3 \end{bmatrix}X = \begin{bmatrix} 4 & -6 \\ 2 & 1 \end{bmatrix} \qquad (2) \times \begin{bmatrix} 1 & 1 & -1 \\ 2 & 1 & 0 \\ 1 & -1 & 1 \end{bmatrix} = \begin{bmatrix} 1 & -1 & 3 \\ 4 & 3 & 2 \\ 1 & -2 & 5 \end{bmatrix}$$

$$(3)\begin{bmatrix} 1 & 2 & 3 \\ 2 & 2 & 1 \\ 3 & 4 & 3 \end{bmatrix} \times \begin{bmatrix} 2 & 1 \\ 5 & 3 \end{bmatrix} = \begin{bmatrix} 1 & 3 \\ 2 & 0 \\ 3 & 1 \end{bmatrix}$$

12.3　矩阵的秩与初等变换

12.3　矩阵的基本概念

12.3.1　矩阵的秩的定义

我们已经知道对于系数行列式 $|A| \neq 0$ 的线性方程组，可以用克莱姆法则或矩阵来求解．从这一节开始，我们将利用矩阵这一工具对线性方程组的解进行讨论，先考察下面的例子．

设三元线性方程组为

$$\begin{cases} x_1 + 2x_2 - x_3 = 2 \\ 2x_1 - x_2 + 3x_3 = -1 \\ 4x_1 + 3x_2 + x_3 = 3 \end{cases} \tag{12.5}$$

因为它的系数行列式

$$|A| = \begin{vmatrix} 1 & 2 & -1 \\ 2 & -1 & 3 \\ 4 & 3 & 1 \end{vmatrix} = 0,$$

所以不能用以前的方法来求解．经过计算可以发现：第一个方程两边同乘以 2，再与第二个方程两边分别相加，其结果与第三个方程相同，因此可知由前两个方程求得的解，一定会满足第三个方程．在前两个方程中 x_1 与 x_2 的系数构成的行列式为

$$\begin{vmatrix} 1 & 2 \\ 2 & -1 \end{vmatrix} = -5 \neq 0$$

因此对于 x_3 的任意取定的值，都可求得 x_1，x_2 相应的解，例如，若取 $x_3 = c$，则可由前两个方程得到

$$\begin{cases} x_1 + 2x_2 = 2 + c, \\ 2x_1 - x_2 = -1 - 3c. \end{cases}$$

从而解得

$$x_1 = -c; \ x_2 = c + 1,$$

$$\text{即} \qquad \begin{cases} x_1 = -c \\ x_2 = c + 1 \\ x_3 = c \end{cases}$$

是方程组（12.5）的一组解．对于 x_3 的不同的值，就有相应的不同的解，因此方程组（12.5）有无穷多组解．由上面的讨论可知，方程组（12.5）的第三个方程可以由前两个方程代替．这时就称第三个方程在方程组中是不独立的．对于一般的方程组，找出它的所有这种不独立的方程，在讨论方程组的解时有重要作用．

例如，在以下的三元一次方程组

$$\begin{cases} a_{11}x_1 + a_{12}x_2 + a_{13}x_3 = b_1, \\ a_{21}x_1 + a_{22}x_2 + a_{23}x_3 = b_2, \\ a_{31}x_1 + a_{32}x_2 + a_{33}x_3 = b_3 \end{cases} \tag{12.6}$$

中，如果存在常数 c_1 和 c_2 ，使

$$a_{31} = c_1 a_{11} + c_2 a_{21},$$
$$a_{32} = c_1 a_{12} + c_2 a_{22},$$
$$a_{33} = c_1 a_{13} + c_2 a_{23},$$
$$b_3 = c_1 b_1 + c_2 b_2$$

成立，即方程组（12.6）中第三个方程在方程组中是不独立的，这时根据行列式的性质容易证明，方程组（12.6）的系数行列式

$$|A| = \begin{vmatrix} a_{11} & a_{12} & a_{13} \\ a_{21} & a_{22} & a_{23} \\ a_{31} & a_{32} & a_{33} \end{vmatrix} = 0.$$

因此可得到结论：一个三元线性方程组中若有不独立的方程，那么它的系数行列式必为零；也就是若一个三元线性方程组的系数行列式不等于零，那么这方程组中就没有不独立方程．这个结论对三元以上的线性方程组也是成立的．

为叙述方便起见，先介绍矩阵的子式的概念．

定义 12.5　如果在一个 m 行 n 列矩阵 A 中任取 k 行和 k 列，那么位于这些行与列相交位置上的元素所构成的一个 k 阶行列式称为矩阵 A 的 k 阶子式（简称子式）．

例如，矩阵

$$A = \begin{pmatrix} 1 & 2 & -1 & 2 \\ 2 & -1 & 3 & -1 \\ 4 & 3 & 1 & 3 \end{pmatrix}$$

中，位于第一行，第二行与第一列，第三列相交位置上的元素构成的二阶子式是

$$\begin{vmatrix} 1 & -1 \\ 2 & 3 \end{vmatrix}.$$

对于任一 n 元线性方程组

$$\begin{cases} a_{11}x_1 + a_{12}x_2 + \cdots + a_{1n}x_n = b_1, \\ a_{21}x_1 + a_{22}x_2 + \cdots + a_{2n}x_n = b_2, \\ \cdots\cdots\cdots\cdots\cdots\cdots\cdots\cdots\cdots\cdots\cdots \\ a_{n1}x_1 + a_{m2}x_2 + \cdots + a_{mn}x_n = b_m. \end{cases}$$

如果 D_r 是它的系数矩阵 A 中的一个 r 阶不为零的子式，那么与 D_r 的行对应的 r 个方程中没有不独立的方程. 因此确定一个方程组中，是否有不独立的方程，可以从它的系数矩阵中的子式是否为零出发进行讨论. 对于不为零的矩阵子式，给出下面的定义：

定义 12.6 矩阵 A 中不为零的子式的最高阶数 r 称为这个矩阵的秩，记为 $R(A) = r$. 即如果矩阵 A 中存在一个 r 阶不为零的子式，而所有阶数超过 r 的子式均为零时，那么矩阵 A 的秩就是 r.

求一个矩阵的秩时，对于一个非零矩阵，一般来说可以从二阶子式开始逐一计算. 若它的所有二阶子式都为零，则矩阵的秩为 1；若找到一个不为零的二阶子式，能继续计算它的三阶子式. 若所有三阶子式都为零，则矩阵的秩为 2；若找到了一个不为零的三阶子式，就继续计算它的四阶子式，直到求出矩阵的秩为止.

例 12.16 求矩阵

$$A = \begin{pmatrix} 1 & 2 & 2 & 11 \\ 1 & -3 & -3 & -14 \\ 3 & 1 & 1 & 8 \end{pmatrix}$$

的秩.

解：计算它的二阶子式，因为

$$\begin{vmatrix} 1 & 2 \\ 1 & -3 \end{vmatrix} = -5 \neq 0,$$

所以继续计算它的三阶子式，因为它的四个三阶子式均为零，

$$\begin{vmatrix} 1 & 2 & 2 \\ 1 & -3 & -3 \\ 3 & 1 & 1 \end{vmatrix} = 0, \qquad \begin{vmatrix} 1 & 2 & 11 \\ 1 & -3 & -14 \\ 3 & 1 & 8 \end{vmatrix} = 0,$$

$$\begin{vmatrix} 1 & 2 & 11 \\ 1 & -3 & -14 \\ 3 & 1 & 8 \end{vmatrix} = 0, \qquad \begin{vmatrix} 2 & 2 & 11 \\ -3 & -3 & -14 \\ 1 & 1 & 8 \end{vmatrix} = 0.$$

所以矩阵 A 的秩 $R(A) = 2$.

12.3.2 矩阵的初等变换

我们知道，用加减消元法求解 n 元线性方程组.

$$\begin{cases} a_{11}x_1 + a_{12}x_2 + \cdots + a_{1n}x_n = b_1 \\ a_{21}x_1 + a_{22}x_2 + \cdots + a_{2n}x_n = b_2 \\ \cdots\cdots \\ a_{n1}x_1 + a_{n2}x_2 + \cdots + a_{nm}x_n = b_n \end{cases} \qquad (12.7)$$

所用到的变换，只有如下三种变换.

（1）变换方程组中某两个方程的位置.

（2）用非零常数乘方程组中某个方程.

（3）把方程组中某个方程的 k 倍加到另一个方程上去.

由于方程组（12.7）的解完全取决于其系数与常数项，称由方程组（12.7）的系数与常数项按原来位置不变的构成的矩阵为增广矩阵，记作 (A,B). 即

$$(A,B) = \begin{bmatrix} a_{11} a_{12} \cdots a_{1n} b_1 \\ a_{21} a_{22} \cdots a_{2n} b_2 \\ \cdots \cdots \\ a_{n1} a_{n2} \cdots a_{nm} b_n \end{bmatrix}$$

因此，用加减消元法求解 n 元线性方程组（12.7），实质上就是对其增广矩阵的行实施以下三种变换.

（1）变换矩阵中某两行的位置.

（2）用非零常数乘矩阵的某一行的所有元素.

（3）把矩阵某一行的所有元素的 k 倍加到另一行的对应元素上去.

上述三种变换在线性代数中有着重要应用，为此，我们引入矩阵的初等变换.

定义 12.7 矩阵的初等行变换是指以下三种变换：

（1）变换矩阵中两行的位置（第 i 行与第 j 列交换，记作 $r_i \leftrightarrow r_j$）；

（2）用非零常数乘矩阵的某一行的所有元素（用非零常数 k 和第 i 行，记作 kr_i）；

（3）把矩阵某一行的所有元素的 k 倍加到另一行的对应元素上去（第 i 行的 k 倍加到第 j 行上，记作 $r_j + kr_i$）.

定义 12.8 若矩阵 A 经过初等变换后得到新矩阵 B，则 A 与 B 等阶，记作 $A \to B$

定理 12.4 任何非奇异方阵都可以用有限次初等行变换将其化为单位矩阵.

例 12.17 用矩阵的初等行变换把矩阵

$$A = \begin{bmatrix} 1 & 2 & 0 \\ -2 & 1 & 4 \\ 3 & 5 & 1 \end{bmatrix} \text{化为单位矩阵}$$

解：

$$A = \begin{bmatrix} 1 & 2 & 0 \\ -2 & 1 & 4 \\ 3 & 5 & 1 \end{bmatrix} \xrightarrow[r_3 - 3r_1]{r_2 + 2r_1} \begin{bmatrix} 1 & 2 & 0 \\ 0 & 5 & 4 \\ 0 & -1 & 1 \end{bmatrix} \xrightarrow{r_2 + 5r_3} \begin{bmatrix} 1 & 2 & 0 \\ 0 & 0 & 9 \\ 0 & -1 & 1 \end{bmatrix} \xrightarrow{\frac{1}{9}r_2}$$

$$\begin{bmatrix} 1 & 2 & 0 \\ 0 & 0 & 1 \\ 0 & -1 & 1 \end{bmatrix} \xrightarrow[r_2 \leftrightarrow r_3]{-1 r_3} \begin{bmatrix} 1 & 2 & 0 \\ 0 & 1 & -1 \\ 0 & 0 & 1 \end{bmatrix} \xrightarrow[r_2 + r_3]{r_1 - 2r_2} \begin{bmatrix} 1 & 0 & 0 \\ 0 & 1 & 0 \\ 0 & 0 & 1 \end{bmatrix}$$

12.3.3 用初等变换求矩阵的秩

按照定义（12.6）计算矩阵的秩，由于要计算很多行列式，这是非常麻烦的. 但是注意到"秩"只涉及子式是否为零. 而并不需要子式的准确值. 而初等行变换不会改变行列式是否为零的性质，所有可以利用初等行变换来求矩阵的秩.

定理 12.5 矩阵 A 经过初等行初等变换为矩阵 B，它们的秩不变，即 $R(A) = R(B)$.

根据这个定理，可以将一个矩阵 A 经过适当的初等变换，变成一个求秩较为方便的矩阵

B，从而通过求 $R(B)$ 而得到 $R(A)$。

例 12.18 求矩阵 $A = \begin{bmatrix} 1 & 2 & 2 & 11 \\ 1 & 2 & -3 & -14 \\ 3 & 1 & 1 & 3 \\ 2 & 5 & 5 & 28 \end{bmatrix}$ 的秩。

解：

$$A = \begin{bmatrix} 1 & 2 & 2 & 11 \\ 1 & 2 & -3 & -14 \\ 3 & 1 & 1 & 3 \\ 2 & 5 & 5 & 28 \end{bmatrix} \xrightarrow[\substack{r_3 - 3r_1 \\ r_4 - 2r_2}]{r_2 - r_1} \begin{bmatrix} 1 & 2 & 2 & 11 \\ 0 & 0 & -5 & -25 \\ 0 & -5 & -5 & -30 \\ 0 & 1 & 1 & 6 \end{bmatrix}$$

$$\xrightarrow{r_4 \leftrightarrow r_2} \begin{bmatrix} 1 & 2 & 2 & 11 \\ 0 & 1 & 1 & 6 \\ 0 & -5 & -5 & -30 \\ 0 & 0 & -5 & -25 \end{bmatrix} \xrightarrow{r_3 + 5r_2} \begin{bmatrix} 1 & 2 & 2 & 11 \\ 0 & 1 & 1 & 6 \\ 0 & 0 & 0 & 0 \\ 0 & 0 & -5 & -25 \end{bmatrix} \xrightarrow{r_3 \leftrightarrow r_4} \begin{bmatrix} 1 & 2 & 2 & 11 \\ 0 & 1 & 1 & 6 \\ 0 & 0 & -5 & -25 \\ 0 & 0 & 0 & 0 \end{bmatrix} = B$$

因为 $R(B) = 3$，所有 $R(A) = 3$。

定义 12.9 满足下列两个条件的矩阵称为阶梯形矩阵。

（1）若矩阵有零行（元素全部都为零的行），零行在下方。

（2）各非零行的第一个非零元素（称为首非零元，亦称主元）的列标随着行标的递增而严格增大。

例如 $\begin{bmatrix} 1 & 0 & -1 \\ 0 & 2 & 1 \\ 0 & 0 & 1 \end{bmatrix}$，$\begin{bmatrix} 1 & 0 & 2 & -1 \\ 0 & 0 & 0 & 1 \\ 0 & 0 & 0 & 0 \end{bmatrix}$，$\begin{bmatrix} 0 & 1 & 3 & 5 \\ 0 & 0 & 4 & 0 \\ 0 & 0 & 0 & 2 \end{bmatrix}$ 都是阶梯形矩阵。

一般地，我们有：

定理 12.6 任意一个 $m \times n$ 矩阵经过若干次初等变换可以化成阶梯形矩阵。

定理 12.7 阶梯形矩阵的秩等于其非零行的个数。

例 12.19 设矩阵 $A = \begin{bmatrix} 2 & 0 & 5 & 2 \\ -2 & 4 & 1 & 0 \end{bmatrix}$，$B = \begin{bmatrix} -1 & 1 & 4 & 0 \\ 3 & -2 & 5 & -3 \\ 2 & 0 & -6 & 4 \\ 0 & 1 & 1 & 2 \end{bmatrix}$

求 $R(A)$、$R(B)$、$R(AB)$

解： 因为 $A = \begin{bmatrix} 2 & 0 & 5 & 2 \\ -2 & 4 & 1 & 0 \end{bmatrix} \xrightarrow{r_2 + r_1} \begin{bmatrix} 2 & 0 & 5 & 2 \\ 0 & 4 & 6 & 2 \end{bmatrix}$

所有 $R(A) = 2$

$$B = \begin{bmatrix} -1 & 1 & 4 & 0 \\ 3 & -2 & 5 & -3 \\ 2 & 0 & -6 & 4 \\ 0 & 1 & 1 & 2 \end{bmatrix} \xrightarrow[r_3 + 2r_1]{r_2 + 3r_1} \begin{bmatrix} -1 & 1 & 4 & 0 \\ 0 & 1 & 17 & -3 \\ 0 & 2 & 2 & 4 \\ 0 & 1 & 1 & 2 \end{bmatrix}$$

$$\xrightarrow[r_4 - r_2]{r_3 - 2r_1} \begin{bmatrix} -1 & 1 & 4 & 0 \\ 0 & 1 & 17 & -3 \\ 0 & 0 & -32 & 10 \\ 0 & 0 & -16 & 5 \end{bmatrix} \xrightarrow{r_4 - \frac{1}{2}r_3} \begin{bmatrix} -1 & 1 & 4 & 0 \\ 0 & 1 & 17 & -3 \\ 0 & 0 & -32 & 10 \\ 0 & 0 & 0 & 0 \end{bmatrix}$$

所以 $R(B) = 3$.

$$AB = \begin{bmatrix} 2 & 0 & 5 & 2 \\ -2 & 4 & 1 & 0 \end{bmatrix} \begin{bmatrix} -1 & 1 & 4 & 0 \\ 3 & -2 & 5 & -3 \\ 2 & 0 & -6 & 4 \\ 0 & 1 & 1 & 2 \end{bmatrix}$$

$$= \begin{bmatrix} 8 & 4 & -20 & 24 \\ 16 & -10 & 6 & -8 \end{bmatrix} \xrightarrow{r_2 - 2r_1} \begin{bmatrix} 8 & 4 & -20 & 24 \\ 0 & -18 & 56 & -56 \end{bmatrix}$$

所有 $R(AB) = 2$. 由此例可得, 乘积矩阵 AB 的秩不大于两个相乘矩阵 A、B 的秩, 即 $r(AB) \leqslant \min[R(A) \text{、} R(B)]$.

12.3.4 用初等行变换法求逆矩阵

我们知道, 用伴随矩阵求 n 阶矩阵的逆矩阵时, 需要计算 n^2 个 $n-1$ 阶行列式, 因此, 当 n 较大时, 它的计算量是很大的. 下面介绍求逆矩阵的另一个方法——初等行变换法, 其具体步骤是: 首先在 n 阶方阵 A 的右侧放置一个同阶的单位方阵 E, 构造成 $n \times 2n$ 矩阵 $(A|E)$, 对这个矩阵施以一系列初等行变换, 将它的左半部矩阵 A 化为单位矩阵 E, 则右边的单位矩阵 E 就同时化成了 A^{-1}, 即

$$(A|E) \xrightarrow{\text{(经一系列初等行变换)}} (E|A^{-1})$$

例 12.20 设矩阵 $A = \begin{bmatrix} 0 & 1 & 2 \\ 1 & 1 & 4 \\ 2 & -1 & 0 \end{bmatrix}$, 求逆矩阵 A^{-1}

解:

$$(A|E) = \begin{bmatrix} 0 & 1 & 2 & 1 & 0 & 0 \\ 1 & 1 & 4 & 0 & 1 & 0 \\ 2 & -1 & 0 & 0 & 0 & 1 \end{bmatrix} \xrightarrow{r_1 \leftrightarrow r_2} \begin{bmatrix} 1 & 1 & 4 & 0 & 1 & 0 \\ 0 & 1 & 2 & 1 & 0 & 0 \\ 2 & -1 & 0 & 0 & 0 & 1 \end{bmatrix}$$

$$\xrightarrow{r_3 - 2r_1} \begin{bmatrix} 1 & 1 & 4 & 0 & 1 & 0 \\ 0 & 1 & 2 & 1 & 0 & 0 \\ 0 & -3 & -8 & 0 & -2 & 1 \end{bmatrix} \xrightarrow[r_1 - r_2]{r_3 + 3r_2} \begin{bmatrix} 1 & 0 & 2 & -1 & 1 & 0 \\ 0 & 1 & 2 & 1 & 0 & 0 \\ 0 & 0 & -2 & 3 & -2 & 1 \end{bmatrix}$$

$$\xrightarrow[r_2 + r_3]{r_1 + r_3} \begin{bmatrix} 1 & 0 & 0 & 2 & -1 & 1 \\ 0 & 1 & 0 & 4 & -2 & 1 \\ 0 & 0 & -2 & 3 & -2 & 1 \end{bmatrix} \xrightarrow{-\frac{1}{2}r_3} \begin{bmatrix} 1 & 0 & 0 & 2 & -1 & 1 \\ 0 & 1 & 0 & 4 & -2 & 1 \\ 0 & 0 & 1 & -\frac{3}{2} & 1 & -\frac{1}{2} \end{bmatrix}$$

$$= (E|A^{-1})$$

所以 $A^{-1} = \begin{bmatrix} 2 & -1 & 1 \\ 4 & -2 & 1 \\ -\frac{3}{2} & 1 & -\frac{1}{2} \end{bmatrix}$

对于给定的 n 阶矩阵 A，不一定需要知道 A 是否可逆，可以一边计算，一边判断，也就是说，可以直接对矩阵 $(A \mid E)$ 进行初等行变换，若在变换过程中，矩阵 A 中所在的部分出现零行，说明矩阵 A 的行列式 $|A| = 0$，即可判断矩阵 A 不可逆.

例 12.21 设矩阵 $A = \begin{bmatrix} -2 & -1 & 6 \\ 4 & 0 & 5 \\ -6 & -1 & 1 \end{bmatrix}$，求逆矩阵 A^{-1}

解：

$$(A \mid E) = \begin{bmatrix} -2 & -1 & 6 & \bigm| & 1 & 0 & 0 \\ 4 & 0 & 5 & \bigm| & 0 & 1 & 0 \\ -6 & -1 & 1 & \bigm| & 0 & 0 & 1 \end{bmatrix} \xrightarrow[r_3 - 3r_1]{r_2 + 2r_1} \begin{bmatrix} -2 & -1 & 6 & \bigm| & 1 & 0 & 0 \\ 0 & -2 & 17 & \bigm| & 2 & 1 & 0 \\ 0 & 2 & -17 & \bigm| & -3 & 0 & 1 \end{bmatrix}$$

$$\xrightarrow{r_3 + r_2} \begin{bmatrix} -2 & -1 & 6 & \bigm| & 1 & 0 & 0 \\ 0 & -2 & 17 & \bigm| & 2 & 1 & 0 \\ 0 & 0 & 0 & \bigm| & -1 & 1 & 1 \end{bmatrix}$$

因为 $(A \mid E)$ 中的左边矩阵 A 经过初等行变换后出现零行，所以矩阵 A 不可逆.

练习题 12.3

1. 求下列各矩阵的秩

$(1) \begin{bmatrix} 1 & 2 & -3 \\ -1 & -3 & 4 \\ 1 & 1 & -2 \end{bmatrix}$
$(2) \begin{bmatrix} 2 & 0 & 2 & 2 \\ 0 & 1 & 0 & 0 \\ 2 & 1 & 0 & 1 \\ 0 & 1 & 0 & 0 \end{bmatrix}$

$(3) \begin{bmatrix} 1 & 0 & 1 & 0 & 0 \\ 1 & 1 & 0 & 0 & 0 \\ 0 & 1 & 1 & 0 & 0 \\ 0 & 0 & 1 & 1 & 0 \\ 0 & 1 & 0 & 1 & 1 \end{bmatrix}$
$(4) \begin{bmatrix} 1 & 0 & 0 & 1 & 4 \\ 0 & 1 & 0 & 2 & 5 \\ 0 & 0 & 1 & 3 & 6 \\ 1 & 2 & 3 & 14 & 32 \\ 4 & 5 & 6 & 32 & 77 \end{bmatrix}$

2. 求下列各方程组的系数矩阵和增广矩阵的秩

$(1) \begin{cases} x_1 - 2x_2 + x_3 + x_4 = 1 \\ x_1 - 2x_2 + x_3 - x_4 = -1 \\ x_1 - 2x_2 + x_3 - 5x_4 = -5 \end{cases}$

$(2) \begin{cases} 2x_1 - x_2 + 3x_3 = 2 \\ 3x_1 + x_2 - 5x_3 = 0 \\ 4x_1 - x_2 + x_3 = 3 \\ x_1 + x_2 - 13x_3 = -6 \end{cases}$

本章 小结及思维导图

BENZHANG XIAOJIE JI SIWEI DAOTU

一、内容提要

本章主要内容有矩阵的概念及其运算，逆矩阵的概念及其计算方法，矩阵的初等变换等．

二、基本要求

本章的基本要求是：

（1）理解矩阵的概念及其性质，了解几种常见的特殊矩阵．

（2）掌握矩阵的加法、减法、数乘矩阵、矩阵的乘法及转置运算．

（3）熟练掌握可逆矩阵的判别法及求逆矩阵的方法，会用伴随矩阵求二阶、三阶矩阵的逆矩阵．

（4）理解初等变换的概念，了解初等矩阵的概念，会用初等变换求矩阵的逆矩阵．

（5）理解阶梯形矩阵的概念，会求矩阵的秩．

三、例题选讲

1. 矩阵的概念和性质

例1　设矩阵 $A = \begin{bmatrix} 1 & 1 & 3 \\ 2 & 0 & 1 \\ 0 & 2 & 0 \end{bmatrix}, B = \begin{bmatrix} 1 & 2 & 0 \\ 0 & 1 & 1 \\ 3 & 0 & -2 \end{bmatrix}$

求 （1）$|3A|$；（2）$|AB|$

解：（1）因为 $3A = 3\begin{bmatrix} 1 & 1 & 3 \\ 2 & 0 & 1 \\ 0 & 2 & 0 \end{bmatrix} = \begin{bmatrix} 3 & 3 & 9 \\ 6 & 0 & 3 \\ 0 & 6 & 0 \end{bmatrix}$

所以 $|3A| = \begin{vmatrix} 3 & 3 & 9 \\ 6 & 0 & 3 \\ 0 & 6 & 0 \end{vmatrix} = -6\begin{vmatrix} 3 & 9 \\ 6 & 3 \end{vmatrix} = -6 \times (-45) = 270$

或者

$$|3A| = 3^3 \cdot |A| = 27\begin{vmatrix} 1 & 1 & 3 \\ 2 & 0 & 1 \\ 0 & 2 & 0 \end{vmatrix} = 27 \times (12 - 2) = 270$$

（2）因为 $AB = \begin{bmatrix} 1 & 1 & 3 \\ 2 & 0 & 1 \\ 0 & 2 & 0 \end{bmatrix}\begin{bmatrix} 1 & 2 & 0 \\ 0 & 1 & 1 \\ 3 & 0 & -2 \end{bmatrix} = \begin{bmatrix} 10 & 3 & -5 \\ 5 & 4 & -2 \\ 0 & 2 & 2 \end{bmatrix}$

所以 $|AB| = \begin{vmatrix} 10 & 3 & -5 \\ 5 & 4 & -2 \\ 0 & 2 & 2 \end{vmatrix} = \begin{vmatrix} 10 & 8 & -5 \\ 5 & 6 & -2 \\ 0 & 0 & 2 \end{vmatrix} = 2\begin{vmatrix} 10 & 8 \\ 5 & 6 \end{vmatrix} = 40$

或者 $|AB| = |A||B|\begin{vmatrix} 1 & 1 & 3 \\ 2 & 0 & 1 \\ 0 & 2 & 0 \end{vmatrix}\begin{vmatrix} 1 & 2 & 0 \\ 0 & 1 & 1 \\ 3 & 0 & -2 \end{vmatrix} = 10 \times 4 = 40$

注意 （1）正确使用公式 $|kA_n| = k^n |A_n|$，切忌 $|kA_n| = k|A_n|$.

（2）当 AB 为同阶方阵时，有 $|AB| = |BA|$.

例2 已知 $A = \begin{bmatrix} 1 & 3 & 0 \\ 0 & 2 & 1 \end{bmatrix}$，$B = \begin{bmatrix} 2 & 0 & 5 \\ -3 & 2 & 2 \end{bmatrix}$

求 $|(AB^T)^3|$.

解：因为 $B^T = \begin{bmatrix} 2 & -3 \\ 0 & 2 \\ 5 & 2 \end{bmatrix}$，$AB^T = \begin{bmatrix} 1 & 3 & 0 \\ 0 & 2 & 1 \end{bmatrix}\begin{bmatrix} 2 & -3 \\ 0 & 2 \\ 5 & 2 \end{bmatrix} = \begin{bmatrix} 2 & 3 \\ 5 & 6 \end{bmatrix}$

所以 $|AB^T| = \begin{vmatrix} 2 & 3 \\ 5 & 6 \end{vmatrix} = -3$

所以 $|(AB^T)^3| = |AB^T|^3 = (-3)^3 = -27$

注意：本题中 $|(AB^T)^3| = |AB^T|^3$ 成立，但 $|(AB^T)^3| = (|A| \cdot |B^T|)^3$ 不成立，原因是 A，B 不是方阵时，$|A||B^T|$ 无意义，因此不能随便使用 $|AB| = |A||B|$.

四、思维导图

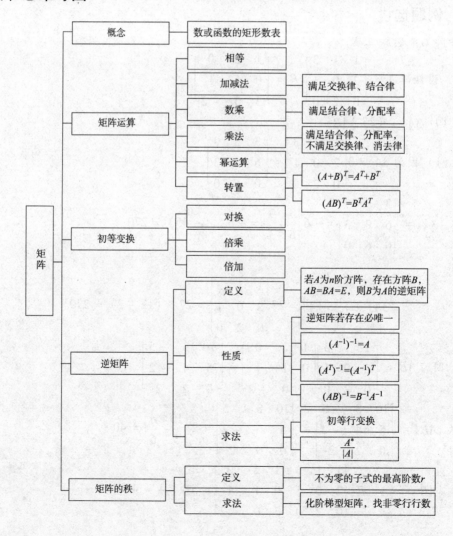

测试题 12

1. 求下列矩阵的逆矩阵：

$(1)\begin{bmatrix} 1 & 2 & -1 \\ 3 & 5 & 0 \\ -1 & 0 & 5 \end{bmatrix}$
$(2)\begin{bmatrix} 1 & -1 & 1 & 1 \\ -1 & 0 & -1 & 0 \\ 1 & -1 & 1 & 0 \\ 1 & 0 & 0 & 2 \end{bmatrix}$

$(3)\begin{bmatrix} 1-m & m & m \\ m & 1-m & m \\ m & m & 1-m \end{bmatrix}$
$(4)\begin{bmatrix} 1 & 2 & 3 \\ 2 & 2 & 1 \\ 3 & 4 & 3 \end{bmatrix}$

2. 解矩阵方程：

$(1)\begin{bmatrix} 2 & 1 \\ 3 & 2 \end{bmatrix} \times \begin{bmatrix} -3 & 2 \\ 5 & -3 \end{bmatrix} = \begin{bmatrix} -2 & 4 \\ 3 & -1 \end{bmatrix}$

$(2)\begin{bmatrix} 0 & 1 & 0 \\ 1 & 0 & 0 \\ 0 & 0 & 1 \end{bmatrix} \times \begin{bmatrix} 1 & 0 & 0 \\ 0 & 0 & 1 \\ 0 & 1 & 0 \end{bmatrix} = \begin{bmatrix} 1 & -4 & 3 \\ 2 & 0 & -1 \\ 1 & -2 & 0 \end{bmatrix}$

第十三章

线性方程组

 本章导读

　　自然科学、工程技术和企业管理中的许多问题经常可以归结为一个线性方程组的问题. 虽然在中学时期，我们已经学过用加减消元法或代入消元法解二元或三元一次方程组，并且从平面解析几何中知道二元一次方程组的解的情况只可能有三种：有唯一解、有无穷解、无解. 但是在许多实际问题中，我们遇到的方程组中未知量个数常常超过三个，而且方程组中未知量个数与方程的个数也不一定相同. 那么这样的线性方程组是否有解？如果有解，是唯一解还是无穷多解？在有解的情况下，如何求解呢？这就是本章要讨论的主要问题. 本章主要介绍求解线性方程组的消元法，线性方程组的解的情况判别方法.

　　知识目标：掌握线性方程组解的判定，能通过矩阵变换求解线性方程组

　　素质目标：通过线性方程组消元法，提炼出矩阵相关变换，学习数学抽象、概括的能力

13.1 线性方程组的有关概念

　　下面首先通过例子来说明如何运用消元法来解系数行列式不等于零的线性方程组.

　　设含有 n 个未知量、m 个方程的线性方程组为

$$\begin{cases} a_{11}x_1 + a_{12}x_2 + \cdots + a_{1n}x_n = b_1 \\ a_{21}x_1 + a_{22}x_2 + \cdots + a_{2n}x_n = b_2 \\ \cdots\cdots \\ a_{m1}x_1 + a_{m2}x_2 + \cdots + a_{mn}x_n = b_m \end{cases} \tag{13.1}$$

其中系数 a_{ij}，常数 b_j 都是已知数，x_i 是未知量（也称为未知数）. 当右端常数项 $b_1, b_2, \cdots,$ b_m 不全为零时，称式（13.1）为非齐次线性方程组. 由系数与常数组成的矩阵

$$(A, B) = \begin{bmatrix} a_{11}\, a_{12} \cdots a_{1n}\, b_1 \\ a_{21}\, a_{22} \cdots a_{2n}\, b_2 \\ \cdots\cdots\cdots\cdots\cdots \\ a_{m1}\, a_{m2} \cdots a_{mn}\, b_m \end{bmatrix}$$

称为方程组（13.1）的增广矩阵. 方程组（13.1）的矩阵方程为 $AX = B$.

　　在方程组（13.1）中，当右端常数项 $b_1 = b_2 = \cdots = b_m = 0$，即 $B = 0$ 时，式（13.1）为

$$\begin{cases} a_{11}x_1 + a_{12}x_2 + \cdots + a_{1n}x_n = 0 \\ a_{21}x_1 + a_{22}x_2 + \cdots + a_{2n}x_n = 0 \\ \cdots\cdots\cdots\cdots\cdots\cdots\cdots\cdots \\ a_{m1}x_1 + a_{m2}x_2 + \cdots + a_{mn}x_n = 0 \end{cases} \tag{13.2}$$

或 $AX = 0$

称式（13.2）为齐次线性方程组.

如果将由 n 个 $k_1, k_2, \cdots, k_n$ 组成的一个有序数组（$k_1, k_2, \cdots, k_n$）依次代入方程组（13.1）中的 $x_1, x_2, \cdots, x_n$，使（13.1）中的每个方程组都变成恒等式，则称这个有序数组（$k_1, k_2, \cdots, k_n$）为方程组（13.1）的解集（合）.

显然由 $x_1 = 0, x_2 = 0, \cdots, x_n = 0$ 组成的有序数组（$0, 0, \cdots, 0$）是齐次线性方程组（13.2）的一个解向量，称为齐次线性方程组（13.2）的零解，而将齐次线性方程组的解向量的分量不全为零时的解，称为非零解.

当方程组（13.1）有解时，称它是可解的，或相容的；否则，称方程组（13.1）为不可解的，或不相容的. 所谓解线性方程组，就是求它的全部解或解集.

例 13.1　写出线性方程组

$$\begin{cases} x_1 + 2x_2 - 2x_3 - x_4 = 1 \\ 2x_1 + x_2 + 2x_3 - 5x_4 = 2 \\ -x_1 + 3x_2 + 7x_3 - 4x_4 = 0 \end{cases}$$

的增广矩阵 (A, B) 和矩阵方程.

解：只要将方程组中的未知量和等号去掉，再添上矩阵符号，就可得到方程组的增广矩阵 (A, B)，即

$$(A, B) = \begin{pmatrix} 1 & 2 & -2 & -1 & 1 \\ 2 & 1 & 2 & -5 & 2 \\ -1 & 3 & 7 & -4 & 0 \end{pmatrix}$$

方程组的矩阵形式是 $AX = B$，即

$$\begin{pmatrix} 1 & 2 & -2 & -1 & 1 \\ 2 & 1 & 2 & -5 & 2 \\ -1 & 3 & 7 & -4 & 0 \end{pmatrix} \begin{pmatrix} x_1 \\ x_2 \\ x_3 \end{pmatrix} = \begin{pmatrix} 1 \\ 2 \\ 0 \end{pmatrix}$$

13.2　消　元　法

下面我们通过例子来说明如何运用消元法来解系数行列式不等于零的线性方程组.

例 13.2　用消元法解线性方程组：

$$\begin{cases} x_1 + 2x_2 + 3x_3 = -7 \\ 2x_1 - x_2 + 2x_3 = -8 \\ x_1 + 3x_2 \quad\quad = 7 \end{cases}$$

解：我们把方程组的消元过程与方程组对应的增广矩阵的初等变换过程对照列成表，见表 13 - 1，表中方程组的消元过程所用的标记方法与矩阵初等变换的标记方法相同.

表 13 - 1　方程组的消元过程和增广矩阵的变换过程

方程组的消元过程	增广矩阵的变换过程
$\begin{cases} x_1 + 2x_2 + 3x_3 = -7 \\ 2x_1 - x_2 + 2x_3 = -8 \\ x_1 + 3x_2 \quad\quad = 7 \end{cases}$	$\begin{bmatrix} 1 & 2 & 3 & -7 \\ 2 & -1 & 2 & -8 \\ 1 & 3 & 0 & 7 \end{bmatrix}$
$\xrightarrow[r_3 - r_1]{r_2 - 2r_1} \begin{cases} x_1 + 2x_2 + 3x_3 = -7 \\ -5x_2 - 4x_3 = 6 \\ x_2 - 3x_3 = 14 \end{cases}$	$\xrightarrow[r_2 - r_1]{r_2 - 2r_1} \begin{bmatrix} 1 & 2 & 3 & -7 \\ 0 & -5 & -4 & 6 \\ 0 & 1 & -3 & 14 \end{bmatrix}$
$\xrightarrow{r_2 \leftrightarrow r_3} \begin{cases} x_1 + 2x_2 + 3x_3 = -7 \\ x_2 - 3x_3 = 14 \\ -5x_2 - 4x_3 = 6 \end{cases}$	$\xrightarrow{r_2 \leftrightarrow r_3} \begin{bmatrix} 1 & 2 & 3 & -7 \\ 0 & 1 & -3 & 14 \\ 0 & -5 & -4 & 6 \end{bmatrix}$
$\xrightarrow{r_3 + 5r_2} \begin{cases} x_1 + 2x_2 + 3x_3 = -7 \\ x_2 - 3x_3 = 14 \\ -19x_3 = 76 \end{cases}$	$\xrightarrow{r_3 + 5r_2} \begin{bmatrix} 1 & 2 & 3 & -7 \\ 0 & 1 & -3 & 14 \\ 0 & 0 & -19 & 76 \end{bmatrix}$
$\xrightarrow{-\frac{1}{19}r_3} \begin{cases} x_1 + 2x_2 + 3x_3 = -7 \\ x_2 - 3x_3 = 14 \\ x_3 = -4 \end{cases}$	$\xrightarrow{-\frac{1}{19}r_3} \begin{bmatrix} 1 & 2 & 3 & -7 \\ 0 & 1 & -3 & 14 \\ 0 & 0 & 1 & -4 \end{bmatrix}$
$\xrightarrow[r_2 + 3r_3]{r_1 - 3r_3} \begin{cases} x_1 + 2x_2 = 5 \\ x_2 = 2 \\ x_3 = -4 \end{cases}$	$\xrightarrow[r_2 + 3r_3]{r_1 - 3r_3} \begin{bmatrix} 1 & 2 & 0 & 5 \\ 0 & 1 & 0 & 2 \\ 0 & 0 & 1 & -4 \end{bmatrix}$
$\xrightarrow{r_1 - 2r_2} \begin{cases} x_1 = 1 \\ x_2 = 2 \\ x_3 = -4 \end{cases}$	$\xrightarrow{r_1 - 2r_2} \begin{bmatrix} 1 & 0 & 0 & 1 \\ 0 & 1 & 0 & 2 \\ 0 & 0 & 1 & -4 \end{bmatrix}$

由此得到方程组的解为

$$\begin{cases} x_1 = 1 \\ x_2 = 2 \\ x_3 = -4 \end{cases}$$

由表 13 - 1 可以看出，方程组的消元顺序与增广矩阵的初等变换顺序完全相同.

由上例可知：对增广矩阵的行施行初等变换不会改变相应线性方程组的解，是消元法的理论基础.

定义 13.1　若两个线性方程组

$$AX = B \tag{13.3}$$

$$CX = D \tag{13.4}$$

的解集相等，即式（13.3）的解都是式（13.4）的解，而式（13.4）的解都是式（13.3）的解，则称这两个方程组为同解方程组.

定理 13.1 如果用初等行变换将增广矩阵（A，B）化成（C，D），则方程组 $AX = B$ 与 $CX = D$ 是同解方程组．

由定义 13.1 可知，求方程组（13.1）的解，可以利用初等行变换将其增广矩阵（A，B）化简．通过初等行变换，可以将（A，B）化成阶梯形矩阵，再写出该阶梯形矩阵所代表的方程组，逐步回代，求出方程组的解．因为它们为同解方程组，所以也就得到了原方程组（13.1）的解．

上述方法称为高斯消元法，简称消元法．下面举例说明用消元法求一般线性方程组的方法与步骤．

例 13.3 解线性方程组

$$\begin{cases} x_1 + x_2 - 2x_3 - x_4 = -1 \\ x_1 + 5x_2 - 3x_3 - 2x_4 = 0 \\ 3x_1 - x_2 + x_3 + 4x_4 = 2 \\ -2x_1 + 2x_2 + x_3 - x_4 = 1 \end{cases} \tag{13.5}$$

解：先写出增广矩阵（A，B），再用初等行变换将其逐步化成阶梯形矩阵，即

$$(A,B) = \begin{pmatrix} 1 & 1 & -2 & -1 & -1 \\ 1 & 5 & -3 & -2 & 0 \\ 3 & -1 & 1 & 4 & 2 \\ -2 & 2 & 1 & -1 & 1 \end{pmatrix} \longrightarrow \begin{pmatrix} 1 & 1 & -2 & -1 & -1 \\ 0 & 4 & -1 & -1 & 1 \\ 0 & -4 & 7 & 7 & 5 \\ 0 & 4 & -3 & -3 & -1 \end{pmatrix}$$

$$\longrightarrow \begin{pmatrix} 1 & 1 & -2 & -1 & -1 \\ 0 & 4 & -1 & -1 & 1 \\ 0 & 0 & 6 & 6 & 6 \\ 0 & 0 & -2 & -2 & -2 \end{pmatrix} \longrightarrow \begin{pmatrix} 1 & 1 & -2 & -1 & -1 \\ 0 & 4 & -1 & -1 & 1 \\ 0 & 0 & 1 & 1 & 1 \\ 0 & 0 & 0 & 0 & 0 \end{pmatrix}$$

上述四个增广矩阵所表示的四个线性方程组是同解方程组，最后一个增广矩阵表示的线性方程组为

$$\begin{cases} x_1 + x_2 - 2x_3 - x_4 = -1 \\ 4x_2 - x_3 - x_4 = 1 \\ x_3 + x_4 = 1 \end{cases}$$

将最后一个方程中的 x_4 项移至等号右端，得

$$x_3 = -x_4 + 1$$

将其代入第二个方程，解得

$$x_2 = \frac{1}{2}$$

再将 x_2，x_3 代入第一个方程组，解得

$$x_1 = -x_4 + \frac{1}{2}$$

因此，方程组（13.5）的解为

$$\begin{cases} x_1 = -x_1 + \dfrac{1}{2} \\[2mm] x_2 = \dfrac{1}{2} \\[2mm] x_3 = -x_4 + 1 \end{cases} \tag{13.6}$$

其中 x_4 可以取任意值.

显然，只要未知量 x_4 任意取定一个值，如 $x_4 = 1$，代入代表式（13.6），可以得到一组相应的值：$x_1 = -\dfrac{1}{2}, x_2 = \dfrac{1}{2}, x_3 = 0$，从而得到方程组（13.5）的一个解

$$\begin{cases} x_1 = -\dfrac{1}{2} \\[2mm] x_2 = \dfrac{1}{2} \\[2mm] x_3 = 0 \\[2mm] x_4 = 1 \end{cases}$$

由于未知量 x_4 的取值是任意实数，故方程组（13.5）的解有无穷多个. 由此可知，表示式（13.6）表示了方程组（13.5）的所有解. 表示式（13.6）中等号右端的未知量 x_4 称为自由未知量，用自由未知量表示其他未知量的表达式（13.6）称为方程组（13.5）的一般解，当表达式（13.6）中的未知量 x_4 取定一个值（如 $x_4 = 1$），得到方程组（13.5）的一个解 $\left(\text{如 } x_1 = -\dfrac{1}{2}, x_2 = \dfrac{1}{2}, x_3 = 0, x_4 = 1 \right)$ 称之为方程组（13.5）的特解.

注意，自由未知量的选取不是唯一的. 如例 13.3 也可以将 x_3 取作自由未知量即在

$$\begin{cases} x_1 + x_2 - 2x_3 - x_4 = -1 \\ 4x_2 - x_3 - x_4 = 1 \\ x_3 + x_4 = 1 \end{cases}$$

中将最后一个方程中 x_3 项移至等号的右端，得

$$x_4 = -x_3 + 1$$

将其代入第二个方程，解出 x_2 后，再将 $x_2 x_3$ 代入第一个方程，解出 x_1. 最后可得方程组（13.5）的一般解为

$$\begin{cases} x_1 = x_3 - \dfrac{1}{2} \\[2mm] x_2 = \dfrac{1}{2} \\[2mm] x_4 = -x_3 + 1 \end{cases} \tag{13.7}$$

其中 x_3 是自由未知量.

表达式（13.7）和（13.6）虽然形式上不一样，但是本质上是一样的. 他们都表示了方程组（13.5）的所有解.

用消元法解线性方程组的过程中，当增广矩阵经过初等行变换化成阶梯形矩阵后，要写出相应的方程组，然后再用回代的方法求出解. 如果用矩阵将回代的过程表示出来，我们可以发现，这个过程实际上就是对阶梯形矩阵进一步简化，使其最终化成一个特殊的矩阵，从

这个特殊矩阵中，就可以直接解出或"读出"方程组的解．例如，对例 13.3 中的阶梯形矩阵进一步化简，即

$$\begin{pmatrix} 1 & 1 & -2 & -1 & -1 \\ 0 & 4 & -1 & -1 & 1 \\ 0 & -4 & 7 & 7 & 5 \\ 0 & 4 & -3 & -3 & -1 \end{pmatrix} \xrightarrow[r_2 + r_3]{r_1 + 2r_3} \begin{pmatrix} 1 & 1 & 0 & 1 & 1 \\ 0 & 4 & 0 & 0 & 2 \\ 0 & 0 & 1 & 1 & 1 \\ 0 & 0 & 0 & 0 & 0 \end{pmatrix} \xrightarrow[r_1 + \left(-\frac{1}{4}\right)r_2]{\frac{1}{4}r_2} \begin{pmatrix} 1 & 0 & 0 & 1 & \frac{1}{2} \\ 0 & 1 & 0 & 0 & \frac{1}{2} \\ 0 & 0 & 1 & 1 & 1 \\ 0 & 0 & 0 & 0 & 0 \end{pmatrix}$$

上述矩阵对应的方程组为

$$\begin{cases} x_1 + x_4 = \dfrac{1}{2} \\ x_2 = \dfrac{1}{2} \\ x_3 + x_4 = 1 \end{cases}$$

将此方程组中含 x_4 的项移到等号的右端，就得到原方程组（13.5）的一般解，即

$$\begin{cases} x_1 = -x_4 + \dfrac{1}{2} \\ x_2 = \dfrac{1}{2} \\ x_3 = -x_4 + 1 \end{cases}$$

其中 x_4 是自由未知量．

在上述最后一个矩阵中，前三列是未知量 x_1, x_2, x_3 的系数，第 4 列是自由未知量 x_4 的系数，最后一列是常数项．写方程组的一般解时，x_4 项要移到等号右端，因此，x_4 项系数的符号要改变．常数项不用移项，它的符号不变，掌握上述规律后，从上述最后一个矩阵中就可以直接"读出"方程组的一般解．

定义 13.2 若阶梯形矩阵进一步满足如下两个条件，则称其为行简化阶梯形矩阵．

（1）各非零行的首非零元都是 1；

（2）所有首非零元所在列的其余元素都是 0．

例 $\begin{pmatrix} 1 & 0 & -2 & 0 & 1 \\ 0 & 1 & 3 & 0 & \frac{1}{2} \\ 0 & 0 & 0 & 1 & 1 \\ 0 & 0 & 0 & 0 & 0 \end{pmatrix}$ 和 $\begin{pmatrix} 1 & -3 & 0 & 5 & 0 & 4 \\ 0 & 0 & 1 & 2 & 0 & 3 \\ 0 & 0 & 0 & 0 & 1 & 0 \end{pmatrix}$

都是行简化阶梯形矩阵．

例 13.4 解线性方程组

$$\begin{cases} x_1 + 2x_2 - 3x_3 = 4 \\ 2x_1 + 3x_2 - 5x_3 = 7 \\ 4x_1 + 3x_2 - 9x_3 = 9 \\ 2x_1 + 5x_2 - 8x_3 = 8 \end{cases}$$

解：利用初等行变换，将方程组的增广矩阵 (A, B) 化成行简化阶梯形矩阵，再求解．

因为

$$(A,B) = \begin{pmatrix} 1 & 2 & -3 & 4 \\ 2 & 3 & -5 & 7 \\ 4 & 3 & -9 & 9 \\ 2 & 5 & -8 & 8 \end{pmatrix} \rightarrow \begin{pmatrix} 1 & 2 & -3 & 4 \\ 0 & -1 & 1 & -1 \\ 0 & -5 & 3 & -7 \\ 0 & 1 & -2 & 0 \end{pmatrix} \rightarrow \begin{pmatrix} 1 & 2 & -3 & 4 \\ 0 & -1 & 1 & -1 \\ 0 & 0 & -2 & -2 \\ 0 & 0 & -1 & -1 \end{pmatrix}$$

$$\rightarrow \begin{pmatrix} 1 & 2 & -3 & 4 \\ 0 & 1 & -1 & 1 \\ 0 & 0 & 1 & 1 \\ 0 & 0 & 0 & 0 \end{pmatrix} \rightarrow \begin{pmatrix} 1 & 2 & 0 & 7 \\ 0 & 1 & 0 & 2 \\ 0 & 0 & 1 & 1 \\ 0 & 0 & 0 & 0 \end{pmatrix} \rightarrow \begin{pmatrix} 1 & 0 & 0 & 3 \\ 0 & 1 & 0 & 2 \\ 0 & 0 & 1 & 1 \\ 0 & 0 & 0 & 0 \end{pmatrix}$$

所以，方程组的一般解为

$$\begin{cases} x_1 = 3 \\ x_2 = 2 \\ x_3 = 1 \end{cases}$$

例 13.4 的解中没有自由未知量，因此，它只唯一解.

例 13.5 解线性方程组

$$\begin{cases} x_1 + x_2 + x_3 = 1 \\ -x_1 + 2x_2 - 4x_3 = 2 \\ 2x_1 + 5x_2 - x_3 = 3 \end{cases}$$

解：利用初等行变换，将方程组的增广矩阵（A，B）化成行简化阶梯形矩阵，再求解. 因为

$$(A,B) = \begin{pmatrix} 1 & 1 & 1 & 1 \\ -1 & 2 & -4 & 2 \\ 2 & 5 & -1 & 3 \end{pmatrix} \rightarrow \begin{pmatrix} 1 & 1 & 1 & 1 \\ 0 & 3 & -3 & 3 \\ 0 & 3 & -3 & 1 \end{pmatrix} \rightarrow \begin{pmatrix} 1 & 1 & 1 & 1 \\ 0 & 3 & -3 & 3 \\ 0 & 0 & 0 & -2 \end{pmatrix}$$

阶梯形矩阵的第三行"0，0，0，-2"所表示的方程为：$0x_1 + 0x_2 + 0x_3 = -2$，由该方程可知，无论 x_1, x_2, x_3 取何值，都不能满足这个方程.

所以，原方程组无解.

例 13.6 解线性方程组

$$\begin{cases} x_1 - 3x_2 + 2x_3 + x_4 = 0 \\ 2x_1 + 4x_2 - x_3 - 3x_4 = 0 \\ -x_1 - 7x_2 + 3x_3 + 4x_4 = 0 \\ 3x_1 + 2x_2 + x_3 - 2x_4 = 0 \end{cases}$$

解：利用初等行变换，将方程组的增广矩阵（A，B）化成行简化阶梯形矩阵，再求解. 因为

$$(A,B) = \begin{pmatrix} 1 & -3 & 2 & 1 & 0 \\ 2 & 4 & -1 & -3 & 0 \\ -1 & -7 & 3 & 4 & 0 \\ 3 & 1 & 1 & -2 & 0 \end{pmatrix} \rightarrow \begin{pmatrix} 1 & -3 & 2 & 1 & 0 \\ 0 & 10 & -5 & -5 & 0 \\ 0 & -10 & 5 & 5 & 0 \\ 0 & 10 & -5 & -5 & 0 \end{pmatrix}$$

$$\rightarrow \begin{pmatrix} 1 & -3 & 2 & 1 & 0 \\ 0 & 10 & -5 & -5 & 0 \\ 0 & 0 & 0 & 0 & 0 \\ 0 & 0 & 0 & 0 & 0 \end{pmatrix} \rightarrow \begin{pmatrix} 1 & 0 & \dfrac{1}{2} & -\dfrac{1}{2} & 0 \\ 0 & 1 & -\dfrac{1}{2} & -\dfrac{1}{2} & 0 \\ 0 & 0 & 0 & 0 & 0 \\ 0 & 0 & 0 & 0 & 0 \end{pmatrix}$$

所以，方程组的一般解为

$$\begin{cases} x_1 = -\dfrac{1}{2}x_3 + \dfrac{1}{2}x_4 \\ x_2 = \dfrac{1}{2}x_3 + \dfrac{1}{2}x_4 \end{cases}$$

其中 x_3, x_4 是自由未知量．

由例 13.6 可知，齐次线性方程组 $AX = 0$ 的增广矩阵中，最后一列的元素全部是 0，即 $(A,B) = (A,O)$．利用初等行变换将 (A,O) 化成行简化阶梯形矩阵所得的一般解，与利用初等行变换将系数矩阵 A 化成行简化阶梯形矩阵所得的一般解一样．因此，解齐次线性方程组时，只要将系数矩阵 A 化成行简化阶梯形矩阵，即可得到一般解．

综上所述，用消元法解线性方程组 $AX = B$（或 $AX = O$）的具体步骤为：

（1）写出增广矩阵 $(A，B)$（或系数矩阵 A），并用初等行变换将其化成阶梯形矩阵；

（2）判断方程组是否有解；

（3）在有解的情况下，写出阶梯形矩阵对应的方程组，并用回代的方法求解．或者继续用初等行变换将阶梯形矩阵化成行简化阶梯形矩阵，写出方程组的一般解．

例 13.7　某城市某路口交通图如图 13 - 1 所示，已知图中每条道路都是单行道，图中数字表示某一个时段的机动车流量，并且针对每一个十字路口，进入和离开的车辆数相等，请计算每两个相邻十字路口间路段上的交通流量 x_i（$i = 1，2，3，4$）．

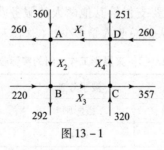

图 13 - 1

解： 根据已知条件，得到各节点的流通方程

$$A： x_1 + 360 = x_2 + 260$$
$$B： x_2 + 220 = x_3 + 292$$
$$C： x_3 + 320 = x_3 + 357$$
$$D： x_4 + 260 = x_1 + 251$$

整理后得到如下的方程组

$$\begin{cases} x_1 - x_2 & = -100 \\ & x_2 - x_3 & = 72 \\ & & x_3 - x_4 = 37 \\ -x_1 & & + x_4 = -9 \end{cases}$$

经过化简，解得

$$\begin{cases} x_1 = x_4 + 9 \\ x_2 = x_4 + 109 \\ x_3 = x_4 + 37 \end{cases}$$

其中 x_4 为自由未知量.

练习题 13.2

1. 用消元法解下列各方程组

(1) $\begin{cases} 3x_1 + 4x_2 - 4x_3 + 2x_4 = -3 \\ 6x_1 + 5x_2 - 2x_3 + 3x_4 = -1 \\ 9x_1 + 3x_2 + 8x_3 + 5x_4 = 9 \\ -3x_1 - 7x_2 - 10x_3 + x_4 = 2 \end{cases}$

(2) $\begin{cases} x_1 + 2x_2 + 3x_3 + 4x_4 = 0 \\ x_1 + x_2 + 2x_3 + 3x_4 = 0 \\ x_1 + 5x_2 + 8x_3 + 2x_4 = 0 \\ x_1 + 5x_2 + 5x_3 + 2x_4 = 0 \end{cases}$

2. 一个销售员、一个摄影师、一个后期修图师组成一个摄影工作小组. 假设在一段时间内，每个人收入 1 元人民币需要支付给其他两人的服务费用以及每个人的实际收入如表 13-2 所示，问这段时间内，每人的总收入是多少？（总收入 = 实际收入 + 服务费）

表 13-2　某摄影工作小组的实际收入

服务者	被服务者			实际收入
	销售员	摄影师	后期修图师	
销售员	0.4	0.4	0.2	56 000
摄影师	0.2	0.5	0.3	68 000
后期修图师	0.2	0.3	0.5	56 000

13.3　线性方程组解的情况判定

前面介绍了用消元法解线性方程组的方法，通过例题可知，线性方程组的解的情况有三种：无穷解、唯一解和无解. 对于一般的由 m 个方程组成的 n 元线性方程组，亦有类似的结论.

定理 13.2 线性方程组（13.1）有解的充分必要条件是其系数矩阵与增广矩阵的秩相等．即

$$R(A) = R(A,B)$$

该定理也称为线性方程组的有解判别定理．

证：设系数矩阵 A 的秩为 r，即 $R(A) = r$．利用初等行变换，将增广矩阵 $(A，B)$ 化成阶梯形矩阵：

$$(A,B) \xrightarrow{\text{初等行变换}}$$

$$\begin{pmatrix} c_{11} & \cdots & * & * & \cdots & * & c_{1s} & \cdots & c_{1n} & d_1 \\ 0 & \cdots & 0 & c_{2k} & \cdots & * & c_{2s} & \cdots & c_{2n} & d_2 \\ \cdots & & \cdots & \cdots & & \cdots & \cdots & & \cdots & \cdots \\ 0 & \cdots & 0 & 0 & \cdots & 0 & c_{rs} & \cdots & c_{rn} & d_r \\ 0 & \cdots & 0 & 0 & \cdots & 0 & 0 & \cdots & 0 & d_{r+1} \\ \cdots & & \cdots & \cdots & & \cdots & \cdots & & \cdots & \cdots \\ 0 & \cdots & 0 & 0 & \cdots & 0 & 0 & \cdots & 0 & 0 \end{pmatrix} = (C,D)$$

因此，$AX = B$ 与 $CX = D$ 是同解方程组，因此

$$AX = B \text{ 有解} \Leftrightarrow d_{r+1} = 0 \Leftrightarrow R(C,D) = R(C) = r$$

即 $R(A,B) = R(A) = r$

推论 1 线性方程组（13.1）有唯一解的充分必要条件是 $R(A) = R(A,B) = n$.

推论 2 线性方程组（13.1）有无穷多解的充分必要条件是 $R(A) = R(A,B) < n$.

将上述结论应用到齐次线性方程组（13.2）上，则有 $R(A) = R(A,B)$，因此齐次线性方程组一定有解．并且有：

推论 3 齐次线性方程组（13.2）只有零解的充分必要条件是 $R(A) = n$.

推论 4 齐次线性方程组（13.2）有非零解的充分必要条件是 $R(A) < n$.

特别地，当齐次线性方程组（13.2）中，方程个数小于未知量个数（即 $m < n$）时，必有 $R(A) < n$．这时方程组（13.2）一定有非零解．

例 13.8 判别下列方程组是否有解？若有解，是有唯一解还是无穷多解？

(1) $\begin{cases} x_1 + 2x_2 - 3x_3 = -11 \\ -x_1 - x_2 + x_3 = 7 \\ 2x_1 - 3x_2 + x_3 = 6 \\ -3x_1 + x_2 + 2x_3 = 4 \end{cases}$
(2) $\begin{cases} x_1 + 2x_2 - 3x_3 = -11 \\ -x_1 - x_2 + 2x_3 = 7 \\ 2x_1 - 3x_2 + x_3 = 6 \\ -3x_1 + x_2 + 2x_3 = 5 \end{cases}$

(3) $\begin{cases} x_1 + 2x_2 - 3x_3 = -11 \\ -x_1 - x_2 + x_3 = 7 \\ 2x_1 - 3x_2 + x_3 = 6 \\ -3x_1 + x_2 + 2x_3 = 5 \end{cases}$

解：（1）用初等行变换将其增广矩阵化成阶梯形矩阵，即

$$(A,B) = \begin{pmatrix} 1 & 2 & -3 & -11 \\ -1 & -1 & 1 & 7 \\ 2 & -3 & 1 & 6 \\ -3 & 1 & 2 & 4 \end{pmatrix} \rightarrow \begin{pmatrix} 1 & 2 & -3 & -11 \\ 0 & 1 & -2 & -4 \\ 0 & -7 & 7 & 28 \\ 0 & 7 & -7 & -29 \end{pmatrix}$$

$$\rightarrow \begin{pmatrix} 1 & 2 & -3 & -11 \\ 0 & 1 & -2 & -4 \\ 0 & 0 & -7 & 0 \\ 0 & 0 & 7 & -1 \end{pmatrix} \rightarrow \begin{pmatrix} 1 & 2 & -3 & -11 \\ 0 & 1 & -2 & -4 \\ 0 & 0 & -7 & 0 \\ 0 & 0 & 0 & -1 \end{pmatrix}$$

因为 $R(A,B) = 4, R(A) = 3$，两者不等，所以方程组无解.

（2）用初等行变换将其增广矩阵化成阶梯形矩阵，即

$$(A,B) = \begin{pmatrix} 1 & 2 & -3 & -11 \\ -1 & -1 & 2 & 7 \\ 2 & -3 & 1 & 6 \\ -3 & 1 & 2 & 5 \end{pmatrix} \rightarrow \cdots \rightarrow \begin{pmatrix} 1 & 2 & -3 & -11 \\ 0 & 1 & -1 & -4 \\ 0 & 0 & 0 & 0 \\ 0 & 0 & 0 & 0 \end{pmatrix}$$

因为 $R(A,B) = R(A) = 2 < n(= 3)$，所以方程组有无穷多解.

（3）用初等行变换将其增广矩阵化成阶梯形矩阵，即

$$(A,B) = \begin{pmatrix} 1 & 2 & -3 & -11 \\ -1 & -1 & 1 & 7 \\ 2 & -3 & 1 & 6 \\ -3 & 1 & 2 & 5 \end{pmatrix} \rightarrow \cdots \rightarrow \begin{pmatrix} 1 & 2 & -3 & -11 \\ 0 & 1 & -2 & -4 \\ 0 & 0 & -7 & 0 \\ 0 & 0 & 0 & 0 \end{pmatrix}$$

因为 $R(A,B) = R(A) = 3 = n(= 3)$，所以方程组有唯一解.

例 13.9 判别下列齐次方程组是否有非零解

$$\begin{cases} x_1 + 3x_2 - 7x_3 - 8x_4 = 0 \\ 2x_1 + 5x_2 + 4x_3 + 4x_4 = 0 \\ -3x_1 - 7x_2 - 2x_3 - 3x_4 = 0 \\ x_1 + 4x_2 - 12x_3 - 16x_4 = 0 \end{cases}$$

解：用初等行变换将其增广矩阵化成阶梯形矩阵，即

$$A = \begin{pmatrix} 1 & 3 & -7 & -8 \\ 2 & 5 & 4 & 4 \\ -3 & -7 & -2 & -3 \\ 1 & 4 & -12 & -16 \end{pmatrix} \rightarrow \begin{pmatrix} 1 & 3 & -7 & -8 \\ 0 & -1 & 18 & 20 \\ 0 & 2 & -23 & -27 \\ 0 & 1 & -5 & -8 \end{pmatrix}$$

$$\rightarrow \begin{pmatrix} 1 & 3 & -7 & -8 \\ 0 & -1 & 18 & 20 \\ 0 & 0 & 13 & 13 \\ 0 & 0 & 13 & 12 \end{pmatrix} \rightarrow \begin{pmatrix} 1 & 3 & -7 & -8 \\ 0 & -1 & 18 & 20 \\ 0 & 0 & 13 & 13 \\ 0 & 0 & 0 & -1 \end{pmatrix}$$

因为 $R(A) = 4 = n$，所以齐次方程组只有零解.

例 13.10 问 a,b 取何值时，下列方程组无解？有唯一解？有无穷多解？

$$\begin{cases} x_1 + 2x_3 = -1 \\ -x_1 + x_2 - 3x_3 = 2 \\ 2x_1 - x_2 + ax_3 = b \end{cases}$$

解：由

$$(A,B) = \begin{pmatrix} 1 & 0 & 2 & -1 \\ -1 & 1 & -3 & 2 \\ 2 & -1 & a & b \end{pmatrix} \rightarrow \begin{pmatrix} 1 & 0 & 2 & -1 \\ 0 & 1 & -1 & 1 \\ 0 & -1 & a-4 & b+2 \end{pmatrix}$$

$$\rightarrow \begin{pmatrix} 1 & 0 & 2 & -1 \\ 0 & 1 & -1 & 1 \\ 0 & 0 & a-5 & b+3 \end{pmatrix}$$

可知，当 $a = 5$ 而 $b \neq -3$ 时，有 $R(A) = 2$，$R(A,B) = 3$，故方程组无解．

当 $a \neq 5$ 时，有 $R(A) = R(A,B) = 3$，故方程组有唯一解．

当 $a = 5$ 而 $b = -3$ 时，有 $R(A) = R(A,B) = 2$，故方程组有无穷多解．

例 13. 11　已知总成本 y 是产量 x 的二次函数 $y = a + bx + cx^2$

根据统计资料，产量与总成本之间有如表 13 - 3 所表示的数据．试求总成本函数中的 a,b,c

表 13 - 3　产量与总成本的关系

时期	第一期	第二期	第三期
产量 x/千件	6	10	20
总成本 y/万元	104	160	370

解：将 (x_1, y_1)，(x_2, y_2)，(x_3, y_3) 代入已知二次函数模型中，的方程组

$$\begin{cases} a + 6b + 36c = 104 \\ a + 10b + 100c = 160 \\ a + 20b + 400c = 370 \end{cases}$$

利用初等行变换将其增广矩阵化成行简化阶梯形矩阵，再求解．即

$$(A,B) = \begin{pmatrix} 1 & 6 & 36 & 104 \\ 1 & 10 & 100 & 160 \\ 1 & 20 & 400 & 370 \end{pmatrix} \rightarrow \begin{pmatrix} 1 & 6 & 36 & 104 \\ 0 & 4 & 64 & 56 \\ 0 & 14 & 364 & 266 \end{pmatrix}$$

$$\rightarrow \begin{pmatrix} 1 & 6 & 36 & 104 \\ 0 & 1 & 16 & 14 \\ 0 & 0 & 140 & 70 \end{pmatrix} \rightarrow \begin{pmatrix} 1 & 6 & 0 & 86 \\ 0 & 1 & 0 & 6 \\ 0 & 0 & 1 & 0.5 \end{pmatrix} \rightarrow \begin{pmatrix} 1 & 0 & 0 & 50 \\ 0 & 1 & 0 & 6 \\ 0 & 0 & 1 & 0.5 \end{pmatrix}$$

方程组的解为 $a = 50, b = 6, c = 0.5$．因此总成本函数为 $y = 50 + 6x + 0.5x^2$．

练习题 13. 3

1. 确定 m 的值，使方程组

$$\begin{cases} 2x_1 - x_2 + x_3 + x_4 = 1 \\ x_1 + 2x_2 - x_3 + 4x_4 = 2 \\ x_1 + 7x_2 - 4x_3 + 11x_4 = m \end{cases}$$

有解，并求出它的解．

2. 解方程组：

(1) $\begin{cases} x_1 + 2x_2 + 3x_3 = 0 \\ 2x_1 + 3x_2 + x_3 = 0 \\ x_1 + x_2 - 2x_3 = 0 \\ 3x_1 + 5x_2 + 4x_3 = 0 \end{cases}$

(2) $\begin{cases} x_1 - 2x_2 + 3x_3 - x_4 = 1 \\ 3x_1 - x_2 + 5x_3 - 3x_4 = 2 \\ 2x_1 + x_2 + 2x_3 - 2x_4 = 3 \end{cases}$

(3) $\begin{cases} x_1 - x_2 - x_3 + x_4 = 0 \\ x_1 - x_2 + x_3 - 3x_4 = 1 \\ x_1 - x_2 - 2x_3 + 3x_4 = -\dfrac{1}{2} \end{cases}$

3. 设下列各齐次方程组有非零解，求 m 的值．

(1) $\begin{cases} (m - 2)x + y = 0 \\ x + (m - 2)y + z = 0 \\ y + (m - 2)z = 0 \end{cases}$

(2) $\begin{cases} 4x + 3y + z = mx \\ 3x - 4y + 7z = my \\ x + 7y - 6z = mz \end{cases}$

本章 小结及思维导图
BENZHANG XIAOJIE JI SIWEI DAOTU

本章主要介绍了求解线性方程组的消元法，线性方程组解的情况判定．

一、基本概念

基本概念主要有：两种线性方程组以及它们的矩阵形式，方程组的系数矩阵、增广矩阵、行简化阶梯形矩阵等概念，方程组的一般解、特解．

二、求解线性方程组的消元法

首先写出增广矩阵 (A, B)（或系数矩阵 A），并用初等行变换将其化成阶梯形矩阵，然后判定方程组是否有解，在有解的情况下，写出阶梯形矩阵对应的方程组，并用回代的方法求解，或者继续用初等变换将阶梯形矩阵化成行简化阶梯形矩阵，再写出方程组的一般解．

三、线性方程组的解的判定方法

设方程组 $AX = B$，则 $AX = B$ 有解 $\Leftrightarrow R(A) = R(A,B)$．且当 $R(A) = n$ 时，$AX = B$ 有

唯一解；当 $R(A) < n$ 时，$AX = B$ 有无穷多解.

当方程组 $AX = O$，则 $AX = O$ 只有零解 $\Leftrightarrow R(A) = n$；$AX = O$ 有非零解 $\Leftrightarrow R(A) < n$.

若齐次线性方程组 $AX = O$ 的未知量个数大于方程个数（即 $n > m$）时，则其一定有非零解.

四、思维导图

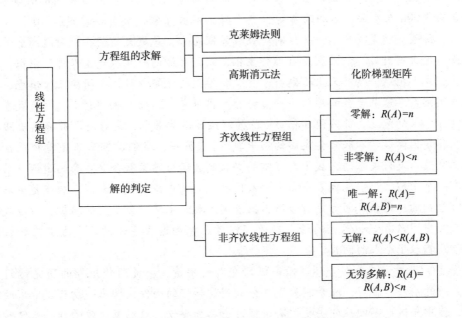

测试题 13

λ、a、b 应取什么值时，才能使下列各方程组有解，并求出它们的解：

(1) $\begin{cases} \lambda x_1 + x_2 + x_3 = 1 \\ x_1 + \lambda x_2 + x_3 = \lambda \\ x_1 + x_2 + \lambda x_3 = \lambda^2 \end{cases}$

(2) $\begin{cases} ax_1 + x_2 + x_3 = 4 \\ x_1 + bx_2 + x_3 = 3 \\ x_1 + 2bx_2 + x_3 = 4 \end{cases}$

(3) $\begin{cases} x_1 + 2x_2 + 3x_3 = 6 \\ 2x_1 + 3x_2 + x_3 = -1 \\ x_1 + x_2 + ax_3 = -7 \\ 3x_1 + 5x_2 + 4x_3 = b \end{cases}$

小贴士：数学家陈景润的励志故事

陈景润是国际知名的数学家，深受人们的敬重．但他并没有产生骄傲自满情绪，而是把功劳都归于祖国和人民．为了维护祖国的利益，他不惜牺牲个人的名利．1977年的一天，陈景润收到一封国外来信，是国际数学家联合会主席写给他的，邀请他出席国际数学家大会．这次大会有 3 000 人参加，参加的都是世界上著名的数学家．大会共指定了 10 位数学家作学术报告，陈景润就是其中之一．这对一位数学家而言，是极大的荣誉，对提高陈景润在国际上的知名度大有好处．陈景润没有擅作主张，而是立即向研究所党支部作了汇报，请求党的指示．党支部把这一情况又上报到科学院．科学院的党组织对这个问题比较慎重，因为当时中国在国际数学家联合会的席位，一直被台湾占据着．科学院回答道："你是数学家，党组织尊重你个人的意见，你给他回信．"陈景润经过慎重考虑，最后决定放弃这次难得的机会．他在答复国际数学家联合会主席的信中写道："第一，我们国家历来是重视跟世界各国发展学术交流与友好关系的，我个人非常高兴收到国际数学家联合会主席的邀请．第二，世界上只有一个中国，唯一能代表中国广大人民利益的是中华人民共和国，台湾是中华人民共和国不可分割的一部分．因为目前台湾占据着国际数学家联合会我国的席位，所以我不能出席．第三，中国只有一个代表的话，我是可以考虑参加这次会议的．"为了维护祖国的尊严，陈景润牺牲了个人的利益．

1979年，陈景润应美国普林斯顿高级研究所的邀请，去美国作短期的研究访问．普林斯顿研究所的条件非常好，陈景润为了充分利用这样好的条件，挤出一切可以节省的时间拼命工作，连中午饭也不回住处去吃．有时候外出参加会议，旅馆里比较嘈杂，他便躲进卫生间里，继续进行研究工作．正因为他的刻苦，在美国短短的五个月里，除了开会、讲学之外，他完成了论文《算术级数中的最小素数》，一下子把最小素数从原来的 80 推进到 16．这一研究成果，也是当时世界上最先进的．

在美国这样物质比较发达的国度，陈景润依旧保持着在国内时的节俭作风．他每个月从研究所可获得 2 000 美金的报酬，可以说是比较丰厚的了．每天中午，他从不去研究所的餐厅就餐，那里比较讲究，他完全可以享受一下的，但他都是吃自己带去的干粮和水果．他是如此的节俭，以至于在美国五个月，除去房租、水电花去 1 800 美元外，伙食费等仅花了 700 美元．等他回时，共节余了 7 500 美元．这笔钱在当时不是个小数目，他完全可以像其他人一样，从国外买回些高档家电．但他把这笔钱全部上交给国家．他是怎么想的呢？用他自己的话说："我们的国家还不富裕，我不能只想着自己享乐．"

陈景润就是这样一个非常谦虚、正直的人，尽管他已功成名就，然而他没有骄傲自满，他说："在科学的道路上我只是翻过了一个小山包，真正的高峰还没有攀上去，还要继续努力．"

参 考 答 案

第一章

练习题 1.1

1. （1）$(-\infty, 1)\cup(1, +\infty)$；（2）$\left[-\dfrac{3}{5}, +\infty\right]$；（3）$(-\infty, +\infty)$；

（4）$[-3, 3]$；（5）$(-4, 4)$；（6）$\left\{x\,\middle|\,x\neq-\dfrac{1}{2}\right\}$；（7）$\left(-\dfrac{1}{2}, +\infty\right)$；

（8）$(-\infty, +\infty)$.

2. 略.

练习题 1.2

1. （1）偶函数；（2）偶函数；（3）偶函数；（4）奇函数；

（5）既不是奇函数，也不是偶函数；（6）奇函数.

2. （1）周期函数，周期为 2π；（2）周期函数，周期为 $\dfrac{2\pi}{5}$；

（3）周期函数，周期为 2；（4）非周期函数.

3. 略.

4. （1）有界；（2）无界.

练习题 1.3

1. $f(-1)=2,\ f(1)=0,\ f(\pi)=\pi+1,\ f(-\sqrt{2})=1+\sqrt{2}$；图略.

2. $f\left(\dfrac{\pi}{6}\right)=\dfrac{1}{2},\ f\left(\dfrac{\pi}{4}\right)=\dfrac{\sqrt{2}}{2},\ f\left(-\dfrac{\pi}{4}\right)=\dfrac{\sqrt{2}}{2}$.

3. （1）$y=(1+x^3)^2$；$x\in R$；（2）$y=\ln 3^{\frac{1}{x}},\ x\neq 0$.

4. $f[\varphi(t)]=3\lg^2(1+t),\ t\in(-1, +\infty)$.

5. （1）$y=u^3 \quad u=\sin x$

（2）$y=u^8 \quad u=3x+4$

（3）$y=\sqrt{u}\cdot \quad u=4x^2+7$

（4）$y=\ln u \quad u=\sin V \quad V=5x$

（5）$y=e^u \quad u=-x$

（6）$y=3^u \quad u=\tan V \quad V=x^2$

（7）$y=\arcsin u,\ u=2x+1$

（8）$y=\arccos u,\ u=x^2+2$

（9）$y = e^u$，$u = \sin x$

（10）$y = \ln u$，$u = \sqrt{V}$，$V = x^3 + 1$

（11）$y = e^u$，$u = \arcsin V$，$V = 2x$

（12）$y = u^2$，$u = \ln V$，$V = 2x + 1$

练习题 1.4

1. $-6\log_3 2 - \dfrac{1}{4}$；（2）1；（3）1；（4）$\dfrac{5}{2}$.

2. 略.

练习题 1.5

1. 略.

2. （1）$\begin{cases} x = 5 \\ y = 12 \end{cases}$，$\begin{cases} x = 12 \\ y = 5 \end{cases}$；（2）$\begin{cases} x = 1 + i \\ y = 1 - i \end{cases}$，$\begin{cases} x = 1 - i \\ y = 1 + i \end{cases}$，$\begin{cases} x = -1 + i \\ y = -1 - i \end{cases}$，$\begin{cases} x = -1 + i \\ y = -1 + i \end{cases}$

3. $-8\cos^5 \dfrac{\theta}{2}\left(\cos \dfrac{13\theta}{2} + i\sin \dfrac{13\theta}{2}\right)$.

4. $\begin{cases} x = \dfrac{8}{3} \\ y = -3 \end{cases}$.

5. 略.

6. 略.

7. （1）-11；（2）$8 - 8\sqrt{3}i$；（3）$-\dfrac{243}{2}\sqrt{2}(1 + i)$.

一、

（1）$(-\infty，-3) \cup (-3，3) \cup (3，+\infty)$　　（2）$\left(-\infty，-\dfrac{3}{2}\right) \cup \left(\dfrac{3}{2}，+\infty\right)$

（3）$(-\infty，-2) \cup (2，+\infty)$　　（4）$(-\infty，-5) \cup (-5，5) \cup (5，+\infty)$

（5）$\left(-\infty，\dfrac{1}{4}\right) \cup \left(\dfrac{1}{4}，+\infty\right)$　　（6）$[2，3]$

2. （1）有界　（2）有界　（3）无界　（4）有界

三、

（1）$y = \sqrt{u}$　　$u = 3x^4 + 7$　　（2）$y = e^u$　　$u = 2x - 5$　　（3）$y = u^2$　$u = \sin v$　$v = 3x - 1$

（4）$y = \arcsin u$　　$u = 5x^2 - 7$

（5）$y = \ln u$　　$u = \sqrt{v}$　　$v = 2x + 5$　　（6）$y = 4^u$　　$u = -\dfrac{1}{x}$

四、

（1）$z = \sqrt{2}\left(\cos \dfrac{\pi}{4} + i\sin \dfrac{\pi}{4}\right) = \sqrt{2}e^{i\frac{\pi}{4}}$　　（2）$z = \sqrt{2}\left(\cos \dfrac{\pi}{2} + i\sin \dfrac{\pi}{2}\right) = \sqrt{2}e^{i\frac{\pi}{2}}$

（3）$z = 3\sqrt{2}\left(\cos \dfrac{3}{4}\pi + i\sin \dfrac{3}{4}\pi\right) = 3\sqrt{2}e^{i\frac{3}{4}\pi}$　　（4）$z = 2\sqrt{2}\left(\cos \dfrac{5}{4}\pi + i\sin \dfrac{5}{4}\pi\right) =$

$2\sqrt{2}e^{i\frac{5}{4}\pi}$

第二章

练习题 2.1

1. （1）D；（2）A.

2. （1）9；（2）不存在；（3）1；（4）不存在；（5）2；（6）1；（7）不存在；（8）0.

3. 略. 4. $f(0+0) = f(0-0) = \lim\limits_{x \to 0} f(x) = 1$.

5. $\lim\limits_{x \to 0} f(x) = 1$，$\lim\limits_{x \to 1} f(x)$ 不存在；6. 0；π；不存在.

练习题 2.2

1. （1）D （2）C

2. （1）0；（2）0；（3）0；（4）0.

3. （1）$x \to \infty$ 时无穷小，$x \to -1$ 时无穷大.

   （2）$x \to 0$ 时无穷小，$x \to -5$ 时无穷大.

   （3）$x \to 0$ 时无穷小.

   （4）$x \to 1$ 时无穷小，$x \to +\infty$ 或 $x \to 0^+$ 时无穷大.

4. （1）因为 $\lim\limits_{x \to 0} \dfrac{5x^2}{3x} = \lim\limits_{x \to 0} \dfrac{5}{3} x = 0$，

   所以 当 $x \to 0$ 时，$5x^2$ 比 $3x$ 高阶无穷小；

   （2）因为 $\lim\limits_{x \to \infty} \dfrac{\dfrac{5}{x^2}}{\dfrac{4}{x^3}} = \lim\limits_{x \to \infty} \dfrac{5}{4} x = \infty$，

   所以 当 $x \to \infty$ 时，$\dfrac{5}{x^2}$ 比 $\dfrac{4}{x^3}$ 低阶无穷小.

练习题 2.3

1. （1）$\lim\limits_{n \to \infty} \left(\dfrac{1}{n^2} + \dfrac{2}{n^2} + \cdots + \dfrac{n}{n^2} \right)$

   $= \lim\limits_{n \to \infty} \dfrac{1 + 2 + \cdots + n}{n^2} = \lim\limits_{n \to \infty} \dfrac{(1+n)n}{2n^2} = \dfrac{1}{2}$

   （2）$\lim\limits_{n \to \infty} \dfrac{2 + 4 + 6 + \cdots + 2n}{1 + 3 + 5 + \cdots + (2n-1)}$

   $= \lim\limits_{n \to \infty} \dfrac{(2 + 2n) \dfrac{n}{2}}{(1 + 2n - 1) \dfrac{n}{2}} = \lim\limits_{n \to \infty} \dfrac{2 + 2n}{2n} = 1$

   （3）$\lim\limits_{n \to \infty} \dfrac{8n}{9n - 2} = \dfrac{8}{9}$

   （4）$\lim\limits_{n \to \infty} \left(\dfrac{1}{\sqrt{n}} + 2 \right) = 0 + 2 = 2$

2. （1）2　（2）1　（3）$\dfrac{\pi}{2}$　（4）$\dfrac{2}{3}$　（5）-4　（6）4　（7）$\dfrac{1}{4}$　（8）-1

   （9）0　（10）0　（11）2　（12）1　（13）$\dfrac{5}{6}$　（14）6　（15）0　（16）0

3. 因为 $f(1+0) = \lim\limits_{x \to 1^+} f(x) = \lim\limits_{x \to 1^+} x = 1$

$\qquad f(1-0) = \lim\limits_{x \to 1^-} f(x) = \lim\limits_{x \to 1^-} (x^2 + 2x - 3) = 0$

所以 $\lim\limits_{x \to 1} f(x)$ 不存在；

因为 $f(2+0) = \lim\limits_{x \to 2^+} f(x) = \lim\limits_{x \to 2^+} x = 2$

$\qquad f(2-0) = \lim\limits_{x \to 2^-} f(x) = \lim\limits_{x \to 2^-} (2x - 2) = 2$

所以 $\lim\limits_{x \to 2} f(x) = 2$；

$\lim\limits_{x \to 3} f(x) = \lim\limits_{x \to 3} (2x - 2) = 4.$

练习题 2.4

1. （1）2　（2）2　（3）0　（4）$\cos\alpha$　（5）$\dfrac{a}{b}$　（6）3　（7）1　（8）$\dfrac{1}{4}$

（9）4　（10）1

2. （1）e^{-1}　（2）e　（3）e　（4）$e^{\frac{4}{3}}$　（5）$e^{\frac{3}{5}}$　（6）e^{-4}　（7）e^{-2}　（8）e

（9）e^3　（10）e^{2a}

练习题 2.5

1. C　　2. 4

3. （1）$x = k\pi$，$k = 0$，1，2，…，且 $x = k\pi$ 是无穷间断点.

（2）$x = 3$，$x = -3$ 且 $x = 3$ 是无穷间断点，$x = -3$ 是可去间断点.

（3）$x = 1$，$x = -1$ 且均是跳跃间断点.

（4）$x = 1$ 是第二类间断点.

（5）$x = 0$ 是跳跃间断点.

（6）$x = 0$ 是跳跃间断点.

4. （1）$\lim\limits_{x \to 0} e^{x^2 + 3x - 1} = e^{0 + 0 - 1} = e^{-1}$

（2）设 $u = \sqrt[3]{x}$

$\qquad$ 则 $\lim\limits_{x \to 8} \dfrac{\sqrt[3]{x} - 2}{x - 8} = \lim\limits_{u \to 2} \dfrac{u - 2}{u^3 - 8} = \lim\limits_{u \to 2} \dfrac{u - 2}{(u - 2)(u^2 + 2u + 4)}$

$\qquad\qquad = \lim\limits_{u \to 2} \dfrac{1}{u^2 + 2u + 4} = \dfrac{1}{12}$

（3）$\lim\limits_{x \to 1} \dfrac{x^3 + x^2 - 1}{2x + 3} = \dfrac{1 + 1 - 1}{2 + 3} = \dfrac{1}{5}$

5. 设 $f(x) = x^5 - 3x - 1$，则 $f(x) = x^5 - 3x - 1$ 在区间 $[1, 2]$ 上连续

$$f(1) = 1 - 3 - 1 = -3 < 0$$
$$f(2) = 32 - 6 - 1 = 25 > 0$$

故方程在区间（1，2）内有一个根.

习题 2

1. （1）B　（2）A　（3）C　（4）D

2. （1）$\lim\limits_{x \to -2} \dfrac{x^3 + 3x^2 + 2x}{x^2 - x - 6} = \lim\limits_{x \to -2} \dfrac{x(x + 2)(x + 1)}{(x + 2)(x - 3)} = \lim\limits_{x \to -2} \dfrac{x(x + 1)}{(x - 3)} = -\dfrac{2}{5}$

(2) $\lim\limits_{x\to\infty}\dfrac{(2x-3)^{20}(3x+2)^{30}}{(5x+1)^{50}}=\dfrac{2^{20}3^{30}}{5^{50}}$

(3) $\lim\limits_{x\to1}\left(\dfrac{1}{x^2-1}-\dfrac{1}{x-1}\right)=\lim\limits_{x\to1}\dfrac{1-x-1}{(x-1)(x+1)}=\lim\limits_{x\to1}\dfrac{x}{(x-1)(x+1)}=\infty$

(4) $\lim\limits_{x\to\infty}\left(\dfrac{x}{1+x}\right)^x=\lim\limits_{x\to\infty}\left(1+\dfrac{-1}{1+x}\right)$

$\qquad\qquad =\lim\limits_{x\to\infty}\left[\left(1+\dfrac{-1}{1+x}\right)^{-(x+1)}\right]^{-1}\left(1+\dfrac{-1}{1+x}\right)^{-1}=\mathrm{e}^{-1}$

(5) $\lim\limits_{x\to0}x\sin\dfrac{1}{x}=0$

(6) $\lim\limits_{x\to\infty}\left(\dfrac{x+a}{x-a}\right)^x=\lim\limits_{x\to\infty}\left(1+\dfrac{2a}{x-a}\right)^x$

$\qquad\qquad =\lim\limits_{x\to\infty}\left[\left(1+\dfrac{2a}{x-a}\right)^{\frac{x-a}{2a}}\right]^{2a}\left(1+\dfrac{2a}{x-a}\right)^a=\mathrm{e}^{2a}$

(7) $\lim\limits_{x\to1}\dfrac{\sqrt{3-x}-\sqrt{x+1}}{x^2-1}=\lim\limits_{x\to1}\dfrac{3-x-x-1}{(x^2-1)(\sqrt{3-x}+\sqrt{x+1})}$

$\qquad\qquad =\lim\limits_{x\to1}\dfrac{2(1-x)}{(x-1)(x+1)(\sqrt{3-x}+\sqrt{x+1})}$

$\qquad\qquad =\lim\limits_{x\to1}\dfrac{-2}{(x+1)(\sqrt{3-x}+\sqrt{x+1})}=-\dfrac{\sqrt{2}}{4}$

(8) $\lim\limits_{x\to0}\left(1+\dfrac{x}{2}\right)^{\frac{x-1}{x}}=\lim\limits_{x\to0}\left(1+\dfrac{x}{2}\right)^{1-\frac{1}{x}}$

$\qquad\qquad =\lim\limits_{x\to0}\left(1+\dfrac{x}{2}\right)^{-\frac{1}{x}}\left(1+\dfrac{x}{2}\right)=\lim\limits_{x\to0}\left[\left(1+\dfrac{x}{2}\right)^{\frac{2}{x}}\right]^{-\frac{1}{2}}=\mathrm{e}^{-\frac{1}{2}}$

3. 在 $x=\pm2$ 处不连续.

4. 设 $f(x)=\sin x+x+1$ 则 $f(x)=\sin x+x+1$ 在区间 $\left[-\dfrac{\pi}{2},\dfrac{\pi}{2}\right]$ 上连续,

$$f\left(-\dfrac{\pi}{2}\right)=-1-\dfrac{\pi}{2}+1=-\dfrac{\pi}{2}<0$$

$$f\left(\dfrac{\pi}{2}\right)=1+\dfrac{\pi}{2}+1=2+\dfrac{\pi}{2}>0$$

故方程 $\sin x+x+1=0$ 在区间 $\left(-\dfrac{\pi}{2},\dfrac{\pi}{2}\right)$ 内至少有一个根.

第三章

练习题 3.1

1. (1) 不正确. 例如函数 $y=\sqrt{x}$ 在点 (0, 0) 处.

(2) 不正确. 例如由方程 $y^2=x$ 所确定的函数 $f(x)$ 在点 (0, 0) 处.

2. (1) 平均速度 $=-0.78$ 米/秒

$$(2)\ v(t) = \lim_{\Delta t \to 0} \frac{10(t + \Delta t) - \frac{1}{2}g(t + \Delta t)^2 - 10t + \frac{1}{2}gt^2}{1.2 - 1}$$

$$= \lim_{\Delta t \to 0} \frac{10\Delta t - gt\Delta t - \frac{1}{2}(\Delta t)^2}{\Delta t} = 10 - gt$$

3. 0

4.（1）$-A$　　（2）$2A$

5.（1）$\dfrac{2}{3\sqrt[3]{x}}$　　（2）$\dfrac{7}{2}x^2\sqrt{x}$　　（3）$-\dfrac{2}{x^3}$　　（4）$\dfrac{3}{4\sqrt[4]{x}}$

6. 因为 $y' = \dfrac{1}{x\ln 3}$，所以 $k = y'(3) = \dfrac{1}{3\ln 3}$，

　切线方程　$y - 1 = \dfrac{1}{3\ln 3}(x - 3)$.

　法线方程　$y - 1 = -3(x - 3)\ln x$.

7. 不一定，例如由方程 $y^2 = x$ 所确定的函数 $f(x)$ 在点（0，0）处.

8. 连续，不可导.

练习题 3.2

1.（1）$y' = -\dfrac{1}{2x\sqrt{x}} - \ln x - 1$

　（2）$y' = \dfrac{\cos x - \sin x - 1}{(1 - \cos x)^2}$

　（3）$y' = e^x\tan x + e^x\sec^2 x + \dfrac{1}{(1 + x)^2}$

　（4）$y' = 3x^2 - 12x + 11$

2.（1）$y' = -2\sin(1 + x)$

　（2）$y' = -\csc^2\left(\dfrac{1}{x}\right)\left(-\dfrac{1}{x^2}\right) = \dfrac{1}{x^2}\csc^2\left(\dfrac{1}{x}\right)$

　（3）$y' = \dfrac{1}{3x}(3x)' \cdot \sin 2x + \ln(3x) \cdot \cos 2x(2x)'$

　　$= \dfrac{\sin 2x}{x} + 2\ln(3x)\cos 2x$

　（4）$y' = 2\dfrac{1 + x}{1 - x} \cdot \dfrac{1 - x - (1 + x)(-1)}{(1 - x)^2} = \dfrac{4(1 + x)}{(1 - x)^3}$

　（5）$y' = \dfrac{e^{\sqrt{x + 1}}}{2\sqrt{x + 1}}$

　（6）$y' = -\dfrac{1}{\sqrt{1 - \left(\dfrac{1}{x}\right)^2}}\left(-\dfrac{1}{x^2}\right) = \dfrac{|x|}{x^2\sqrt{x^2 - 1}}$

　（7）$y' = -\dfrac{1}{1 + x^2}$

(8) $y' = \dfrac{1}{x + \sqrt{1 + x^2}} \left(x + \sqrt{1 + x^2} \right)'$

$\quad = \dfrac{1}{x + \sqrt{1 + x^2}} \left(1 + \dfrac{2x}{2\sqrt{1 + x^2}} \right) = \dfrac{1}{\sqrt{1 + x^2}}$

3. (1) $y' = 4x + \dfrac{1}{x}$ $\quad y'' = 4 - \dfrac{1}{x}$

(2) $y' = -2e^{1-2x}$ $\quad y'' = 4e^{1-2x}$

(3) $y' = \dfrac{1}{2\sqrt{x}} - \dfrac{1}{2x\sqrt{x}}$ $\quad y'' = -\dfrac{1}{4}x^{-\frac{3}{2}} + \dfrac{3}{4}x^{-\frac{5}{2}}$

(4) $y' = 2x\arctan x + (1 + x^2)\dfrac{1}{1 + x^2} = 2x\arctan x + 1$

$\quad y'' = 2\arctan x + \dfrac{2x}{1 + x^2}$

4. (1) $y' = e^x(\sin x + \cos x)$ $\quad y'' = 2e^x \cos x$

$\quad y''' = 2e^x(\cos x - \sin x)$ $\quad y^{(4)} = -4e^x \sin x$

(2) $y' = 2\cos 2x = 2\sin\left(2x + \dfrac{\pi}{2}\right)$ $\quad y'' = -4\sin 2x = 2^2 \sin(2x + \pi)$

$\quad y''' = -8\cos 2x = 2^3 \sin\left(2x + \dfrac{3\pi}{2}\right)$ $\quad y^{(n)} = 2^n \sin\left(2x + \dfrac{n\pi}{2}\right)$

练习题 3.3

1. (1) 0.040 1, 0.04

(2) $\dfrac{1}{x + \sqrt{1 + x^2}}$, $\dfrac{1}{\sqrt{1 + x^2}}$ (3) $\dfrac{2}{3}x^{\frac{3}{2}}$ (4) $\dfrac{1}{3}\sin 3x + C$

(5) $\ln x + C$ (6) $2\sqrt{x} + C$ (7) $-\dfrac{1}{2}e^{-2x} + C$ (8) $\tan x + C$

2. (1) 0.04 (2) $dy = \left(-\dfrac{1}{2}x^{-\frac{3}{2}} + \dfrac{1}{2}x^{-\frac{1}{2}} \right)dx$

(3) $dy = 2(e^x + e^{-x})(e^x - e^{-x}) = 2(e^{2x} - e^{-2x})dx$

(4) $dy = \dfrac{1}{\sqrt{1 - (1-x)}} \cdot \dfrac{1}{2\sqrt{1-x}} = \dfrac{1}{2\sqrt{x - x^2}}$

(5) $dy = 4\cos(1 - 2x)\sin(1 - 2x) = 2\sin(2 - 4x)dx$

3. (1) 设 $f(x) = \arctan x$, $f'(x) = \dfrac{1}{1 + x^2}$, 取 $x_0 = 1$, $\Delta x = 0.02$,

因为 $f(1 + 0.02) \approx f(1) + f'(1) \times 0.02$

$\quad = \arctan 1 + \dfrac{1}{1 + 1} \times 0.02 = \dfrac{\pi}{4} + 0.01 = 0.795\,4$,

所以 $\arctan 1.02 \approx 0.795\,4$.

(2) 设 $f(x) = \sqrt[6]{x}$, $f'(x) = \dfrac{1}{6}x^{-\frac{5}{6}}$, 取 $x_0 = 64$, $\Delta x = 1$,

因为 $f(64 + 1) \approx f(64) + f'(64) \times 1 = 2 + \dfrac{1}{6 \times 32} = 2.005\,2$,

所以 $\sqrt[6]{65} \approx 2.0052$.

(3) $f(x) = \sin x$, $f'(x) = \cos x$, 取 $x_0 = \dfrac{\pi}{6}$, $\Delta x = \dfrac{\pi}{1\ 800}$,

因为 $f\left(\dfrac{\pi}{6} - \dfrac{\pi}{1\ 800}\right) \approx f\left(\dfrac{\pi}{6}\right) - f'\left(\dfrac{\pi}{6}\right) \times \dfrac{\pi}{1\ 800} = 0.5 - \dfrac{\sqrt{3}\pi}{2 \times 1\ 800} = 0.500\ 05$,

所以 $\sin 29.9° \approx 0.500\ 05$.

(4) $f(x) = \ln x$, $f'(x) = \dfrac{1}{x}$, 取 $x_0 = 1$, $\Delta x = 0.01$,

因为 $f(1 + 0.01) = f(1) + f'(1) \times 0.01 = \ln 1 + 1 \times 0.01 = 0.01$

所以 $\ln 1.01 \approx 0.01$.

4. $\mathrm{d}s = s'\Delta h = 2\pi R_0 h$

5. 为了求出镀铜的质量, 应该先求出镀铜的体积.

而镀铜的体积等于镀铜后与镀铜前二者体积之差, 也就是球体积 $V = \dfrac{\pi}{3}R^3$ ($R = 5\,\mathrm{cm}$)

当半径改变 $\Delta R = 0.01\,\mathrm{cm}$ 时的增量.

因为 $\qquad\qquad V' = \left(\dfrac{\pi}{3}R^3\right)' = \pi R^2$

所以 $\qquad\qquad \Delta y \approx \mathrm{d}V = V'\Big|_{\substack{R=5 \\ \Delta R=0.01}} \mathrm{d}R = \pi R^2 \Delta R\Big|_{\substack{R=5 \\ \Delta R=0.01}}$

$\qquad\qquad\qquad \approx 3.14 \times 25 \times 0.01 \approx 0.785 (\mathrm{cm}^3)$

因此镀每个球需用铜约为

$\qquad\qquad W = 0.785 \times 8.9 = 6.99 (\mathrm{g})$

习题3

1. (1) 充分, 必要, 充要, 充要 $\qquad$ (2) $\lim\limits_{\Delta x \to 0} \dfrac{f(x_0 + \Delta x) - f(x_0)}{\Delta x}$

(3) 曲线 $y = f(x)$ 在对应点 (x_0, y_0) 处的切线斜率

(4) 作变速直线运动物体的加速度

(5) $y - y_0 = -\dfrac{1}{f'(x_0)}(x - x_0)$ $\qquad$ (6) $\alpha x^{\alpha-1}$, $a^x \ln a$

(7) $\dfrac{1}{2x\ln x \sqrt{\ln x - 1}}$ $\qquad$ (8) $\sqrt{1 + x^2}$ $\qquad$ (9) $\sin x$, $\sin 2x$

2. (1) C $\quad$ (2) C $\quad$ (3) B $\quad$ (4) C $\quad$ (5) C $\quad$ (6) D $\quad$ (7) B

3. $\dfrac{1}{3}$

4. (1) $\dfrac{2}{\sqrt[3]{x}} - \dfrac{1}{x}$ $\quad$ (2) $2\tan x \sec^2 x$ $\quad$ (3) $2x\ln x + x$ $\quad$ (4) $\dfrac{1}{1 + \cos x}$

(5) $-\dfrac{1}{2\sqrt{-x - x^2}}$ $\quad$ (6) $\dfrac{1}{x(1 + \ln^2 x)}$

6. $a = 2$ $\quad$ $b = -1$

7. (1) $\dfrac{2}{\left(1 + \dfrac{\pi}{2}\right)^2}$ $\quad$ (2) 8

8. （1）$\left[3x^2\ln x^2 + 6x^2\right]\mathrm{d}x$ （2）$\dfrac{1}{2}\cot\dfrac{x}{2}\mathrm{d}x$ （3）$\dfrac{1}{\sqrt{x^2+a^2}}\mathrm{d}x$

9. （1）10.003 3   （2）2.663 9   （3）−0.01   （4）0.000 3

第四章

练习题 4.2

1. $\lim\limits_{x\to a}\dfrac{x^m - a^m}{x^n - a^n} = \lim\limits_{x\to a}\dfrac{mx^{m-1}}{nx^{n-1}} = \dfrac{m}{n}a^{m-n}$

2. $\lim\limits_{x\to 0}\dfrac{a^x - b^x}{x} = \lim\limits_{x\to 0}\dfrac{a^x\ln a - b^x\ln b}{1} = \ln a - \ln b$

3. $\lim\limits_{x\to 0}\dfrac{\arctan x}{x} = \lim\limits_{x\to 0}\dfrac{1}{x^2+1} = 1$

4. $\lim\limits_{x\to\pi}\dfrac{\sin 3x}{\tan 5x} = \lim\limits_{x\to\pi}\dfrac{3\cos 3x}{5\sec^2 x} = -\dfrac{3}{5}$

5. $\lim\limits_{x\to 0}\dfrac{\cos\alpha x - \cos\beta x}{x^2} = \lim\limits_{x\to 0}\dfrac{-\alpha\sin\alpha x + \beta\sin\beta x}{2x} = \lim\limits_{x\to 0}\dfrac{-\alpha^2\cos\alpha x + \beta^2\cos\beta x}{2} = \dfrac{\beta^2 - \alpha^2}{2}$

6. $\lim\limits_{x\to +\infty}\dfrac{\ln x}{x^3} = \lim\limits_{x\to +\infty}\dfrac{\frac{1}{x}}{3x^2} = \lim\limits_{x\to +\infty}\dfrac{1}{3x^3} = 0$

7. $\lim\limits_{x\to +\infty}\dfrac{x^2}{\mathrm{e}^{5x}} = \lim\limits_{x\to +\infty}\dfrac{2x}{5\mathrm{e}^{5x}} = \lim\limits_{x\to +\infty}\dfrac{2}{25\mathrm{e}^{5x}} = 0$

8. $\lim\limits_{x\to 0}x\cot 3x = \lim\limits_{x\to 0}\dfrac{x}{\tan 3x} = \lim\limits_{x\to 0}\dfrac{1}{3\sec^2 3x} = \dfrac{1}{3}$

练习题 4.3

1. （1）递增区间$(-\infty,-1)\cup(1,+\infty)$；递减区间$(-1,1)$.

   （2）递增区间$\left(\dfrac{1}{2},+\infty\right)$；递减区间$\left(0,\dfrac{1}{2}\right)$.

2. （1）极大点 $(0,0)$，极值0；极小点 $(1,-1)$，极小值为-1；

   （2）极大值$\dfrac{27}{2}$，极小值13；   （3）无极值；   （4）无极值.

3. （1）最大值$f(4) = 8$，最小值$f(0) = 0$；

   （2）最大值$f(0) = f\left(\dfrac{\pi}{2}\right) = 1$，最小值$f\left(\dfrac{\pi}{4}\right) = f\left(\dfrac{3\pi}{4}\right) = 0$.

4. 略.

5. 与墙平行一边10米长，另一边5米长.

练习题 4.4

1. （1）$\surd$ （2）$\surd$ 2. B

3. （1）拐点$(2,-15)$，凸区间$(-\infty,2)$，凹区间$(2,+\infty)$；

   （2）无拐点，凸区间$(-\infty,1)$，凹区间$(1,+\infty)$.

4. $a = 1$，$b = 3$，$c = 0$，$d = 2$.

练习题 4.5

1. （1）水平渐近线为 $y = 0$，铅直渐近线为 $x = \pm 1$；

   （2）水平渐近线为 $y = 3$，铅直渐近线为 $x = -1$；

   （3）水平渐近线为 $y = 0$，无铅直渐近线；

   （4）无水平渐近线，铅直渐近线为 $x = 0$.

2. 略.

习题 4

1. （1）$\left(\dfrac{5}{4}, +\infty \right)$，$(-\infty, +\infty)$

   （2）$f\left(\dfrac{\pi}{6} \right) = \dfrac{\pi}{6} + \sqrt{3}$，$f\left(\dfrac{\pi}{2} \right) = \dfrac{\pi}{2}$　（3）$f(x) = g(x) + C$　（4）5

2. （1）D　（2）A　（3）B　（4）C　（5）D　（6）D

3. （1）α　（2）$\dfrac{\pi^2}{4}$　（3）0　（4）2

4. （1）最大值 $f(1) = -29$，最小值 $f(3) = -61$；

   （2）最大值 $f(4) = \ln 15$，最小值 $f(2) = \ln 3$；

   （3）最大值 $f(1) = \dfrac{1}{2}$，最小值 $f(0) = 0$.

5. （1）凸区间 $(-\infty, -1)$，凹区间 $(-1, +\infty)$；拐点 $(-1, 0)$；

   （2）凸区间 $(-\infty, 1)$，凹区间 $(1, +\infty)$；拐点 $(1, 2)$.

6. 略.

第五章

练习题 5.1

1. （1）$\dfrac{1}{6}x^6$　（2）$\dfrac{1}{2}e^{2x}$　（3）$-\dfrac{1}{3}\cos 3x$　（4）$e^x + \sin x$

2. （1）$\arctan x + C$　（2）$\tan x + C$　（3）$-\dfrac{1}{3}x^{-3} + C$　（4）$\dfrac{1}{5}e^{5x} + \sin x + C$

3. $y = \dfrac{1}{3}x^3 - 9$

练习题 5.2

1. （1）$\dfrac{\sqrt[3]{1 + \ln x}}{x}$　（2）$x^3 e^x (\sin 2x + \cos x) + C$

   （3）$e^x \sin x^2 + C$　（4）$\dfrac{\sin^2 x}{1 + \cos x}dx$

2. （1）$\dfrac{1}{7}x^7 + C$　（2）$-\dfrac{2}{5}x^{-\frac{5}{2}} + C$　（3）$\dfrac{2}{5}x^{\frac{5}{2}} + C$　（4）$\dfrac{1}{3}x^3 - x^2 - x + C$

   （5）$\dfrac{4}{7}x^3\sqrt{x} - \dfrac{2}{5}x^2\sqrt{x} + \dfrac{2}{3}x\sqrt{x} + C$　（6）$\dfrac{3^x e^x}{\ln(3e)} + C$　（7）$\sin t - \cos t + C$

   （8）$-2\csc 2x + C$　（9）$-4\cot t + C$　（10）$-\cot t - t + C$

（11） $\dfrac{1}{2}(x-\sin x)+C$　（12）$\dfrac{1}{3}x^3-x+\arctan x+C$

（13） $\dfrac{2}{3}x\sqrt{x}-3x+C$　（14） $t-4\ln|t|-\dfrac{4}{t}+C$

（15） $\dfrac{2^x}{\ln2}-\dfrac{(\dfrac{2}{3})^x}{\ln2-\ln3}+C$　（16） $\ln|x|-2\arctan x+C$

3. $f(x)=3x-x^2+2$

练习题 5.3

1. （1） $\dfrac{1}{2}$　（2） $\dfrac{1}{2}$　（3） -1　（4） $\dfrac{1}{2}$　（5） $-\dfrac{1}{2}$　（6） $\dfrac{1}{3}$

2. （1） $\dfrac{1}{4}\sin4x+C$　（2） $-\dfrac{1}{2}e^{-2x}+C$　（3） $\dfrac{(3x-1)^5}{15}+C$

（4） $-\dfrac{1}{2(2x-1)}+C$　（5） $\dfrac{10^{3x}}{3\ln10}+C$　（6） $-\dfrac{1}{2}e^{-x^2}+C$

（7） $\sqrt{x^2+a^2}+C$　（8） $\dfrac{1}{b}\ln|a+b\sin x|+C$　（9） $\dfrac{1}{4}\ln^4x+C$

（10） $\arctan e^x+C$　（11） $\dfrac{1}{3}\arctan^3x+C$　（12） $\dfrac{1}{15}\arctan\dfrac{3}{5}x+C$

（13） $\dfrac{1}{6}\ln\left|\dfrac{x-3}{x+3}\right|+C$　（14） $\dfrac{1}{2}\arcsin2x+C$　（15） $\sin x-\dfrac{1}{3}\sin^3x+C$

（16） $\dfrac{1}{2}x-\dfrac{1}{4}\sin2x+C$

3. （1） $2(\sqrt{x}-\arctan\sqrt{x})+C$　（2） $\dfrac{\sqrt[3]{(3x+1)^5}}{15}+\dfrac{\sqrt[3]{(3x+1)^2}}{3}+C$

（3） $2(\sqrt{x-1}-2\arctan\sqrt{x-1})+C$　（4） $\dfrac{a^2}{2}\arcsin\dfrac{x}{a}-\dfrac{x}{2}\sqrt{a^2-x^2}+C$

练习题 5.4

（1） $-x\cos x+\sin x+C$　（2） $\dfrac{1}{2}x^2\ln x-\dfrac{1}{4}x^2+C$

（3） $-\dfrac{1}{4}e^{-2t}(2t+1)+C$　（4） $x\arcsin x+\sqrt{1-x^2}+C$

（5） $x^2\sin x+2x\cos x-2\sin x+C$　（6） $2x\sin\dfrac{x}{2}+4\cos\dfrac{x}{2}+C$

（7） $e^{-x}(\sin x-\cos x)+C$

习题 5

1. （1） $F(e^x)+C$　（2） $\sin[f(x)]+C$
　（3） $y=x^2$　（4） $xf(x)-F(x)+C$

2. （1） $\dfrac{3}{4}(1+\ln x)^{\frac{4}{3}}+C$　（2） $-2\cos\sqrt{x}+C$

（3） $2\sqrt{1+\tan x}+C$　（4） $\dfrac{1}{6}\arctan\dfrac{2}{3}x+C$

(5) $\dfrac{2}{5}\sqrt{(x-1)^5}+\dfrac{2}{3}\sqrt{(x-1)^3}+C$　　(6) $\dfrac{1}{8}x-\dfrac{1}{32}\sin 4x+C$

(7) $\dfrac{1}{9}\sqrt{(3x^2+4)^3}+C$　　　(8) $\ln|\sin x|-\ln|1+\sin x|+\dfrac{1}{1+\sin x}+C$

3. $y=\dfrac{a}{2}(e^{\frac{x}{a}}+e^{-\frac{x}{a}})$

第六章

练习题 6.1

1. $\dfrac{8}{3}$

2. （1）20　　（2）12

3. $\dfrac{13}{6}$

4. （1）正的　　（2）负的

5. （1）$\displaystyle\int_0^1 x^2\mathrm{d}x>\int_0^1 x^3\mathrm{d}x$　　（2）$\displaystyle\int_{-1}^0 e^x\mathrm{d}x<\int_{-1}^0 e^{-x}\mathrm{d}x$

练习题 6.2

1. （1）e^{x^2}　　（2）$-x\sin^2 2x$　　（3）$2x\sqrt{1+x^2}$　　（4）$-\sin 2x$

2. $F'(x)=e^x(1-x)^2$，$F'(1)=0$

3. （1）$-\dfrac{1}{4}$　　（2）e^2-3　　（3）$1-\dfrac{\pi}{4}$

　　（4）$\dfrac{3\pi}{8}-\dfrac{\sqrt{2}}{4}-\dfrac{1}{2}$　　（5）2　　（6）$\dfrac{5}{2}$

4. $\dfrac{19}{3}$

练习题 6.3

1. （1）$2-2\ln 3+2\ln 2$　　（2）$\dfrac{26}{3}$　　（3）$2\ln 3$　　（4）π

　　（5）$\dfrac{1}{5}$　　（6）$\dfrac{1}{2}e^3(e^2-1)$　　（7）$\ln(e+1)-\ln 2$　　（8）$\ln 2$

2. （1）$1-2e^{-1}$　　（2）1　　（3）$-\dfrac{\sqrt{3}\pi}{9}+\dfrac{\pi}{4}+\dfrac{1}{2}(\ln 3-\ln 2)$　　（4）$\dfrac{\pi}{4}-\dfrac{1}{2}$

　　（5）$\dfrac{1}{2}(e^{2\pi}-1)$　　（6）-2π　　（7）$\dfrac{\pi}{12}+\dfrac{\sqrt{3}}{2}$　　（8）1

3. （1）0　　（2）0　　（3）0　　（4）0　　（5）0　　（6）$\dfrac{\pi^3}{324}$

练习题 6.4

1. （1）$\dfrac{1}{3}$　　（2）π　　（3）1　　（4）发散　　（5）-1　　（6）π

2. （1）1　　（2）$2\ln^2 2-2\ln 2+1$　　（3）发散　　（4）$\dfrac{\pi}{2}$　　（5）π　　（6）-2

练习题 6.5

1. （1）4　（2）$\dfrac{4}{3}$　（3）$\dfrac{1}{2}$　（4）$e + \dfrac{1}{e} - 2$　（5）5

2. $\dfrac{5}{\pi}\left(1 + \dfrac{\sqrt{2}}{2}\right)$（A）

3. $\dfrac{I_m}{2}$

习题 6

1. （1）0　（2）0，$\sin x^2$　（3）3　（4）0　（5）$\dfrac{\pi}{2} - \arctan\dfrac{1}{2}$

2. （1）$\dfrac{2}{5}$　（2）$\dfrac{13}{2}$　（3）$\pi - \dfrac{4}{3}$　（4）$\sqrt{3} - \dfrac{\pi}{3}$

　（5）$\dfrac{1}{6}$　（6）$\dfrac{e^2 - 1}{4}$　（7）$\dfrac{3}{2}$　（8）$\dfrac{\pi}{2} - 1$

3. （1）发散　（2）$\dfrac{\pi}{3}$　（3）$\dfrac{8}{3}$　（4）$\dfrac{(b-a)^{1-k}}{1-k}$

4. $k_1 = 0$，$k_2 = -1$.

5. $\dfrac{32}{3}$

6. $5 - \ln 6$

7. $1 - \dfrac{3}{e^2}$

8. $\sqrt{\dfrac{c}{T}}\, a$

第七章

练习 7.1

1. 第二卦限，第五卦限，第七卦限，第六卦限.

2. （1）关于 xOy 面的对称点是 $(a,\ b,\ -c)$；关于 yOz 面对称点的是 $(-a,\ b,\ c)$；关于 zOx 面对称点的是 $(a,\ -b,\ c)$.

（2）关于 x 轴的对称点为 $(a,\ -b,\ -c)$；关于 y 轴的对称点为 $(-a,\ b,\ c)$；关于 z 轴的对称点为 $(-a,\ -b,\ c)$.

（3）点 $(a,\ b,\ c)$ 关于原点的对称点是 $(-a,\ -b,\ -c)$.

3. $(0,\ 1,\ -2)$

4. $(x+1)^2 + (y-3)^2 + (z-2)^2 = 14$

练习 7.2

1. $-\dfrac{x^2 - y^2}{2xy}$.

2. （1）$0 < x^2 + y^2 < 1$ 且 $y^2 < 4x$；　（2）$\begin{cases} 0 \leqslant x \leqslant 2 \\ y \geqslant 0 \end{cases}$ 或 $\begin{cases} -2 \leqslant x \leqslant 0 \\ y \leqslant 0 \end{cases}$

3. （1）1；　　（2）2；　　（3）$2\sqrt{2}$.

练习 7.3

1. （1）$\dfrac{\partial z}{\partial x}=2x+3y^2$，$\dfrac{\partial z}{\partial y}=6xy$；

（2）$\dfrac{\partial z}{\partial x}=\dfrac{2xy}{x^2+y^2}$，$\dfrac{\partial z}{\partial y}=\ln(x^2+y^2)+\dfrac{2y^2}{x^2+y^2}$；

（3）$\dfrac{\partial z}{\partial x}=\left(\dfrac{1}{a}\right)^{\frac{y}{x}}\dfrac{y}{x^2}\ln a$，$\dfrac{\partial z}{\partial y}=-\left(\dfrac{1}{a}\right)^{\frac{y}{x}}\dfrac{y}{x}\ln a$；

（4）$\dfrac{\partial z}{\partial x}=y[\cos(xy)-\sin(2xy)]$，$\dfrac{\partial z}{\partial y}=x[\cos(xy)-\sin(2xy)]$；

（5）$\dfrac{\partial r}{\partial x}=\dfrac{x}{r}$，$\dfrac{\partial r}{\partial y}=\dfrac{y}{r}$，$\dfrac{\partial r}{\partial x}=\dfrac{x}{r}$；

（6）$\dfrac{\partial u}{\partial x}=\dfrac{z(x-y)^{z-1}}{1+(x-y)^{2z}}$，$\dfrac{\partial u}{\partial y}=\dfrac{-z(x-y)^{z-1}}{1+(x-y)^{2z}}$，$\dfrac{\partial u}{\partial z}=\dfrac{(x-y)^z\ln(x-y)}{1+(x-y)^{2z}}$.

2. （1）$f_x(2,1)=10$，$f_y(2,1)=-1$；

（2）$f_x(1,1)=-\dfrac{1}{2}$，$f_y(1,1)=\dfrac{1}{2}$.

3. （1）$\dfrac{\partial^2 z}{\partial x^2}=12x^2-8y^3$，$\dfrac{\partial^2 z}{\partial x\partial y}=\dfrac{\partial^2 z}{\partial y\partial x}=-24xy^2$，$\dfrac{\partial^2 z}{\partial y^2}=12y^2-24x^2y$；

（2）$\dfrac{\partial^2 z}{\partial x^2}=-4y^2\cos(2xy)$，$\dfrac{\partial^2 z}{\partial y^2}=-4x^2\cos(2xy)$，$\dfrac{\partial^2 z}{\partial x\partial y}=\dfrac{\partial^2 z}{\partial y\partial x}=-2\sin(2xy)-$

$4xy\cos(2xy)$；

（3）$\dfrac{\partial^2 z}{\partial x^2}=\dfrac{x+2y}{(x+y)^2}$，$\dfrac{\partial^2 z}{\partial y^2}=\dfrac{-x}{(x+y)^2}$，$\dfrac{\partial^2 z}{\partial x\partial y}=\dfrac{\partial^2 z}{\partial y\partial x}=\dfrac{y}{(x+y)^2}$；

（4）$\dfrac{\partial^2 z}{\partial x^2}=y^2\ln^2 y$，$\dfrac{\partial^2 z}{\partial y^2}=x(x-1)y^{x-2}$，$\dfrac{\partial^2 z}{\partial x\partial y}=\dfrac{\partial^2 z}{\partial y\partial x}=y^{x-1}(x\ln y+1)$.

4. （1）$\mathrm{d}z=(4y^3+10xy^6)\mathrm{d}x+(12xy^2+30x^2y^5)\mathrm{d}y$；

（2）$\mathrm{d}z=2xy\mathrm{d}x+x^2\mathrm{d}y$；

（3）$\mathrm{d}z=[2xy+\sec^2(x+y)]\mathrm{d}x+[x^2+\sec^2(x+y)]\mathrm{d}y$；

（4）$\mathrm{d}z=y\mathrm{e}^{xy}\mathrm{d}x+x\mathrm{e}^{xy}\mathrm{d}y$.

5. $\mathrm{d}z=\dfrac{3}{40}$.

练习 7.4

1. $\dfrac{\mathrm{d}z}{\mathrm{d}t}=\mathrm{e}^{2t}(2\cos t-\sin t)$.

2. $\dfrac{\mathrm{d}z}{\mathrm{d}t}=\dfrac{3(1-4t^2)}{\sqrt{1-(3t-4t^3)^2}}$.

3. $\dfrac{\mathrm{d}z}{\mathrm{d}x}=\dfrac{\mathrm{e}^x(1+x)}{1+x^2\mathrm{e}^{2x}}$.

4. $\dfrac{\partial z}{\partial x}=2xy^2(x+y)+x^2y^2$，$\dfrac{\partial z}{\partial y}=2x^2y(x+y)+x^2y^2$.

5. $\dfrac{\partial z}{\partial x} = \dfrac{2x}{y^2}\ln(3x-2y) + \dfrac{3x^2}{(3x-2y)y^2}$, $\dfrac{\partial z}{\partial y} = -\dfrac{2x^2}{y^3}\ln(3x-2y) - \dfrac{2x^2}{(3x-2y)y^2}$.

6. $\dfrac{\partial z}{\partial x} = 3(3x+2y)^{3x-2y}\left[\dfrac{3x-2y}{3x+2y} + \ln(3x+2y)\right]$,

$\dfrac{\partial z}{\partial y} = 2(3x+2y)^{3x-2y}\left[\dfrac{3x-2y}{3x+2y} - \ln(3x+2y)\right]$;

7. $\dfrac{\partial z}{\partial x} = 2x\sin(2x+y) \cdot (x^2+y^2)^{\sin(2x+y)-1} + 2(x^2+y^2)^{\sin(2x+y)}\ln(x^2+y^2) \cdot \cos(2x+y)$,

$\dfrac{\partial z}{\partial y} = 2y\sin(2x+y) \cdot (x^2+y^2)^{\sin(2x+y)-1} + (x^2+y^2)^{\sin(2x+y)}\ln(x^2+y^2) \cdot \cos(2x+y)$.

8. $\dfrac{\partial z}{\partial x} = 2x(xy)^{x^2y^3} + x^4y^3(xy)^{x^2y^3-1} + 2x^3y^3(xy)^{x^2y^3}\ln(xy)$,

$\dfrac{\partial z}{\partial y} = x^4y^3(xy)^{x^2y^3-1} + 3x^4y^2(xy)^{x^2y^3}\ln(xy)$.

9. $\dfrac{\mathrm{d}y}{\mathrm{d}x} = \dfrac{x+y}{x-y}$.

10. $\dfrac{\partial z}{\partial x} = -\dfrac{x^2+yz}{z^2-xy}, \dfrac{\partial z}{\partial y} = -\dfrac{y^2+xz}{z^2-xy}$.

11. $\dfrac{\partial z}{\partial x} = -\dfrac{y\mathrm{e}^{-xy}}{\mathrm{e}^z-2}, \dfrac{\partial z}{\partial y} = -\dfrac{x\mathrm{e}^{-xy}}{\mathrm{e}^z-2}$.

练习题 7.5

1. $(2,2)$.

2. $(2,1)$为极小值点, 极小值为 $z(2,1) = -28$; $(-2,-1)$为极大值点, 极大值为 $z(-2,-1) = 28$.

3. 当 $a > 0$ 时, $\left(\dfrac{a}{3}, \dfrac{a}{3}\right)$为极小值点, 极小值为 $f\left(\dfrac{a}{3}, \dfrac{a}{3}\right) = \dfrac{a^3}{27}$;

当 $a < 0$ 时, $\left(\dfrac{a}{3}, \dfrac{a}{3}\right)$为极大值点, 极大值为 $f\left(\dfrac{a}{3}, \dfrac{a}{3}\right) = \dfrac{a^3}{27}$.

4. 长、宽、高分别为 4cm、4cm、2cm 时, 所用材料最省.

5. 当甲产品产量为 1 万件, 乙产品产量为 6 万件时, 利润最大, 最大利润为 $L(1, 6) = 44$（万元）.

练习题 7.6

1. (1) $\displaystyle\int_0^1 \mathrm{d}y \int_0^{1-y} f(x,y)\mathrm{d}x$; (2) $\displaystyle\int_0^1 \mathrm{d}x \int_{\sqrt{x}}^1 f(x,y)\mathrm{d}y$;

(3) $\displaystyle\int_0^1 \mathrm{d}x \int_{x^2}^x f(x,y)\mathrm{d}y$;

(4) $\displaystyle\int_0^1 \mathrm{d}y \int_0^{\sqrt{y}} f(x,y)\mathrm{d}x + \int_1^2 \mathrm{d}y \int_0^{\sqrt{2-y^2}} f(x,y)\mathrm{d}x$.

2. (1) $\dfrac{11}{4}$. (2) $\dfrac{5}{21}$. (3) $1 - \sin\left|-\dfrac{1}{2}\cos\right|$. (4) $\dfrac{1}{15}$.

3. $I = \displaystyle\int_0^1 \mathrm{d}y \int_0^y \mathrm{e}^{y^2}\mathrm{d}x = \dfrac{1}{2}(\mathrm{e}-1)$.

习题7

1. （1） $\dfrac{y^2 - x^2}{2xy}$.

    （2） $y > x$ 且 $y \neq x + 1$.

    （3） $\dfrac{1}{2}$.

    （4） 0.075.

    （5） $z^{xy}\left(y\ln z\,\mathrm{d}x + x\ln z\,\mathrm{d}y + \dfrac{xy}{z}\,\mathrm{d}z \right)$.

    （6） $\dfrac{\ln y\ (\ln y - 1)}{x^2} y^{\ln x}$.

    （7） $\dfrac{z}{y\ (z - 1)}$.

    （8） $\left(\dfrac{8}{3},\ \dfrac{8}{3},\ \dfrac{8}{3} \right)$.

    （9） $\displaystyle\int_0^2 \mathrm{d}y \int_{\frac{y}{2}}^{y} f(x,y)\,\mathrm{d}x + \int_2^4 \mathrm{d}y \int_{\frac{y}{2}}^{2} f(x,y)\,\mathrm{d}x$.

2. （1） $\dfrac{\partial z}{\partial x} = 2x\sin\sqrt{xy} + \dfrac{x}{2}\sqrt{xy}\cos\sqrt{xy} + \dfrac{1}{x}$, $\dfrac{\partial z}{\partial y} = \dfrac{x^2}{2y}\sqrt{xy} + \cos\sqrt{xy} + \dfrac{1}{y}$.

    （2） $2\ln 2 + 1$.

    （3） $-\dfrac{3}{25}$.

    （4） $\dfrac{\partial z}{\partial x} = 3x^2\cos y\sin y\ (\cos y - \sin y)$, $\dfrac{\partial z}{\partial y} = x^3(\sin y + \cos y)(1 - 3\sin y\cos y)$.

    （5） $\dfrac{\mathrm{d}z}{\mathrm{d}t} = \dfrac{2t - 4\cos t}{\sqrt{1 - (t^2 - 4\sin t)^2}}$.

    （6） $\mathrm{d}z = -\dfrac{z}{z}\mathrm{d}x + \dfrac{(2xyz - 1)\ z}{(2xz - 2xyz + 1)\ y}\mathrm{d}y$, $\mathrm{d}z \big|_{(1,\ 1)} = -\mathrm{d}x + \mathrm{d}y$.

    （7） 点 $\left(1,\ \dfrac{1}{2}\right)$ 为极小值点，极小值为 $f\left(1,\ \dfrac{1}{2}\right) = 1$.

    （8） （1） $\dfrac{23}{40}$;　　（2） $\dfrac{9}{16}$;　　（3） $\dfrac{8}{3}(1 - \cos 1)$.

第八章

练习题8.2

1. （1） 1；（2） 3；（3） 1；（4） 2.

2. （1） 非通解；（2） 为通解；（3） 非通解；（4） 为通解.

3. （1） $y = \sin x + C$;　　（2） $y = \dfrac{1}{2}x^2 + x$;　　（3） $y = Ce^x$;　　（4） $\arcsin y = \arcsin x + C$;

    （5） $y = -\dfrac{3}{x^3 + C}$;　　（6） $\left(\dfrac{1}{10}\right)^y = -10^x + C$.

练习题 8.3

1. （1） $\tan y = C\cot x$ ； （2） $y = (x + C)e^{-x}$ ； （3） $y = (x + C)e^{-\sin x}$ ；

（4） $y = -2\cos^2 x + C\cos x$ ； （5） $\rho = \left(\dfrac{2}{3}e^{-3\theta} + C\right)e^{-3\theta} = \dfrac{2}{3} + Ce^{-3\theta}$ ；

（6） $y = (2e^{x^2} + C)e^{-x^2} = 2 + Ce^{-x^2}$.

2. （1） $y = \ln(e^{2x} + 1) - \ln 2$ ； （2） $y = \arccos\left(\dfrac{\sqrt{2}}{2}\cos x\right)$ ； （3） $y = \dfrac{4}{x^2}$ ；

（4） $y = x\dfrac{1}{\cos x}$ ； （5） $y = (-\cos x + \pi - 1)\dfrac{1}{x}$ ；

（6） $y = \left(\dfrac{8}{3}e^{3x} - \dfrac{2}{3}\right)e^{-3x} = \dfrac{8}{3} - \dfrac{2}{3}e^{-3x}$.

3. $y = -x + 5$.

4. $y = -2x + 2 - 2e^x$.

5. $v = -\dfrac{k_1 k_2}{m}t - k_1 + k_1 e^{\frac{k_2}{m}t}$.

练习题 8.4

1. （1） $y = C_1 e^{-2t} + C_2 e^{-3t}$ （2） $y = C_1 + C_2 e^{3t}$

（3） $y = C_1 + C_2 e^{-4t}$ （4） $y = e^{-x}(C_1 \cos\sqrt{3}x + C_2 \sin\sqrt{3}x)$

（5） $y = e^{2x}(C_1 \cos x + C_2 \sin x)$ （6） $y = (C_1 \cos 5x + C_2 \sin 5x)$

2. （1） $y = 3e^x - e^{3x}$ （2） $y = (2 + x)e^{-\frac{1}{2}x}$ （3） $y = 3e^{-2x}\sin 5x$

习题 8

1. （1） n ； （2） $\dfrac{dy}{dx} + p(x)y = 0$, $y = Ce^{-\int p(x)dx}$ ；

（3） $y = \dfrac{1}{2}x^2 + \dfrac{3}{2}x$ ； （4） $y = C_1 e^{\sqrt{5}x} + C_2 e^{-\sqrt{5}x}$.

2. （1） C； （2） B； （3） B； （4） C；

3. $y = \dfrac{1}{x + 1}$.

4. $y = (C_1 + C_2 x)e^{3x}$.

5. $y = C_1 e^x + C_2 e^{-x} + \dfrac{1}{2}xe^x$.

6. $y = \cos 3x - \dfrac{1}{3}\sin 3x$.

7. $R = R_0 e^{-\frac{\ln 2}{1\,600}t}$.

8. $i = \left[\dfrac{1}{10}e^{5t}(\sin 5t - \cos 5t)\right]e^{-5t} = \dfrac{1}{10}(\sin 5t - \cos 5t)$.

第九章

练习题9.2

1. $(1) f(t) = \dfrac{4}{\pi} \displaystyle\int_0^{+\infty} \dfrac{\sin\omega - \omega\cos\omega}{\omega^3}\cos\omega t \mathrm{d}\omega$；

$(2) f(t) = \dfrac{2}{\pi} \displaystyle\int_0^{+\infty} \dfrac{1 - \cos\omega}{\omega}\sin\omega t \mathrm{d}\omega(\, |t| \neq 0, 1)$.

2. $f(t) = \dfrac{2}{\pi} \displaystyle\int_0^{+\infty} \dfrac{\sin\omega\pi\cos\omega t}{1 - \omega^2}\mathrm{d}\omega$.

练习题9.3

1. $(1) \ F(\omega) = \dfrac{\alpha(\beta - \mathrm{j}\omega)}{\beta^2 + \omega^2}$；　　$(2) \ F(\omega) = \dfrac{2\omega\sin\omega\pi}{1 - \omega^2}$.

2. $f(t) = \cos\omega_0 t$.

3. $F(\omega) = \dfrac{4A}{\tau\omega^2}\left(1 - \cos\dfrac{\tau\omega}{2}\right)$.

练习题9.4

3. $(1) \ \dfrac{\mathrm{j}}{2}\dfrac{\mathrm{d}}{\mathrm{d}\omega}F\left(\dfrac{\omega}{2}\right)$；　　$(2) \ \mathrm{j}\dfrac{\mathrm{d}}{\mathrm{d}\omega}F(\omega) - 2F(\omega)$；

$(3) \ \dfrac{\mathrm{j}}{2}\dfrac{\mathrm{d}}{\mathrm{d}\omega}F\left(\dfrac{-\omega}{2}\right) - F\left(\dfrac{-\omega}{2}\right)$；　　$(4) \ \dfrac{1}{2\mathrm{j}}\dfrac{\mathrm{d}^3}{\mathrm{d}\omega^3}F\left(\dfrac{\omega}{2}\right)$；

$(5) \ -F(\omega) - \omega\dfrac{\mathrm{d}}{\mathrm{d}\omega}F(\omega)$；　　$(6) \ \mathrm{e}^{-\mathrm{j}\omega}F(-\omega)$；

$(7) \ -\mathrm{j}\mathrm{e}^{-\mathrm{j}\omega}\dfrac{\mathrm{d}}{\mathrm{d}\omega}F(-\omega)$；　　$(8) \ \dfrac{1}{2}\mathrm{e}^{-\frac{5}{2}\mathrm{j}\omega}F\left(\dfrac{\omega}{2}\right)$.

习题9

1. $f(t) = \dfrac{2}{\pi} \displaystyle\int_0^{+\infty} \left(\dfrac{\sin\omega}{\omega^2} - \dfrac{\cos\omega}{\omega}\right)\sin\omega t \mathrm{d}\omega \ \ (t \neq \pm 1)$.

2. $F(\omega) = \dfrac{(\alpha + \mathrm{j}\omega)^2 - \beta^2}{\left[\,(\alpha + \mathrm{j}\omega)^2 + \beta^2\,\right]^2}$.

3. $(1) \ f(t) = \dfrac{1}{2\mathrm{j}}\left[\delta'(t + t_0) + \delta'(t - t_0)\right]$；

$(2) \ f(t) = \dfrac{1}{2}\left[u(t) - u(-t) + t\right] = u(t) + \dfrac{1}{2}(t - 1)$.

第十章

练习题10.1

1. $(1) \ F(s) = \dfrac{2}{4s^2 + 1}(\mathrm{Re}(s) > 0)$；

$(2) \ F(s) = \dfrac{2}{s + 2}(\mathrm{Re}(s) > -2)$；

(3) $F(s) = \dfrac{2}{s^3}(\mathrm{Re}(s) > 0)$;

(4) $F(s) = \dfrac{1}{s^2 + 4}(\mathrm{Re}(s) > 0)$.

2. (1) $F(s) = \dfrac{1}{s}(3 - 4\mathrm{e}^{-2s} + \mathrm{e}^{-4s})$;

(2) $F(s) = \dfrac{3}{s}(1 - \mathrm{e}^{-\frac{\pi s}{2}}) - \dfrac{1}{s^2 + 1}\mathrm{e}^{-\frac{\pi s}{2}}$;

(3) $F(s) = \dfrac{1}{s - 2} + 5 = \dfrac{5s - 9}{s - 2}$;

(4) $F(s) = 1 - \dfrac{1}{s^2 + 1} + 5 = \dfrac{s^2}{s^2 + 1}$.

3. $F(s) = \dfrac{1}{(1 - \mathrm{e}^{-\pi s})(s^2 + 1)}$.

4. (1) $F(s) = \dfrac{1 + bs}{s^2} - \dfrac{b}{s(1 - \mathrm{e}^{-bx})}$;

(2) $F(s) = \dfrac{1}{1 - \mathrm{e}^{-\pi s}} \cdot \dfrac{\mathrm{e}^{-\pi s} + 1}{1 + s^2} = \dfrac{1}{1 + s^2}\mathrm{cotln}\dfrac{\pi s}{2}$.

练习题 10. 2

1. (1) $F(s) = \dfrac{1}{s^3}(2s^2 + 3s + 2)$;   (2) $F(s) = \dfrac{1}{s} - \dfrac{1}{(s - 1)^2}$;

(3) $F(s) = \dfrac{s^2 - 4s + 5}{(s - 1)^3}$;   (4) $F(s) = \dfrac{s}{(s^2 + a^2)^2}$;

(5) $F(s) = \dfrac{s^2 - a^2}{(s^2 + a^2)^2}$;   (6) $F(s) = \dfrac{10 - 3s}{s^2 + 4}$;

(7) $F(s) = \dfrac{6}{(s + 2)^2 + 36}$;   (8) $F(s) = \dfrac{s + 4}{(s + 4)^2 + 16}$;

(9) $F(s) = \dfrac{n!}{(s - a)^{n+1}}$ (n 为正整数);   (10) $F(s) = \dfrac{1}{s}\mathrm{e}^{-\frac{5}{3}s}$.

2. (1) $F(s) = \dfrac{4(s + 3)}{[(s + 3)^2 + 4]^2}$;   (2) $F(s) = \dfrac{2(3s^2 + 12s + 13)}{s^2[(s + 3)^2 + 4]^2}$;

(3) $f(t) = \dfrac{2}{t} \cdot \dfrac{\mathrm{e}^t - \mathrm{e}^{-t}}{2} = \dfrac{2}{t}\mathrm{sinln}t$;

(4) $F(s) = \dfrac{4(s + 3)}{s^2[(s + 3)^2 + 4]^2}$.

练习题 10. 3

1. (1) t;   (2) $\dfrac{1}{6}t^3$;   (3) $\mathrm{e}^t - t - 1$.

2. 略.

3. (1) $f(t) = \dfrac{1}{2}\sin 2t$;   (2) $f(t) = \dfrac{1}{6}t^3$;

(3) $f(t) = \dfrac{1}{6}t^3\mathrm{e}^{-t}$;   (4) $f(t) = \mathrm{e}^{-3t}$;

（5）$f(t) = 2\cos 3t + \sin 3t$；　　（6）$f(t) = \dfrac{3}{2}\mathrm{e}^{3t} - \dfrac{1}{2}\mathrm{e}^{-t}$.

习题 10

1．（1）$F(s) = \dfrac{(s-a)^2 - \beta^2}{\left[(s-a)^2 + \beta^2\right]^2}$；　　（2）$F(s) = 1 + \dfrac{k}{s-k} = \dfrac{k}{s-k}$.

2．（1）$f(t) = \delta(t) - 2\mathrm{e}^{-t} + 2t\mathrm{e}^{-t}$；　　（2）$f(t) = \dfrac{1}{t}\sin at$.

第十一章

练习题 11.1

1．（1）10　（2）5　（3）$\sin(\alpha - \beta)$　（4）0

2．（1）$\begin{cases} x = \dfrac{2}{7} \\ y = \dfrac{9}{7} \end{cases}$　　（2）$\begin{cases} I_1 = \dfrac{21}{11} \\ I_2 = -\dfrac{3}{11} \end{cases}$

练习题 11.2

1．（1）-260　（2）8　（3）-27　（4）$-2abc$

2．（1）$\begin{cases} x = 1 \\ y = 2 \\ z = 1 \end{cases}$　（2）$\begin{cases} x_1 = 0 \\ x_2 = 0 \\ x_3 = 0 \end{cases}$　（3）$\begin{cases} x = 1 \\ y = 3 \\ z = 1 \end{cases}$

3．（1）$x = -15$，$x = 2$　（2）$x = 9$，$x = -1$

练习题 11.3

1．（1）4　（2）0　（3）1　（4）-8　（5）-3　（6）-69　（7）$a_{14}a_{23}a_{32}a_{41}$

测试题 11

1．（1）0　（2）$16\sin^4\alpha$　（3）0　（4）-2

2．（1）$\begin{cases} x = 1 \\ y = 2 \\ z = -2 \end{cases}$　（2）$\begin{cases} x_1 = 3 \\ x_2 = -4 \\ x_3 = -1 \\ x_4 = 1 \end{cases}$　（3）$\begin{cases} x_1 = 1 \\ x_2 = -1 \\ x_3 = 1 \\ x_4 = -1 \end{cases}$

第十二章

练习题 12.1

1．$\begin{pmatrix} 6 & 8 & 1 \\ 8 & 8 & 9 \\ 1 & 9 & 10 \end{pmatrix}$，$\begin{pmatrix} 0 & 4 & 3 \\ -4 & 0 & 5 \\ -3 & -5 & 0 \end{pmatrix}$

2．$\begin{cases} x_1 = 2 \\ x_2 = 1 \\ x_3 = 2 \end{cases}$　$\begin{cases} y_1 = 5 \\ y_2 = 3 \\ y_3 = 2 \end{cases}$

4. (1) $\begin{pmatrix} 3 & 2 \\ 5 & 6 \end{pmatrix}$　(2) (0)

(3) $\begin{pmatrix} -4 & 2 & 0 \\ -2 & 1 & 0 \\ 2 & -1 & 0 \\ -4 & 2 & 0 \end{pmatrix}$　(4) $((3x-4y)^2)$

(5) $\begin{pmatrix} \lambda^3 & 3\lambda^2 & 3\lambda \\ 0 & \lambda^3 & 3\lambda^2 \\ 0 & 0 & \lambda^3 \end{pmatrix}$　(6) $\begin{pmatrix} 8 & 11 & -1 & 6 \\ 1 & 0 & 0 & 0 \\ 0 & 1 & 0 & 0 \\ 0 & 0 & 1 & 0 \end{pmatrix}$

练习题 12. 2

1. (1) $\begin{pmatrix} 5 & -2 \\ -2 & 1 \end{pmatrix}$　(2) $\begin{pmatrix} 1 & 0 & 0 \\ 0 & 1 & 0 \\ 0 & 0 & 1 \end{pmatrix}$

(3) $\begin{pmatrix} 1 & -2 & 7 \\ 0 & 1 & -2 \\ 0 & 0 & 1 \end{pmatrix}$　(4) 无逆矩阵

(5) $\dfrac{1}{16}\begin{pmatrix} 8 & -4 & 2 & -1 \\ 0 & 8 & -4 & 2 \\ 0 & 0 & 8 & -4 \\ 0 & 0 & 0 & 8 \end{pmatrix}$

2. (1) $\begin{cases} x_1 = -35 \\ x_2 = 30 \\ x_3 = 15 \end{cases}$　(2) $\begin{cases} x_1 = 1 \\ x_2 = 2 \\ x_3 = 3 \end{cases}$

3. (1) $\begin{pmatrix} 2 & -23 \\ 0 & 8 \end{pmatrix}$　(2) $\begin{pmatrix} -3 & 2 & 0 \\ -4 & 5 & -2 \\ -5 & 3 & 0 \end{pmatrix}$

(3) $\begin{bmatrix} 8 & -3 \\ 10 & -4 \\ -10 & 4 \end{bmatrix}$

练习题 12. 3

1. (1) 2　(2) 3
(3) 5　(4) 3
2. (1) 2, 2　(2) 3, 4

测试题 12

(1) $\dfrac{1}{10}\begin{bmatrix} -25 & 10 & 5 \\ 15 & -4 & 3 \\ -5 & 2 & 1 \end{bmatrix}$　(2) $\begin{bmatrix} -2 & 0 & 2 & 1 \\ 0 & -1 & -1 & 0 \\ 2 & -1 & -2 & -1 \\ 1 & 0 & -1 & 0 \end{bmatrix}$

$(3)\ \dfrac{1}{(m+1)(2m-1)}\begin{bmatrix} -1 & m & m \\ m & -1 & m \\ m & m & -1 \end{bmatrix}$ $(4)\ \begin{bmatrix} 1 & 3 & -2 \\ -\dfrac{3}{2} & -3 & \dfrac{5}{2} \\ 1 & 1 & -1 \end{bmatrix}$

2. $(1)\ \begin{bmatrix} 24 & 13 \\ -34 & -18 \end{bmatrix}$ $(2)\ \begin{bmatrix} 2 & -1 & 0 \\ 1 & 3 & -4 \\ 1 & 0 & -2 \end{bmatrix}$

第十三章

练习题 13.1

1. $(1)\ \begin{cases} x_1 = \dfrac{1}{3} \\ x_2 = -1 \\ x_3 = \dfrac{1}{2} \\ x_4 = 1 \end{cases}$ $(2)\ \begin{cases} x_1 = 0 \\ x_2 = 0 \\ x_3 = 0 \\ x_4 = 0 \end{cases}$

2. 销售员、摄影师、后期修图师总收入 10 万元、2 万元、6 万元.

练习题 13.2

1. $m = 5$ $\begin{cases} x_1 = \dfrac{4}{5} - \dfrac{1}{5}c_1 - \dfrac{6}{5}c_2 \\ x_2 = \dfrac{3}{5} + \dfrac{3}{5}c_1 - \dfrac{7}{5}c_2 \\ x_3 = c_1 \\ x_4 = c_2 \end{cases}$

2. $(1)\ \begin{cases} x_1 = 7c \\ x_2 = -5c \\ x_3 = c \end{cases}$ (2) 无解

$(3)\ \begin{cases} x_1 = x_2 + x_4 + \dfrac{1}{2} \\ x_2 = x_2 \\ x_3 = 2x_4 + \dfrac{1}{2} \\ x_4 = x_4 \end{cases}$

3. $(1)\ m = 2, m = 2 + \sqrt{2}, m = 2 - \sqrt{2}$

$(2)\ m = 0, m = -3 + 2\sqrt{21}, m = -3 - 2\sqrt{21}$

测试题 13

$\lambda = -2$ 无解,

$(1)\ \lambda = 1$ 有无穷多组解,

$\lambda \neq -2$ 且 $\lambda \neq 1$ 有唯一解;

$b \neq 0$ 且 $a \neq 1$ 有唯一解,

$b = 0$ 无解,

(2) $a = 1$ 且 $b = \dfrac{1}{2}$ 有无穷多组解,

$a = 1$ 且 $b \neq \dfrac{1}{2}$ 无解

$b \neq 5$ 无解,

(3) $b = 5$ 且 $a \neq -2$ 有唯一解,

$b = 5$ 且 $a = -2$ 有无穷多组解

附录 1

初等数学常用公式

一、代数

1. 绝对值

（1）定义 $|x| = \begin{cases} x, & x \geqslant 0 \\ -x & x < 0 \end{cases}$.

（2）性质 $|x| = |-x|$,

$|xy| = |x||y|$,

$\left|\dfrac{x}{y}\right| = \dfrac{|x|}{|y|}(y \neq 0)$,

$|x| \leqslant a \Leftrightarrow -a \leqslant x \leqslant a(a \geqslant 0)$,

$|x+y| \leqslant |x| + |y|$,

$|x-y| \geqslant |x| - |y|$.

2. 指数

（1）$a^m \cdot a^n = a^{m+n}$.　　　　　　（2）$\dfrac{a^m}{a^n} = a^{m-n}$.

（3）$(ab)^m = a^m \cdot b^m$.　　　　　　（4）$(a^n)^m = a^{nm}$.

（5）$a^{\frac{m}{n}} = \sqrt[n]{a^m}$　　　　　　　　（6）$a^{-m} = \dfrac{1}{a^m}$.

（7）$a^0 = 1(a \neq 0)$.

（8）算术根 $\sqrt{a^2} = |a| = \begin{cases} a, & a > 0 \\ 0, & a = 0. \\ -a, & a > 0 \end{cases}$

3. 对数

（1）定义　$b = \log_a N \Leftrightarrow a^b = N(a > 0,\ a \neq 1)$.

（2）性质　$\log_a 1 = 0$,　$\log_a a = 1$,　$a^{\log_a N} = N$.

（3）运算法则　$\log_a(xy) = \log_a x + \log_a y$,

$\log_a \dfrac{x}{y} = \log_a x - \log_a y$,

$\log_a x^n = n\log_a{}^x$.

（4）换底公式　$\log_a b = \dfrac{\log_c b}{\log_c a}$,　$\log_a b = \dfrac{1}{\log_b a}$.

4. 排列、组合与二项式定理

（1）排列数公式　$A_n^m = n\ (n-1)\ (n-2)\ \cdots\ (n-m+1)$,　$A_n^0 = 1$,　$A_n^n = n!$,　$0! = 1$.

（2）组合数公式　$C_n^m = \dfrac{n\ (n-1)\ (n-2)\ \cdots\ (n-m+1)}{m!}$,　$C_n^0 = 1$,　$C_n^m = C_n^{n-m}$.

（3）二项式定理　$(a+b)^n = \sum\limits_{k=0}^{n} C_n^k a^{n-k} b^k$

$= a^n + na^{n-1}b + \cdots + \dfrac{n(n-1)(n-2)\cdots(n-k+1)}{k!} a^{n-k}b^k + \cdots + b^n.$

5. 数列

（1）等差数列

通项公式　$a_n = a_1 + (n-1)d.$

求和公式　$S_n = \dfrac{n(a_1+a_n)}{2} = na_1 + \dfrac{n(n-1)d}{2}.$

（2）等比数列

通项公式　$a_n = a_1 q^{n-1}.$

求和公式　$S_n = \dfrac{a_1(1-q^n)}{1-q}$　$(q \neq 1).$

（3）常见数列的和

$1 + 2 + 3 + \cdots + n = \dfrac{1}{2}n(n+1),$

$1 + 3 + 5 + \cdots + (2n-1) = n^2,$

$1^2 + 2^2 + 3^2 + \cdots + n^2 = \dfrac{1}{6}n(n+1)(2n+1),$

$1^3 + 2^3 + 3^3 + \cdots + n^3 = \left[\dfrac{n(n+1)}{2}\right]^2,$

$1 + x + x^2 + x^3 + \cdots + x^{n-1} = \dfrac{1-x^n}{1-x}$　$(x \neq 1).$

二、几何

在下面的公式中，S 表示面积，$S_{侧}$ 表示侧面积，$S_{全}$ 表示全面积，V 表示体积.

1. 多边形的面积

（1）三角形的面积

$S = \dfrac{1}{2}ah$（a 为底，h 为高）；

$S = \sqrt{p(p-a)(p-b)(p-c)}\left(a,\ b,\ c\ 为三边,\ p = \dfrac{a+b+c}{2}\right);$

$S = \dfrac{1}{2}ab\sin C$（$a,\ b$ 为两边，夹角是 C）.

（2）平行四边形的面积

$S = ah$（a 为一边，h 是 a 边上的高）；

$S = ab\sin\theta$（$a,\ b$ 为两邻边，θ 为这两边的夹角）.

（3）梯形的面积 $S = \dfrac{1}{2}(a+b)h$（$a,\ b$ 为两底边，h 为高）.

（4）正 n 边形的面积

$S = \dfrac{n}{4}a^2 \cot \dfrac{180°}{n}$（$a$ 为边长，n 边数）；

$S = \dfrac{1}{2} nr^2 \sin \dfrac{360°}{n}$（$r$ 为外接圆的半径）.

2. 圆、扇形的面积

（1）圆的面积 $S = \pi r^2$（r 为半径）.

（2）扇形面积

$S = \dfrac{\pi n r^2}{360}$（$r$ 为半径，n 为圆心角的度数）；

$S = \dfrac{1}{2} rL$（r 为半径，L 为弧长）.

3. 柱、锥、台、球的面积和体积

（1）直棱柱　$S_{侧} = PH$，$V = S_{底} \cdot H$（P 为底面周长，H 为高）.

（2）正棱锥　$S_{侧} = \dfrac{1}{2} Ph$，$V = \dfrac{1}{3} S_{底} \cdot H$（$P$ 为底面周长，h 为斜高，H 为高）.

（3）正棱台　$S_{侧} = \dfrac{1}{2} h(P_1 + P_2)$，$V = \dfrac{1}{3} H(S_1 + S_2 + \sqrt{S_1 S_2})$（$P_1$，$P_2$ 为上、下底面周长，h 为斜高，S_1，S_2 为上、下底面面积，H 为高）.

（4）圆柱　$S_{侧} = 2\pi rH$，$S_{全} = 2\pi r(H + r)$，$V = \pi r^2 H$（r 为底面半径，H 为高）.

（5）圆锥　$S_{侧} = \pi rl$，$V = \dfrac{1}{3} \pi r^2 H$（$r$ 为底面半径，l 为母线长，H 为高）.

（6）圆台　$S_{侧} = \pi l (r_1 + r_2)$，$V = \dfrac{1}{3} \pi H (r_1^2 + r_2^2 + r_1 r_2)$（$r_1$，$r_2$ 为上、下底面半径，l 为母线长，H 为高）.

（7）球　$S = 4\pi R^2$，$V = \dfrac{4}{3} \pi R^3$（R 为球的半径）.

三、三角

1. 度与弧度的关系 $1° = \dfrac{\pi}{180} \text{rad}$，$1 \text{rad} = \dfrac{180°}{\pi}$.

2. 三角函数的符号

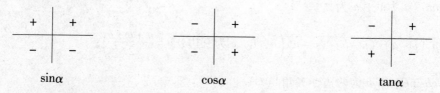

$\sin\alpha$　　　　　$\cos\alpha$　　　　　$\tan\alpha$

3. 同角三角函数的关系

（1）平方和关系　$\sin^2 x + \cos^2 x = 1$，$1 + \tan^2 x = \sec^2 x$，$1 + \cot^2 x = \csc^2 x$.

（2）倒数关系　$\sin x \csc x = 1$，$\cos x \sec x = 1$，$\tan x \cot x = 1$.

（3）商数关系　$\tan x = \dfrac{\sin x}{\cos x}$，$\cot x = \dfrac{\cos x}{\sin x}$.

4. 和差公式

$\sin(x \pm y) = \sin x \cos y \pm \cos x \sin y$,

$\cos(x \pm y) = \cos x \cos y \mp \sin x \sin y$,

$$\tan(x \pm y) = \frac{\tan x \pm \tan y}{1 \mp \tan x \tan y}.$$

5. 二倍角公式

$$\sin 2x = 2\sin x \cos x,$$

$$\cos 2x = \cos^2 x - \sin^2 x = 2\cos^2 x - 1 = 1 - 2\sin^2 x,$$

$$\tan 2x = \frac{2\tan x}{1 - \tan^2 x}.$$

6. 半角公式

$$\sin \frac{x}{2} = \pm\sqrt{\frac{1 - \cos x}{2}},$$

$$\cos \frac{x}{2} = \pm\sqrt{\frac{1 + \cos x}{2}},$$

$$\tan \frac{x}{2} = \pm\sqrt{\frac{1 - \cos x}{1 + \cos x}} = \frac{\sin x}{1 + \cos x} = \frac{1 - \cos x}{\sin x}.$$

7. 和差化积公式

$$\sin x + \sin y = 2\sin \frac{x+y}{2}\cos \frac{x-y}{2},$$

$$\sin x - \sin y = 2\cos \frac{x+y}{2}\sin \frac{x-y}{2},$$

$$\cos x + \cos y = 2\cos \frac{x+y}{2}\cos \frac{x-y}{2},$$

$$\cos x - \cos y = -2\sin \frac{x+y}{2}\sin \frac{x-y}{2}.$$

8. 积化和差公式

$$\sin x \cos y = \frac{1}{2}\left[\sin(x+y) + \sin(x-y)\right],$$

$$\cos x \sin y = \frac{1}{2}\left[\sin(x+y) - \sin(x-y)\right],$$

$$\cos x \cos y = \frac{1}{2}\left[\cos(x+y) + \cos(x-y)\right],$$

$$\sin x \sin y = -\frac{1}{2}\left[\cos(x+y) - \cos(x-y)\right].$$

9. 正弦、余弦定理

（1）正弦定理 $\quad \dfrac{a}{\sin A} = \dfrac{b}{\sin B} = \dfrac{c}{\sin C}.$

（2）余弦定理 $\quad a^2 = b^2 + c^2 - 2bc\cos A.$

附 录 2

标准正态分布数值表

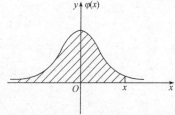

$$\Phi(x) = \frac{1}{\sqrt{2\pi}} \int_{-\infty}^{x} e^{-\frac{t^2}{2}} dt \quad (x \geqslant 0)$$

x	0.00	0.01	0.02	0.03	0.04	0.05	0.06	0.07	0.08	0.09
0.0	0.500 0	0.504 0	0.508 0	0.512 0	0.516 0	0.519 9	0.523 9	0.527 9	0.531 9	0.535 9
0.1	0.539 8	0.543 8	0.547 8	0.551 7	0.555 7	0.559 6	0.563 6	0.567 5	0.571 4	0.575 3
0.2	0.579 3	0.583 2	0.587 1	0.591 0	0.594 8	0.598 7	0.602 6	0.606 4	0.610 3	0.614 1
0.3	0.617 9	0.621 7	0.625 5	0.629 3	0.633 1	0.636 8	0.640 4	0.644 3	0.648 0	0.651 7
0.4	0.655 4	0.659 1	0.662 8	0.666 4	0.670 0	0.670 6	0.677 2	0.680 8	0.684 4	0.687 9
0.5	0.691 5	0.695 0	0.698 5	0.701 9	0.705 4	0.708 8	0.712 3	0.715 7	0.719 0	0.722 4
0.6	0.725 7	0.729 1	0.732 4	0.735 7	0.738 9	0.742 2	0.745 4	0.748 6	0.751 7	0.754 9
0.7	0.758 0	0.761 1	0.764 2	0.767 3	0.770 3	0.773 4	0.776 4	0.779 4	0.782 3	0.785 2
0.8	0.788 1	0.791 0	0.793 9	0.796 7	0.799 5	0.802 3	0.805 1	0.807 8	0.810 6	0.813 3
0.9	0.815 9	0.818 6	0.821 2	0.823 8	0.826 4	0.828 9	0.831 5	0.834 0	0.836 5	0.838 9
1.0	0.841 3	0.843 8	0.846 1	0.848 5	0.850 8	0.853 1	0.855 4	0.857 7	0.859 9	0.862 1
1.1	0.864 3	0.866 5	0.868 6	0.870 8	0.872 9	0.874 9	0.877 0	0.879 0	0.881 0	0.883 0
1.2	0.884 9	0.886 9	0.888 8	0.890 7	0.892 5	0.894 4	0.896 2	0.898 0	0.899 7	0.901 5
1.3	0.903 2	0.904 9	0.906 6	0.908 2	0.909 9	0.911 5	0.913 1	0.914 7	0.916 2	0.917 7
1.4	0.919 2	0.920 7	0.922 2	0.923 6	0.925 1	0.926 5	0.927 9	0.929 2	0.930 6	0.931 9
1.5	0.933 2	0.934 5	0.935 7	0.937 0	0.938 2	0.939 4	0.940 6	0.941 8	0.943 0	0.944 1
1.6	0.945 2	0.946 3	0.947 4	0.948 4	0.949 5	0.950 5	0.951 5	0.952 5	0.953 5	0.953 5
1.7	0.955 4	0.956 4	0.957 3	0.958 2	0.959 1	0.959 9	0.960 8	0.961 6	0.962 5	0.963 3
1.8	0.964 1	0.964 8	0.965 6	0.966 4	0.967 2	0.967 8	0.968 6	0.969 3	0.970 0	0.970 6
1.9	0.971 3	0.971 9	0.972 6	0.973 2	0.973 8	0.974 4	0.975 0	0.975 6	0.976 2	0.976 7
2.0	0.977 2	0.977 8	0.978 3	0.978 8	0.979 3	0.979 8	0.980 3	0.980 8	0.981 2	0.981 7
2.1	0.982 1	0.982 6	0.983 0	0.983 4	0.983 8	0.984 2	0.984 6	0.985 0	0.985 4	0.985 7
2.2	0.986 1	0.986 4	0.986 8	0.987 1	0.987 4	0.987 8	0.988 1	0.988 4	0.988 7	0.989 0

续表

x	0.00	0.01	0.02	0.03	0.04	0.05	0.06	0.07	0.08	0.09
2.3	0.989 3	0.989 6	0.989 8	0.990 1	0.990 4	0.990 6	0.990 9	0.991 1	0.991 3	0.991 6
2.4	0.991 8	0.992 0	0.992 2	0.992 5	0.992 7	0.992 9	0.993 1	0.993 2	0.993 4	0.993 6
2.5	0.993 8	0.994 0	0.994 1	0.994 3	0.994 5	0.994 6	0.994 8	0.994 9	0.995 1	0.995 2
2.6	0.995 3	0.995 5	0.995 6	0.995 7	0.995 9	0.996 0	0.996 1	0.996 2	0.996 3	0.996 4
2.7	0.996 5	0.996 6	0.996 7	0.996 8	0.996 9	0.997 0	0.997 1	0.997 2	0.9973	0.997 4
2.8	0.997 4	0.997 5	0.997 6	0.997 7	0.997 7	0.997 8	0.997 9	0.997 9	0.998 0	0.998 1
2.9	0.998 1	0.998 2	0.998 2	0.998 3	0.998 4	0.999 4	0.998 5	0.998 5	0.998 6	0.998 6
x	0.0	0.1	0.2	0.3	0.4	0.5	0.6	0.7	0.8	0.9
3	0.998 7	0.999 0	0.999 3	0.999 5	0.999 7	0.999 8	0.999 8	0.999 9	0.999 9	1.000 0

附 录 3

泊松分布表

$$1 - F(x - 1) = \sum_{k=x}^{\infty} \frac{\lambda^k}{k!} e^{-\lambda}$$

x	λ=0.2	λ=0.3	λ=0.4	λ=0.5	λ=0.6	λ=0.7	λ=0.8	λ=0.9	λ=1.0	λ=1.2
0	1.000 000 0	1.000 000 0	1.000 000 0	1.000 000 0	1.000 000 0	1.000 000 0	1.000 000 0	1.000 000 0	1.000 000 0	1.000 000 0
1	0.181 269 2	0.259 181 8	0.329 680 0	0.393 469	0.451 188	0.503 415	0.550 671	0.593 430	0.632 121	0.698 806
2	0.017 523 1	0.036 936 3	0.061 551 9	0.090 204	0.121 901	0.155 805	0.191 208	0.227 518	0.264 241	0.337 373
3	0.001 148 5	0.003 599 5	0.007 926 3	0.014 388	0.023 115	0.034 142	0.047 423	0.062 857	0.080 301	0.120 513
4	0.000 056 8	0.000 265 8	0.000 776 3	0.001 752	0.003 385	0.005 753	0.009 080	0.013 459	0.018 988	0.033 769
5	0.000 002 3	0.000 015 8	0.000 061 2	0.000 172	0.000 394	0.000 786	0.001 411	0.002 344	0.003 660	0.007 746
6	0.000 000 1	0.000 000 8	0.000 004 0	0.000 014	0.000 039	0.000 090	0.000 184	0.000 343	0.000 594	0.001 500
7			0.000 000 2	0.000 001	0.000 003	0.000 009	0.000 021	0.000 043	0.000 083	0.000 251
8						0.000 001	0.000 002	0.000 005	0.000 010	0.000 037
9									0.000 001	0.000 005
10										0.000 001

x	λ=1.4	λ=1.6	λ=1.8	λ=2.0	λ=2.5	λ=3.0	λ=3.5	λ=4.0	λ=4.5	λ=5.0
0	1.000 000	1.000 000	1.000 000	1.000 000	1.000 000	1.000 000	1.000 000	1.000 000	1.000 000	1.000 000
1	0.753 403	0.789 103	0.834 701	0.864 665	0.917 915	0.950 213	0.969 803	0.981 684	0.988 891	0.993 262
2	0.408 167	0.475 069	0.537 163	0.593 994	0.712 703	0.800 852	0.864 112	0.908 422	0.938 901	0.959 572
3	0.166 502	0.216 642	0.269 379	0.323 324	0.456 187	0.576 810	0.679 153	0.761 897	0.826 422	0.875 348
4	0.053 725	0.078 313	0.108 708	0.142 877	0.242 424	0.352 768	0.463 367	0.566 530	0.657 704	0.734 974
5	0.014 253	0.023 682	0.036 407	0.052 653	0.108 822	0.184 737	0.274 555	0.371 163	0.467 896	0.559 507
6	0.003 201	0.006 040	0.010 378	0.016 564	0.042 021	0.083 918	0.142 386	0.214 870	0.297 070	0.384 039
7	0.000 622	0.001 336	0.002 569	0.004 534	0.014 187	0.033 509	0.065 288	0.110 674	0.168 949	0.237 817
8	0.000 107	0.000 260	0.000 562	0.001 097	0.004 247	0.011 905	0.026 739	0.051 134	0.086 586	0.133 372
9	0.000 016	0.000 045	0.000 110	0.000 237	0.001 140	0.003 803	0.009 874	0.021 363	0.040 257	0.068 094
10	0.000 002	0.000 007	0.000 019	0.000 046	0.000 277	0.001 102	0.003 315	0.008 132	0.017 093	0.031 828
11		0.000 001	0.000 003	0.000 008	0.000 062	0.000 292	0.001 019	0.002 840	0.000 669	0.013 695
12				0.000 001	0.000 013	0.000 071	0.000 289	0.000 915	0.002 404	0.005 453
13					0.000 002	0.000 016	0.000 076	0.000 274	0.000 805	0.002 019
14						0.000 003	0.000 019	0.000 076	0.000 252	0.000 698
15						0.000 001	0.000 004	0.000 020	0.000 074	0.000 226
16							0.000 001	0.000 005	0.000 020	0.000 069
17								0.000 001	0.000 005	0.000 020
18									0.000 001	0.000 005
19										0.000 001